Jacek Biala

Mobilfunk und Intelligente Netze

Jacek Biala

Mobilfunk und Intelligente Netze

Grundlagen und Realisierung mobiler Kommunikation

2., neubearbeite Auflage

ISBN-13:978-3-322-87271-5 e-ISBN-13:978-3-322-87270-8
DOI: 10.1007/978-3-322-87270-8

1. Auflage 1994
2., neubearbeitete Auflage 1996
Nachdruck 1996

Beim Nachdruck wurde lediglich der Umschlag graphisch verändert.

Der Verlag Vieweg ist ein Unternehmen der Bertelsmann Fachinformation GmbH.

Druck und buchbinderische Verarbeitung: Hubert & Co., Göttingen
Gedruckt auf säurefreiem Papier

Vorwort zur zweiten Auflage

In unerwartet kurzer Zeit ist es erfreulicherweise notwendig geworden, vorliegendes Buch "Mobilfunk und Intelligente Netze" in zweiter Auflage herauszugeben. Ich habe diese Gelegenheit benutzt, um die Position genau durchzusehen und stellenweise zu aktualisieren, so daß das Buch in erweitertem Maße nicht nur als ein Hilfswerk für den Praktiker, sondern auch für jüngere Studenten der Elektrotechnik als ein Nachschlagewerk dienen kann, worüber mir schon bei der früheren Auflage die anerkennenden Urteile einiger Persönlichkeiten auf dem Gebiet der Telekommunikation zugegangen sind. An dieser Stelle möchte ich mich bei Herrn Prof. Dr. Herter und Herrn Prof. Dr. Junker-Schilling für wertvolle Bemerkungen bedanken. Ebenfalls möchte ich nachträglich auch meiner Frau Stefanie Biala meinen herzlichsten Dank für die stetige Unterstützung bei der Entstehung und Vorbereitung dieses Werkes und Ihre unermüdliche Geduld bei der Korrektur des Manuskriptes aussprechen.

Hannover, im Dezember 1994 Jacek Biala

"The world of telecommunication is an exciting world"
(L. Conlee)

Vorwort

In der Telekommunikation nimmt die mobile Kommunikation und insbesondere das Funktelefon eine zunehmend wichtigere Position ein. Der internationale Innovationsgedanke und die Offenheit der Systeme haben eine geradezu rasante und expansive Evolution der Telefon- und Mobilfunknetze nach sich gezogen.

Im Bereich der Mobilfunkplanung existieren seit kurzem weltweit drei globale Funktelekommunikationssysteme, und zwar in Europa, in den USA und in Japan. Diese Tatsache spiegelt die wirtschaftliche Bedeutung und die Interessen in den verschiedenen Weltregionen wider und beweist, welche Relevanz dieser Schlüsseltechnologie beigemessen wird. Das am weitesten fortgeschrittene und inzwischen in Betrieb genommene digitale, zellulare Mobilfunknetz ist das europäische ***Groupe Spécial Mobile***, immer öfter als ***Global System for Mobile Communication*** bezeichnete, Mobilfunksystem.

Neben einer detaillierten Beschreibung des GSM-Systems sowie anderer Mobilfunknetze wird in diesem Buch eine andere wichtige Entwicklung verfolgt, die der Intelligenten Netze (IN). Dieses Konzept hat seinen Ursprung in den USA und findet in den letzten Jahren starken Einzug in Europa. Schon das C-Netz in Deutschland weist, beispielsweise durch die Verwendung von verteilten Datenbanken, die die neuesten Informationen zum Aufenthaltsort seiner Mobilfunkteilnehmer liefern, einen gewissen Grad an Intelligenz auf. Die beiden GSM- und IN-Technologien hängen eng miteinander zusammen. Das Innovative an diesen Systemen ist, neben der vollständigen Digitalisierung und der sehr weit fortgeschrittenen europäischen bzw. weltweiten Standardisierung, im wesentlichen die verwendete und erweiterte Signalisierung. Die Arbeiten auf diesem Gebiet sind keineswegs abgeschlossen und werden auch von theoretischer Seite her weiterverfolgt. Die neuesten Entwicklungen und Möglichkeiten werden hier aufgezeigt.

Angesichts der raschen Weiterentwicklung im Fernmeldewesen werden diese technischen Standards und Technologien bis zum Jahr 2000 zunehmend an Aktualität und Bedeutung gewinnen. Sie haben sehr weitreichende strategische Bedeutung für die Telekom-Industrie und sind richtungsweisend für zukünftige Entwicklungen benutzerorientierter Kommunikationsstrukturen. Es ist daher zu erwarten, daß das Mobilfunknetz und die Intelligenten Netze zukünftig in ein umfassendes System für "persönliche Kommunikation" münden werden, das etlichen Millionen von Teilnehmern neue interessante und komfortable Dienstleistungen zur Verfügung stellen wird.

Die Entwicklungsarbeiten der ersten Phase des paneuropäischen Mobilfunksystems sind mittlerweile abgeschlossen. Die ihnen zugrundeliegenden Unterlagen (GSM/ETSI- und CCITT-Empfehlungen) sowie eine Reihe weiterer wichtiger Zukunftsaspekte sollen durch dieses Buch dem deutschsprachigen Leser zugänglich gemacht werden.

Warum dieses Buch ?

Das Anrufen ist ein Vorgang, der seit über hundert Jahren für den Teilnehmer - egal in welchem Netz er sich befindet - ziemlich simpel ist. Es wird einfach die Rufnummer gewählt. Die Systeme die das ermöglichen, insbesondere die modernen Mobilfunknetze, sind dagegen sehr kompliziert und bieten inzwischen weitere vielfältige und anspruchsvolle *Features*.

An wen richtet sich dieses Buch ?

Die Zielgruppe dieses Buches bilden all diejenigen, die die Technik des Mobilfunks und Intelligenter Netze sowie die Zusammenhänge in digitalen Fernsprechnetzen - *Integrated Services Digital Network*-Entwicklung eingeschlossen - verstehen wollen oder daran interessiert sind. Hierzu zählen vor allem Personen, die direkt mit der modernen Telekommunikation in Berührung kommen: Projekt- und Systemplaner, Entwickler, Netz-Integratoren und -Betreiber, Systemexperten, Systemoperatoren, *Service Provider*, Manager, Vertriebsingenieure, Berufsanfänger sowie Studenten der Elektrotechnik, Technischen Informatik und deren Nachbargebieten.

Was bietet dieses Buch ?

Mit dem vorliegenden Werk steht im deutschsprachigen Raum eines der ersten Bücher über digitale, mobile Telekommunikation und Intelligente Netze zur Verfügung. Es handelt sich hierbei um eine technische Systembeschreibung moderner, rechnergesteuerter Netze, die verschiedene Massendienste anbieten können, die vor allem die Mobilität ihrer Teilnehmer unterstützen.

Dieses Buch soll Kenntnisse über den Aufbau und die funktionalen Elemente moderner Telekommunikationsnetze auf der Basis des Zentralen Zeichengabesystems Nr. 7 vermitteln. Das hier einheitlich beschriebene GSM-System gehört zu den interessantesten und anspruchsvollsten Kommunikationsprojekten, die je in Angriff genommen wurden. Es wird sowohl auf die Hintergründe dieser Entwicklung wie auch auf die konkurrierenden Systeme eingegangen.

Es werden wichtige Konzepte und internationale Standards beschrieben, welche auch für zukünftige Anwendungen maßgeblich sind. Die wesentlichen Zusammenhänge und Ideen der neuesten Systeme werden kurz skizziert. Das Buch ist folgendermaßen strukturiert:

- Grundlagen der Mobilkommunikation;
- Aufbau des IN- und GSM-Systems;
- Dienstangebot;
- Signalisierung im GSM und in IN's auf Basis der gemeinsamen Zeichengabe Nr.7;
- erweiterte Signalisierung für GSM-Netze;
- Netzmanagement.

Das erste Kapitel über mobile Kommunikation dient als kurze Einführung in das inzwischen breite Gebiet des Mobilfunks und der Mobiltelefonie. Danach wird die neue zukunftsweisende Netzarchitektur der IN-Systeme vorgestellt.

Die folgende technische Beschreibung des paneuropäischen, zellularen Mobilfunksystems lehnt sich in erster Linie an ETSI/GSM- und CCITT-Empfehlungen an und dient als Grundlage für weitere Systeme wie *Personal Communication Network* oder *Universal Mobile Telecommunication Service*. In dieser Darstellung werden insbesondere die vielfältigen Zusammenhänge mit dem IN-Konzept hervorgehoben.

Den Schwerpunkt dieses Buches bilden die mächtige CCS7-Zeichengabe mit ihren Transport-Protokollen, die auch in anderen Systemen vorkommen, und die notwendigen, erweiterten Signalisierungsverfahren vor allem für den Mobilfunkbereich. Ein Kapitel zum Thema Testgeschehen rundet diese Darstellung ab.

Das Glossar mit den wichtigsten nachrichtentechnischen Grundbegriffen insbesondere aus dem Bereich der Datenübermittlung berücksichtigt die modernsten Aspekte der Telekommunikation und kann als ein Nachschlagewerk vor allem dem Anfänger empfohlen werden. Es ist zugleich eine thematisch verallgemeinerte Ergänzung der in diesem Buch angesprochenen Sachverhalte.

Eine vollständige Liste der GSM/ETSI-Empfehlungen ist als Anhang beigefügt. Die ebenfalls am Ende des Buches aufgenommene ausführliche Stichwort- und Abkürzungsliste ermöglicht eine schnelle Hilfeleistung und gezielte Information.

Im Prinzip werden keine Voraussetzungen bezüglich der Vorkenntnisse an den Leser gestellt. Die Grundkenntnisse in den Bereichen Nachrichtentechnik, *Open Systems Interconnection* Referenzmodell oder Zeichengabe wären jedoch mindestens in redundanter Form wünschenswert.

Möge dieses Buch allen seinen Benutzern eine nützliche Arbeitshilfe sein.

Düsseldorf, im September 1993 Jacek Biala

Inhaltsverzeichnis

Abbildungsverzeichnis

1 Grundlagen der Mobilkommunikation

"to be in touch"

Vor unseren Augen vollzieht sich ein Übergang vom Industrie- zum Informationszeitalter. In der Fernsprechtechnik der letzten beiden Jahrzehnte ist ein enormer Fortschritt zu verzeichnen. Diese beschleunigte Entwicklung wurde erst durch den Einsatz von Mikroprozessoren und die Digitalisierung möglich. Die ihr zugrunde liegende Antriebskraft war die Beherrschung der Halbleitertechnologien und der Innovationsgedanke im Telekommunikationsbereich. Die Möglichkeiten vielfältiger Kommunikation und Verständigung mittels Nachrichtenübertragung sind bei weitem nicht ausgeschöpft. Die Telekommunikation ist heute eine der am schnellsten wachsenden Industriezweige der Welt. Sie ist bekanntlich zu einem Schlüsselfaktor des wirtschaftlichen Wachstums geworden. Das Welt-Telefonnetz bildet mit zur Zeit 600 Millionen Telefonen die größte und teuerste Infrastruktur ($\approx 1.8 \times 10^{12}$ \$), die je entstanden ist. Gerade in diesem Bereich wird stärker denn je investiert und die aktuelle Entwicklung intensiv vorangetrieben. Es entstehen neue Konzepte und Standards, die als Grundlage des weiteren Fortschritts unabdingbar sind.

Die mobilen Telekommunikationsmittel blieben über einen langen Zeitraum ziemlich unterentwickelt und waren nur den professionellen Systemen vorbehalten, was auf die hohe Komplexität solcher Systeme zurückgeführt werden kann. Diese unbefriedigende Situation hat sich in der letzten Dekade allmählich verändert. Von vielen Telekommunikations-Unternehmen wurde die Mobilfunktechnik (Signalverarbeitung, Datenübertragung) auf dem Sektor der Grundlagenforschung und Entwicklung verstärkt vorangetrieben. Der uralte Wunsch der Menschen, ortsunabhängig, schnell und beweglich Informationen austauschen zu können, wurde greifbarer. Die Mobilkommunikation ist heute bereits zum Bestandteil unseres gesellschaftlichen Lebens geworden. Sie prägt sogar unsere Lebensart und Verhaltensweisen.

Die Mobilität ist ein moderner Begriff, der für die heutige Leistungsgesellschaft sehr bezeichnend und inzwischen nicht mehr wegzudenken ist. Vor allem in Bereichen des Wirtschaftslebens, der Wissenschaft sowie auf dem Privatmarkt entstehen auf regionaler, nationaler und internationaler Ebene immer mehr Abhängigkeiten und Verbindungen, die nach mobilen Kommunikationsmöglichkeiten verlangen. Die Menschen sind im allgemeinen kosmopolitischer und flexibler geworden - und unser Bedürfnis nach problemloser Mobilität wächst weiter.

In der Mobilkommunikation steckt eine ungeheuere Dynamik, die durch eine steigende Markt-Nachfrage noch beschleunigt wurde. Man kann von einer Wirkungsspirale in Hinsicht auf die stürmische Weiterentwicklung sprechen.

Im folgenden Kapitel soll die breite Palette der mobilen Telekommunikationsmöglichkeiten im Überblick dargestellt werden. Im Kommunikationsbereich unterscheidet man öffentliche und private Einrichtungen. Diese Einteilung ist insbesondere bei der Betrachtung der Mobilkommunikation wichtig. So wird zwischen *Public* und *Private Mobile Radio* differenziert. Die nicht öffentlichen Funknetze sind solche, die nur bestimmten Organisationen und Personenkreisen (z.B. für Firmenkommunikation) zugänglich gemacht werden. Zum privaten Mobilfunkbereich (PMR) gehören:

- Betriebsfunk;
- Funksysteme für Behörden und Organisationen im Sicherheitsbereich;
- Bündelfunksysteme (*Trunking*).

In der letzten Zeit gewinnen, dank der Deregulierungsmaßnahmen einschließlich der Lizenzerteilung an weitere Netzbetreiber durch das Bundespostministerium, die privaten Mobilfunknetze (als Teil der sogenannten *Corporate Networks*) sowie konkurrenzfähige öffentliche Systeme erheblich an Bedeutung.

Die öffentlichen Netze sind prinzipiell für jedermann zugänglich, wobei zwischen Funktelefon, Funkruf (*Paging*), Satellitenfunk u.a. unterschieden wird. Die Grenzen zwischen den beiden Bereichen verlieren zunehmend an Schärfe und Bedeutung. Die öffentlichen Netze können von geschlossenen Teilnehmergruppen als CUG (*Closed User Group*), Zusatzdienst oder PVN (*Private Virtual Network*) benutzt werden.

Andererseits werden in zukünftigen Systemen auch private Funkeinrichtungen in das öffentliche Netz integriert. Hier sollten vor allem die automatischen, schnurlosen Nebenstellenanlagen (NstA) erwähnt werden. Viele der entwickelten Spezifikationen bilden eine gemeinsame Grundlage für öffentliche und private Systeme. Außerdem ist darauf hinzuweisen, daß manche der privaten Funknetze wie *Trunked Mobile Radio* (Bündelfunk) in vielen Ländern zu öffentlichen Systemen werden.

Die moderne Funktechnik ist ferner in vielen militärischen Systemen (taktische Kommunikations- und Führungssysteme) vertreten. Die ausgewählten Aspekte dieser Technik werden an den Stellen erwähnt, wo ein Übergang der Anwendung auch zu Zivilbereichen realisiert ist (z.B. Chiffrierung, *Frequency Hopping* oder CDMA-Technik).

In diesem Buch werden überwiegend die öffentlichen Telekommunikationsnetze behandelt. Es wird versucht, eine kurze, systematische Marktdarstellung ihrer Systemtechnik zu bieten. Die Mobilfunksysteme divergieren in der verwendeten Technik (z.B. in Modulationsart, Codiertechnik, Zellularfunktionen usw.) und Architektur sowie in dem verwendeten Frequenzspektrum und in den angebotenen Diensten. Auch die Festnetzseite (Fremdnetz) kann verschiedene Transportaufgaben einschließlich der Übergangsfunktionen, im unterschiedlichen Ausmaß, übernehmen. Es können so komplizierte Prozesse wie *Roaming* mit *Location Update*, *Handover*, Vergebührung oder *Interworking* verschiedener Systeme unterstützt werden. Daraus resultieren abweichende Aspekte bezüglich der Verkehrsleistung, Frequenzökonomie, Wirtschaftlichkeit und Attraktivität. Dies legt die Nutzungsmöglichkeiten dieser Systeme fest.

Bedingt durch die unterschiedlichen Einsatzgebiete kann der Mobilfunk in den terrestrischen und den satellitengestützten Bereich unterteilt werden. Einen Überblick über die wichtigsten Funksysteme für öffentliche Mobilkommunikation liefert die folgende Darstellung:

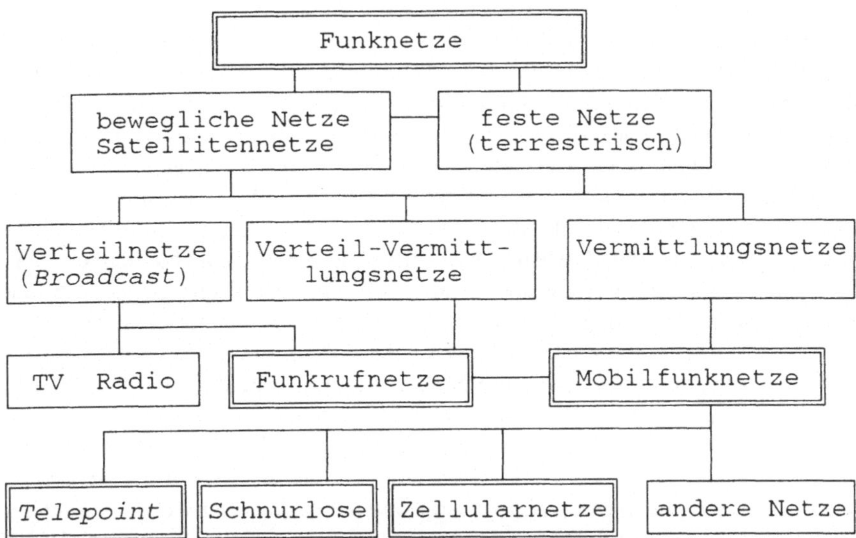

Bild 1.1: Klassifizierung der öffentlichen Funknetze

Gemäß der genauen (postdeutschen) Definition ist ein mobiler Funkdienst "ein Funkdienst zwischen beweglichen und ortsfesten Funkstellen oder zwischen beweglichen Funkstellen".

Die beweglichen Netze sind solche, bei denen die Basisstation in Bewegung ist, z.B. Satellitennetze oder terrestrische Vorrichtungen auf Rädern. Bei Satellitensystemen unterscheidet man geostationäre und die erdnahen elliptischen Netze. Die meisten bekannten Mobilfunksysteme, wie Birdie (*Telepoint*), C-Netz oder GSM-*Public Land Mobile Network* als D-Netz in Deutschland, zählen zu den Festnetzen und bieten mobile Funkdienste - mobil sind die Endgeräte und die Teilnehmer. Historisch gesehen waren die bisherigen Mobilfunk-Endgeräte übrigens fast ausschließlich als Vorrichtungen in Fahrzeugen montiert.

Funktionalität und Anwendung

Ein wichtiges Unterscheidungskriterium der Funknetze ist der Einsatz von Vermittlungsfunktionen. In den Vermittlungs- bzw. Verteil-Vermittlungsnetzen können die Endteilnehmer dank den Netzvermittlungsfunktionen wahlweise mit einem oder auch mehreren Partnern (in eine oder beide Richtungen) kommunizieren. Der Amateurfunk gehört zu den privaten Systemen und ist laut der obigen Definition kein Vermittlungsnetz, weil die Vermittlungsfunktionen von den Teilnehmern selbst übernommen werden müssen. In den Verteilnetzen werden die Nachrichten nur in eine Richtung geschickt - dementsprechend sind die Endgeräte einfacher aufgebaut (nur Empfangsendvorrichtung). Unter den Mobilfunknetzen sind verschiedene Funktelefonnetzvarianten und die Funkrufsysteme die wichtigsten.

Das andere wichtige Unterscheidungskriterium ist die Reichweite, innerhalb derer eine nicht-ortsfeste Telekommunikationsverbindung aufrechterhalten werden kann. Die Zellularsysteme sind Mobilfunknetze mit zentraler Organisation und räumlich periodischer Frequenzeinteilung. Dies dient der optimalen Ausnutzung des zugewiesenen Frequenzspektrums und damit der Erweiterungsmöglichkeit der Teilnehmerzahlen auch über weite geographische Bereiche. Aus diesem Grunde macht die zellulare Funktelefonie (C-, D- und E-Netz in Deutschland) bereits heute den wichtigsten Marktanteil im Funknetzbereich aus, und die Tendenz wird für viele Jahre steigend bleiben. Die früheren A- und B-Funktelefonnetze haben nur noch eine historische Bedeutung und werden, so wie das seit 1985 betriebene analoge C-Netz, nicht weiter behandelt.

Die überregionalen Funkrufnetze (*Paging*-Netze) wie Eurosignal, Cityruf, ERMES, Armbanduhrempfänger RECEPTOR ermöglichen in der Regel nur eine einseitig gerichtete Kommunikation zum Teilnehmer. Der Absender weiß nicht, ob seine Nachricht den Empfänger erreicht hat. Der bedeutende Vorteil dieser Dienste liegt in der extremen Miniaturisierung der Empfangsgeräte. Langfristig sind die *Paging*-Netze durch Funktelefonie im Kleinformat gefährdet. Damit der Funkruf attraktiv bleibt, beziehungsweise weiter expandiert, muß er kostengünstig und mit interessanten *Features* oder im Servicepaket angeboten werden. Innerhalb der *Paging*-Dienste werden zur Zeit folgende Möglichkeiten realisiert: *Wide-area-*, *On/Off-site-*, *Talk-back-* und Satelliten-*Paging* (Ein- und Zweiweg).

Als drahtlose (*wireless*) Telefone werden überwiegend solche bezeichnet, die für den Heimbedarf dienen. Dazu können auch schnurlose Nebenstellenanlagen gezählt werden. Auch die *Telepoint*-Dienste werden den schnurlosen (*cordless*) Systemen zugeordnet. Bei diesen Diensten kann ein Benutzer von bestimmten öffentlichen Bereichen aus Verbindungen aufbauen. Die ersten *Telepoint*-Betriebsversuche ließen zuerst keine klaren Marktprognosen zum Alleingang für diesen Telefondienst zu. Einem schnellen Wachstum sollten die rückläufige Preisentwicklung, die erreichte Standardisierung und schließlich die wachsende Zahl der Vertriebsstellen helfen. In Deutschland hat man sich letztendlich gegen eine Einführung des BIRDIE-Systems entschieden.

Unter "andere Netze" fällt das amerikanische *packet radio network*, das dezentral organisierte Vermittlungsnetz für mobile Datendienste, z.B. in der Fahrzeug-Fahrzeug-Kommunikation (militärische Systeme). Auch der Einsatz für den Straßenverkehr und für Transporte (Navigationssysteme) wird inzwischen diskutiert.

Bezüglich der im Bild 1.1 vorgenommenen Einteilung existiert eine große Zahl an Querverbindungen und Abhängigkeiten, auf die an dieser Stelle nicht weiter eingegangen werden kann und von denen nur ein paar erwähnt werden können:

- Die Richtfunktechnik ist seit vielen Jahren und in diversen Systemen, so z.B. in Satellitennetzen, vertreten. Sie kommt verstärkt im D2- und E-Netz als modernes Kurzstrecken-Richtfunksystem zu den Basisstationen zum Einsatz.
- Zellularnetze eignen sich auch für Navigations- bzw. Verkehrsleitsysteme.
- Die sogenannten *Broadcast*-Funktionen kommen auch in anderen Systemen, so z.B. in den meisten Vermittlungsnetzen, vor.

Technische Markt-Anforderungen

Die wachsende Anzahl der mobilen Funkgeräte bzw. die steigende Mobilfunkteilnehmerdichte führt dazu, daß ein Übergang zu neuen Frequenzen, zu aufwendigeren Modulationstechniken, Zugriffs-, Multiplex- und Codierungsverfahren sowie zu einer Reduzierung der ausgestrahlten Leistung notwendig ist. In diesem Zusammenhang ist der deutliche Trend zu höheren Frequenzen und die fortschreitende Digitalisierung verständlich. Diese Entwicklung vollzieht sich trotz der zuerst enorm wachsenden Kosten für Netzvorrichtungen und *Terminal Equipment*. In vielen Fällen sind die Änderungen mit abrupten Übergängen zu neuen Technologien und Verfahren verbunden. Für die neuen Systeme müssen frequenzspezifische Wellenausbreitungsmodelle mit Elementen der statistischen Kommunikationstheorie sowie regionsspezifische Datenbestände mit demographischen und topographischen Einzelheiten ausgewertet werden.

- **Höhere Frequenzbelegung**

  Für Mobilfunksysteme werden immer mehr Kanäle und höhere Frequenzbereiche belegt. Dies kann durch ein paar Zahlen verdeutlicht werden: Das C-Netz arbeitet im 450 MHz-Bereich, das GSM-System beansprucht Bänder im 900 MHz- und zukünftig im 1.8 GHz-Bereich, UMTS (*Universal Mobile Telecommunication System*) wird bei 2 GHz liegen, neue Bereiche im HF-Spektrum zwischen 1.7 - 2.69 GHz wurden auf WARC (*World Administrative Radio Conference*) für FPLMTS (*Future Public Land Mobile Telephone System*) reserviert, auch eine Belegung im 20 GHz-Bereich für Satellitennetze ist zu erwarten. Diese Tendenz zu höheren freien Frequenzen, die zusätzlich international vergeben werden, weist eindeutig Bestrebungen nach Massendienstfähigkeit mit einem breiten Angebot möglicher Realisierungen auf. Dieser Weg zu kürzeren Wellenlängen ($\lambda = c/f$) birgt auch neue Probleme (u.a. schrumpfen die einzelnen Versorgungsbereiche), die gelöst werden müssen.

- **Kleinere Funkzellen**

  In den aktuell entwickelten und in den derzeit geplanten Mobilfunksystemen werden unterschiedlich große und immer mehr kleinere Funkzellen verwendet. Die verschiedenen Zellengrößen (Klein- und Großzellen) sind im Bild 1.2 schematisch abgebildet. Sie können für eine bessere Dienstfähigkeit auch kombiniert innerhalb eines Systems eingesetzt werden.

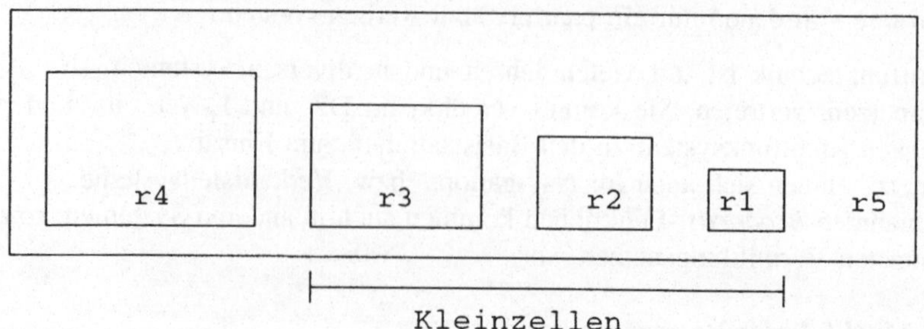

Bild 1.2: Zellengrößen

Pikozellen (r1 = 50m): lokale Anwendung wie Büro, Heim;
Mikrozellen (r2 = 500m): Innenstadtbereiche;
Makrozellen (r3 = 10km): Städte, Straßen;
Hyperzellen (r4 = 30km): ländliche Gebiete;
Overlay-Zellen (r5 = 200km): Satelliten-*Overlay*-Netze,

Mit geringerer Zellendimensionierung steigt die verfügbare Frequenzkapazität pro Flächeneinheit. Damit lassen sich:

a) mehr Teilnehmer versorgen und/oder
b) höhere Übertragungsraten erreichen.

Eine andere Möglichkeit der Netzverdichtung neben der Verkleinerung der Zellenradien ist die Teilung der Funkzelle in Sektorzellen. Dies wird durch Versorgung mit Richtantennen realisiert. Es lassen sich vergleichbare Gewinne ohne kostspielige Basisstations-Investitionen erzielen. Die mikrozellularen Netze können auf Basis gleicher Technologie wie die Makrozellen z.B. separat aufgebaut werden. In manchen Fällen sind Überlappungen mit *Overlay*-Netzen vorteilhaft. Die höhere Anzahl kleinerer Zellen stellt neue Anforderungen an die Systemfunktionen und das Netzmanagement.

- **Neue HW**

Für den Hochfrequenzbereich werden moderne VLSI-Schaltkreise in Bipolar-, CMOS- und GaAs-Dünnschichttechnologie unterhalb von 1 µm benötigt. In der Digitalfunktechnik werden immer weniger Bauteile verwendet. Es werden hochintegrierte Elemente mit 16-bit-Technik für *Digital Signal Processing* (DSP) entwikkelt. Solche speziellen Telekommunikations-Bauelemente (Chipsätze) werden nach Anlaufphasen in Großserien produziert. Die daraus resultierenden Vorteile sind: sinkende Preise, vorprogrammierte Miniaturisierung und reduzierter Stromverbrauch der Endgeräte. Dank der höheren Frequenzen wird auch eine geringere Dimensionierung, z.B. der Antennen, erreicht. Die Reduktion der Größe anderer Netzkomponenten, z.B. der Basisstationen, kann zu einer Verringerung der Nebenkosten, wie Anmietung von Stellplätzen etc., beitragen.

- **Neue Codecs**

  Für eine effektive Sprachcodierung sind leistungsfähige Codecs (Coder/Decoder) notwendig. Die neuen digitalen Codecs integrieren mehrere Signalverarbeitungsfunktionen. Durch spezielle Zugriffs-, Modulations- und Codierungstechniken kann die Frequenzausnutzung weiter verbessert werden. Zu den aktuell fortschrittlichsten Verfahren gehören die *Advanced Time Division Multiple Access*- und *Code Division Multiple Access*-Technik. Im GSM-Mobiltelefonsystem läßt sich die Teilnehmerzahl durch *halfrate* Kanäle und weitere Frequenzaufteilung steigern. Dementsprechend sind aufwendige Codierungsverfahren notwendig.

Massenmarkt-Dienste

Eine wichtige Unterscheidung, auf die an dieser Stelle eingegangen werden soll, ist die allgemeine Akzeptanz und die Fähigkeit der Telekommunikationssysteme, den Massenmarkt zu erobern. Der Standardisierung und Koordination solcher Vorhaben wird ein hoher volkswirtschaftlicher Wert beigemessen. Ziel ist es letztendlich, das Funktelefon und andere mobile Endvorrichtungen zu gefragten Konsumartikeln werden zu lassen. Zu den massenmarktfähigen, öffentlichen Netzen bzw. Systemen mit Mobilitätsmerkmalen können - nach aktueller Einschätzung - folgende gezählt werden:

- zellulare Funktelefonsysteme (GSM, PCN),
- schnurlose Telefone (*Telepoint*, DECT),
- *Personal Mobility* (in Festnetzen),
- *Paging* (ERMES) sowie
- *Route guidance* und Informationsnetze.

Das erste massenmarktfähige, zellulare Mobilfunksystem in Europa und weltweit war das skandinavische NMT 450. Danach kamen das englische TACS, dann C450 (C-Netz in Deutschland), Radiocom 2000 (in Frankreich) und RTMS (in Italien). Die Marktdurchdringung von Zellularsystemen ist unterschiedlich und beträgt z.B. 6% in Schweden (Stand 1992) und inzwischen knapp 3% in Deutschland (Stand 1994). Die weitere dynamische Entwicklung auf diesem Sektor ist durch digitale Systeme geprägt. Der Mobilfunkbereich und seine Zweige weisen Wachstumsraten von mehr als 40% auf. Aufgrund dessen kann zukünftig mit hohen Verkehrsdichten (Erlang/km^2) und einem echten Massenmarkt gerechnet werden. Das paneuropäische GSM-System soll bis zum Jahr 2000 im Schnitt die 5%-Marke europaweit übersteigen, wobei in Deutschland inzwischen sogar von 10% ausgegangen wird. Dazu soll auch die PCN-Entwicklung beitragen. Und dies ist erst der Anfang.

Die anderen wichtigen Massenmarktdienste werden in den weiteren Abschnitten dieses Kapitels vorgestellt. Auf die Konkurrenzsysteme zum GSM-System, die sich zur Zeit in der Entstehung befinden, wird im Kapitel 16 (Ausblick) eingegangen.

Nischenmarkt-Dienste

Von den Nischenmärkten sind vor allem die modernen Satellitennetze zu erwähnen. Das Interesse am *Land Mobile Satellite Service* (LMSS) und seiner Technik ist recht groß. Die geostationären Systeme werden jedoch nicht als massenmarktfähig und kostengünstig eingestuft. Hier werden entweder Systeme mit festen Basisstationen oder Satelliten auf *Low Earth Orbit* (LEO) Bahnen favorisiert. Auf internationalen Konferenzen wie WARC 92 wurde auf die Verträglichkeit der LEO-Systeme mit existierenden bzw. geplanten terrestrischen/zellularen Mobilfunknetzen geachtet. Die Satellitennetze sind zunächst als wichtige Ergänzung der terrestrischen Zellulartechnik anzusehen. Es gibt inzwischen Studien über eine Zusammenarbeit des GSM-Systems mit zukünftigen satellitengestützten PBS-Systemen (*Personal Business Services*). Es ist nicht auszuschließen, daß das erwartete globale Kommunikationssystem (UMTS bzw. FPLMTS) die Satellitennetze zu einem Massenmarkt werden läßt.

Die ersten europäischen Standardisierungen werden voraussichtlich auf dem INMARSAT (*International Maritime Satellite*) basieren. Wichtig bei solchen strategischen Vorarbeiten ist das Bestreben nach maximaler Überlappung der verwendeten Protokolle. Die Integration LMSS-GSM soll als eine Anpassung an das bestehende GSM-System erfolgen. Die erweiterten GSM-Terminals sollen die besten (eventuell auch günstigsten) Übertragungswege automatisch wählen können.

Das zur Zeit interessanteste zukunftsweisende Satellitensystem ist das Iridium-Projekt von Motorola mit 77 die Erde umkreisenden LEO-Basisstationen. Die Funkübertragungstechnik dieses Systems soll dem GSM recht ähnlich sein - es wird das vereinfachte TDMA-Verfahren im Frequenzbereich zwischen 1.61 und 1.6255 GHz verwendet. Wegen der - vom Standpunkt der Satelliten - vernachlässigbaren MS-Bewegung (MS: *Mobile Station*), ist es möglich, den *Handover*-Verlauf (Kanal-Umschaltung) vorauszusagen. So können die HOV-Prozesse (HOV: *Handover*) wesentlich einfacher als für GSM gestaltet werden. Sie müssen jedoch - aufgrund der Relativbewegung Satellit/Erdoberfläche - für alle aktiven Mobilfunkstationen alle paar (10) Minuten erfolgen. Bei diesem System wird es sich um ein Durchschalte-Vermittlungsnetz handeln. Die ganze Infrastruktur einschließlich der Vermittlungsfunktionen soll über die Satelliten aufgebaut werden, was sicherlich eine Reihe von Problemen mit sich bringen wird. Der reale Vorteil des Iridium-Systems ist seine relativ geringe Entfernung zur Erdoberfläche (765 km) mit voraussagbarem Kanalwechsel und guter Basisstation-Dichte sowie das vollständige Ausleuchten des Planeten, was potentiell eine absolute Erreichbarkeit garantiert. Das ermöglicht zusätzlich zum Telefonieren auch Dienste wie Personensuche oder globalen *Paging-Service*. So ein System eignet sich hervorragend als ein *Overlay*-Netz zu den lokalen und kontinentalen Zellularsystemen. Daraus ergeben sich reale Chancen für eine zukünftige Integration in das globale Telekommunikationsnetz.

- **Mobile Datenkommunikation**

  Der Bedarf für mobile Datenkommunikationsmöglichkeiten ist latent vorhanden und gewinnt durch die mobilen Basisdienste sowie durch die Digitalisierung und die daraus folgende Miniaturisierung langsam aber stetig an Bedeutung. Die mobilen Datendienste sind wegen des höheren Informationsgehaltes pro Frequenz kostenintensiver als eine Sprachübertragung. Sie können jedoch für bestimmte Anwendungen - durch schnellere, sichere Übermittlung, z.B. ohne personellen Einsatz - operativ vorteilhafter sein und bilden einen wichtigen Sektor der zukünftigen Mobilkommunikation. Sie werden in PMR-, zellularen (z.B. GSM), Satelliten- (z.B. EUTELSAT) oder MPDN- (*Mobile Public Data Network*) Netzen meistens paket- aber eventuell auch leitungsvermittelt angeboten. Für eine sichere Übertragung sollten HOV-Funktionen und zusätzlich Unterbrechungsmöglichkeiten eingeführt werden. Abhängig vom Netz und angebotenen Service-Leistungen können unterschiedliche Technologien, Standards und Protokolle verwendet werden. Zu den mobilen Datendiensten werden verschiedene Kurznachrichten (SM: *Short Message*), diverse Datenübertragungen aber auch Lokalisierungsdienste oder *Paging* (z.B. alphanumerisch mit Bestätigung) gezählt. Die typischen mobilen Endgeräte sind portable intelligente Terminals. Das kommunikationsfähige "mobile Büro" im A4- (oder sogar Brieftaschen-) Format: - **Notebook + Modem + PCN-Terminal** - wird als Ziel der Datennetzgestaltung angesetzt und kann inzwischen mit verschiedenen Mobilfunksystemen, vor allem auch mit GSM, realisiert werden.

- ***Moving Packet Data***

  Es gibt Bestrebungen für einen *Mobile-Data-Standard* für das gemeinsame Europa. Die ersten Entwicklungen in diesem Bereich (z.B. *Mobitex*-Netz von Ericsson) erlauben ein Zusammenwirken (IW: *Interworking*) mit dem Kurznachrichtendienst (SMS: *Short Message Service*) des GSM-Systems. Die europaweite Standardisierung vom ETSI-Institut ist erst in der Entstehung begriffen. Die Konzeption für ein *Packet Data Standard* sieht vor:

  - X.25 Integration und optimierte Luftschnittstelle,
  - *Performance* bei 10 kbit/s (128 Byte-Pakete in 100 ms Perioden) sowie
  - *multi-sourcing of Terminals.*

  Auch von der DBP Telekom wurde 1993 das MODACOM-Netz mit 9.6 kbit/s in mehreren Ballungsgebieten Deutschlands in Betrieb genommen werden. Dieses System nutzt das Datex-P-Netz und eignet sich gut zur Abfrage von Datenbanken sowie zur computergestützten Außendienst- und Fahrzeugsteuerung. Die ständige Erreichbarkeit der Terminals wird durch *Mailbox*-Vorrichtungen gesichert. Der Konkurrenzcharakter dieses Systems bezüglich der Datendienste des D-Netzes (D1 und D2) und E-Netzes ist nicht zu übersehen.

- **Andere Systeme**

Es gibt eine Reihe von Spezialsystemen wie DAL (s. Glossar) usw., von denen an dieser Stelle nur noch das TFTS erwähnt wird. Das *Terrestrial Flight Telephone System* (TFTS) ist ein Standard für Telefongespräche vom Flugzeug aus, das vom ETSI und der internationalen Luftverkehrsgesellschaft SITA entwickelt wurde. TFTS ist für den europäischen Luftverkehr bestimmt und belegt zwei 5-MHz-Bänder bei 1.7 und 1.8 GHz. Die Betreiberlizenz in Deutschland wurde an DeTeMobil vergeben. Die Service-Einführung soll noch 1994 erfolgen.

* * *

Wegen der Vielfalt der Mobilfunkdienste können nicht alle Themenbereiche mit der vom Leser vielleicht erwarteter Genauigkeit behandelt werden. Daher werden im weiteren Verlauf nur die für die Mobilfunkentwicklung sowie für die Mobilkommunikation wichtigsten Bereiche betrachtet.

1.1 Mobilkommunikation in Europa

"The evolution of mobile telephony has really only just begun."
(L. Conlee)

Der mobilen Kommunikation steht eine expansive Entwicklung bevor. Es wird sogar vom Anbruch des Zeitalters der Mobilkommunikation gesprochen. Sie ist ohne Zweifel einer der interessantesten künftigen Massenmärkte. Europa gehört aktuell zu den fortschrittlichsten und durch höchste Dynamik charakterisierten Telekommunikationsmärkten.

Die mobile Telekommunikation ist in sehr starkem Maße produkt- und technologieorientiert. Auf dem Welt- und Euromarkt existiert eine Vielfalt von verschiedenen, inkompatiblen Systemen und Mobilfunknetzen, die meist länder- bzw. herstellerspezifisch sind. Alleine der europäische Markt war durch das Nebeneinander von insgesamt 11 zu einem Großteil inkompatiblen Mobilfunksystemen geprägt. Bis vor kurzem fehlte eine hierarchische Einteilung mit klarer Strukturierung und ein umfassendes Servicekonzept. Aus dieser Menge kristallisiert sich immer mehr ein System-Assemble heraus, das vor allem für den gemeinsamen europäischen Markt bezeichnend ist.

Die Idee eines Europas ohne Grenzen spiegelt sich auch im Telekommunikationswesen wider. Die Innovationskraft des europäischen Mobilfunkmarktes ist ohne Vergleich. Diese interessante Entwicklung hat in den frühen 80-er Jahren angefangen und wird unaufhaltsam vorangetrieben. Die Devise lautet: "Kommunikation nach Maß für unterwegs". Das moderne GSM-System kann als Vorreiter dieser gesamteuropäischen Strukturierung bezeichnet werden. Es ist eins der kompliziertesten Telekommunikationsprojekte, das je in Angriff genommen wurde. Inzwischen gibt es auf der europäischen Ebene folgende einheitliche Standards für die digitale mobile Kommunikation: GSM, CT2, DECT und ERMES (*Paging*), die im folgenden beschrieben werden. Es werden in Zukunft noch weitere (wie z.B. *Trans European Trunked Radio*) hinzukommen. Die darauf aufbauenden Systeme haben einen komplementären Charakter und unterscheiden sich im Dienstangebot (Leistungsmerkmale), in der Versorgungscharakteristik (2 und 3 dimensional) und im Preis. Man sollte auch die bestehende Differenzierung zwischen geräte- und personenbezogener Mobilität nicht unberücksichtigt lassen. Die herkömmliche Mobilität des Endgerätes wird allmählich durch die des einzelnen Teilnehmers und der von ihm subskribierten Dienste ersetzt bzw. ergänzt ! Mit Hilfe einer persönlichen Chipkarte können alle erreichbaren Mobilgeräte in Anspruch genommen werden. Dies heißt in der Praxis, daß die individuell zugeschnittenen Anwendungen in zunehmendem Maße infrastruktur- und geräteunabhängig angeboten werden können. Die übergreifende Standardisierung und Vielfältigkeit hilft, die Systeme so zu integrieren, daß für den einzelnen subjektiv ein optimal personenzugeschnittenes Kommunikationsmedium entsteht. Damit wird die angebotene Dienstpalette den steigenden gesellschaftlichen Bedürfnissen wesentlich besser angepaßt als es bisher der Fall ist.

GSM

GSM ist der erste digitale, zellulare Mobilfunkstandard, der mit *International Roaming* und ISDN-Fähigkeit (ISDN: *Integrated Services Digital Network*) eine länderübergreifende Mobilität, eine hohe Sicherheit sowie eine große Dienstvielfalt bietet. Es wird im Vergleich zu den älteren als *high-speed* Funktelefonsystem bezeichnet. Die Bruttogeschwindigkei eines Vollratensprechkanals beträgt 22,8 kbit/s. Das GSM-System bringt nicht nur einen riesigen Technologiesprung mit sich, sondern ist auch ein Meilenstein auf dem Weg zu einer herstellerübergreifenden Schnittstellenstandardisierung. Die GSM-Technologie spielt eine überragende Rolle in der Entwicklung des mobilen Telefons und bildet eine Grundlage für globale Systeme und zukünftige Kundenwünsche. Dieses System setzt sich dank der aufwendig ausgearbeiteten Technologie und hohen Flexibilität erfolgreich als Weltstandard durch. In den Aufbau der GSM-Netze wurden allein in Deutschland bereits mehrere Milliarden DM investiert. Eine detaillierte Beschreibung des GSM-System schließt sich an Kapitel 1.1 an.

Schnurloses Telefon

Das *Cordless Telephone* (CT) ist auf dem Weg, sich von einem Nischenmarkt-Dienst zu einem mehrschichtigen Euro-Standard zu entwickeln. Unterschiedliche Stufen dieser Entwicklung (CT-0,-1,-2,-3, DECT) werden in den WPBX-Produkten (*wireless* PBX) eingesetzt. Die Europäer konnten im Bereich der schnurlosen Telefontechnik eine führende Position einnehmen. Es wird zwischen den folgenden drei wichtigsten Systemen unterschieden:

1. *Telepoint*

Die Entwicklung der *Telepoint*-Dienste war in den Anfängen nicht besonders erfolgreich. Der Grund dafür war eine verfehlte Marktpolitik. Diese Situation scheint sich in der letzten Zeit gewandelt zu haben.

a) CT1 wurde von CEPT standardisiert und in einer mittlerweile überholten Analogtechnik entwickelt. Die CT1-Frequenzen (914 MHz, 958 MHz) wurden inzwischen für GSM vergeben. Mit CT1+ wurde eine neue, erweiterte Kanalkapazität mit 80 Vollduplex-Kanälen zur Verfügung gestellt - leider nicht europaweit.

   CT1 → CT1+ → CT2 (CT der zweiten Generation);

b) CT2/CAIS (CAIS: *Common Air Interface Standard*) mit 32 kbit/s wurde in England (vom BSI) entwickelt und Ende 1991 vom ETSI als europaweiter digitaler Standard mit FDMA/TDD anerkannt. Die Basisstationen (*Telepoints*) werden in Ballungsräumen und Einkaufszentren aufgebaut. CT2 hat normungsbedingte eingeschränkte Fähigkeiten in bezug auf ankommende Anrufe und Operationsbereiche. Internationale Kompatibilität mit Inter-Operabilität der Geräte sowie günstige Preise sollen es attraktiver machen.

2. CT3 - als schnurloses Telefon zur Anwendung in Firmen-Gebäuden (Büro-Kommunikation) wurde parallel zu DECT entwickelt. Dieses System läßt zum ersten mal pikozellulare Mehrzellenstrukturen zu. CT3 ist als Standard von ETSI zu Gunsten von CT2 abgewiesen worden. Dieses Betriebsfunksystem mit TDMA-Technik und HOV-Fähigkeit hat die DECT-Entstehung beeinflußt und kann dem DECT-Standard angepaßt werden. CT2 und CT3 operieren im 900 MHz-Band.

3. DECT-Standard (*Digital European Cordless Telephone*) für die Unterstützung persönlicher quasistatischer Kommunikationsdienste (PCN); Die zugehörigen Empfehlungen wurden vom ETSI 1992 fertiggestellt. Die Ausbreitungseigenschaften von GSM und DECT sind recht unterschiedlich, die *Call Control* Signalisierung ist jedoch weitgehend kompatibel. DECT mit nahtlosem *Handoff* (*Seamless Handover*) ist für dichten Verkehr sehr gut geeignet. Mit 32 kbit/s soll DECT zu PSTN und UMTS kompatibel sein. Es wird auch als schnurloses ISDN bezeichnet. Das DECT-Produkt ist, neben dem schnurlosen Telefon, als drahtlose Nebenstellenanlage vorgesehen. Die technischen Eigenschaften des DECT-Systems sind:

- europaweite Allokierung des 1,88-1,9 GHz- Frequenzbereichs (20 MHz);
- großes Kanalraster von 1728 kHz;
- *Time Division Duplex* (TDD) mit 2 x 12 Kanälen je Träger;
- GFSK-Breitbandmodulation mit BT = 0,5 (Modulationsindex ist nicht spezifiziert) und einer Datenrate von 1152 kbit/s;
- dynamische Kanalselektion.

DECT ist ein pikozellulares System mit Mehrzellenkonfigurationen, die über eine hierarchische Gruppierung erreicht werden. Die Einteilung in lokale und globale Netze sowie Funktionsblöcke unterstützt verschiedene Zielnetze und vielfältige Anwendungen, die sich u.a. gut in die vorhandene Infrastruktur einfügen lassen. Die zentrale Planung und Kontrolle der verfügbaren Kanäle und Frequenzen entfällt im DECT vollständig. So ist beim Aufbau oder einer Änderung keine regelmäßige Neukonfiguration des Netzes notwendig. Die einzelnen Endgeräte verfolgen den momentanen Status der Funkkanäle über aktualisierte Kanal-Listen.

Funkruf

ERMES: *European Radio Message System*; Hierbei handelt es sich um einen europaweiten, flächendeckenden Funkrufdienst (*Paging-Service*), dessen Standardisierung und Einführungsplanung 1993 erfolgte. ERMES ist in der Lage, die Zellulardienste des GSM-Systems in PCN-Netzen zu ergänzen. Das EUROPAGE System kann als ein Übergangs- und Versuchsnetz vor dem ERMES-System bezeichnet werden.

* * *

Zur Übersicht werden im Bild 1.3 die wichtigsten Mobilfunknetze Europas verglichen. In der Darstellung werden die Funktionalität und Mobilität gegenübergestellt.

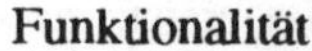

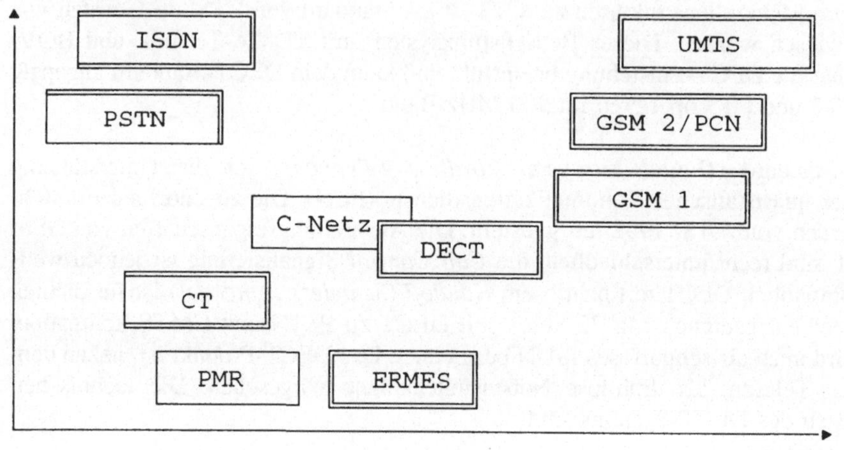

für europaweite Standardisierung
für Standardisierung

ISDN: *Integrated Services Digital Network*
PSTN: *Public Switched Telephone Network*
UMTS: *Universal Mobile Telecommunication System*

Bild 1.3: Die wichtigsten Mobilfunknetze in Europa im Vergleich (inkl. stationärer Netze: ISDN und PSTN)

C-Netz steht in dieser Darstellung für die analoge Generation zellularer Netze - bei diesem C-System sind die Vermittlungstechnik und die Signalisierung bereits digital.

Basierend auf dem GSM-Standard wird seit geraumer Zeit an noch moderneren globalen Systemen gearbeitet. Die Briten sind mit PCN-Netzen (PCN: *Personal Communications Network*) die wesentliche Antriebskraft für diese Entwicklung. Das PCN-Konzept wird im Abschnitt 1.3 skizziert. Das Konzept für die Zukunft sieht eine Realisierung von Netzen in der Art des *Personal Communications Networks* vor, mit vielfältigem Dienstangebot, das als "ideales" Telekommunikations-Medium dem Teilnehmer alle Möglichkeiten an günstiger, personeller Kommunikation auch interkontinental (Welttelefonnetz) bieten soll. Dabei soll die Versorgung von Haushalten, Arbeitsstellen, kommerziellen Einrichtungen, öffentlichen und quasi-öffentlichen (*semipublic*) Bereichen abgedeckt werden. Ein europäischer Standard für das UMTS (*Universal Mobile Telecommunication Service*) wird voraussichtlich erst 1998 verabschiedet. Er soll die unterschiedlichen Applikationen und Möglichkeiten bereits existierender Systeme integrieren. Zu den wichtigsten Anforderungen an die Systemplanung gehört die Wahl der geeigneten Funkschnittstellen-Spezifikationen, die allen zukünftigen Aufgaben und Diensten gerecht werden sollen.

1.2 Leistungsmerkmale des GSM-Systems

An dieser Stelle werden die wichtigsten Merkmale des GSM-Systems aus der Sicht des technisch interessierten Teilnehmers dargestellt. Im Vergleich zu den früheren Funktelefonsystemen kann eine ganze Reihe von Vorteilen aufgezählt werden. Das GSM-System gilt zur Zeit als das modernste, im Einsatz befindliche digitale Mobilfunknetz der Welt.

- **Kommunikation**

Das GSM-System bietet den PLMN-Teilnehmern (PLMN: *Public Land Mobile Network*) über einen Funkweg die mobile Kommunikationsmöglichkeit (*Mobile Service*). Es werden sowohl Teleservice-Leistungen - der wichtigste Dienst ist hier das Mobiltelefonieren - als auch Übertragungsdienste (verschiedene Datentransporte) angeboten.

- **Totale Mobilität**

Der Teilnehmer (*Mobile Subscriber*) kann von überall aus kommunizieren (internationaler Zugriff). Er kann mit seiner Chipkarte auch andere Mobilfunkstationen, z.B. im Mietwagen, benutzen. Mit dem Handtelefon hat man dabei totale Bewegungsfreiheit. Diese Mobilität wird von vielen aus Sicherheitsgründen (Mobiltelefon als Rettungshelfer) befürwortet. Es ist geplant, ganz Europa einschließlich der osteuropäischen Staaten sowie andere Weltregionen und Länder in das GSM-Projekt einzubeziehen.

- **Erreichbarkeit**

Jeder Teilnehmer ist/wird im gesamten *Groupe-Spécial-Mobile*-Bereich grenzübergreifend unter der gleichen Rufnummer erreichbar (sein). Der Anrufer braucht über den Aufenthaltsort des anzurufenden mobilen Teilnehmers nichts zu wissen, denn das Netz übernimmt selbstständig die Lokalisierungs-Aufgaben (Intelligenz-Merkmal).

- **Hohe Kapazität**

Alle früheren Netze hatten mit Kapazitätsproblemen, besonders in Ballungsgebieten, zu kämpfen. Durch eine bessere Frequenzausnutzung und kleinere Funkzellen lassen sich im GSM-System wesentlich mehr Teilnehmer versorgen.

- **Übertragungsqualität**

Die hohe Qualität und Zuverlässigkeit der Übertragung wird durch verschiedene Techniken und Verfahren wie Digitalisierung, aufwendige Codierung mit Fehlerkorrektur, Frequenzsprungverfahren (FH: *Frequency Hopping*), automatische Kanalwechsel-Verfahren (HOV) u.a. erreicht und soll erstmalig der in Festnetzen (64 kbit/s) recht nahe kommen. Dadurch eröffnet sich die Möglichkeit, drahtlos, kontinuierlich, störungsfrei (trotz zellularer Unterbrechungen) und in Bewegung Telefonate zu führen und andere Kommunikationsdienste zu nutzen.

- **Überdeckungsgrad**

Ende 1992 konnten in Deutschland 60 Prozent der Fläche und über 80 Prozent der

Bevölkerung versorgt werden. In allen Großstädten und auf Hauptverkehrsstraßen der CEPT-Länder ist das Mobiltelefonieren zum Großteil bereits seit 1993 möglich. Die Flächendeckung wird stufenweise erweitert und soll ab 1995 die Vollversorgung erreichen. Der Netzauf- und Netzausbau (D- und E-Netz) werden aufgrund der günstigen Marktsituation in Deutschland besonders intensiv vorangetrieben.

• **Teilnehmerkreis**
Der Einsatz moderner und gefragter Technologien für einen Massenmarkt sichert eine sehr hohe Teilnehmerkapazität und entsprechende Teilnehmerzahlen. In der Langzeit-Planung werden vergleichbare Teilnehmerzahlen wie für das normale Telefonnetz angestrebt bzw. erwartet.

• **Sicherheitsmaßnahmen**
Die Sicherheitsmaßnahmen für GSM wurden mit großer Sorgfalt ausgewählt. Ein Ausschluß von Unbefugten oder unerlaubten Zugriffen wird zum einen durch

- Zugangskontrolldienste: Chipkarte, Paßwort-, PIN-Angabe (Geheimzahl) und
- zum anderen durch Authentizität bzw. Identifizierung realisiert.

Die Anonymität der Teilnehmer und weitgehende Abhörsicherheit werden durch weitere Maßnahmen unterstützt.

• **Anonymität**
Die Anonymität wird durch die im Netz implementierte, automatische Verwendung temporärer Identifizierungsdaten (sog. Pseudonyme) gewährleistet.

• **Abhörsicherheit**
Die Wahrung des Fernmelde-Geheimnisses wird im Luftraum durch Verschlüsselung und zusätzlich durch den Einsatz eines Frequenzsprungverfahrens (FH) erreicht. So können wichtige, vertrauliche Telefonate problemlos (wie im normalen Netz) geführt werden. Dies wurde erst mit der Digitaltechnik möglich.

• **Niedrige Kosten**
Um die Attraktivität der mobilen Kommunikation zu steigern, müssen die Kosten für alle potentiellen Teilnehmer so gering wie nur möglich ausfallen. Mit niedrigen Kosten ist somit in zweierlei Hinsicht zu rechnen:

- Der Anschaffungspreis für die Endgeräte wird dank des Massendienstes und der harten Konkurrenz seitens der Hersteller für viele Mobilstationstypen schnell unter die 500 DM-Grenze fallen. Die Mobilfunkgeräte sind bereits heute (trotz ihrer Komplexität) um ein Vielfaches billiger als die alten C-Netz-Telefone. Die *Handhelds* sind anfänglich noch teuer, sollen jedoch langfristig auch unter 500 DM erhältlich sein.
- Die Monatsgebühren liegen schon heute deutlich unterhalb des anfänglichen - aufgrund des Postmonopols konkurrenzlosen - C-Netz-Niveaus.
- Durch die Einführung der PCN-Dienste werden die Preise noch weiter sinken.

• **Teilnehmergerätemarkt**
Die hohen, bisher von einem analogen Mobiltelefonsystem nicht erreichbaren Teilnehmerzahlen ermöglichen die Herstellung verschiedenster Gerätetypen, sowohl für das Auto (z.B. herausnehmbare Geräte), als auch für den Handgebrauch (kleine tragbare *Mobiles*). Durch eine weitgehende Integration und rasante Technologieentwicklung ist mit kurzen Innovationszyklen der Endgerätegenerationen zu rechnen. Die *Mobiles* werden immer kompakter, kleiner und leichter sein und einen geringen Stromverbrauch haben. Als Zielgröße wird das Taschenrechnerformat, evtl. sogar die ausklappbare Kreditkartengröße, angestrebt. Bis zum Jahr 2000 soll sogar eine sogenannte 'GSM-Uhr' entwickelt werden. Viele Apparate werden als Multifunktionsterminals oder auch als Designertelefone erhältlich sein. Einen wichtigen Anteil werden die handlichen "mobilen Büros" bilden.

• **Komfort**
Der Komfort kann, dank einer Reihe von Maßnahmen und *Features*, die vor allem die Endgeräte betreffen, erhöht werden. Es können Zusatzdienstmerkmale, Kurznachrichtendienst, *User*-Information, Menü-Anzeige, Speicherungsmöglichkeiten, universelle Chipkarten als SIM-Module (SIM: *Subscriber Identity Modul*), *Car Kits*, Freisprecheinrichtungen, Stummschaltungen, einfacher Anschluß für Datendienste usw. benutzt werden. Die Komfortsteigerung sollte sich ebenfalls auf eine leichtere Bedienbarkeit beziehen. Auch solche Merkmale wie eine übergreifende und flexible Gebührenerfassung oder ein intensiver Kundenservice werden zur Komfortsteigerung beitragen.

• **Standardisierung**
Die Standardisierung in Form der GSM-Empfehlungen, der Einsatz einer normierten Zeichengabe sowie anderer Standards ermöglicht eine europa- und weltweite Kommunikation. Der Normierungszwang erlaubt weitgehende Kompatibilität und eine breite Produkt-Palette.

• **Intelligenz**
Die Informationsverarbeitung wird in der Telekommunikation immer wichtiger. Es wurden Datenbank-Strukturen und -Zugriffsprozeduren (z.B. die sofortige Aktualisierung der Daten) eingeführt, die Intelligenz-Merkmale aufweisen und sich gut mit der IN-Architektur realisieren lassen. Eine flexible Einführung anderer Dienstmerkmale wie z.B. Kreditkarten-Service oder personenbezogene Verkehrs-Leitdienste ist ebenfalls denkbar bzw. bereits vorgesehen.

• **Entwicklungsfähigkeit**
Dank des immer stärkeren Einflusses des IN-Konzeptes können Zukunftsentwicklungen, wie z.B. verschiedene Informationsdienste und Dienstleistungen, mit eingeschlossen werden. Die Novitäten lassen sich wesentlich schneller und vielfältiger als bisher (in den herkömmlichen Netzen) integrieren.

• **Kompatibilität**
Das GSM-System ist mit anderen Netzen weitgehend ISDN-kompatibel, was das Angebot an verschiedenen Zusatzdiensten auch außerhalb von PLMN's erweitert. Dank des einheitlichen Konzepts sind bezüglich der MF[1]-Anlage an den Landesgrenzen keine zusätzlichen Zollprozeduren erforderlich.

• **Dienstevielfalt**
Außer Telefonieren, Notruf eingeschlossen, können im GSM-System u.a. folgende Dienste (*pan european Services*) benutzt werden: Elektronische Post, Bildschirmtext, Telefax, Mobilbox, Kurztextübertragung, Teletex, Datenübermittlungsdienste und Zusatzdienste (wie Anrufumleitung oder Sperren). Von den Dienstanbietern können auch spezifische Mehrwertdienste, z.B. für Autofahrer oder Reisende, angeboten werden.

• **Individuelle Dienstanpassung**
Die GSM-PLMN-Netze bieten eine breite Palette an Dienstmöglichkeiten. Mit der *Smart Card*-Lösung können die angebotenen Dienste individuell und zielgruppengerecht zugeschnitten werden. Die Netzbetreiber können je nach Nutzungsprofil abweichende Service-Pakete anbieten (z.B. mit oder ohne Datendienste).

• **Prioritäten**
Die Notrufe werden mit höchster Priorität erfolgen. Außerdem können bestimmte Personenkreise (wichtige Institutionen, Bedienungspersonal) bevorzugt behandelt werden. Solche Maßnahmen der Vorranggewährung werden bei eventuell auftretenden Netzüberlastungen zum Tragen kommen.

• **Wirtschaftlichkeit**
Stromsparende Techniken und eine moderne Technologie erlauben lange Nutzungszeiten der Endgeräte im Batteriebetrieb. Andererseits sind Kostensenkungen durch den Massendienst und zunehmend weltweiten Einsatz möglich. Auch im Bereich der Infrastruktur werden die ökonomischen Aspekte durch unterschiedliche Systemkonfigurationen berücksichtigt.

• **Frequenzökonomie und Spektraleffizienz**
Die Frequenzökonomie und Spektraleffizienz wird durch FDMA- und TDMA- (*Frequency Division Multiple Access* und *Time Division Multiple Access*), effektive (*half-* und *full- rate*) Codierung und Kanalzuordnung, Warteschlangen, OACSU (*Off Air Call Setup*) u.a. Verfahren erreicht. Dies erlaubt, mehrere Teilnehmer pro Frequenzband effektiv zu versorgen. So kann auch bei hohem Verkehrsaufkommen telefoniert werden.

[1]Mobilfunk ist die allgemeine Bezeichnung für die drahtlose Kommunikation mittels elektromagnetischer Wellen. In dieser Arbeit bezieht sich die Abkürzung "MF" auf das digitale, paneuropäische Mobiltelefonsystem.

Nachteile

Es gibt kein perfektes System und in jedem können Schwachpunkte aufgezeigt werden. Diese sind je nach Anforderungen des Kunden unterschiedlich schwerwiegend zu bewerten. Zu den nennenswerten Nachteilen des GSMs können aktuell folgende gezählt werden:

- keine *End-to-End* Chiffrierung der Nutzkanäle;
- Netzzugriff nur über einen "reduzierten" B-Kanal: keine Verlängerung des transparenten 64 kbit/s Trägerdienstes vom ISDN;
- eventuelle Beeinträchtigung der Konzentration beim Autofahren, dadurch Erhöhung des Unfallrisikos;
- unerwünschte Störung (neue Erreichbarkeits-Situationen);
- Mißbrauch persönlicher Daten nicht ganz ausgeschlossen;
- Möglichkeiten der gezielten Kontrolle und Überwachung (Bewegungsbilder usw.);
- Bisher wurde keine GSM-Lösung für das Problem der Dopplerverschiebung bei höheren Geschwindigkeiten gefunden.
- elektromagnetische Verträglichkeit, die Strahlung und ihre Auswirkung[2];
- langsame Einführung (bis voraussichtlich 1995) der vorgesehenen Leistungsmerkmale;
- noch nicht vollständige Versorgungsstruktur und Leistungsfähigkeit des Systems;
- die *Handhelds* können - wegen der geringen Sendeleistung - erst im Endausbau der GSM-Netze überall voll zum Einsatz kommen;
- hohe Komplexität des System mit Anhäufung von modernen Fachbegriffen, *Features* und Diensten;
- Kompatibilitätsprobleme innerhalb des GSM-Standards;
- relativ hohe Gebühren.

---

[2]Der Beitrag der PLMN-Netze zum 'Elektrosmog' ist im Vergleich zu anderen elektromagnetischen Hochfrequenzquellen gering. Die GSM-Sendeleistungen liegen wesentlich unter denen der Hörfunk- oder TV-Sender. Es ist wichtig zu betonen, daß die Einführung der digitalen Funktechnik in das GSM-System einen wesentlichen Fortschritt auch in bezug auf die Abstrahlleistung darstellt. Durch das TDMA-Verfahren, d.h. die pulsartige Abstrahlung der Sendesignale, lassen sich die vorgeschriebenen Sicherheits-Mindestabstände der Teilnehmer zu den Antennen/TX-Vorrichtungen im Vergleich zu Analogeinrichtungen etwa um einen Faktor acht reduzieren! Solche Techniken wie DTX oder *Power Control* erlauben eine weitere Reduktion der Strahlungsdichte. Somit ist eine Strahlungsleistung der korrekt funktionierenden Mobilfunkgeräte von bis zu einem Watt aus der heutigen Sicht praktisch unbedenklich. Die Mindestabstände zu den Basisstationen in Abhängigkeit von der Expositionsdauer sollten jedoch streng eingehalten werden. Zu den wichtigen Problemen der elektromagnetischen Beeinflussung zählt zur Zeit das Fehlen einer einheitlichen, europäischen EMV-Bestimmung (siehe auch Seite 23: strahlungshygienische Sicht im PCN-System).

1.3 Personal Communications Network (PCN)

"The Personal Communications Network will give us a personal telephone number; we will be able to reach individual people wherever they may be."

Das in Großbritanien als zukünftiges System für individuelle Kommunikation vorgeschlagene PCN-Konzept wurde als *Phones on the Move* bezeichnet. Als Ausgangspunkt dieser Entwicklung kann die rege Nachfrage nach mehr Betreiberlizenzen im Mobilfunkbereich genannt werden. Das PCN-Konzept ist sehr fortschrittlich, weil es allen Gruppen der Bevölkerung die Möglichkeit eröffnen wird, Mobiltelefone kostengünstig zu benutzen. Das *Phones for people, not places* verspricht zugleich die totale persönliche Mobilität für seine Teilnehmer. PCN ist ein Funktelefonnetz mit Mobilfunk- und *Cordless-Features* (Hybridsystem durch Integration verschiedener Techniken), das in GB schon ab Mitte 1992 realisiert wird. Die theoretischen Arbeiten zu diesem System entstehen zusammen mit GSM Empfehlungen zur Phase 2 (s. GSM-Entwicklungsphasen). So bauen die "persönlichen Kommunikationsnetze" auf der GSM-Technologie auf. Diese Kontinuität erlaubt, den Technologiestand stufenweise zu erweitern und eine wirtschaftliche Lösung für mögliche Innovationen zu finden. Der PCN-Standard wurde DCS 1800 (DCS: *Digital Communication System*) genannt und kann als eine mikrozellulare GSM-Variante betrachtet werden. Der Schwerpunkt der PCN-Dienste wird auf die Benutzung der als Massenartikel konzipierten Handtelefone (d.h. kleine *Handhelds* und Taschentelefone) mit geringer Sendeleistung 250 mW/1 W vor allem für Fußgänger in Ballungsgebieten gelegt. Die übrigen Dienstleistungen (Servicepaket) können den im GSM 900-Netz angebotenen ähnlich sein. Dieses digitale Netz soll 150 MHz Trägerfrequenz zwischen 1.71 und 1.88 GHz in Anspruch nehmen - sowohl für die zellulare als auch für die schnurlose (*cordless/wireless*) Option. Auch der DECT-Standard mit seinem angrenzenden Frequenzband soll hierzu wesentlich beitragen. Die Kanalanzahl pro Flächeneinheit soll im Vergleich zum GSM 900 noch weiter steigen. Die Funkzellengröße kann bis zu 10 km im Durchmesser (Makrozellen) erreichen. Die Versorgungsstruktur wird durch den Einsatz von Mikrozellen (bis 1 km Radius) noch weiter verdichtet. Es werden ebenfalls viel kleinere Pikozellen sowie *ribbon cells* (Schmalstreifen) für Stadtzentren und ähnlich verkehrsdichte Bereiche entwickelt.

PCN soll zu einem bedeutenden Massenmarkt für mobile Kommunikation werden. In mehreren europäischen Ländern soll, dem Beispiel von Großbritanien folgend, die PCN-Entwicklung in Angriff genommen werden. Dieses Konzept wird bei zusammenhängender Versorgung erlauben, bis zu 40 Millionen Teilnehmer in Europa zu bedienen. Das PCN-Netz kann für viele eine echte Alternative, sowohl zu den bisherigen Mobilfunknetzen, als auch - bei vergleichbarer Sprachqualität - zu dem üblichen Fernsprechnetz (PSTN) werden. Es kann in fester Umgebung als schnurloses (oder sogar verdrahtetes) Zweiweg-Telefon und für echt mobile Szenarios als zellularer Service angeboten werden. So werden die Vorteile des Festnetzes (relativ günstige Kosten) und moderner ETSI-Standards (GSM) parallel genutzt. Bekanntlich sind die zellularen Netze mit ihrer

Ausbreitungscharakteristik (*propagation characteristic*) innerhalb von Gebäuden und Hallen schlecht geeignet. Die im DECT-Standard benutzte TDMA/TDD-Technik ist eng mit GSM verwandt und bietet technologische Synergie-Effekte. Zu den weiteren *Interworking*-Bereichen zwischen beiden Standards gehören unter anderem die IMSI-Identifizierung, automatische Aufenthaltsregistrierung und Chiffrierung. Die weiteren Standardisierungsbestrebungen (GSM Phase 2+) sollen zu einer Annäherung zwischen der DECT- und GSM-Signalisierung führen. Dies bezieht sich insbesondere auf die Abbildung der Protokolle der A-Schnittstelle.

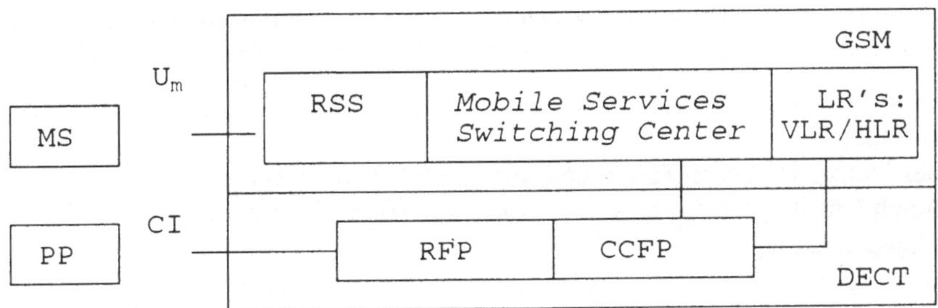

PP: DECT *Portable Part*
RFP: *Radio Fixed Part*
CCFP: *Central Control Fixed Part*
MS: *Mobile Station*
RSS: *Radio Subsystem*
LR: *Location Register (Location Database)*

Bild 1.4: GSM-DECT-*Interworking*

Auch die *Telepoint*-Dienste können bestimmten Benutzerkreisen eine problemgerechte Lösung bieten. Als Ergänzung dieser Aufteilung können *Paging* und weitere Dienste mit eingeschlossen werden. Schematische Darstellung des Übergangs zum PCN:

Paging → ERMES → SMS für PCN CT2 → DECT → PCN eventuell direkt: CT2 → PCN

Das PCN bedeutet einen weiteren Schritt in Richtung intelligenter, individueller Kommunikationssysteme, die über eine (z.B. mit Zeiteinteilung) oder auch mehrere persönliche Nummern Preferenzen einzelner Kunden berücksichtigen und optimale Service-Leistungen bei einem möglichst optimalen Preis/Leistungsverhältnis bieten. Die ersten Anwendungen des PCNs werden mit hoher Wahrscheinlichkeit im geschäftlichen Bereich liegen. Später werden sicherlich die privaten Nutzer das größere Marktvolumen einnehmen. PCN ist die logische Fortsetzung und technische Weiterentwicklung der bisherigen Reihe der Mobilfunknetze. Ob und wie sich dieser individuelle Kommunikationsdienst etablieren wird, hängt von mehreren Faktoren ab und ist stark länderspezifisch. Die vom BMPT (Bundesministerium für Post und Telekommunikation) vergebene PCN-Lizenz resultiert in einem inzwischen zufriedenstellend ausgebauten E1-Netz, das vom E-Plus-Konsortium betrieben wird. Die Versorgungsstruktur in vielen Ballungsgebieten (z.B. Berlin) ist auch qualitativ gut. In anderen europäischen Ländern ist in absehbarer Zeit eine Kommerzialisierung des PCN-Systems nicht in Sicht.

Der GSM 900- und der PCN-Standard unterscheiden sich in technischer und kommerzieller Hinsicht voneinander. Die zusätzlichen, technischen Anforderungen werden hauptsächlich in 14 Deltaspezifikationen[3] festgehalten. Die wichtigsten Abweichungen des DCS 1800 sind:

- Frequenzband bei 1.8 GHz mit einer großen Bandbreite von 150 MHz und 95 MHz Duplex-Abstand;
- Struktur des Netzes (kleinere Zellen und höhere Basisstationen-Dichte);
- Einsatzbereich (für dichten Verkehr und Hoch-Kapazitäts-Operationen);
- geringere Sendeleistung.

Es sind Modifikationen der Signalisierung im Zusammenhang mit einer vergrößerten Bandbreite und möglicher Infrastrukturaufteilung zu erwarten. Der Unterschied in der Signalisierung ist jedoch geringfügig. Die höhere Anzahl der verfügbaren Frequenzen muß in den von GSM definierten Datenfeldern eindeutig angesprochen werden können. Wegen der erhöhten Frequenz müssen solche Probleme wie Doppler-Verschiebung, Ausbreitungswege und *Fading*-Charakteristika neu betrachtet werden. Die erweiterten und abweichenden *Features*, in bezug auf die geforderte gleichbleibende Sprachqualität, sind: Equalizer, FH, FEC (*Forward Error Correction*) und *Interleaving*. Sie sollen alle gemeinsam die Problematik der Interferenz-Störungen bewältigen. Die HOV-Prozesse werden für unterschiedliche Szenarien, sowohl für den Einsatz in schnellen Zügen, als auch für eine stationäre Nutzung in bezug auf HOV-Geschwindigkeit und unter Erhaltung der Servicequalität, optimiert. Für bestimmte Benutzergruppen kann auf HOV und *Roaming* verzichtet werden. In das PCN-System sollen PABX- (automatische NstA) und *Centrex*-Vorrichtungen (ISDN) involviert werden. Die *Centrex*-Dienste versprechen dabei die einfachere Lösung. Die Verkleinerung der Versorgungsbereiche (Mikro- und Pikozellen) in der Zellulartechnik führt zu steigendem Signalisierungsaufwand durch häufigere HOV-Prozesse. Auch die Interferenzterme im Propagationsmodell nehmen mit kleineren Radien an Bedeutung zu und müssen neu betrachtet werden. Die geringere Sendeleistung wird jedoch im Endeffekt zu geringeren Interferenz-Problemen führen.

Sowohl GSM 900 als auch PCN erfordern sehr hohe Investitionen. So wäre es sinnvoll, soweit es technisch realisierbar ist, die existierende zellulare Infrastruktur (Standorte, Netzelemente, Übertragungswege) in das PCN-Konzept zu integrieren bzw. beide gemeinsam zu nutzen (s. als Beispiel PNA). Die höchsten Anschaffungskosten sind

[3]Die Deltaspezifikationen sind mit dem DCS-Zeichen im Anhang A vermerkt.

allerdings mit der Implementierung der neuen Softwarepakete verbunden.

Die Entwicklungsarbeiten zur Phase 2 des GSM-Standards wurden in Prioritätsstufen eingeteilt:

- Fax
- Funkprotokoll für Datenübertragung
- Halbratencodec
- Ergänzung der Zusatzdienste
- Optimierung des Standards (anhand der ersten Betreiber-Erfahrungen)
- generelle Verbesserungen der Signalisierung
- Mikrozellen
- verbesserte HOV-Prozedur
- verbesserter Verbindungsaufbau in verkehrsbelasteten Regionen
- Erweiterungsbänder
- persönliche Rufnummer
- SIM-Funktionen
- lokales *Routing*
- *Roaming* zwischen GSM 900 und DCS 1800
- Verbesserungen für O&M
- *Dual Numbering Service*
- Münzfunktelefone
- Auffangen des Dopplereffekts
- Validierung (experimentelle Überprüfung) der Phase 2
- Paketdatenübertragung
- Anschluß des Satellitendienstes (PROMETHEUS/DRIVE, INMARSAT)

Strahlungshygienische Sicht

Im PCN-System sind die durchschnittlich auftretenden Feldstärken niedriger als beim GSM 900. Sie liegen weit unterhalb der zugelassenen Strahlungs-Grenzwerte, die im Entwurf zur DIN 0848 Norm vom Oktober 1991 festgelegt wurden. Die reduzierte Sender- bzw. abgestrahlte Leistung betrifft insbesondere auch die Endgeräte. Dies ergibt ein minimales gesundheitliches Risiko für die PCN-Teilnehmer. Inzwischen wird an dem verbleibenden Problem des Sicherheitsabstandes (Antennenlage) bzw. der Abschirmmaßnahmen für GSM-*Handies* gearbeitet. Sollten in Zukunft neue Erkenntnisse bezüglich der Strahlungsauswirkung gewonnen werden, so wäre es wichtig, die Sendeleistung z.B. durch eine weitere Verkleinerung der Funkzellen (→ mehr Antennen !) zu reduzieren und die Antennenaufstellung zu überprüfen.

Weitere Aspekte

Die PCN-Netze können durch die Standardisierung (GSM, DECT) und moderne Technologien interessante Lösungen bieten. Das Dienstangebot kann sich zuerst auf die grundlegende Funktion - das Mobiltelefonieren - konzentrieren. Dies wird als "abgespeckte" Version des GSM-Standards bezeichnet. Der Verzicht auf bestimmte GSM-

Dienste und zum Teil - individuellen Bedürfnissen entsprechend gewählte - eingeschränkte geographische Nutzungsbereiche können zu günstigen Gebühren für die Kunden führen. Mit der fortschreitenden Systementwicklung wird das Service-Paket sicherlich an Breite gewinnen. Es stellt sich die Frage, ob das flächendeckende PCN-Netz, so wie sein Vorläufer GSM 900, gewinnbringend realisiert werden kann. Hierfür wird die Anzahl der Teilnehmer ausschlaggebend sein.

Anhand erster Erfahrungen mit mehreren, parallelen PCN-Netzen in Großbritannien kann folgendes Statement abgegeben werden: Der PCN-Standard sieht die Realisierung eines automatischen "regionalen *Roaming*" vor, das erlauben soll, zwischen überlappenden Netzen zu wechseln (s. *National Roaming*). Dieses *Feature* kann in ländlichen Gebieten und als Einführungsstrategie recht nützlich sein.

- **PNA**

  Neu ist das PNA-Konzept (PNA: Parallele Netzwerk Architektur) der Infrastruktur-Teilung, das eine wirtschaftliche Lösung der Systemeinführung erlaubt und ein bedeutendes Maß an Netzintelligenz fordert (*Advances in Network Technique* - ETSI). Diese Vorgehensweise soll dem Netzbetreiber ermöglichen, neue Service-Leistungen und Dienstmerkmale relativ günstig - vor allem in weniger rentablen Gebieten - anzubieten. Dies kann am besten mit der IN-Architektur erreicht werden. Die existierenden Abschnitte anderer Funknetze können unter Umständen in die PCN-Struktur integriert werden. Es können, z.B. über ein MSC, verschiedene logische Netze eines physikalischen Systems gesondert behandelt werden (s. Bild 1.5). Auch andere NE's (wie z.B. Basisstationssteuerungen) können auf diese Weise aufgeteilt und gemeinsam genutzt werden. Diese Strategie erlaubt mehr Wettbewerb und eine Kostenreduktion beim Aufbau der notwendigen Infrastruktur, was sich wiederum positiv auf die Flexibilität und das Dienstangebot auswirken kann.

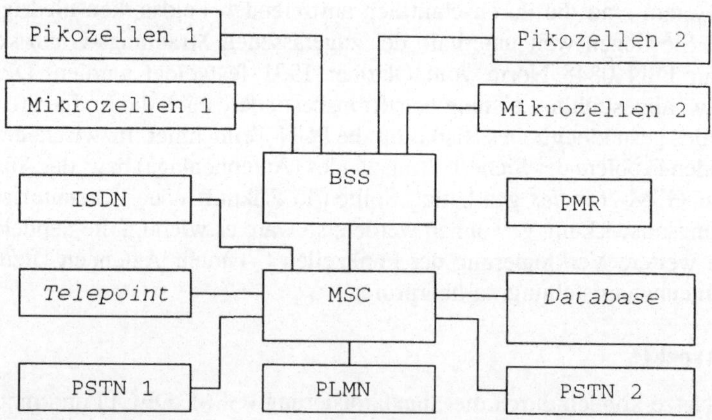

Bild 1.5: PNA-Architektur

1.4 Mobility Communication

"for people on the move"

Mit *Mobility Communication* kann die dritte zukünftige Generation (TGMS: *Third Generation Mobile System*) der mobilen Telekommunikation bezeichnet werden. Mit ihr werden der Mobilität der Teilnehmer und der Varietät an Dienstleistungen kaum noch Grenzen gesetzt sein. Die Evolution unterschiedlicher Mobilfunknetze (zellular, schnurlos, satellitär) sowie ihre Festnetzintegration führt in die Richtung persönlicher Kommunikationssysteme, die kontinentweit und sogar weltweit als ein globales System entwickelt werden. Der wichtigste Entwicklungsschritt in diese Richtung ist zur Zeit das PCN-Konzept. Schon hier sollen die bisher getrennten Techniken der zellularen und schnurlosen Systeme integriert werden. Eine weitere Entwicklung in diesem Bereich verlangt nach mehr Harmonisierung bei der Zusammenführung verschiedener Systeme. Um dieses Konzept international zu realisieren, sind intensive Standardisierungen und Kooperation einerseits sowie innovative Netzintelligenz mit *Interworking*-Elementen andererseits notwendig.

Für die Definition eines *Mobility*-Systems sind hinsichtlich der Teilnehmerwünsche folgende Hauptkriterien relevant:

- die Möglichkeit, Andere zu erreichen;
- Erreichbarkeit für die anderen, einschließlich kontrollierter Gesprächsannahme;
- der Preis.

Der Begriff der PMC (*Personal Mobile Communication*) umfaßt verschiedene private und öffentliche PCS-Netze und -Dienste (PCS: *Personal Communication Services*). Innerhalb des PCS-Konzeptes werden Basisdienste und erweiterte Service-Leistungen unterschieden. PCS-Netze sollen sowohl Gespräche als auch andere Dienste ortsunabhängig und massenmarktfähig anbieten. Dabei muß die Einführung kostengünstig erfolgen und die existierende Infrastruktur miteinbeziehen.

Mit dem Konzept der *Terminal Mobility* (TM) zwischen und innerhalb von PSTN, ISDN, GSM oder *Privat Telecommunication Networks* (PTN) werden die zukünftigen Endgeräte in der Lage sein, bequeme Verbindungsmöglichkeiten in allen Bereichen (Haus, Arbeit, öffentliche Plätze) zu bieten. Zu den am meisten diskutierten TM-Optionen gehören zur Zeit *Cordless Terminal Mobility* (CTM) und *Wired Terminal Mobility* (WTM).

Die unterschiedlichen Mobilitätsansprüche verschiedener Teilnehmergruppen werden zu diversen technischen Lösungen und gestaffelten Preisen führen, die als eine sich gegenseitig ergänzende Kombination von mehreren Netzen und Diensten in ein globales System münden werden. Vor allem die Idee der auf eine Person zugeschnittenen (auf bestimmte Bereiche eingeschränkten) und preislich günstigen Mobilität gewinnt zunehmend an Bedeutung.

Die behandelten Netze lassen sich auch in Verbindung mit dem IN-Konzept beschreiben. Intelligente Netze wurden zuerst als eigenständige Konzeptlösung verfolgt, die weitere interessante Dienste im Festnetz bietet. Sie ermöglichen zugleich in immer stärkerem Maße, die Mobilitätsaspekte vielfältig zu unterstützen. Die IN-Architektur wird mit der Zeit auch andere, insbesondere die Mobilfunknetze, prägen. Schon in den heutigen Realisierungen sind die IN-Züge ganz deutlich zu erkennen. Andererseits ist für IN-Netze der *Universal Personal Telecommunication Service* (UPT-Dienst) geplant. Dabei wird die Abonnentennummer dem Teilnehmer und nicht dem Anschluß zugeordnet. Den in Vorbereitung befindlichen ETSI-Empfehlungen zum UPT-Service wird aktuell die höchste Priorität eingeräumt. Man hat erkannt, daß die Steigerung der Flexibilität hinsichtlich der Teilnehmer-Erreichbarkeit im GSM-System sehr bedeutend ist und sich auf quasistationäre Bedingungen im Festnetz (ISDN, PSTN) übertragen läßt. Das Verfolgungsprinzip (Teilnehmerlokalisierung) der zellularen Netze kann auch hier eingesetzt werden. Eine Schlüsselrolle in diesem Konzept spielen die SIM-Karte, die systemübergreifend einsetzbar ist, sowie die Datenbanken mit den aktuellen Lokalisierungsinformationen. Solche Dienste wie UPT oder Rufweiterleitung (*Call Forwarding*) stellen zusätzlich attraktive Elemente der persönlichen Mobilität (*Personal Mobility*) oder der sogenannten virtuellen Mobilität der PSTN- und ISDN-Netze dar. Das System für persönliche Kommunikation soll auch die Vorteile des Festnetzes nutzen.

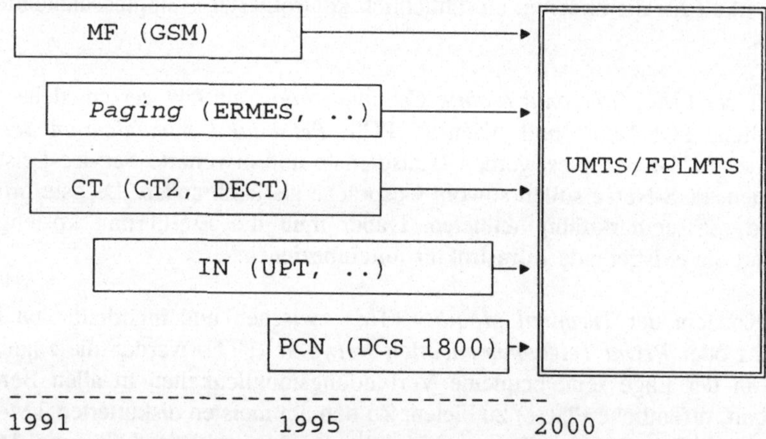

Bild 1.6: Entwicklung im *Mobility Telecommunication*-Bereich

Alle *Mobility*-Dienste unterstützen die Mobilität ihrer Teilnehmer und basieren auf reinen Vermittlungsnetzen. Sie sind zusätzlich Euro-ISDN-kompatibel und werden, neben dem einfachen Telefonieren, verschiedene Zusatzdienste bieten können. Dies zeigt, wie fortschrittlich die aktuellen Entwicklungen sind.

In diesem Buch werden vor allem Mobilfunkdienste beschrieben, die in zellularen Systemen der zweiten und späteren Generationen, d.h. mit ausschließlich digitaler Technik zum Einsatz kommen. In Europa sind es vor allem das paneuropäische Mobilfunknetz GSM 900 und PCN (DCS 1800) - beide Systeme basieren auf den ETSI/GSM-Spezifikationen, auf die auch weitere Entwicklungen aufbauen werden. Das GSM-System vereinigt gleichzeitig die Ideen der *Personal* und *Terminal Mobility.*

Die weitere strategische Festlegung und technische Entwicklung im Mobiltelekommunikationsbereich gehört der Zukunft an. Das übergreifende Konzept des mobilen Systems der dritten Generation hat schon jetzt sehr konkrete Formen angenommen. Es wird in ein europaweites **UMTS** (*Universal Mobile Telecommunication System*) bzw. weltweites **FPLMTS** (*Future Public Land Mobile Telephone System*) münden. Die beiden globalen Systeme sind konzeptuell recht ähnlich und ihre ausstehende Standardisierung wurde inzwischen in Angriff genommen. Auf der WARC-92-Konferenz konnte für den Startbetrieb ab dem Jahre 2000 eine Bandbreite von 230 MHz bei 2 GHz reserviert werden.

Das UMTS-System soll B-ISDN mit zellularer und schnurloser Technik integrieren und als gemeinsame technologische Plattform fungieren. An der Realisierung dieses Vorhabens sind im wesentlichen das ETSI-Institut und das RACE-Programm (RACE: *Research and Development in Advanced Communications in Europe*) der EG beteiligt. Die Standardisierungsarbeiten für UMTS wurden Ende 1991 von ETSI und CCIR aufgenommen. In dieses mobile System der dritten Generation werden alle im Bild 1.6 aufgeführten Netze und weitere Dienste integriert werden. Dazu wird sowohl die Satellitentechnik - für *Overlay*-Zwecke - als auch die Glasfasertechnik, z.B. als MAN (*Metropolitan Area Network*) - für die Verbindung stark verkehrsbelasteter Basisstationen - einen wichtigen Beitrag leisten. Durch den folgenden Serviceeinzug in die Bürokommunikation und Öffentlichkeit werden zusätzlich schnurlose Nebenstellenanlagen und LAN's miteingeschlossen. Dies alles wird über ein breitbandiges ISDN, ein sehr leistungsfähiges Telekommunikationsnetz mit hoher Kapazität, integriert. Es werden sehr kleine Funkzellen (Pikozellen) verwendet. Durch die Vielwegausbreitung in bebauter Umgebung sind die Übertragungsraten der Funkschnittstelle (für *unequalized Radio Link*) generell auf 500 kbit/s begrenzt. Die Grundbitrate wird 2 Mbit/s betragen.

Eine grobe Zusammenfassung des Dienstangebots (mobile Service-Plattform) sieht folgendermaßen aus:

- Telefon;
- Telex;
- Fax/Daten;
- elektronische Kommunikation (X.400/EDI);
- *Videophone*;
- *Paging*;
- *Voice Mail*;
- *Videotex* und *voice-based Library Services*;

- *Distribution* inkl. *Audio, Music, Video* und Teletext.

Die in diesem Buch ausführlich beschriebene GSM-Technik ist für das zukünftige UMTS als der Technologieträger anzusehen. Das zur Zeit intensiv verwendete FDMA-TDMA- bzw. neu entwickelte FDMA/ATDMA Verfahren (ATDMA: *Advanced* TDMA s. Kapitel 4) wird wahrscheinlich durch CDMA (CDMA: *Code-Division Multiple Access*) ergänzt bzw. ersetzt (s. Glossar). Insbesondere sollen die *Mobility*-Protokolle weitgehend ihre Gültigkeit erhalten. Selbstverständlich ist für so einen globalen Standard neben einem *Personal Communicator* (Multistandard-Endgerät für alle Funktechniken) ein Festnetzzugriff notwendig, um vielfältige, unter anderem auch Übertragungsraten-intensive, Dienste (Multimedia) bieten zu können. Die Bestrebungen nach weitgehender Mobilität werden sicherlich dazu führen, "Kommunikationsdosen" bzw. Endeinrichtungen verteilt bereitzustellen (Zonenebereiche), die den Teilnehmer erkennen und ihm alle möglichen und individuellen Service-Leistungen offerieren können. Für das universelle Telekommunikationssystem sind, neben flexiblen Zugriffsschnittstellen (durch eine Kombination verschiedener Systeme), vor allem eine intelligente Netzinfrastruktur und entsprechende Endgeräte unabdingbar. Auch die Sicherheitsaspekte der globalisierten Hybrid-Systeme gehören zu den wichtigsten Punkten, die betrachtet werden müssen. Die Gebühren werden leistungsbezogen berechnet, abhängig von der Zugriffsart, Service-Sorte, dem Grad an *Roaming*-Unterstützung usw. Das geltende Teilnehmerverhältnis soll alle verfügbaren Dienste, variable Servicequalität und spezielle Kundenwünsche berücksichtigen.

1.5 Andere Netze und Projekte

Die expandierenden Mobilfunknetze bilden eine Basis für neue Ideen und internationale Projekte. Das GSM-System und seine Infrastruktur können für verschiedene neuartige Dienstleistungen genutzt werden. Synchrone TDMA- bzw. CDMA-Systeme in zellularen Mobilfunknetzen eignen sich z.B. vorzüglich als Informationsquellen bzgl. des Aufenthaltsortes ihrer mobilen Teilnehmer. Solche MF-Systeme sind über die *Time Advanced Information* (s. adaptive Rahmensynchronisation) prinzipiell in der Lage, den Teilnehmer recht genau zu orten, und theoretisch sogar, seine Geschwindigkeit (z.B. über Dopplerverschiebung) zu bestimmen. Die Entfernung der MS von der BTS ist dem System (BSS) bekannt. Durch eine Weiterleitung zu einer Datenbank könnten diese Informationen z.B. den Verkehrslenkungssystemen zur Verfügung gestellt werden. Bei einem flächendeckenden Service könnten damit alle wichtigen Straßen und Verkehrsverbindungen erfaßt werden. Solche Lokalisierungsdaten konnten bereits sinnvoll - allerdings zu anderen Zwecken (HOV) - verwendet werden.

Es wird zur Zeit an Managementsystemen zur Verkehrssteuerung, Positionsbestimmung und für den Autonotruf gearbeitet. Zu den augenblicklich noch in der Entstehung befindlichen Projekten, die an GSM anschließen sollen, zählen SOCRATES, PROMETHEUS und neuerdings PROMOTE (Programm für Mobilität und Transport in Europa).

SOCRATES (*System of Cellular Radio Traffic Efficiency and Safety*)

Die Aufenthaltsinformationen zusammengenommen mit Verkehrslenkungseinheiten eröffnen sehr interessante Perspektiven für Navigationssysteme im Straßenverkehr. So können Staus und dichter Autoverkehr verhindert bzw. besser abgebaut werden. Gelingt es, den Verkehr im Fluß zu halten, können Einsparungen in Milliardenhöhe (ECU's) erzielt werden. Diesem Thema ist ein internationales Projekt - SOCRATES - als ein Teil des DRIVE-Programms (DRIVE: *Dedicated Road Infrastructure of Vehicle Safety in Europe*) gewidmet. Es soll ein elektronisches Informationssystem *Road Transport Informatics* entwickelt werden. Diese Zwei-Weg-Kommunikation könnte auch für viele Transport-Unternehmen der CEPT-Europa zu einer interessanten Alternative z.B. zum EUTELTRACS-Service werden.

PROMETHEUS (*Programme for an European Traffic with Highest Efficiency and Unprecendented Safety*)

Es wird die Übermittlung von Verkehrsinformationen im Rahmen des DRIVE-Programms und des EUREKA-Satellitenprojektes PROMETHEUS diskutiert. Dieses europäische Verkehrsmanagement wurde von der Automobilindustrie initiiert mit der Forderung, für den Straßenverkehr ein Projekt mit höchster Leistungsfähigkeit und Sicherheit zu schaffen. Zu den interessanten Ansätzen dieses Projektes gehört das *Multi-Hop Protocol for Beacon-Oriented Traffic*, das in schwierigen Funk-Situationen erlauben soll, eine Verbindung über dritte MS's mittels Relais-Funktionen aufzubauen.

Bewegtbilder im Mobilfunk

Die Verwirklichung der Idee vom Bildtelefon als einem Massenprodukt ist nicht mehr weit entfernt. Die Bewegtbildtechnik erfordert entsprechende Bandbreiten und/oder eine geeignete Codierung mit Kompressionsverfahren. Für Schmalband-ISDN sind geeignete Codierungsalgorithmen bereits vorhanden. Sollte sich diese Entwicklung auf die mobile Telekommunikation ausweiten, so ist eine Einbeziehung niedriger Übertragungsraten erforderlich. Zur Zeit werden Untersuchungen durchgeführt, ob eine integrierte Bild- und Sprachübertragung in DECT- und GSM-Netzen mit Quelldatenraten von 8 kbit/s möglich ist.

1.6 Gremien, Empfehlungen und Normen

Bis vor kurzem gab es im Bereich der Telefontechnik sowohl in Deutschland als auch in anderen europäischen Ländern wenig Neues zu berichten. Die Lage war durch das Postmonopol und nationale Interessen fast vollständig definiert. Diese Situation hat sich in den letzten Jahren nicht zuletzt dank der eingeleiteten Postreform innerhalb der Europäischen Gemeinschaft (Liberalisierung im Bereich der Telekommunikation) und des wachsenden Wettbewerbs drastisch geändert. Die erfolgreiche Kooperation der CEPT-Länder, die zur Entstehung des GSM-Standards geführt hat, sollte andererseits als Paradebeispiel für die ganze Telekommunikationspolitik (und vielleicht auch für andere Projekte und Bereiche) in der Gemeinschaft und über die Grenzen hinaus dienen. In diesem Abschnitt werden Organisationen, Gremien und Standards vorgestellt, die in der Telekommunikation und speziell für die Harmonisierung des paneuropäischen Mobilfunks maßgeblich waren und für weitere Entwicklungen von Bedeutung sind. Detaillierte Informationen zu dem Thema europäische Telekommunikationsstandards und -organisationen sind z.B. in [22] zu finden.

ITU (*International Telecommunications Union*)

Die internationale Fernmeldeunion ist eine zivile Organisation, die standardisierte Telekommunikation weltweit fordert. Sie vereinigt zur Zeit (1992) 166 Mitglieder (*Members*) und Beobachter (*Observers*). Zu ihrem permanenten Komitee gehören CCIR und CCITT. Sie sollen zukünftig auf dem Standardisierungs-Sektor als eine ITU-Einheit konsolidierter mitwirken.

WARC (*World Administrative Radio Conference*)

WARC ist eine ITU-Konferenz, die zuletzt 1992 stattfand und Entscheidungen bezüglich der Frequenzallokierung bis zum Jahr 2010 getroffen hat. Die Frequenzspektrum-Zuordnung für verschiedene Dienste und Systeme erfolgt getrennt für drei Weltregionen. Auf WARC 92 wurde die *world-wide primary allocation* für mobile Dienste im Band 1.7 GHz - 2.69 GHz vorgenommen. Es wurden u.a. Resolutionen bezüglich FPLMTS und einer weltweiten Einführung des Numerierungsplans (von CCITT) für *International Roaming* sowie einer technischen Charakterisierung des FPLMTS für alle, einschließlich der Entwicklungsländer, verabschiedet. Diese Festlegungen sind grundlegend für die Planung weiterer Mobilsysteme und Dienste.

CCIR (*Consultative Committee for International Radio Communication*)

Dieser international beratende Ausschuß für Funkkommunikation mit mehreren Studienkommissionen gehört wie auch das CCITT (s.u.) der ITU an. Die vom CCIR (zukünftig ITU-RS) festgelegten technischen Konzepte beziehen sich auf die Funkkommunikation. Es sind verstärkt Aktivitäten im Hinblick auf die Standardisierung und eine effiziente Nutzung des Radiospektrums vor allem im GHz-Bereich zu erwarten.

CCITT (*Comité Consultatif International des Télégraphique et Téléphonique*)

Der internationale Ausschuß für Telegrafen- und Fernsprechdienst ist der führende Verfasser der Kommunikationsstandards (u.a. Standardisierung des CCS7 im Fernmeldewesen, CCS7: *Common Channel Signalling System Number 7*). Zu den bekanntesten Serien der CCITT-Empfehlungen können die Q- und X-Reihen (s. Literaturverzeichnis) gezählt werden. ITU-TS ist die zukünftige Bezeichnung des CCITT.

CCITT-Empfehlungen

Die CCITT-Empfehlungen (*Recommendations*) erscheinen im 4-Jahres-Zyklus als sogenannte farbige Bände. Die Farbe der Bücher wiederholt sich zyklisch alle 24 Jahre. Nachfolgend sind die aktuellsten Bände aufgeführt:

White Book - 1992
Blue Book - 1988
Red Book - 1984
Yellow Book - 1980

Kompatibilität der CCITT-Empfehlungen am Beispiel von CCS7

An dem CCS7-Standard wird seit mehreren Jahren gearbeitet. Es werden immer neue Prozeduren, Protokollelemente, Notationen usw. eingeführt. Die Kompatibilität der Bücher (z.B. der unterschiedlichen Protokollversionen) wird im allgemeinen nicht garantiert. Es werden aber die Änderungen hervorgehoben, um die Kompatibilität der implementierten Versionen zu ermöglichen oder zumindest die Abweichungen festzuhalten. So sind die Rot-, Blau- und Weißbuch-Versionen der Zeichengabe-Protokolle für beide Richtungen nicht immer kompatibel (Vorwärts/Rückwärts-Kompatibilität). Vor allem die Abwärtskompatibilität des CCS7 kann nicht an allen Stellen gewährleistet werden. Auch die wesentlichen Abweichungen der US-Empfehlungen (ANSI-Version) werden in den CCITT-Büchern nicht behandelt.

ISO (*International Standards Organisation*)

Diese internationale Normen-Organisation legt Standards (IS: *International Standard*) für die verschiedensten Bereiche (ausgenommen Elektrik und Elektronik) fest, unter anderem auch für die Telekommunikation, das Fernmelde- und Qualitätswesen. ISO führt die nationalen Standard-Institute wie ANSI, DIN, BSI, AFNOR sowie mehrere Experten nationaler Normierungsgremien zusammen und gliedert sich in TC's (*Technical Committees*) und weiter in SC's (*Subcommittees*) auf. Die ISO-Normen werden, bevor sie erscheinen dürfen, aufwendigen Prozeduren unterzogen. Sie müssen auch regelmäßig auf ihre Gültigkeit geprüft und ggf. revidiert werden.

CEPT (*Conférence Européenne des Administrations des Postes et des Telécommunications*)

CEPT ist die Konferenz der europäischen Post- und Fernmeldeverwaltungen, die 1959 gegründet wurde. Bis 1988 wurden europäische Standards im Fernmeldewesen mit Beiträgen (NET) zu CCITT Empfehlungen entwickelt. Seitdem wurden Aufgaben im Bereich der Strategie und Planung für weitere europäische Entwicklungen übernommen.

MoU (*Memorandum of Understanding*)

MoU tagte für GSM-Mobilfunk unter folgendem Namen: *Memorandum of Understanding on the introduction of the pan-European digital mobile communication service.* Es handelt sich hierbei um einen Vertrag zwischen den europäischen Ländern (18 CEPT-Nationen) - vertreten durch die Betreiber-Gesellschaften, die sich verpflichtet haben, das GSM-System bis 1991 einzuführen. Der erste Schritt wurde 1987 von 12 Staaten unterzeichnet. Es wurde eine Übereinkunft bezüglich Gebührenpolitik, Einführungsphasen, Typenzulassung, technischer Koordination usw. (s. MoU-Gruppen) erzielt.

MoU-Gruppen

Die Teilnehmer an der MoU-Vereinbarung bilden mehrere Gruppen, die durch eine enge Zusammenarbeit mit der Industrie unter anderem die europaweite Einführung des GSM-Systems überwachen. Auf diese Weise müssen die Netzbetreiber eine Reihe an Verpflichtungen und Auflagen erfüllen. Die MoU-Gruppen des GSM-Systems sind/waren für die Arbeitsorganisation auf folgenden Gebieten zuständig:

MoU-BARG *Billing and Accounting*
MoU-MP *Marketing Planning*
MoU-P *Procurement*
MoU-EREG *European Roaming*
MoU-CONIG *Conformance of Network Interfaces*
MoU-TAP *Type Approval Administrative Procedures*
MoU-TADIG *Transfer Account Data Interchange*
MoU-SERG *Services*
MoU-SG *Security*
MoU-RIC *Radio Interface Coordination*
MoU-DP *Data Privacy*
MoU-TAAB TA *Advisory Body*

GSM (*Groupe Spécial Mobile*)

Das technische Komitee der Konferenz der europäischen Post- und Fernmeldeverwaltungen (CEPT) wurde 1982 ins Leben gerufen, um Spezifikationen für ein paneuropäisches Mobilfunksystem zu entwerfen. Das GSM (bis 1988 ein Teil von CEPT) wurde im März 1989 dem ETSI (*European Telecommunications Standards Institute*) unterstellt, durch das die sogenannten GSM-Empfehlungen herausgegeben werden. GSM wird auch als Abkürzung für den ausdrucksvolleren Begriff ***Global System for Mobile Communications*** benutzt - ein zelluläres, digitales Mobilkommunikationssystem der zweiten Generation, ein internationaler Standard nicht nur für CEPT-Europa (s. Ausblick).

GSM-Gruppen

Es gibt vier GSM-Arbeitsgruppen (*Working Parties*, WP's), zwei weitere Gruppen (SCEG und SEG) und eine Koordinations-Gruppe (*Permanent Nucleus*). In diesen Gruppen arbeiten seit 1982 Experten aus mehreren Ländern zusammen an der Definition des paneuropäischen Mobiltelefonsystems (GSM-Systems). Die Arbeitsverteilung dieser Gruppen sieht folgendermaßen aus:

WP1: Definition der Dienste und ihrer Qualität;
WP2: Definition der Verfahren für die Funkübertragung;
WP3: Definition der Signalisierungsprotokolle;
WP4: Implementierung von Datendiensten;
SCEG: *Speech Coder Expert Group* - Definition des Verfahrens zur Digitalisierung der Sprache bei niedriger Bitrate;
SEG: *Security Experts Group*: Sicherheitsaspekte;
PN: *Permanent Nucleus*: permanenter Kern für Verwaltungs- und Koordinationsaufgaben;

ETSI (*European Telecommunications Standards Institute*)

ETSI ist ein Normungsinstitut (CEPT/GSM → ETSI), das sich seit 1988 (Gründungsjahr) mit den Normierungsarbeiten und Spezifikationen (TS: *Technical Standard*) für den gesamteuropäischen Telekommunikationsmarkt befaßt. Bei den Standardisierungsbestrebungen existiert eine enge Zusammenarbeit mit der Industrie. Alle führenden europäischen Telekommunikationsunternehmen sind im ETSI vertreten. ETSI übernahm die Verantwortung für Standardisierungsarbeiten aller Telekommunikationszweige sowohl im privaten als auch im öffentlichen Sektor. Es gibt folgende *Technical Committees*:

NA: *Network Aspect*;
BT: *Business Telecommunications*;
SPS: *Signalling Protocols & Switching*;
TM: *Transmission & Multiplexing*;
TE: *Terminal Equipment*;
EE: *Equipment Engineering*;
RES: *Radio Equipment & Systems*;
SMG: *Special Mobile Group*;
PS: *Paging Systems*;
SES: *Satellite Earth Stations*;
ATM: *Advanced Testing Methods*;
HF: *Human Factors*.

ETSI setzt inhaltliche und zeitliche Prioritäten bei der Behandlung verschiedener Gebiete. Diese Festlegung unterliegt einem Änderungsverfahren. Bisher wurden betrachtet: S-ISDN, Mobilkommunikation und öffentliche Netze. Die paneuropäischen Programme zur öffentlichen mobilen Kommunikation sind GSM, UMTS, ERMES und DECT. Zu den aktuellsten Teilbereichen der öffentlichen Telekommunikationsnetze gehören:

- Glasfaseranschluß von Teilnehmern unter Benutzung hoher Bitraten (FTTH: *Fibre-to-the-home*);
- Intelligentes Netz, Netzmanagement;
- B-ISDN auf der Grundlage von ATM (*Asynchronous Transfer Mode*);
- Privatnetzkommunikation auf Basis der Infrastruktur der öffentlichen Netze.

Die meisten Mobilitätsaspekte und die dazugehörige Entwicklung moderner Systeme (GSM, UMTS, UPT) werden intensiv in den SMG- und SPS-Gruppen vorangetrieben.

Standards

Die Telekommunikationsnormen können eingeteilt werden in solche, die zwingend vorgeschrieben sind, und solche, die auf freiwilliger Basis entstehen. Ihre Entwicklung wird durch verschiedene Interessengruppen sowie wirtschaftliche und politische Überlegungen beeinflußt. Die heutigen Tendenzen weisen verstärkt in Richtung weltweiter Standardisierung. Man hat erkannt, daß es sehr nützlich ist, länderübergreifende Standards rechtzeitig einzuführen. Dies ist vorteilhaft sowohl für die potentiellen Kunden als auch für Netzoperatoren und Hersteller und erlaubt, inkompatible Technologien zu meiden. Bei internationalen Projekten mit Beteiligung mehrerer Hersteller muß eine Festlegung bezüglich der zu implementierenden Protokoll-Versionen, im Telekom-Bereich speziell auch der Zeichengabe, getroffen werden. Für solche Systeme wie GSM mußten/müssen auch neue Protokoll-Spezifikationen ausgearbeitet werden. Die gesamteuropäischen Lösungen - wie z.B. das GSM-System leisten hierzu einen sehr wichtigen Beitrag. Auch die Standards unterliegen bestimmten Entwicklungsverfahren, damit neue *Features* und Dienste eingeführt werden können. Die Entwicklungs- und Einführungsgeschwindigkeit von neuen Standards sind von hoher Bedeutung für den Wettbewerb.

Referenz-Modell und GSM

Die Telekommunikationstechniken vergangener Jahre zeichnete sich durch Inkompatibilität aus. So versuchten einzelne Hersteller und Produzenten, Lösungen aus einer Hand anzubieten. Diese Vorgehensweise war schon aufgrund der rasant wachsenden Vielfältigkeit und der steigenden Komplexität der Systeme dem Zeitgeist nicht gewachsen. Man brauchte ein Konzept, mit dem die verschiedensten Systemlösungen und die diversen Anwendungen über gemeinsame Protokolle kommunizieren können. Gefragt war ein internationaler Standard für Informationssysteme und Kommunikationstechnik. So entstand das ISO-OSI Referenzmodell (s. Glossar). Für die IN- und PLMN-Netze wurde der Welt-Standard - Zeichengabe Nr.7 (nach CCITT) eingesetzt. Für dieses System wird trotz geringer Abweichung von den OSI-Prinzipien das Schicht-Modell verwendet. Auch für die GSM-Protokolle ist trotz der Aussage (z.B. in GSM 08.02) "*the layers as referred to are not identical to the equivalently named layer in the* OSI *model*" eine Zuordnung innerhalb des ISO-Modells möglich. Durch die weitere Entwicklung der GSM-Protokolle (Phase 2 usw.) kann die OSI-Konformität verbessert werden. Die Begriffe *Layer* und Schicht werden synonym verwendet (siehe auch *Layer*-Level-Unterschied auf Seite 200).

GSM-Standard

Hierbei handelt es sich um einen anhand der ETSI/GSM-Empfehlungen festgelegten, konsistenten und offenen Standard (GSM-Norm) für das gesamteuropäische zellulare Mobilfunksystem. Beschrieben sind Subsysteme, Netzkomponenten, Schnittstellen, Signalisierung und andere Steuerungsprotokolle, die wichtigen Systemparameter sowie Regeln und Normen, die das Zusammenspiel aller Elemente eines PLMN-Netzes und des gesamten GSM-Systems, unter Berücksichtigung seiner Entwicklungsphasen, ermöglichen sollen. Diese Unterlagen (es sind über 130 Empfehlungen) nutzen auch andere Spezifikationen und Arbeiten vor allem von CCITT, CEPT und ISO. Die GSM-Spezifikationen enthalten mehrere Freiheitsgrade, so daß recht unterschiedliche Realisierungen möglich sind. Die technische Vorgehensweise (HW, SW-Design usw.) ist davon nicht betroffen. Zu den wichtigsten Bereichen des festgelegten GSM-Standards gehören:

- Funkschnittstelle;
- Schnittstellen zwischen Netzelementen (*Network Building Blocks*);
- MF-spezifische Protokolle;
- Sicherheitsmaßnahmen.

ETSI/GSM-Empfehlungen

Die genaue Auflistung der ETSI/GSM Empfehlungen befindet sich im Anhang A. Die ETSI/GSM-*Recommendations* Serien 01.xx bis 12.xx beinhalten:

01. - Allgemeines
02. - Dienstaspekte
03. - Netzaspekte
04. - Schnittstelle MS-BSS
05. - Übertragung auf dem Funkweg (HF-Aspekte)
06. - Sprachcodierung (Codec)
07. - Terminaladapter (Anpassungseinheit der Mobilstation)
08. - Schnittstellen BTS-BSC, BSC-MSC
09. - Anschluß an Fremdnetze, Signalisierung
10. - Anschluß an Fremdnetze, Verkehrsdaten
11. - Typprüfverfahren der MS und Spezifikationen der MF-Entitäten
12. - Netzmanagement (Betrieb und Wartung des GSM-PLMN-Systems)

GSM-Entwicklungsphasen

Die Spezifizierung des GSM-Standards ist in der Praxis schwieriger als anfänglich erwartet. Bis jetzt werden drei Phasen der Entwicklung des GSM-Systems unterschieden (s. auch Implementierung der GSM-Dienste). Zuerst wurden GSM IETS (*Iterim European Telecommunications Standards*) erarbeitet und einem *Public Enquiry* bei ETSI unterzogen. Die Standardisierungsarbeiten zur ersten Phase der Implementierung wurden Ende 1990 abgeschlossen (s. weitere Systemmerkmale). Um dem zeitlichen Druck der Marktanforderungen auszuweichen, wurden die Spezifikationen teilweise in einer unvollständigen Form eingefroren (→ Instabilitäten). Die Phase 1 ermöglicht überwiegend

Dienste die bereits aus den früheren analogen Systemen bekannt sind. Die Phase 2 bietet neue *Features* und Entwicklungsmöglichkeiten die weit über das einfache Telefonieren hinausgehen. Die Spezifikationen der Phase 2 sollten Mitte bis Ende 1992 abgeschlossen werden und alle existierenden Instabilitäten behandeln. Als realistischer Termin für das *Final Release* wird aktuell 1994 ins Auge gefaßt. Die wichtigsten Merkmale dieser Phase sind der Übergang zu höheren Frequenzen (1.8 GHz-Technik) sowie die Reduzierung der Sendeleistung. Eine genauere Spezifizierung wurde bei der PCN-Beschreibung geliefert. Zusätzlich konnten in der Phase 2 eine Reihe von Merkmalen berücksichtigt werden, die vorher nicht behandelt wurden, so z.B.: Information bezüglich des *Transcoder/Rate Adapter-Managements*. Inzwischen hat man entschieden, daß die Phase 2 eine komplette Überarbeitung der GSM Phase 1 darstellen soll. Auf die Phase drei wird vermutlich ganz verzichtet. An ihre Stelle tritt wahrscheinlich die Phase 2+ als ein weicher Übergang im Vergleich zu dem vorherigen Phasensprung.

Auch die Kompatibilität der GSM-Phasen (*Cross Phase Compatibility*) stellt ein bedeutendes Problem dar. Sowohl die Aufwärtskompatibilität als auch die Abwärtskompatibilität (*Forwards/ Backwards Compatibility*) zwischen den Phasen 1 und 2 ist, trotz der eingeführten *Phase-Compatibility*-Mechanismen auf der Radio- und Festnetzseite, nicht immer gewährleistet. Um mehr Klarheit bei den verschiedenen Implementierungsstufen zu erlangen, sollte eine Bezeichnung der einzelnen Protokoll- und *Entity*-Versionen eingeführt werden. Ab der Phase 2 werden alle zukünftigen Systemverbesserungen abwärtskompatibel eingeführt. Diese Entscheidung resultiert aus der Analyse der bisherigen Entwicklung einschließlich erkannter Kompatibilitätsprobleme zwischen den Phasen 1 und 2[4].

Die System-Beschreibung in dieser Arbeit bezieht sich vor allem auf die erste Phase der GSM-Entwicklung und ihre Fortsetzung mit allen wesentlichen Funktionen und *Features*. Die im Anhang aufgeführte Liste der ETSI/GSM-Empfehlungen (einschließlich der noch nicht eingefrorenen Phase II *Recommendations*) diente als Hauptgrundlage für das vorliegende Buch.

* * *

Wir wenden uns jetzt dem Konzept der Intelligenten Netze zu, um dann - im Sinne dieser Beschreibung - mit der ausführlichen GSM-Behandlung fortzufahren.

---

[4]Alle diese Schwierigkeiten und Bestrebungen führen auf ein sehr kompliziertes Gebilde, das von manchen spöttisch als *Great Signalling Monster* bezeichnet wird.

2 Grundlagen Intelligenter Netze

In diesem Kapitel wird das Konzept der Intelligenten Netze (IN) vorgestellt, dessen Realisierung in Deutschland parallel zu der Entstehung der GSM-PLMN-Netze verläuft. Die beiden Systeme sind wichtige Meilensteine auf dem Entwicklungsweg des Fernsprechnetzes - sie ermöglichen neue, attraktive und kundenfreundliche Massendienste. Für die meisten Systemhersteller bedeutet dieses Nebeneinander mehr als nur eine rein zeitliche Korrelation. Die innovativen Ideen und Techniken beider Systeme lassen sich als ein Gesamtkonzept verfolgen. Auch die einzelnen Netzbetreiber profitieren durch die sich neu eröffnenden Möglichkeiten einer globalen und transparenten Netzstrategie. Es sollte erwähnt werden, daß die Entwicklungsarbeiten zu IN in den USA seit mehreren Jahren laufen (Voruntersuchungen ab 1984, die ersten IN-Services seit 1987) und dort am weitesten fortgeschritten sind. Dies resultiert aus den speziellen Eigenschaften des US-Marktes (hohe Akzeptanz und Nachfrage bezüglich neuer Dienste), der Technologieentwicklung und der Strategie der Telekom-Unternehmen.

2.1 Die Idee

Beim IN handelt es sich um ein offenes Telefonnetz mit Rechnerintelligenz und Flexibilität für bessere Dienstfähigkeiten. *Intelligent Network* ist ein zukunftsorientiertes, öffentliches Telekommunikationskonzept mit standardisierten Schnittstellen und massivem Einsatz digitaler Mikroprozessortechnik (Computerisierung) für Informationsverarbeitungszwecke. IN-Dienste bilden eine sinnvolle und attraktive Ergänzung zum ISDN und anderen Telekommunikations-Entwicklungen. IN-Netze werden modular aufgebaut mit Erweiterungsmöglichkeiten für neue Dienstmerkmale, sowie mit Anpassungsmöglichkeiten für individuelle (kundenspezifische) Lösungen. Dabei wird sowohl an verschiedene Telefon- wie auch an andere Mehrwertdienste mit neuen Leistungsmerkmalen und steigendem Anteil der Steuerungssignale gedacht.

Die Hauptidee ist die dienstunabhängige und zentralisierte Systemarchitektur mit intelligenter, mehrstufiger Steuerungsebene, die anderen Netzeinrichtungen (hier den Vermittlungsstellen) die Dienste-Logik bietet und die gewünschten serviceabhängigen Informationen liefert. Einrichtungen wie z.B. flexible Datenbanken oder dynamische Betriebsmittelverwaltung ermöglichen einen optimalen Einsatz mit besserer Kapazitäts-Auslastung. Diese Netzsysteme werden ebenfalls in Bezug auf Durchsatz und Geschwindigkeit (Echtzeit-Operationen) optimiert.

Für die Netzsteuerung werden international standardisierte Protokolle verwendet. Für IN kommt insbesondere die CCS7-Signalisierung (*Common Channel Signalling System No.7*) mit CL-SCCP-Service (*Connectionless Signalling Connection Control Part*) und TCAP (*Transaction Capability Application Part*) zum Tragen. IN werden als offene Systeme entwickelt. So müssen die einzelnen Netzwerkelemente unterschiedlicher

Hersteller imstande sein, miteinander zu kommunizieren (*Multivendor*-Funktionalität). Die IN-Lösungen können in anderen Systemen verwendet werden und bieten Kombinationsmöglichkeiten unterschiedlicher Service-Arten und Technologien.

Alle IN-Dienste werden aus elementaren funktionalen Komponenten (FC: *Functional Components*) aufgebaut. Diese Modularisierung erlaubt rasche Innovationszyklen mit vereinfachten Änderungsverfahren und eine flexible und wirtschaftliche Einführung neuer Dienstmerkmale (zukunftsorientiertes Dienstmanagement). In den meisten Fällen sind durch die neuen wiederverwertbaren Komponenten keine umfangreichen Investitionen mehr notwendig. Die funktionalen Einzelkomponenten werden an allen SSP's (*Service Switching Point* Ebene) implementiert (s. auch IN-Entwicklungsstufen). Die Anweisungen und Kontrolle der Service-Operationen werden vor allem von wenigen, leistungsstarken SCP-Rechnern (SCP: *Service Control Point*) durchgeführt. Sie beinhalten die SLEE-Funktionen (SLEE: *Service Logic Execution Environment*), die sich mit der Dienstelogik und ihrer Ausführung befassen.

Die IN-Philosophie macht folgende Unterscheidung von beteiligten Interessengruppen zweckmäßig:

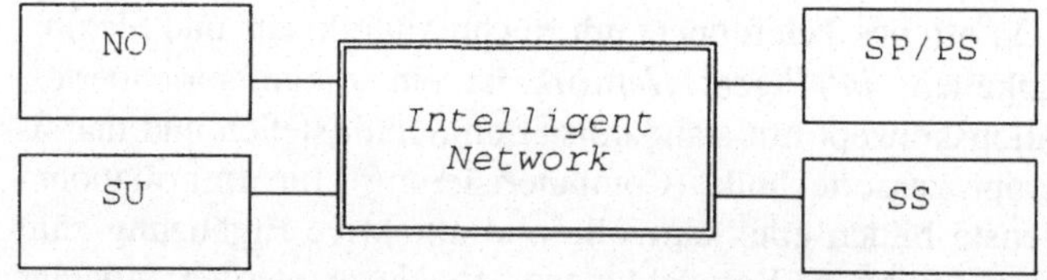

NO: *Network Operator*; SP: *Service Provider*; SS: *Service Subscriber*
SU: *Service User*[1]; PS: *Product Supplier*

Bild 2.1: IN und die vier Kategorien von Beteiligten

1. Dienstnutzer (SU: *Service User*)

Hierbei handelt es sich um den A-Teilnehmer, der einen oder mehrere Dienste in Anspruch nehmen kann. Für bestimmte IN-Dienste ist eine Benutzer-Identifizierung vorgesehen.

2. Dienstteilnehmer (SS: *Service Subscriber*)

Dieses ist der B-Teilnehmer, der als Anwender über ein Vertragsverhältnis mit dem IN-Netzbetreiber einen oder mehrere Dienste den A-Teilnehmern anbietet. In manchen der IN-Services können Dienstnutzer zu privaten Dienstteilnehmern werden. Der Dienstteilnehmer übernimmt die Verantwortung für die Änderungen bestimmter Dienstparameter.

---

[1]Der Begriff "*User*" ist im Glossar erklärt.

3. Dienstanbieter (SP: *Service Provider*, SS:*Service Supplier*)

Zu den Dienstanbietern können sowohl die *Service Provider* als auch die *Service Supplier* gezählt werden. Der Dienstanbieter muß in enger Beziehung zum Netzbetreiber (*Network Provider*) stehen und bietet seinerseits den potentiellen Dienstteilnehmern Service-Leistungen an. Die SP's übernehmen die Distribution und haben sich, z.B. im Bereich des GSM-Mobilfunks, als sehr wichtig erwiesen. Zu den Aufgaben der Dienstanbieter gehören hier u.a. der Vertrieb von Telefonkarten, der Verkauf von MF-Geräten, die Gebührenberechnung (verschiedene Gruppentarife), die Kundenbetreuung und die Verwaltungsfunktionen für MF-Dienste. Die Dienstanbieter erhöhen die Marktsensibilisierung in Bezug auf die wachsenden Kundenbedürfnisse und können schnellere Reaktionen im System bewirken.

4. Netzwerkoperator (NO: *Network Operator*)

Der Netzwerkoperator ist im Namen des Netzbetreibers für die Administration und den Betrieb verantwortlich.

Bild 2.1 deutet die Wechselwirkungen zwischen dem eigentlichen IN-Netz und den Beteiligten an. Es sind auch weitere Verflechtungen verschiedener Hersteller, Dienstanbieter und Netzbetreiber untereinander denkbar. So können z.B. die Dienstanbieter-Gruppe und der Netzbetreiber zusammenfallen, wie es in dem ersten IN-Betriebsversuch in Deutschland der Fall ist.

* * *

In weiteren Unterkapiteln wird die IN-Architektur, d.h. zum einen der Netzaufbau und die -aufteilung und zum anderen die Protokollarchitektur, diskutiert werden.

2.2 Aufbau

Zuerst wird der logische Netzaufbau unter Einbezug der Funktionsebenen dargestellt. Die unterschiedlichen Funktionsebenen der intelligenten Netzarchitektur werden durch die verschiedenen, modularisierten Signalisierungspunkte (SP's) aufgebaut. Im IN-Netz sind 3 Knoten-Typen besonders wichtig: SMS, SCP und SSP. Zusätzlich können auch STP's eingesetzt werden. Die drei SP-Ebenen können als

- Transport und Vermittlungsebene (SSP-Übermittlung),
- Datenbank/Verbindungssteuerungsebene (SCP) und
- Dienstmerkmalverwaltungsebene (SMS)

beschrieben werden.

Die IN-Architektur kann als eine Dienste-Kontroll-Architektur bezeichnet werden. Sie kann als *Overlay*-Struktur integriert, zentral oder verteilt eingeführt werden. Die Service-

Intelligenz wird getrennt von der physikalischen Netzinfrastruktur realisiert und verteilt. Auf die Entwicklungsstufen der IN-Architektur wird im Abschnitt "Einführungsstrategie" eingegangen.

In dem abstrakten Modell des INs unterscheidet man vier Ebenen (*Planes*). Neben den *Switch*- und SC-Ebenen gibt es zusätzlich eine funktionale Ebene mit SIB's (*Service Independent Building Blocks*) sowie die bereits erwähnte Dienstmerkmal-Ebene (*Service Plane*). Sie bilden die Basis für die dienstunabhängige IN-Plattform (SIP: *Service Independent Platform*). So ist im IN-Konzept die Verwaltung der Dienste von den Vermittlungsfunktionen völlig abgetrennt.

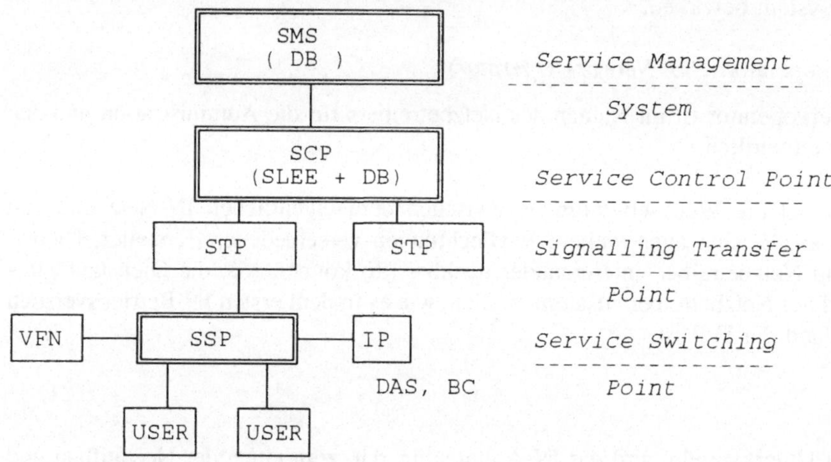

IP: *Intelligent Peripheral*
VFN: *Vendor Feature Node*
DAS: *Digital Announcement System* (Ansagesystem)
DB: *Database*
BC: *Billing Center*

Bild 2.2: IN-Systemarchitektur

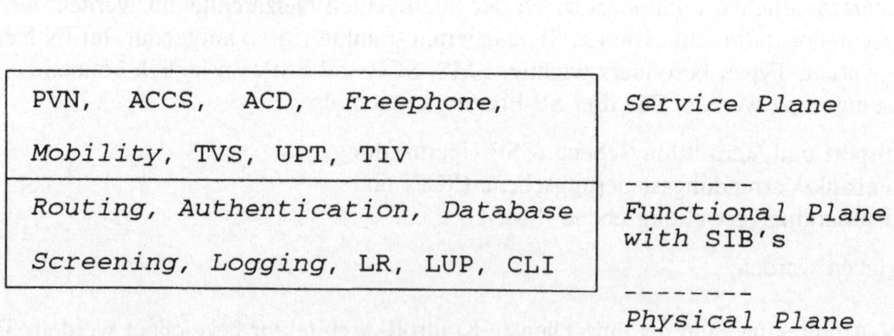

PVN, ACCS, ACD, *Freephone*, *Mobility*, TVS, UPT, TIV	*Service Plane*
Routing, *Authentication*, *Database* *Screening*, *Logging*, LR, LUP, CLI	*Functional Plane with SIB's*
	Physical Plane

Bild 2.3: *Service Independent Platform*

Die SIB's stellen innerhalb der globalen[2] *Functional Plane* abstrakt die IN-Fähigkeit zu einer effizienten Dienstbildung dar. Die Applikations-Designer können mit diesen dienstunabhängigen Bausteinen durch schnelle Änderungen und geringfügige Anpassungen - zwecks Markteinführung - neue Service-Pakete zusammenstellen. Eine Verhaltensbeschreibung kann oft ausreichend sein, um einen zukünftigen Dienst zu entwerfen. Das übergreifende Konzept wird als SCE: *Service Creation Environment* bezeichnet. Auch die aus anderen Systemen bekannten SIB's können adoptiert werden. So kann z.B. der LUP-Prozeß (LUP: *Location Update*) für den UPT-Dienst im Festnetz eingesetzt werden. Die Service-Daten lassen sich wesentlich leichter und schneller als in bisherigen Vermittlungsstellen abändern. Diese Dienstentwicklung muß sowohl die *Performance* als auch die wirtschaftlichen Aspekte berücksichtigen. Zu den logischen Modulen der IN-Funktionsaufteilung gehören u.a.:

SLEE: *Service Logic Execution Environment* (Dienstesteuerungsumgebung);
NID: *Network Information Database* (Dienstdatenbank);
NRM: *Network Resource Manager* (Netzressourcenverwaltung).

Eine Zuordnung dieser Module innerhalb des IN-Netzes kann, je nach Service oder Entwicklungsstrategie, unterschiedlich ausfallen.

Network Resource Manager (NRM)

Die Netzressourcenverwaltung übernimmt die Verarbeitungsaufgaben bei der Ressourceneinteilung. Sie besteht aus zwei eng miteinander verknüpften Bereichen:

- einer Reservierungsfunktion, die die aktuelle Betriebsmittelverteilung beobachtet und auf Anfrage eine entsprechende Reservierung einleitet (*resource checking*), und
- einer Lagefunktion, die die gewünschte Reservierung ausführt. Die Lagefunktion entscheidet über die Ressourcenzuteilung und legt die zugehörigen *Routing*-Adressen fest.

Network Information Database (NID)

Für das IN-Netz sind verschiedene Datenbanken und Realisierungensarten mit Datenbankverwaltungssystemen (DMS: *Database Management System*) vorgesehen. Die Dienstedatenbank wird für die Bereithaltung spezieller Datenstrukturen mit Informationen über das Netz, die Teilnehmer und Service-*Features* benötigt. Ihre Konfiguration kann unterschiedlich, z.B. je nach Verteilung der Zugriffsprozesse, gestaltet werden. Die zentralisierte und automatisierte Datenbank-Administration erlaubt, die Konsistenz der Datenbank leichter zu erhalten. Auf diese Weise kann auf die aufwendige Datenübertragung, z.B. mittels Magnetbändern (wie bei Vergebührungsdaten), verzichtet werden.

[2]In der funktionalen Ebene werden zusätzlich eine globale und eine verteilte Ebene definiert.

Service Logic Execution Environment (SLEE)

Die Dienstesteuerungsumgebung enthält Dienstablaufprogramme (SLP: *Service Logic Program)*, die für die Umsetzung einzelner Dienste zuständig sind. Es sind Hochsprache-Programme, die Management- und Rufsteuerungsfunktionen enthalten und verschiedene dienstunabhängige FC's nutzen. Der Dienstablaufinterpretierer (SLI: *Service Logic Interpreter)* sorgt dann für eine korrekte Ausführung der Dienstanfrage.

2.2.1 Flexible Konfiguration

Sowohl die logischen Module der Funktionsaufteilung als auch die Systemkomponenten können flexibel an den bestgeeignetsten Stellen im Netz eingesetzt werden. Die IN-Standardisierung bietet, dank ihrer Abstraktheit, unterschiedliche Realisierungswege an. Für die Netzkonfiguration ist die zentralisierte bzw. dezentralisierte Lokalisierung der Systemfunktionen wie SLEE und NID wichtig. Beide Lösungen weisen sowohl Vorteile wie Nachteile auf, die bei der System- bzw. Netzplanung und -optimierung berücksichtigt werden müssen. Die dezentrale Lösung mit einer Zuordnung zu jedem *Switch* bedeutet für die Einführungsphase einen geringeren technischen Aufwand (*Minimal Impact Solution*) und kürzere Verzögerungszeiten bei der Rufbehandlung. In einer zentralen Lösung können die Änderungen schneller durchgeführt und die Konsistenz leichter erreicht werden. Für diese Anordnung sind die anfänglichen Investitionskosten höher. Sie können jedoch schnell durch günstigere Betriebskosten und bessere Flexibilität ausgeglichen werden. Im GSM-System wurde für die LR-Datenbank (LR: *Location Register)* eine kombinierte Anordnung gewählt, die von den Netzbetreibern noch weiter variiert werden kann (s. Kapitel 3). Es können z.B. je nach Betriebszeit, Dienste mit wechselnd zentraler/dezentraler Konfiguration realisiert werden. Die Wahl einer optimalen Netzkonfiguration bezieht sich auch auf die erweiterten *Features* und Dienste, z.B. für die *Voice Mail-* oder CUG- (*Closed User Group*) Operationen.

2.3 Physikalische Funktionsaufteilung

Für die Vermittlungstechnik und Dienststeuerung der IN-Netze sind die verteilte Funktionalität und modulare Strukturierung sehr bezeichnend. Im folgenden wird auf die physikalische Realisierung dieser Einteilung eingegangen. Die Netzfunktionen sind zwischen qualitativ verschiedenen Zeichengabepunkten (SP's) aufgeteilt. Sie werden SSP, STP, SCP und SMS genannt. Für manche dieser Netzeinheiten (NE) existieren inzwischen anerkannte Lösungen mit typischen, technischen Realisierungswegen. Diese werden hier kurz erwähnt.

Service Switching Point (SSP)

Der *Service Switching Point* ist auf der untersten Netzebene der IN-Architektur angesiedelt. Mit SSP ist ein Dienstevermittlungspunkt mit Netzzugangs- und Vermittlungsfunktionen gemeint. Beim SSP handelt es sich um eine neue Generation digitaler Vermittlungsstellen mit IN-spezifischen Triggerfunktionen. Die IN-Triggerfunktion ist ein intelligenzunterstützender Mechanismus, der die IN-Anforderung (s. IN-Abläufe) anhand von Trigger-Tabellen erkennt. Der SSP wird an SCP und andere NE mit Intelligenzmerkmalen angeschlossen. Er kann selber mit SLEE-Umgebung ausgestattet sein. Diese ausgebauten SSP's werden als *Adjunct Switches* bezeichnet. Auch eine normale Vermittlungsstelle kann, um die IN-Dienste nutzen zu können, an ein SSP mit hoher Verfügbarkeit angeschlossen werden. Für Systeme mit Mehrdienstbetrieb kann ein SSP mehrere SCP's adressieren. Der SSP kann mit Abwehrmechanismen ausgestattet werden, die ihn vor Überlastungssituationen und Fehlern schützen.

Service Control Point (SCP)

Ein *Service Control Point* - Dienststeuerungspunkt mit Datenbasis für die Verwaltung der Netzpunkte - wird auch als intelligenter SP bezeichnet. SCP's sind zentrale Steuerstellen des Netzes und beinhalten die Dienstelogik (SLEE) der Steuerungsebene, die für den Verbindungsprozeß verantwortlich ist. Die wesentlichen Aufgaben des SCP sind das schnelle Umsetzen der Rufnummer in eine echte Adresse (Zielrufnummer) und die Ausführung der Applikation, das Entgegennehmen (vom SSP) und Weiterleiten von Verbindungsinformationen für die Gebührenerfassung und Statistik. Der erste Einsatzbereich von SCP-Funktionen in Deutschland ist das digitale Mobilfunknetz.

SCP-Merkmale:

- leistungsfähige Verarbeitung von Dienstanfragen (kurzes Antwortzeitverhalten);
- Echtzeitfähigkeit und hohe Verfügbarkeit für zeitkritische und - intensive Verkehrsführungsabläufe;
- Service-Steuerung einschließlich Datenbankoperationen (*Database Control*);
- *on-line* Erweiterungsmöglichkeiten (z.B. für neue Dienste) mit einem möglichst linearen *Performance*-Zuwachs;
- CASL-Applikationsbibliothek für Dienstentwicklung und -Anwendung (s. Bild 2.4);
- Überlastabwehr- und Kontext-Überwachungs-Maßnahmen.

Im MF werden die SCP-Funktionen einschließlich der Datenbank-Aspekte vor allem in den LR's (LR: *Location Register*) verwirklicht. Dort werden die aktuellen Informationen bezüglich der Aufenthaltsorte der mobilen Teilnehmer verwaltet. Ein Verbindungsaufbau kann nur anhand der LR-Daten erfolgen. Diese Register übernehmen auch die Identifizierungsaufgaben und die Überprüfung der Teilnehmerauthentizität. Die Einzelheiten dieser Prozesse sind im Kapitel 8 beschrieben. Inzwischen werden echte SCP's angeboten, die als *Location Register* (HLR's) im GSM- beziehungsweise IS-41-System (s. Ausblick) verwendet werden können. Es wird auch an speziellen *Interworking*-Lösungen für SCP und HLR gearbeitet, die als sogenanntes *Mated Pair* unterschiedliche Dienstaspekte behandeln können.

Für SCP's werden schnelle, leistungsfähige und meistens spezialisierte Rechner mit Echtzeitbetrieb und Paketvermittlungs-Möglichkeiten eingesetzt. Ein SCP-Hochkapazitäts-Paketvermittlungs-Rechner hat typischerweise *Front-* und *Back End*-Einteilung. Das *Front End*-System ist ein Vorrechner für die Transport-Protokolle der SS#7-Schnittstelle. Der Dienststeuerungspunkt wird, um eine hohe Sicherheit vor Ausfällen zu garantieren, in Parallel-Architektur mit Doppelauslegung und Aufgabenverteilung (kein *Standby*-Betrieb !) realisiert. Für SCP-Knoten werden sog. *NonStop-* bzw. *Continuous Processing*-Systeme mit vorgesehener Prozessor-Erweiterung verwendet.

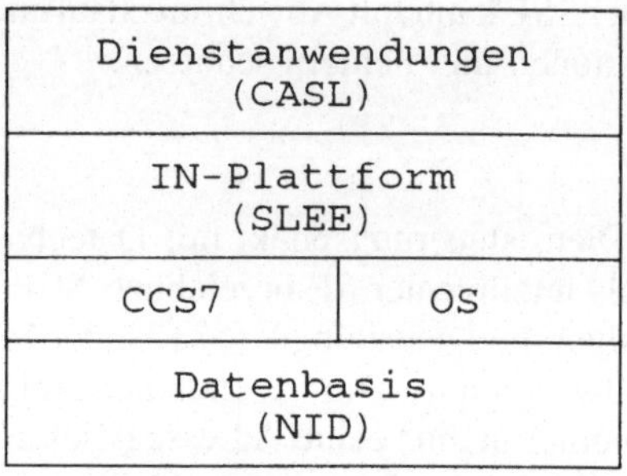

Dienstanwendungen (CASL)	
IN-Plattform (SLEE)	
CCS7	OS
Datenbasis (NID)	

OS: Operationssystem; CASL: *Common Applications Service Layer*

Bild 2.4: Software-Gliederung im SCP

Service Management System (SMS)

Das *Service Management System* (Diensteverwaltungssystem) übernimmt die Netzmanagement-Funktionen. Es unterstützt verteilte Verarbeitungs- und Datenhaltungsfunktionen und wird über X.25 oder ein ähnliches Protokoll an die SCP's angeschlossen. Das SMS ist zentral und netzweit für die Aktualisierung der Daten und der Software in den SCP's verantwortlich. So können hier neue IN-Dienste oder Dienstmerkmale erstellt und als Programmsysteme in das bestehende Netz eingebracht werden. Zu diesem Zweck wird in der SMS-Datenverarbeitungsanlage eine spezielle visualisierte IN-Dienste-Entwicklungsumgebung im SDL-Graphikformat (SDL: *Specification and Description Language*) bereitgestellt. Es handelt sich hier um eine dienstunabhängige IN-Plattform mit leistungsfähigem *Service Creation Environment* (SCE) für eine schnelle und einfache Entwicklung bzw. Anpassung von neuen IN-Diensten. Die Leistungsmerkmale eines SCE-*Tools* (Dienste-Entwurf-Werkzeug) können wie folgt zusammengefaßt werden:

- grafische Benutzeroberfläche;
- interaktiver Dienste-Entwurf;
- Service-Anpassungs- und -Änderungsmöglichkeiten;
- Überwachung von Dienstabläufen.

Vom SMS aus wird seitens des NO's die Betriebssteuerung und Wartung des Gesamtsystems einschließlich der Teilnehmerendgeräte vorgenommen. Im MF werden diese

Aufgaben vom OMS (s. Netzmanagement) übernommen. Die Dienstanbieter haben ebenfalls über SMS einen Zugang zum IN-System. Im SMS werden auf Anforderung die Gebührendaten und zusätzliche Statistiken erfaßt. Die SMS's müssen keine Echtzeit-Rechner sein. Es sind in der Regel *Workstations*, die verteilte Verarbeitungsfunktionen unterstützen und möglichst ausbaufähig sind. Die SMS und SCP laufen meistens unter dem Operationssystem UNIX. Die geforderte Zuverlässigkeit kann zusätzlich durch Echtzeitverarbeitung erhöht werden.

Signalling Transfer Point (STP)

Der *Signalling Transfer Point* (Zeichengabetransferpunkt) ist ein weiterleitender Zwischenknoten für die Netzsignalisierung ohne eine direkte Schnittstelle zu den Endgeräten (*Customer Equipment*). Ein STP dient einer einfachen Vermittlung empfangener Zeichengabenachrichten zu einem anderen SP (mittels der Zieladresse), ohne die Meldung zu verarbeiten. Da dies so gut wie paketvermittelt erfolgt, wird oft die Bezeichnung *Packet Switch* verwendet. In großen Netzen können mehrere SSP's an einen STP angeschlossen werden. Der STP beinhaltet dann Nachrichtenlenkungs-Funktionen zum Ziel-SCP (*Global Title Translation* s. CCS7). Durch so einen *Translator*-Knoten erübrigen sich, z.B. beim Service- oder *Routing*-Wechsel, die Änderungsverfahren in einzelnen SSP's. Die STP's dienen im Netz den Transportfunktionen der Zeichengabe und erlauben eine quasi-assoziierte Betriebsweise. Sie gehören zum Bestandteil des erweiterten CCS7-Standards, und ihre *Performance* kann 10^5 Nachrichten-Pakete pro Sekunde erreichen.

2.3.1 Andere IN-Elemente

Für IN-Netze sind außer den bereits betrachteten Netzknoten eine Reihe weiterer Netzelemente (NE's: *Network Entities*) vorgesehen. Sie ermöglichen einen modularen Aufbau, verbessern die Flexibilität und tragen u.a. zur Reduzierung der Systemausfallquoten bei. In der IN-Systemarchitektur (sowie AIN: *Advanced* IN) werden vor allem auf der *Switch*-Ebene (SSP) weitere NE's unterschieden:

Intelligent Peripheral (IP)

Die intelligente Netzwerkumgebung (IP) mit vermittlungstechnischen Zusatzfunktionen kann einer oder mehreren Dienstevermittlungsstellen (SSP's) zugeordnet werden. Diese Vermittlungszusatzeinrichtungen werden für den Empfang von Anruferangaben innerhalb der IN-Dienste mit Benutzer-Interaktion (z.B. für *Area Wide Centrex* oder *Calling Card Verification*) eingesetzt. Zu den typischen, spezialisierten IP-Funktionen gehören:

- Teilnehmeridentifizierung im Dialog (PIN, Paßwort, Spracherkennung);
- Authentizitätsprüfung;
- Sprachausgabe (DAS, *Voice Mail*, Text-zu-Sprache Wandlung);
- Datenbank für Endbenutzer;

- Frequenzwahlauswertung außerhalb der Wählphase;
- Aufnahme von FAX- und Text-Informationen.

Durch den Einsatz dieser verteilten FC's können unter anderem der *Switch* und die ZZK's entlastet werden.

Digital Announcement System (DAS)

Das digitale Ansagesystem wird bereits in der herkömmlichen Vermittlungstechnik eingesetzt. Beim *Call-Setup*-Mißerfolg, einer falsch gewählten Nummer, Interaktion oder Wartezustand können dem Anrufenden *in-band-tone*-Informationen (Hinweistöne, Musik) oder kundenspezifische Sprachansagen gesendet werden. Ansagen-Beispiele:
"Kein Anschluß unter dieser Nummer",
"Ihr Anruf wurde gezählt, bitte legen Sie auf",
"Das Büro ist zur Zeit nicht besetzt; Bitte rufen Sie zu unseren Geschäftszeiten an".

Zu den neuen Ansagemöglichkeiten zählen unter anderem *Call Drop* und *Pre-connection Announcements*. Der Einsatz einer intelligenten Systemtechnik ermöglicht, daß viele der Hinweistöne und Ansagen erst im Teilnehmerendgerät angelegt werden (s. SIT). Dies führt zu einer besseren Ausnutzung von Netzressourcen.

Vendor Feature Node (VFN)

Ein *Vendor Feature Node* (oder einfach FN) verfügt über ähnliche Funktionen wie IP, diese werden jedoch von außerhalb des IN-Netzes angeboten. Dieser Knoten wird als private Dienstzentrale über eine offene Schnittstelle (meistens über ISDN) an den SSP angeschlossen und arbeitet unter SCP-Steuerung. Die VFN-Einrichtung gehört dem Dienstteilnehmer (*Vendor*) und wird von ihm administriert.

Service Node (SN)

Service Nodes (SN's) sind dienstspezifische Knoten. Sie werden benutzt, um bestimmte Service-Leistungen (z.B. wegen möglicher Überlastung) aus dem SSP auszulagern. Ein SN enthält eine sog. SNEE-Umgebung (SNEE: SN *Execution Environment*) mit vergleichbarer Funktionalität wie eine SLEE. Auch die Netzressourcen und Teilnehmeranschlüsse werden hier verwaltet. Zu den SN's können im Mobilfunk z.B. die Funkstationssysteme mit ihren Radiokanalsteuerungen gezählt werden.

Service Control Point Adjunct Processor

Beim SCP AP (AP: *Application/Adjunct Processor*) handelt es sich um eine alternative Lösung zum SCP-Knoten. Der *Adjunct Processor* enthält alle SLEE-Elemente und wird dichter (als SCP) am *Switch* über eine Hochgeschwindigkeits-45-MByte/s-Schnittstelle (CCS7 ist zu langsam) angeschlossen. Er wird ergänzend für spezielle Applikationen, die eine Beschleunigung oder Expansion der Systemfunktionen (z.B. Grafikmodus) erfordern, eingesetzt. Für diese Schnittstelle wird ein spezieller Protokollstapel mit anschließenden Anwenderprotokollen wie ACSE und ROSE (s. Netzmanagement) verwendet.

Service Switching and Control Point (SSCP).

SSCP ist eine Erweiterungsmöglichkeit für IN. Mit SSCP kann die IN-Plattform nicht nur an zentralisierenden SCP's sondern auch in lokalen und transitären Vermittlungen lokalisiert werden. So können durch zusätzliche SW-Module die SLEE-Elemente teilweise zum SSP (SSCP) verlagert werden. Durch diese dezentralisierte Konfiguration erübrigt sich die SSP-externe *Call*-Bearbeitung. Die Dienstesteuerung kann auf diese Weise schneller erfolgen.

Eine andere Lösung wird vor allem für kleine Netze angeboten. Dadurch kann beim IN-Systemaufbau an den Kosten eines SMS gespart werden. Für solche Fälle können SCP's mit eingebauten SMS-Funktionen verwendet werden.

2.4 Schnittstellen und Protokolle

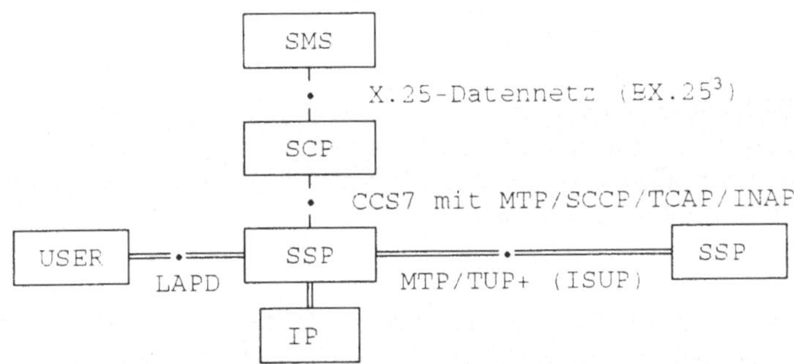

—— Steuerung (Zeichengabe, NM-Protokolle)
═══ Zeichengabe und Nutzkanäle

Bild 2.5: Die wichtigsten IN-Schnittstellen

Für den Anschluß der IN-Hauptkomponenten untereinander wurden genormte Schnittstellen definiert. Zwischen den SCP-, SSP- und STP-Knoten wurde das Zeichengabesystem 7 mit MTP (*Message Transfer Part*) und SCCP (*Signalling Connection Control Part*) eingesetzt. Darüberhinaus sind in den Vermittlungsstellen (SSP's) standardmäßig TUP (*Telephon User Part*) bzw. ISUP (ISDN *User Part*) implementiert. Zwischen dem SCP und SSP wird zusätzlich TCAP und das IN-Applikationsprotokoll (INAP: IN

[3]BX.25: Belcore X.25 - Protokoll-Version für den US-Market

Application Part) benutzt. Das *Core* INAP-Protokoll soll auch die Schnittstelle zwischen den Dienststeuerungsfunktionen (SCF: *Service Control Function*) und den *Service Data Functions* (SDF) definieren. Die standardisierten CCS7-Protokolle, mit dem anschließenden *Database Access Protocol* in der Schicht 7, sind in der Lage, hohe Zeichengabe-Kapazitäten, die im Schnitt die PSTN-Signalisierung um eine Größenordnung übertreffen, zur Verfügung zu stellen. Im GSM-System wird MAP (*Mobile Application Part*) als TCAP-*User* verwendet. Eine Beschreibung dieser Signalisierung ist in den Kapiteln 9 und 10 zu finden. Für die SSP-Endgerät-Zeichengabe wird auf die ISDN-Anschlußtechnik (D-Kanal-Protokolle) mit LAPD (s. A_{bis}-Schnittstelle) zurückgegriffen. Die DSS1-Zeichengabe, die ein gutes *Interworking* mit CCSS7 leistet, und weitere Entwicklungen auf diesem Gebiet (die D-Kanal-Technik kann in den PVN's Anwendung finden) sind für die IN-Entwicklung sehr wichtig. Die SMS-SCP-Verbindung wird über X.25 erfolgen. Es können hier je nach Anforderung und entsprechender Protokoll-*Stack*-Erweiterung Applikationsprotokolle wie CMISE oder FTAM (s. NM) eingesetzt werden. Auch eine direkte SMS-SSP Datenverbindung (im Bild 2.5 nicht eingezeichnet) ist möglich.

2.5 Dienstunabhängige Features

Es gibt eine ganze Reihe von serviceunabhängigen IN-*Features*. Oft ist der Unterschied zu SIB's schwierig zu erkennen, er kann sogar land- oder herstellerspezifisch sein. Bevor die wichtigsten IN-Dienste beschrieben werden, sollte auf diese dienstunabhängigen Funktionen eingegangen werden. Es gibt u.a. zeit- und ursprungsabhängige Verkehrslenkung, *Call Prompter*, *Call Queuing* oder Ansagenschaltung mit IP. Solche Funktionen werden auch im Mobilfunk realisiert.

• ***Call Prompter***
Es werden vom Teilnehmer zusätzliche Angaben, z.B. als DTMF oder über Spracherkennung, verlangt, in den meisten Fällen für *Routing* oder Sicherheitszwecke.

• ***Call Queuing***
Die Anfrage wird aufgrund des Besetzt-Zustandes oder fehlender Netzressourcen in eine Warteschlange geschickt.

• ***Time and Day Routing*** (zeitabhängige Verkehrslenkung)
T&D-*Routing* ermöglicht unterschiedliche Anrufbehandlung je nach Zeit/Datum-Wert.

• **CSG-*Routing*** (*Calling Subscriber Geography*)
Der Anruf wird ursprungsabhängig zum Ziel geleitet.

• ***Routing based on*** **CLI** (*Calling Line Identification*)

2.6 Dienste

Für die Einführung des IN-Konzepts in ein bestehendes Netz sind solche Elemente wie Netzkonfiguration, Datenfluß, Komplexität und nicht zuletzt die Aussicht auf Erfolg (Wirtschaftlichkeit) von höherwertigen Diensten wichtig. Es kann eine grobe Einteilung der IN-Dienste in drei Gruppen (wie in Tabelle 2.1) vorgenommen werden. Die personenbezogenen Dienste brechen mit der seit über 100 Jahren bestehenden, gerätebezogenen Teilnehmeridentität. Sie verwirklichen die Mobilität ihrer Benutzer. Die zweite Gruppe enthält Dienste, denen man die Bezeichnung Informationsdienste geben kann. Diese relativ einfachen Service-Leistungen haben eine Vorzugsrichtung, und die Anrufe werden über eine Rufnummerauswertung zum Dienstteilnehmer geleitet. Die Gruppe 3 beinhaltet Dienste mit Fremdnetzfunktionen. Es sind entweder Services, in denen Ressourcen des normalen öffentlichen Netzes mitbenutzt werden, oder Dienste, die auch in anderen Netzen (vor allem im ISDN) verfügbar sind.

Tabelle 2.1: IN-Dienste (einige Beispiele)

Anwendung	Dienste
personenbezogen	UPT, MF, PCN, CT, CCV, ERS
Information	PRS, UN, TVS, TIS, PRS
integrierte Fremdnetzfunktion	PVN, AWC, ABS, CUG[4]

Im Frühjahr 1993 wurden die ersten vier Telekommunikationsdienste im echten IN-Aufbau in Deutschland als Betriebsversuch angeboten. Dies soll der Untersuchung der Funktionsfähigkeit und der Beobachtung der Dienstakzeptanz dienen. Es handelt sich hierbei um IN-Dienste der zweiten Gruppe (s. auch Einführungsstrategie). Es wurden folgende Dienste zur Verfügung gestellt:

Service 130 - gebührenfreier Anruf für die Kunden (FPH: *Freephone*), international auch als *Green Number Service* (GNS) bekannt. Der Dienstteilnehmer ist unter einheitlicher Rufnummer erreichbar und trägt die Gesprächskosten, für Inlands- wie für Auslandsverbindungen. Service 130 wurde bereits vor einigen Jahren eingeführt. Das neue Dienstmerkmal ist die ursprungs- und zeitabhängige Verkehrslenkung (T&D- + CSG-*Routing*), die dem Kunden weitere Vorteile bieten wird (→ *Advanced* FPH). Der weiterentwickelte Service 130 kann so eingerichtet werden, daß es sich, z.B. außerhalb der Geschäftszeiten, um einen Ansagedienst handelt, der vom Dienstteilnehmer anhand

[4]CUG wird im Abschnitt SS-Dienste im sechsten Kapitel beschrieben. Die weiteren Abkürzungen siehe weiter unten im Text.

neuester Informationen zusammengestellt werden kann. Eine Erweiterung des Dienstes ist die automatische Angabe der Telefonnummer (ANI: *Automatic Number Identification*). So kann auch personenbezogene Verkehrslenkung eingeführt werden. Durch die PIN-Angabe können bestimmten Personenkreisen weitere Informationen, z.B. im Interaktiv-Modus, zugänglich gemacht werden.

Bundeseinheitliche Rufnummer - international als *Universal Number* (UN) bekannt; Hier wird/ist der Dienstteilnehmer netzweit unter einer einheitlichen Rufnummer (ohne Vorwahl) erreichbar. Dieser Service 180 wird vor allem von wichtigen Einrichtungen wie Bereitschaftsdiensten (ärztlicher Notdienst), *Telesupport* (*hot line*) usw. angeboten. Dabei kann sich die Zielrufnummer des Dienstteilnehmers ändern, was eine *follow-me*-Anwendung bewirkt. Die Vergebührung kann wahlweise für A- oder/und B-Teilnehmer erfolgen. Bis auf die Gebühren und das Dienstprofil ist UN dem Service 130 sehr ähnlich.

Tele-Info-Service (TIS) - spezialisierter Tele-Informationsdienst wird auch Kiosk Service (KS) oder *Premium Rate* Infodienst genannt. Dieser Dienst kann vielfältig genutzt werden. Es können privat und regional z.B. Informationen zu den aktuellen Veranstaltungen, zur Wetterlage, Stellenangeboten, Aktienkursen usw. zur Verfügung gestellt werden. Der Dienstteilnehmer kann die Datenbasis selbst aktualisieren. Über diesen IN-Service können auch persönliche Beratungsdienste abgewickelt werden. In der Regel wird der A-Teilnehmer mit Gebühren belastet. Die Einnahmen werden zwischen dem Netzbetreiber und dem Dienstteilnehmer aufgeteilt. TIS wird intensiv als sog. Mehrwertdienst im MF eingesetzt.

Televoting Service (TVS) - Televotum (TV) oder Umfragedienst; Mit diesem seit Jahren verfügbaren Service können öffentliche Umfragen (Fernabstimmung) durchgeführt werden (Demoskopie, Marktforschung, Zuschauerbefragung bezüglich einer Rundfunksendung u.ä.). Der Dienstnutzer kann sein Votum als eine Antwortzahl, d.h. als eine bestimmte Rufnummer, abgeben. Alle eingehenden Anrufe werden gezählt. Dabei sind solche Merkmale der Televotumeinrichtung wie Datendurchsatz oder Vergebührung von Interesse. In der IN-Lösung ist eine parallele Nutzung des TV-Dienstes von mehreren Dienstteilnehmern möglich. Es ist auch mit einer Steigerung des Durchsatzes dank der verbesserten Technik zu rechnen. Zusätzlich werden Zeitfenster und Ursprungsbereiche zur besseren Auswertung der Ergebnisse (Statistiken) eingesetzt. Schließlich werden evtl. sogar variable Quoten für Durchschaltung eingeführt, um den Anrufern die Möglichkeit zu bieten, mit den Anwendern sporadisch Kontakt (Abstimmungsverhalten und Interviews im Tele-Dialog) aufzunehmen. Die Gebühren können je nach Fall unterschiedlich verrechnet werden.

Des weiteren gibt es:

Virtuelles Privatnetz (PVN: *Private Virtual Network*): Das PVN (oder VPN) kann eine attraktive Alternative zu den Privatnetzen (PN: *Private Network*) werden - dies vor allem im Bereich der Sprachkommunikation. Andererseits könnte PVN nicht nur als Konkurrenz, sondern als eine vernünftige Ergänzung der privaten Netze betrachtet werden. Mit diesem Dienst werden Funktionen eines PNs im bestehenden PSTN (über *shared facilities*) simuliert. Dies erlaubt in vielen Fällen, die hohen Kosten und den Aufwand eines echten Privatnetzes (Nebenstellenanlagen) bei vergleichbarer Service-Leistung zu vermeiden. Der virtuelle Netzdienst erschließt das öffentliche Netz für die Geschäftskommunikation. PVN's werden über einen eigenen Kurzrufnummernplan verfügen. In diesen Netzen können auch Zusatzdienste wie CUG oder Weiterschaltung angeboten werden. Es sind ebenfalls verschiedene Abfragemöglichkeiten und Statistiken geplant. Die Vorteile von PVN sind die schnellen Änderungsmöglichkeiten sowie die Übernahme der Management- und Überwachungsfunktionen vom Netzwerkbetreiber. In der Breitbandtechnologie wird VPN in der Lage sein, sowohl Sprech- als auch Datenverbindungen anzubieten. PVN wird in Deutschland voraussichtlich als ein Folgeservice der vier oben erwähnten Dienste des IN-Betriebsversuchs eingeführt.

Area Wide Centrex (AWC): Weitbereichs-Centrex (Centrex: *Central Exchange*) ist ein Dienst, bei dem die Funktionalität einer privaten Nebenstellenanlage von der öffentlichen Vermittlungsebene aus ermöglicht wird. Zu diesem Zweck können mehrere Vermittlungsstellen miteinbezogen werden. Dies erlaubt, die Vermittlungsgrenzen zu überschreiten (zentralisierter Numerierungsplan).

Persönliche Rufnummer: Der Persönliche-Rufnummer-Dienst wird auch als *Universal Personal Telecommunication* (UPT) bezeichnet. Mit diesem sehr wichtigen Service wird das Konzept der personellen mobilen Kommunikation (PMC) realisiert: die Abonnentennummer wird dem Teilnehmer und nicht dem Anschluß zugeordnet ! UPT kann sowohl im Geschäfts- (*Business*-UPT) wie im Privatleben sinnvoll eingesetzt werden. Die Benutzerprofile werden von den Teilnehmern einstellbar sein. In der einfachsten Version muß der Teilnehmer am fremden Ort, damit er im Netz erreichbar bleibt, seinen aktuellen Aufenthaltsanschluß der Zentrale mitteilen (gebührenpflichtiger Anmeldeanruf). Auf diese Weise werden die Anrufe zum letzten angegebenen Ziel geleitet. Die Registrierungs-Prozeduren können ähnlich wie in den zellularen Netzen (s. *Location-Management*) aufgebaut werden. Hierfür wären neben dem INAP-Protokoll entsprechende Endeinrichtungen notwendig. UPT wird im MF als automatischer Dienst benutzt: Der Mobilteilnehmer ist im gesamten GSM *Service Area* erreichbar, ohne davon Notiz nehmen zu müssen. Die anfallenden Signalisierungskosten sind normalerweise in der Grundgebühr enthalten. Sie können auch ähnlich wie die Gesprächskosten anteilig verrechnet werden.

Notrufdienst: Der Notrufdienst ist international als *Emergency Response Service* (ERS) bekannt. Diese bundesweit-einheitliche Notrufnummer soll über ANI (*Automatic Number Identification*) die Möglichkeit bieten, zusätzlich den Anrufer oder seinen Standort (z.B. beim Mobilfunk) zu identifizieren, um im Notfall schnelle Hilfe leisten zu können.

Automatische Anrufverteilung (NACD: *Network Automatic Call Distribution*): Mit diesem Dienst ist eine netzweite Anrufverteilung (auch auf mehrere Anschlüsse) der an einen Teilnehmer gerichteten Anrufe möglich. NACD kann im Service 130, z.B. mit Statistikführung, eingesetzt werden. Dies kann auch mit T&D- sowie CGS-*Routing* kombiniert werden.

Alternative Gebührenberechnung (ABS: *Alternate Billing Service*): Dieser Service bietet verschiedene Möglichkeiten, entstehende Gebühren je nach Netzbetreiber und Dienst anschlußunabhängig zu verrechnen. So können die Service-Gebühren an den angerufenen Teilnehmer oder einen Dritten, z.B. den Arbeitgeber, übertragen werden (*Shared Payment*). Der ABS-Dienst kann - falls geeignete Endgeräte vorliegen - durch Tele-Konto-Service ergänzt werden.

Tele-Konto-Service: *Credit Card Calling* (CCC) oder *Calling Card Verification* (CCV) ermöglicht das Telefonieren unter Benutzung einer speziellen Karte oder ihrer Geheimnummer (über PIN-Angabe). Die Gebühren für benutzte Services werden direkt vom Teilnehmerkonto abgebucht. Es gibt Bestrebungen und es wurden erste Versuche unternommen, eine Telekommunikationskarte (*Telecard*) für alle abonnierten Dienste anzubieten. So kann die Zulassung solcher Services wie Mobilfunk, Zusatzdienste, Telefonkarte, Btx, aber auch Girokonto-Transaktionen (→ *Bank at Home*, bargeldlose Zahlungssysteme) und anderer Kreditkarten-Anwendungen auf einer Tele-Karte integriert werden. Die Voraussetzung ist, daß die Endgeräte mit einem Kartenleser und entsprechendem Netzanschluß ausgestattet sind. Der Sicherheitsstandard wird dabei durch die Nutzung sogenannter *Smard Cards* gewährleistet. Diese Karten sind mit moderner Mikroprozessortechnik ausgerüstet und nutzen je nach Entwicklungsaufwand entweder DES- oder RSA-Algorithmen aus. Mit dem Kreditkarten-Dienst könnte die Gebührenerfassung (ähnlich wie bei den Telefonkarten als Zahlungsmittel) vereinfacht und die datenschutzrechtlichen Probleme umgangen werden. Diese Dienstart wird in Zukunft sehr stark zunehmen.

Pay per Viev (PPV): Bezahlen pro Programm beim Kabelfernsehen (*Pay*-TV). Der Fernsehzuschauer mit Kabelanschluß kann über eine Telefonleitung gewünschte Programme (z.B. attraktive Live-Sendungen, Spielfilme usw.) wählen. Die Schwierigkeit der technischen IN-Realisierung besteht - ähnlich wie beim TVS - darin, die massiv eingehenden Wünsche (z.B. 5 Min. vor dem Programmbeginn) zu registrieren und die Gebühren richtig zu erfassen.

Zu den weiteren IN-Diensten können gezählt werden: *Telepoint*-Dienst, ACD (*Automatic Call Distribution*), *Preference*, *Voice Messaging*, *Anywhere Call Pick up*, *Private Transaction Network*, *Revenue Sharing Premium Service* (PRS), *Electronic Mail*, *Global Conference Call* usw. Die Liste möglicher IN-Dienste ist sehr groß und wird dank dem Erfindungsreichtum der Entwickler bzw. der Dienstplaner schnell weiter wachsen.

2.7 IN-Abläufe

Die grundlegende IN-Funktion beim Verbindungsaufbau, die sich von den herkömmlichen Vermittlungsabläufen unterscheidet, ist die Trigger-Erkennung im SSP.

Trigger-Erkennung

Der Dienstevermittlungspunkt SSP erkennt einen Anruf bzw. ein IN-Ereignis (*Event*) anhand implementierter Trigger-Kriterien-Interpretation der Rufnummer (z.B. durch eine Rufnummer-Auswertung der INITIAL ADDRESS MESSAGE). In diesem Fall muß, z.B. durch eine Anfrage an den SCP (mit *Provide-Instruction*-Prozedur), entsprechend reagiert werden. Am Steuerungspunkt werden daraufhin *Database*-Prozesse (Datenbankdialog) gestartet.

Zu weiteren IN-Prozessen neben der Trigger-Erkennung und dem Datenbankdialog gehören z.B. Rufumlenkung, Verkehrslenkungsfunktionen, Wartefunktion usw. Solche Ablaufprozesse des GSM-Systems werden an anderen Stellen im Buch behandelt, so z.B. bei der Beschreibung von MAP- und BSSAP-Prozeduren.

Dienstebeeinflussung

Die Änderung der Dienste kann von der Administration, vom Benutzer oder automatisch durch eine Dienstesteuerungslogik vorgenommen werden. Für IN-Dienste wird die wichtige Möglichkeit einer servicespezifischen Teilnehmerselbsteingabe (*Customer Control*) individueller Daten vom Endgerät aus angeboten. So können die Benutzerprofile mit Dienstparametern entsprechend der speziellen Bedürfnisse konfiguriert werden. Der Teilnehmer kann je nach Endgerät und gebotenen Möglichkeiten z.B. PIN-Werte ändern oder Datenbanken abfragen, um Statistiken zu den benutzten Diensten zu erfahren. Dienstebeeinflußung im GSM-System s. SCI (*Subscriber Controlled Input*) und *Operation and Maintenance*.

2.8 Entwicklungs- und Einführungsstrategie

Für die Einführungsstrategie des IN-Konzeptes wurden - vom praktischen Standpunkt - aus drei Service-Kategorien mit steigender Komplexität unterschieden:

Tabelle 2.2: Einteilung der IN-Dienste

Kategorie	IN-Dienst
B-Nummer	Service 130, TVS, TIS, UN, NACD
(A+B)-Nummer	PVN, ERS, ABS, *Routing on* CLI
Interaktiv	Mobilfunk, UPT, CCV, AWC, PPV

1. *B-Number Service*: (angerufener Dienst) der A-Teilnehmer kann im SCP unbekannt bleiben;
2. *(A+B)-Number Service*: A- und B-Teilnehmer sind (z.B. über ANI) im SCP bekannt, es gibt jedoch keine interaktive Entscheidungslogik;
3. *Interactive Services* - sie erfordern eine komplizierte Zeichengabe mit tiefer Netz-Penetration.

Die Marktsituation und die technologischen Aspekte haben viele Telekommunikations-Verwaltungen und -Unternehmen dazu veranlaßt, trotz höherer Komplexität gleich schwierigere Projekte (MF, PPV) in Angriff zu nehmen. Beim GSM handelt es sich um ein sehr kompliziertes System, das zugleich zu den ersten bedeutenden Applikationen des IN-Konzeptes in Europa gezählt werden kann.

Mehrere der hier erwähnten Elemente des IN-Konzeptes sind bereits im Einsatz oder werden im MF eingesetzt. Auch eine Reihe weiterer IN-Dienste kann den MF-Teilnehmern zugänglich gemacht werden. Dadurch und in Abhängigkeit von der IN-Realisierung in PLMN-Netzen sowie in weiteren Projekten kann das GSM-System als ein entwicklungsfähiges IN-Netz betrachtet werden.

IN-Entwicklungsstand

Das IN-Konzept befindet sich seit längerem in der Entstehungsphase. Man hat die Notwendigkeit der Einführung geeigneter internationaler Standards erkannt, welche den Herstellern, Betreibern und Benutzern weitgehende Vorteile bringen können. Weitere IN-Standardisierungsarbeiten sind geplant und werden in mehreren internationalen Gremien durchgeführt. Die Tendenz geht dabei in Richtung *feature*-unabhängige Standards.

Die Entwicklungsstufen der IN-Architektur wurden folgendermaßen unterteilt: IN/1, IN/1+, IN/2 und AIN (*Advanced* IN).

- **IN/1**
  IN/1 bedeutet die Einführung der verteilten Rufbearbeitung durch den Einsatz neuartiger Netzfunktionen und -komponenten. Die Netzintelligenz ist in den Steuerungsknoten (SCP's) konzentriert. Diese Entwicklungsstufe ist wichtig, ihr fehlt es jedoch an Flexibilität. Beim Einführen neuer Dienste sind SW-*Updates* im SCP und im SSP notwendig. Der Netzbetreiber ist bei jeglichen Änderungen auf den Dienstanbieter bzw. Netzkomponenten-Hersteller angewiesen. Mit IN/1+ soll diese Einschränkung wegfallen.

- **IN/2**
  IN/2 sollte die Weiterentwicklung von IN/1 werden und führt zu dienstunabhängigen

funktionalen Komponenten[5] (FC's). Bei der Einführung neuer Service-Leistungen sind im SSP keine Änderungen mehr nötig. Alle funktionalen Komponenten sind bereits vorhanden. Der sogenannte SLI (*Service Logic Interpreter*) kann im IN-Netz verteilt sein und ist für die Erkennung und Ausführung von FC's zuständig. Mit der IN/2-Stufe sollte die offene Netzarchitektur (ONA: *Open Network Architecture*) erreicht werden. Das IN/2-Konzept wurde jedoch wegen der anstehenden aufwendigen Einführungsstrategie sowohl für SSP's als auch für SCP's als inpraktikabel eingestuft.

- **AIN**
  Als eine weiterführende Lösung für das IN-Konzept wurde statt IN/2 das AIN (*Advanced* IN) mit serviceunabhängiger Architektur aufgegriffen. Dieser Schritt ist in den letzten Jahren zum Gegenstand intensiver Standardisierungsbestrebungen - sowohl seitens CCITT/ETSI als auch Belcore's - geworden. Es sind für Europa drei *Release*-Phasen vorgesehen, die als *Capability Sets* (CS1, CS2, ..) erscheinen sollen. Die ersten IN CS1 Standards vor allem für *Call Control* (CC) und SIB's, die vermittlungsunabhängig definiert werden können, sind 1993 erschienen. Um die UPT-Dienste unterstützen zu können, müssen weitere Modifikationen an CS1 vorgenommen werden (→ INAP). In der aktuellen ETSI-Standardisierung wird verstärkt die SCF-SDF-Schnittstelle definiert. Die existierenden *Database*-Operationen des CS1 werden durch einen neuen Satz von XDM-Operationen (XDM: *Extended Data Management*) ersetzt. In den Arbeiten am CS2 sind die Langzeit-Architektur (Schnittstellen) und die paneuropäische IN-Vernetzung im Gespräch. Zu den wichtigen Themen der ETSI NA6-Standardisierungsarbeiten gehört auch das Service-Netzmanagement. Das AIN Release 1 zur Basis-Architektur ist 1990 erschienen. AIN (*Release* 2: 1994/95) wird sich auch auf die Breitbanddienste beziehen und soll noch größere Flexibilität bei der Serviceeinführung bieten. Die Grundidee ist eine breite Spanne an möglichen dezentralisierten Implementierungen. Zu den wichtigen AIN-Elementen gehören: IP's, AP's und SCE. Es soll hervorgehoben werden, daß die AIN-Technologie sich unabhängig von B-ISDN entwickeln kann. Gemäß bestimmter Marktprognosen werden die IN-Dienste den Telekommunikationsmarkt auch im nächsten Jahrhundert wesentlich stärker als B-ISDN beherrschen.

MVI: *Multivendor Interaction* ist das von verschiedenen Fernmeldeverwaltungen und Telekommunikationsfirmen (RBOC's) gebildete offene Industrie-Forum. Hier werden weitere Definitionen und Schritte zur IN-Entwicklung und -Realisierung vorgeschlagen. Es soll die NTA (*Near Term Architecture*) definiert werden, die die nächste Periode bis 1995 abdecken soll.

[5]Der Unterschied zu SIB's besteht darin, daß die FCs nicht menügesteuert angeboten werden, sondern direkt programmiert werden müssen.

Probleme

Solche großangelegten Vorhaben wie die IN-Entwicklung beinhalten eine ganze Fülle von Problemen und Komplikationen, die rechtzeitig gelöst werden müssen. Auf solche Aspekte wie Endgeräte-Problematik, Terminal-Uunabhängigkeit der Dienste (ISDN-Fähigkeit) oder Sicherheitsmaßnahmen im IN (Manipulationen der Benutzerprofile usw.) soll hier nicht weiter eingegangen werden.

Zu den aktuell wesentlichen Nachteilen des IN-Konzepts gehören vor allem die relativ langen Verbindungsaufbauzeiten, bedingt durch den Datenaustausch mit der abgesetzten Dienstzentrale (SCP). Die Schaltgeschwindigkeit zum SCP muß durch Techniken der schnellen Paketvermittlung wie *Frame-Relay* (CCITT/ANSI) oder ATM (s. Glossar) erhöht werden.

Ein weiterer Nachteil sind die bis jetzt fehlenden fertigen Standards für die IN-Entwicklung. So haben viele Telekommunikationsunternehmen in Europa keine definitive Strategie bezüglich der IN-Realisierung. Die IN-Philosophie widerspricht teilweise mancher Firmenpolitik, wo seit Jahren an Lösungen "aus einer Hand" festgehalten wurde (die unbestritten auch Vorteile bieten). Die Haltung verschiedener Hersteller (auch multinationaler Firmen) bewegt sich zwischen einem gewissen Grad von Ignoranz, die wahrscheinlich durch das Fehlen von Industriestandards oder andere Unsicherheiten bedingt ist, und einer aggressiven Teilnahme an der IN-Entwicklung.

Die Gewährleistung des Datenschutzes stellt innerhalb der gesamten Anwendung von Telekommunikationssystemen ein bedeutendes Problem dar. Mögliche Lösungen dieser Problematik, wie z.B. oben bei der Tele-Konto-Service-Beschreibung angedeutet, müssen noch gefunden werden. Sie lassen sich wahrscheinlich mit dem IN-Einsatz leicht realisieren.

Die am Anfang des Kapitels angesprochene Kopplung der IN-Architektur und des GSM-Systems wird sich auf PCN's und alle PCS's ausweiten. Es werden von vielen Unternehmen strategische Untersuchungen durchgeführt und technologische Innovationen zu diesem immer wichtiger werdenden Thema erprobt.

Bei Interesse an weiteren Einzelheiten wird auf die entsprechenden CS- und Belcore-Dokumente sowie auf das Literaturverzeichnis verwiesen.

* * *

In den weiteren Kapiteln wird entsprechend der erfolgten IN-Beschreibung das GSM-System ausführlich behandelt. Diese nicht zufällig gewählte Vorgehensweise soll existierende Parallelitäten und die enge Verwandtschaft aufzeigen.

"God, Send Mobiles !"

3 Aufbau und Organisation des GSM-Systems

In diesem Abschnitt wird zuerst auf die Netzstruktur und Komponenten des GSM-PLMN-Netzes eingegangen. Ein tieferer Einblick in die Art und Weise, wie sie zusammenarbeiten, wird erst in späteren Kapiteln gegeben. Die Beschreibung der GSM-Architektur wird immer abstrakter und führt unausweichlich auf die komplexe Signalisierung. An dieser Stelle werden die Flächeneinteilung des GSM-Versorgungsgebietes und dann die Strukturierung der Funkkanäle beschrieben. Im weiteren Verlauf werden die MF-spezifischen Daten und Parameter sowie andere wichtige Systemdaten aufgeführt.

Public Land Mobile Network (PLMN)

PLMN: öffentliches Mobilkommunikationsnetz, auch MF-Netz genannt, wurde landesweit von verschiedenen europäischen Betreibern eingerichtet und bereitgestellt. Als Netzbetreiber sind Postverwaltungen und Firmen bzw. Konsortien gewählt worden. Die PLMN's können unterschiedliche nationale Charakteristika aufweisen. In Deutschland existieren zwei weitgehend überlappende D-Netze mit vergleichbarem Versorgungsgrad:

D1 - der Telekom;
D2 privat - von Mannesmann.

Das noch modernere E-Netz wurde bereits 1994 in mehreren Regionen in Betrieb genommen. Ein PLMN besteht aus mehreren qualitativ unterschiedlichen Hauptkomponenten: MS (Mobilstation = Funktelefon), BS (Basisstation), MSC (Mobilvermittlungseinrichtung) und LR's (Aufenthaltsregistern). Innerhalb eines MF-Netzes unterscheidet man drei Subsysteme: das Radio-Subsystem (RSS, die Radio-Seite), welches aus MS's und Basisstationsystemen (BSS's) besteht, und das aus den Subsystemen NSS (*Network Subsystem*) und OMS gebildete Festnetz. In diesem Aufbau ist die IN-Architektur (s. Bild 3.1 und 3.6) deutlich zu erkennen.

- Das RSS-Teilsystem mit den BSS's ist für die funktechnischen Aspekte der MS-Verbindung zuständig.
- Das NSS (*Network Subsystem*) übernimmt die vermittlungstechnischen Vorgänge, einschließlich der Dienstesteuerung, und ermöglicht eine Verbindungsdurchschaltung auch vom und zum Fremdnetz (PSTN-Übergang).
- Das Betriebs- und Wartungssystem (OMS: *Operation and Maintenance System*) erfüllt die OA&M-Aufgaben im PLMN-Netz.

Das GSM-PLMN - als ein eigenständiger Teil eines einheitlichen Kommunikationssystems - bietet den mobilen Teilnehmern über die Landesgrenzen hinaus verschiedene Telekommunikationsdienste an und wird von der Betreiber-Administration und/oder den beauftragten PLMN-Operatoren (PLMNO) betrieben und beaufsichtigt. Mehrere

PLMN's können direkt oder über ISDN/PSTN und PDN's verbunden werden (→ paneuropäisches MF-System). In diesem Kapitel werden alle drei PLMN-Subsysteme genauer betrachtet.

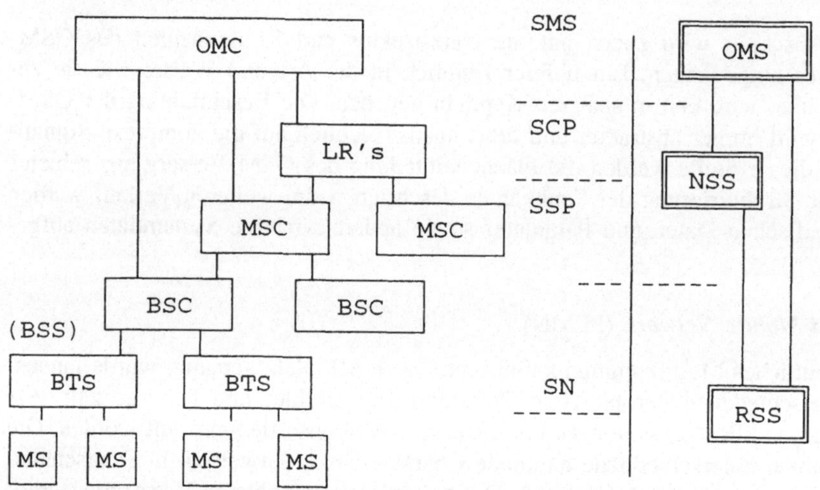

Bild 3.1: PLMN-Architekturschema mit den Teilsystemen (OMS, NSS, RSS) und den wichtigsten Netzkomponenten bzw. -Entitäten

***Home* PLMN**

HPLMN: bezieht sich auf den permanenten MF-Teilnehmer; es ist sein Heimat-MF-Netz. Im HPLMN erfolgt die Subskription der GSM-Mobilfunkdienste, die Speicherung aller Teilnehmerdaten und auch die Gebührenabrechnung.

Im PLMN-Netz unterscheidet man vor allem zwei Haupt-Subsysteme, in denen die neuartige GSM-Technik zum Einsatz kommt: das Radio-Subsystem, das als Ankopplung der MF-Teilnehmer an das Festnetz dient und das Netzwerk-Subsystem (*Mobile Switching Network*), ein Vermittlungssystem mit Steuerungsebene einschließlich der MF-Datenbanken sowie der zusätzlich notwendigen Erweiterungen für den Mobilfunk-Betrieb und den Fremdnetzanschluß.

3.1 Radio Subsystem (RSS)

Beim RSS handelt es sich um das flächendeckende zellulare Netz bis zu den Vermittlungsstellen. Das Radiosystem (*Cellular Radio Network*) beinhaltet die Basisstationen mit der zugehörigen Steuerung (*Base Station Controller*). Zum RSS werden zusätzlich die Mobilfunkstationen als bewegliche (zugelassene) Netzkomponenten gezählt. Eine *Base Transceiver Station* (BTS) bildet durch ihre permanent betriebene Radiovorrichtung eine oder mehrere Funkzellen um sich aus (Abbildung 3.2).

Funkzelle (*Cell*)

Die Funkzelle ist der kleinste geographische Funkversorgungsbereich, der von einer Basisstation bedient wird und wo - über einen Funkkanal - die Ankopplung der MS an das PLMN stattfindet. Die Form der Zelle wird so approximiert, daß sich daraus eine periodische Netz-Struktur aufbauen läßt. Eine Zelle hat in den meisten Fällen hexagonale Form. Die MS unterscheidet die Funkzellen über einen BSIC (*Base Transceiver Station Identity Code*). Im Netz wird anhand der *Cell Identity* (CGI) zwischen den Zellen unterschieden. Die Funkzellen können je nach Einsatzort und Bestimmung unterschiedlich groß sein. Die nominale Zellengröße im GSM 900-System beträgt bis zu 35 km. Die Zellenverkleinerung wird u.a. durch Mikrozellentechnik und Richtantennen erreicht.

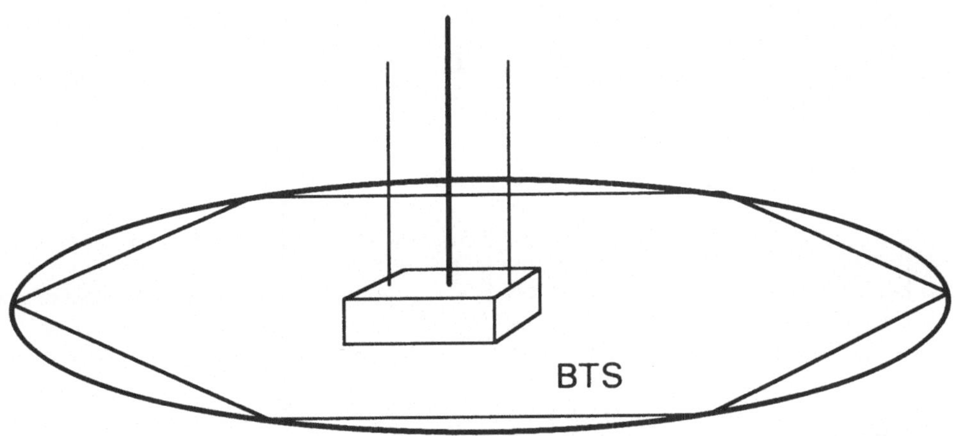

Bild 3.2: Funkzelle

Zellenfunksystem

Beim Zellularsystem handelt es sich um eine Funkversorgungsstruktur aus elementaren, aneinander anschließenden Funkzellen, die im Idealfall eine regelmäßige Sechseck-Form haben (Bienenwabenstruktur). Die einzelnen Zellen werden zu größeren Zellenstrukturen, sogenannten Clustern, zusammengefügt. Die Cluster-Periodizität (s. Bild 3.3) mit gewählter Frequenzeinteilung erlaubt, gleiche Frequenzbänder mehrmals oder sogar beliebig oft zu vergeben. Diese Frequenz-Wiederverwendung (*Frequency re-use*) läßt eine sehr große Teilnehmerzahl im zugeteilten Frequenzspektrum zu. Bezeichnend für die zellularen Systeme sind Interferenz-Einschränkungen und solche Funktionen wie *Roaming* mit automatischem LUP oder *Handover*. Sie sind durch die Periodizität des Systems bedingt und nehmen mit kleineren Zellengrößen an Bedeutung zu. Eine Verkleinerung der Zellen, die mit einem großen technischen Aufwand verbunden ist, ermöglicht einen weiteren Anstieg der Teilnehmerzahl (s. Grundlagen der Mobilkommunikation, Netzwerkplanung und Dimensionierung). Die dynamische Kanalallokierung ist auch eine wichtige Funktion der zellularen Funktechnik.

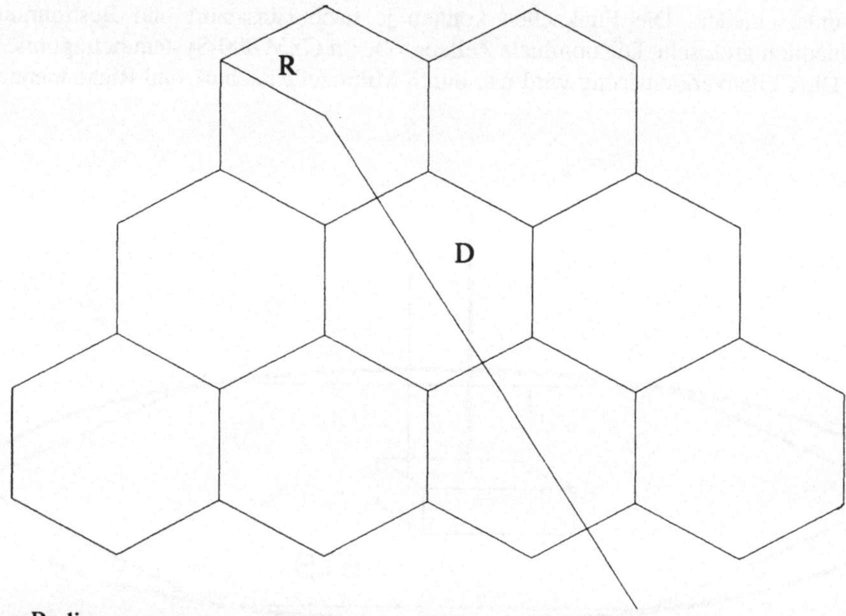

R = Radius
D = Gleichkanalabstand von BS's
D/R - *re-use ratio*

Bild 3.3: Zellensystem mit 9 Zellen pro Cluster

Planung von Zellularnetzen

Für den Entwurf von Zellensystemen sind die Ausbreitungseigenschaften elektromagnetischer Wellen sowie das zugewiesene Frequenzspektrum entscheidend. Die Frequenzverteilung innerhalb der Zellularstruktur ist eine sehr schwierige Aufgabe und muß genau geplant und optimiert werden. Auf die zugrundeliegenden Propagationsmodelle wird kurz im Abschnitt "Funkstörungen" eingegangen. Für die Funknetzplanung werden spezielle Programme entwickelt (*Advanced Radio Planning Techniques*), die anhand diverser Systemdaten, der Aufbaustrategie und Verkehrsmodelle die Versorgungsstruktur bestimmen sollen. Die nominale bzw. Standard-Clustergröße wird vor allem durch solche Systemparameter wie Frequenzband, Sendeleistung, Modulationsart und Herstellervorgaben bestimmt. Die gewählte Größe und Zellenlokalisierung ist zum Teil durch lokale Bedingungen wie Topographie, Teilnehmerdichte oder Empfangsqualität determiniert. Die Aufteilung der Frequenzen unter den Clustern soll einen größtmöglichen Frequenzabstand innerhalb einer Funkzelle gewährleisten und zugleich einen maximalen geometrischen Abstand zu den gleichfrequenten Nachbarzellen bieten. Diese Vorgehensweise soll die Nachbar- und Gleichkanalstörungen minimieren. Für die Gleichkanalstörungen im GSM-System liegt das Träger-zu-Interferenz-Verhältnis (C/I) fast durchgehend über 12 dB. Dieser Wert ist deutlich besser als bei analogen Systemen und erlaubt es, kleine Clustergrößen zu verwenden. Eine wichtige Voraussetzung dafür ist die genaue Zellenstrukturplanung und Sendeleistungsanpassung. Die spektrale Effizienz wird auch signifikant durch GSM-Techniken wie DTX-Übertragung, Frequenzsprungverfahren, Halbratenübertragung oder *Handover*-Algorithmen beeinflußt. Ein Cluster im GSM 900 enthält typischerweise n = 7 bzw. 9 Zellen, was zu einem mittleren Abstand von $D = R \times \sqrt{n}$ Zellen zwischen den Benutzern gleicher Frequenz führt. So können einer Zelle maximal 12 bzw. 16 Carrierpaare zugeteilt werden. In Ländern mit mehreren PLMN's ist diese Zahl entsprechend kleiner. Zu den wichtigen Elementen der Netzwerkplanung gehören:

- Dimensionierung: Zellendefinition mit den wichtigsten Parametern (Koordinaten, Antennen, Kapazität, *Multicell*-Option);
- *Coverage* (Zellenabdeckung);
- *Frequency use* (Frequenzeinteilung);
- Kapazität: Netzübertragung, Systemverfügbarkeit;
- BSS-Parameter;
- *Tuning* und *Testing*.

Der Funkzellenradius kann für GSM 900 theoretisch zwischen 300 Metern und 35 Kilometern variiert werden. Abhängig von dem Urbanisierungsfaktor sowie der erwarteten MS-Dichte muß zunächst die Funkzellengröße und dann die Sendeleistung angepaßt werden. Die Zellenstruktur und die Frequenzeinteilung kann lokal durch Umkonfigurierung an die Umgebung angepaßt und optimiert werden. Um eine gute Übertragungsqualität zu sichern und die Radio-Ressourcen optimal zu nutzen, sollten sich die Leistungen der BS und der MS's an den Zellengrenzen immer gleichen. Diese Bedingung entspricht der Forderung, daß der BS-Empfänger alle seine Mobilstationen mit derselben Empfangsleistung registriert. In die Funkübertragungsberechnungen fließen Daten über die Empfangsempfindlichkeit, Leistungsklassen, Antennenverstärkung (RX, TX), *Diversity*-Empfang, Interferenzen, Dämpfung usw. mit ein. Die Entwicklung der Netzstruktur muß kontinuierlich mithilfe zentralisierter Methoden verfolgt werden. Dabei wird auf dezentrale Datenaufzeichnungen und aussagefähige Aufbereitungsprogramme zurückgegriffen.

Bei der Netzwerkplanung können die Netzbetreiber unterschiedliche Strategien verfolgen und Basisstationen mit verschieden großen Funkzellen aufstellen. In der Aufbauphase des GSM 900 wurden zuerst (bis 1993) die Großstädte, Wirtschaftsregionen und Hauptverkehrsstraßen versorgt und dann, etwa ab 1995, wird ein flächendeckender Betrieb erreicht werden. Der D-Netzausbau schreitet sogar schneller voran. Das E1-Netz soll in der Langzeitplanung bis 1998 98% des gesamten Bundesgebietes abdecken (Lizenzauflage). Als **Vollversorgung** wird ein Netz-Zustand definiert, in dem alle Ballungszentren, alle Autobahnen und etwa 90 % der Bevölkerung versorgt sind. Parallel dazu wird die Kanalkapazität aufgestockt. Der Versorgungsgrad hängt nur geringfügig von der zugrundegelegten MS-Klasse (siehe GSM-Komponenten) ab. Zu der Netzkonfiguration siehe Stichwort "Systemtechnik" (Kapitel 5).

Zellen-*Layout*

In der Netzaufbauphase werden in der Regel zuerst einheitliche Zellengrößen gewählt. Für einen Kapazitätsausbau kommt später die Zellen-*Splitting*-Technik zum Tragen. Das Zellen-*Layout* kann über verschiedene Richtantennen (→ Sektorzellen) und ihre Aufstellung (z.B. Höhe) gestaltet werden. Es wird eine Anpassung der Funkzelle an die Topologie des Terrains (Geländebeschaffenheit und Bebauung) und die geplante Dimensionierung vorgenommen. Der Mikrozellen-Einsatz wird in verkehrsdichten, meist städtischen Regionen erfolgen. Durch ein geeignetes Zellen-*Layout* und *Tuning* kann das Frequenzspektrum besser genutzt werden. Neben dem Kapazitätsgewinn verbessert sich dadurch auch die *Handover*-Ausführung und damit die Empfangsqualität.

3.1.1 Mobilfunk-Versorgungsgebiete

Im zellularen GSM-System wird, sowohl durch physikalische Gegebenheiten wie auch durch das Bestreben nach einem optimierten Netz-Betrieb, das ganze Netzwerk in hierarchische Bereiche unterteilt. Man unterscheidet folgende Areale (s. Bild 3.4):

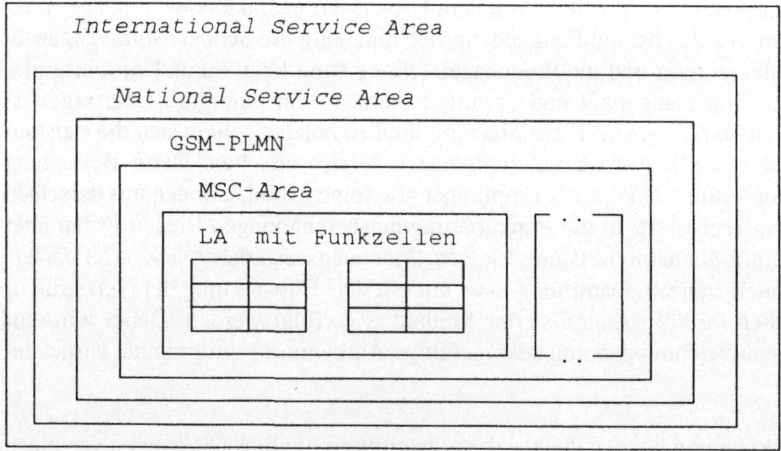

Bild 3.4: GSM-*System-Area*-Aufteilung

Funkzone

Die Funkzone ist ein geographisches Gebiet eines BSSs: Es handelt sich hierbei in der Regel um mehrere BTS's und damit um mehrere Funkzellen.

Base Station Area

Ein BS-*Area* wird in der PLMN-Adressierung nicht berücksichtigt: Ein LA-Bereich wird gleich in mehrere Zellen eingeteilt. BS-Bereich und Funkzone werden synonym benutzt.

Location Area (LA)

LA ist ein Aufenthaltsbereich, in dem sich die Mobilstation, ohne *Location Update* (LUP) zu initialisieren, frei bewegen kann. Dieser Bereich kann aus einer oder mehreren *Base Station Areas* bestehen und wird von Aufenthaltsregistern (insbesondere von einem VLR: *Visitor Location Register*) beaufsichtigt. Für die LA-Größe sind die Verkehrsdichte (auch aus den Ermittlungen der Vorphase) und die VLR-Kapazität ausschlaggebend. Ein LA sollte so gewählt werden, daß ein häufiges Aktualisieren der Teilnehmerdaten durch eine lokale Bewegung der MF-Benutzer weitgehend vermieden wird.

VLR-*Area*

Ein VLR-*Area* wird aus einem oder mehreren LA's zusammengesetzt und von einer Besucherdatei (VLR) verwaltet.

MSC-*Area*

Unter dem MSC-*Area* versteht man einen geographischen Bereich, der vom MSC (*Mobile Switching Center*) bedient wird. Ein MSC-*Area* kann einem oder mehreren LA's entsprechen. Dies hängt von dem zu erwartenden Funkverkehr und der technischen Realisierung ab. Im Normalfall wird dem MSC ein VLR zugeordnet (→ MSC-*Area* = VLR-*Area*). Vom MSC-Standpunkt aus werden externe (*inter*) und interne (*intra*) LA's und Funkzellen unterschieden (s. Bild 3.5).

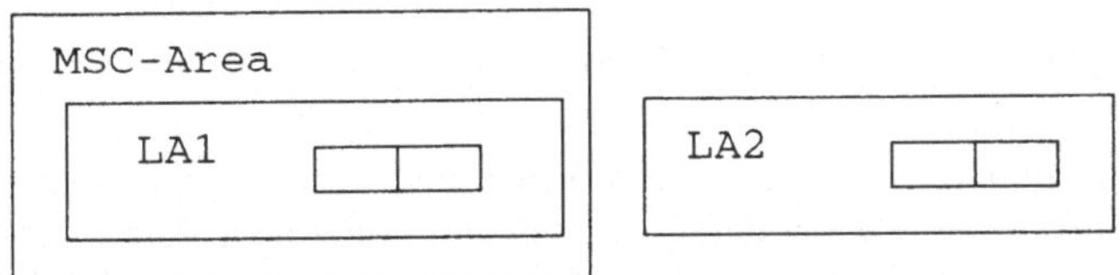

Bild 3.5: MSC - *Point of View* mit internen (LA1) und externen (LA2) Bereichen und Zellen

Home Location Area (HLA)

HLA ist der Zuständigkeitsbereich eines *Home Location Registers* (HLRs). In diesem Bereich wird ein eigener Numerierungsplan (NP: *Numbering Plan*) verwendet. Beim

HLA handelt es sich um ein PLMN oder sein Teilgebiet, wo die Teilnehmer im zugehörigen HLR semipermanent registriert sind. Er kann eine Stadt oder aber ein ganzes Land abdecken. Mit steigenden Teilnehmerzahlen müssen weitere HLA's eingerichtet werden. So können pro MSC mehrere HLR's eingeführt werden.

GSM-PLMN-*Area* (GPA)

GPA ist ein Landesnetz, in dem dem Mobilteilnehmer MF-Dienste nach den GSM-Empfehlungen angeboten werden. PLMN-*Area* kann aus einem oder mehreren MSC-Arealen bestehen und wird vom PLMNO (Netzwerk-Operator) bedient und überwacht.

GSM *Service Area*

Hierbei handelt es sich um einen Bereich, in dem die MS erreichbar ist, ohne daß der aktuelle Aufenthaltsort dem Teilnehmer bekannt sein muß. Ein *Service-Area* wird in der Regel von mehreren PLMN's (entweder als nationales oder internationales → paneuropäisches MF-Netz) gebildet.

GSM *System Area*

GSM *System Area* ist eine Gruppe der PLMN-Bereiche, zu denen die MS Zugang hat.

Cell Broadcast Area

Cell Broadcast Area ist ein geographischer Bereich, in dem Nachrichten des SMS (*Short Message Services*) ausgestrahlt werden. Die Größe kann zwischen einer Zelle und einem ganzen PLMN variieren. Dies kann für jede Nachricht vom PLMNO oder vom Informationsanbieter festgelegt werden.

* * *

Bevor wir zum NSS übergehen, werden noch die RSS-Komponenten kurz beschrieben.

3.1.2 Mobilstation (MS[1]: *Mobile Station*)

Die mobile Funkstation (*Mobile*) ist eine Vorrichtung, von der aus auch ein sich in Bewegung befindlicher Mobilteilnehmer - von einem beliebigen Punkt des GSM-*Service-Areas* - die angebotenen Telekommunikationsdienste benutzen kann. Eine MS wurde in der ersten Phase der GSM-System-Einführung vor allem als Autotelefon

[1]Die Abkürzung MS steht in diesem Buch immer für den Begriff Mobilstation. In den CCITT-Empfehlungen (Blaubuch) wird die MS-Abkürzung für den Mobilteilnehmer (*Mobile Subscriber*) benutzt. In den GSM-Spezifikationen wird sie in der ASN.1-Notation zusätzlich für *Mobile Services* verwendet.

realisiert. Des weiteren kommen auch andere Varianten zum Einsatz: umschaltbare Geräte, z.B. Autotelefon/*Portable* (Transmobile) oder *Handy*'s (*Pocket*-Telefone). Die kompakteren MF-Telefone können bequem von solchen Teilnehmern wie Radfahrern oder Fußgängern benutzt werden. Das TDMA-Verfahren und die ausgereifte VLSI-Technologie bieten weitgehende Miniaturisierungsmöglichkeiten der mobilen Endgeräte. Die leichtere Bauweise wird mit der Zeit und mit fortschreitender Technologieentwicklung (weitere Gerätegenerationen) und dem höheren Versorgungsgrad an Bedeutung gewinnen. Die *Handy's* sollen zukünftig bis zu 80% des Marktbedarfes abdecken. Die einjährige Verzögerung der vorläufigen Typzulassung für die *Mobiles* hat zu der am Anfang dieses Kapitels zitierten Interpretation der GSM-Abkürzung geführt. Ein Mobilfunkgerät besteht aus dem *Mobile Terminal* (MT) und, abhängig von der Verwendung und den vorgesehenen Diensten, aus einem *Terminal Adapter* (TA) und einem *Terminal Equipment* (TE). Ein wesentliches Problem innerhalb der PLMN-Netze außer einer sorgfältigen Zellenplanung ist die genaue Leistungsregelung, z.B. der Mobilfunkstationen (MS *Power Control*). Weiteres zur MS s. Kapitel 4 und 5.

3.1.3 Base Station Subsystem (BSS)

Das Basisstationssystem, auch Funkfeststationssystem genannt, ist ein Satz von Übertragungseinrichtungen einer Funkzone, die die MS's mit dem NSS verbindet und funkgestützte Funktionen erfüllt. Hier befinden sich RF-*Equipment* mit Antennen-Vorrichtungen sowie Vorvermittlungskomponenten. BSS übernimmt die meisten *Radio-Resource* (RR) -Management-Funktionen (s. GSM-Signalisierung) für einen bestimmten geographischen Bereich. Ein BSS enthält einen *Base Station Controller* und kann minimal eine Funkzelle versorgen oder auch aus mehreren BTS's aufgebaut sein.

BSS = BSC + Σ BTS's + Übertragungssysteme

In einem integrierten BSS sind BSC und BTS's nicht aufgeteilt. BSS wird für Übertragungs- und Signalisierungszwecke über eine einheitliche Schnittstelle (A-Schnittstelle) ans MSC angeschlossen. Je nach Konfiguration und Lokalisierung der *Transcoding*-Funktionen gibt es verschiedene BSS-Typen. Abhängig von der Verfügbarkeit optionaler Funktionen (SFH, DTX und *Power Control*) unterscheidet man acht BSS-Klassen.

Base Transceiver Station (BTS)

Die Basisstation[2] ist eine funktechnische Einrichtung, einschließlich Sende-/Empfangsantennen, für Kommunikation auf den Radio-Kanälen. Eine BTS kann eine oder, falls Richtantennen installiert werden, auch mehrere Funkzellen versorgen. So kann eine BTS

[2]Unterschied zwischen BS und BTS siehe Seite 119

aus einem oder mehreren *Transceivers* (TRX: Transmitter + Receiver) aufgebaut sein. Die TRX-Funkanlage ist mit einem *Radio Terminal* (RT) ausgerüstet und wird vom BSC verwaltet/gesteuert. Die BTS wird in der Regel als *stand-alone* Vorrichtung entwickelt und abgesetzt installiert. Sie ist modular aufgebaut, um eine mögliche Anpassung an andere Frequenzen (z.B. für DCS 1800) zu erreichen. Eine Mikro-BS hat eine kleine Reichweite und soll dementsprechend geringere Herstellungs- bzw. Anschaffungskosten verursachen. Zu den BTS-Funktionen (außer Sende/Empfang) gehören Codierung, Übertragungsratenanpassung sowie ein Teil der Funkkanal-Verwaltung.

Base Station Controller (BSC)

Die Basis- oder Feststationssteuerung führt die Vermittlung und steuert den Ablauf der Transmissions-Prozesse der Sende/Empfangsstationen (BTS's). Dabei soll ein BSC mehrere BTS's (Größenordnung 100) bedienen. BSC ist für die Verwaltung der Netzressourcen (RR-Management) zuständig. Hier werden auch *Mobility Management* (MM), *Call Control* (CC) und HOV-Prozeduren ausgeführt. Im BSC erfolgt die Abbildung der Funkkanäle der U_m-Schnittstelle auf die terrestrischen Kanäle der A-Schnittstelle. Hierbei spielt die geeignete Konzentration der Kanäle eine wichtige Rolle. Die Basisstationssteuerung ist ebenfalls imstande, Betriebs- und Wartungsfunktionen für das zu verwaltende BSS auszuführen.

3.2 Network Subsystem (NSS)

Das NSS ist der Hauptbestandteil des öffentlichen mobilen Landfunknetzes (das eigentliche Festnetz vom PLMN). Es übernimmt die vermittlungstechnischen Aufgaben, einschließlich des *Mobility Managements*, sowie die Systemkontrolle und kann andere Netze (auch Fremdnetze) anbinden. Das NSS beinhaltet, zusätzlich zu dem MSC (oder mehreren MSC's), wichtige Datenbank-Einrichtungen und weitere Vermittlungszusatzeinrichtungen. Bei den Datenbanken handelt es sich um verschiedene Erfassungsregister, die je nach Zweck und Ausführung unterschiedlich lokalisiert und gestaltet sein können. Die getrennt realisierten (*stand alone*) DB-Register werden im PLMN über CCS7-Strecken - mit dem MAP-Protokoll als TCAP-Anwender - verbunden. Innerhalb des NSS können sehr unterschiedliche Netzkonfigurationen verfolgt werden. Die beste Übertragungseffizienz der Aufenthaltsregister (*Location Register*) wird bei integrierter Anordnung innerhalb des MSCs erreicht (s. Konfiguration der LR's im Kapitel 5). NSS wird auch vereinfacht als Vermittlungssubsystem (SSS: *Switching Subsystem*) bezeichnet.

3.2.1 Mobile Switching Center (MSC)

Diese Funkvermittlungseinrichtung (Mobilvermittlungsstelle) dient der Verbindungssteuerung über ein Koppelnetz vom und zum mobilen Teilnehmer, der sich im MSC-

Area befindet. Die integrierten MSC-Funktionen entsprechen denen des Dienstevermittlungsknotens (SSP) und den Verarbeitungsfunktionen des Dienstesteuerungsknotens (SCP) im IN-Netz. Der Unterschied zu einer normalen Überleiteinrichtung resultiert aus der Existenz der Funkkanäle und aus der fast uneingeschränkten Mobilität der PLMN-Teilnehmer und der damit zusammenhängenden Verwaltung und Steuerung von MF-Datenbanken. Im MSC sind zahlreiche, mobilfunkspezifische Vermittlungsfunktionen, vor allem die Zeichengabe für *Mobility Management*, *Call Control* (Verbindungssteuerung) und eine Reihe von Elementen die verschiedene GSM-Dienste ermöglichen, implementiert. Zwischen MSC und BSS wurde die sehr wichtige A-Schnittstelle definiert. An ein MSC können etliche BSC's angeschlossen werden. Ein PLMN beinhaltet in der Regel mehrere redundant vermaschte MSC's (s. *Routing*). Auch der Anschluß an andere Netze wird über MSC's (GMSC's) realisiert.

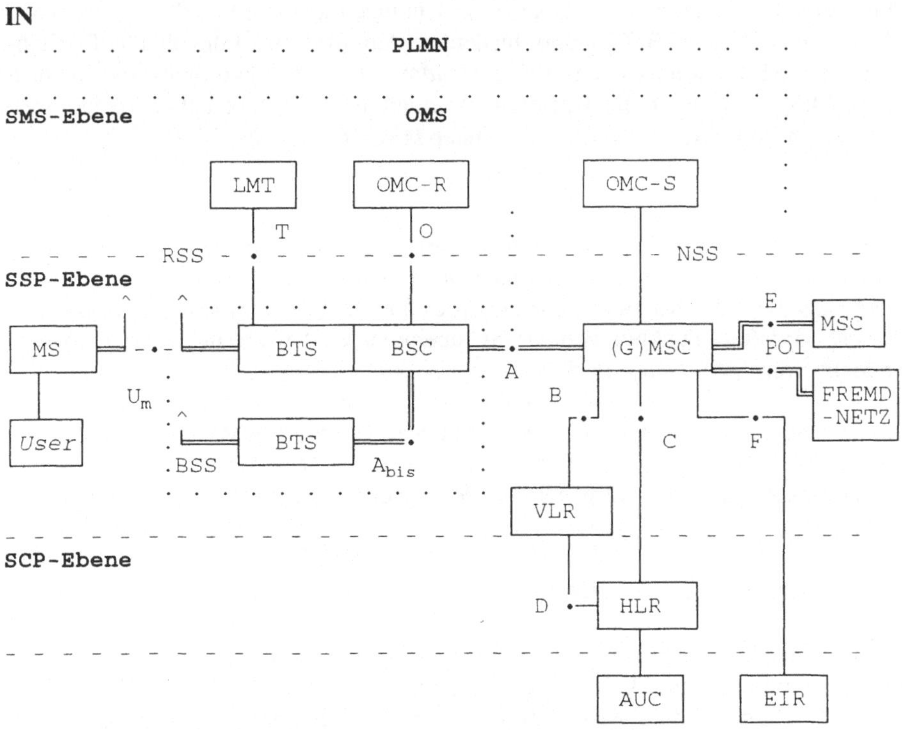

—— Zeichengabe (oder O&M-Verbindungen)
═══ Zeichengabe und Nutzkanäle
POI: *Point of Interconnection*

Bild 3.6: GSM-Systemarchitektur (Basis-Konfiguration) mit
• - Schnittstellen-Punkten (s. Kapitel 7) und verschiedenen Verbindungstypen

***Gateway* MSC** (GMSC)

GMSC ist für die Verbindung von und zu Fremdnetzen zuständig. Insbesondere übernimmt das GMSC bei *Mobile Terminated* (MT) Prozessen wie MT *Call* (MTC), Datenübertragungsdienst oder *Short Message Service* die Wegsteuerung vom Fremdnetz zum aktuellen VLR des gesuchten Teilnehmers. Dieser Fall tritt ein, wenn z.B. das angeschlossene Nachbarnetz nicht imstande ist, das zuständige *Home Location Register* über *Interrogation* abzufragen. Die *Gateway*-Funktionen werden in der Regel in bestimmten MSC's untergebracht. Die Auswahl, welche der MSC's im GSM-PLMN als Zugangs-Mobilvermittlungsstellen dienen können, wird vom Netzbetreiber getroffen. Es können unter Umständen in allen MSC's die GMSC-Funktionen implementiert sein.

MSC-A

Bei Prozessen, bei denen mehrere Überleiteinrichtungen involviert sind, muß zwischen verschiedenen MSC's (A, B, C) unterschieden werden. MSC-A ist die übliche Bezeichnung für das MSC, welches den *Basic Handover*-Prozeß kontrolliert. Es ist auch dasjenige MSC, das zuvor die betroffene Verbindung aufgebaut hat. In dem Sinne handelt es sich im GSM-System um das Anker-MSC (*Controlling* MSC).

IWMSC

Die meisten *Interworking* (IW) Aufgaben sind im MSC lokalisiert, sie werden in Kapitel 7 genauer beschrieben. Beim IWMSC handelt es sich um ein MSC mit Anschluß für *Service Centre* (SC) des Kurznachrichtendienstes. Für *Mobile Terminating Short Message Services* wird diese Funktion vom GMSC übernommen. Übergreifend spricht man an dieser Stelle vom SMS-*Gateway*.

In Bild 3.6 sind die wichtigsten Netzkomponenten aufgeführt. Ein MSC-Anschluß an die Notrufzentrale (ESC: *Emergency Service Centre*), *Voice Mail System* oder an das SC sind nicht eingetragen. Der Notruf wird in der Regel lokal zum PSTN geroutet.

3.2.2 Datenbank-Einrichtungen

Die LR-Datenbank-Einrichtung wächst allmählich zu einer wichtigen Konzeptlösung für mobile Telekommunikation heran. Die Aufenthaltsortregister können in ISDN, PSTN (für UPT), PCN oder UMTS verwendet werden. Sie gehören der übergeordneten Steuerungsebene des Netzes an und beinhalten bzw. verwalten alle individuellen Teilnehmerdaten, die für die Dienstenutzung relevant sind. Die wichtigsten Kennwerte dieser Datenbanken (LDB: *Location Database*) sind:

- große, erweiterbare Kapazität;
- optimierbare Konfiguration;
- hierarchische Allokierung;
- kurze Zugriffszeiten.

Die *Location Registers* für Mobilfunk enthalten alle Teilnehmerinformationen und Betriebsmerkmale, die für eine Verbindung von Bedeutung sind. Die *Home Location Registers* beinhalten die Elemente der Dienstelogik und können abgesetzt (im *Stand-alone* Modus) sogar Dienststeuerungspunkte (SCP s. IN) im MF-Netz bilden. Die LR's verfügen über die wichtige Datenbasis der MF-Teilnehmer für die Systemsteuerung der Dienstabläufe und ihre Verwaltung. Von LR's werden auch vermittlungstechnische Hilfsfunktionen sowie Verkehrsmessungen ausgeführt. Außerdem sind hier zusätzlich Wartungsfunktionen und Sicherheitselemente (inklusive *Register Restoration*) lokalisiert. Im Normalfall gilt für die LR's, daß die MF-Daten eines mobilen Teilnehmers sich im HLR und im aktuellen VLR befinden. Die Eintragung in zwei VLR's ist nur für die Übergangszeit zwischen zwei VLR's möglich. Im MF wird das Konzept der Separierung (verteilte Datenbanken) und Zentralisierung (s. IN) verfolgt: Die Informationen werden dort gespeichert, wo sie anfallen (im VLR - die aktuellen MS-Daten), und wo sie am häufigsten gebraucht werden (im HLR - die Teilnehmerdaten inkl. VLR-Adresse). Dies erlaubt, im Vergleich zur einfachen Zentralisierung, mehr Verkehr zu bewältigen. Zusätzlich können die Verbindungen schneller aufgebaut werden.

Die anderen DB-Einrichtungen, *Authentication Center* (AUC) und *Equipment Identity Register* (EIR) sind Vermittlungszusatzeinrichtungen und können wegen ihrer Kontrollfunktion dem OMS (s. 3.3) zugeordnet werden.

An dieser Stelle werden HLR und VLR genauer betrachtet und deren Datensätze verglichen. Eine detailliertere Beschreibung der MF-Daten (insbesondere der LR-Daten) ist im Abschnitt 3.5 zu finden. Die *Location Register* können auch untereinander Daten austauschen - dies wird im Kapitel 10 (MAP) beschrieben.

Home Location Register (HLR)

Das HLR bildet bezüglich der Teilnehmerdaten die zentrale *Master*-Datenbank. Die Heimatdatei übernimmt im Netz die administrativen Funktionen und beinhaltet die semipermanenten und temporären Daten aller Funkteilnehmer, die auf Dauer dem HLA-Bereich (HLA: *Home Location Area*) zugeordnet sind. Diese Teilnehmerdaten dienen vor allen dem Verbindungsaufbau (*Call-Setup*) und der Service-Führung. In einem PLMN können je nach Bedarf mehrere HLR's notwendig sein. Dies hängt von der MF-Teilnehmerzahl, der Kapazität und Organisation des Netzes ab. Das HLR ist eine zentralisierte Datenbank und hat zwei wichtige Aufgaben zu erfüllen:

- es versorgt das aktuelle VLR mit allen relevanten Daten des MF-Teilnehmers (Subskriptionsart und Lokalisierung), und
- es führt rufbezogene Funktionen wie die Unterstützung der MTC's durch eine Lieferung der angeforderten Wegsteuerungsinformationen an das GMSC aus.

Des weiteren wird hier die Berechtigungskontrolle durch die AUC-Abfrage unterstützt (s. MAP). Zusätzlich können, auf den HLR-Einträgen basierend, Dienste wie *Multi-numbering* kreiert werden. Der Zugriff auf HLR-Daten wird mittels DN oder IMSI vorgenommen. Hier werden folgende Informationen verwaltet:

- **semipermanante Daten**

  International Mobile Subscriber Identity (IMSI), *Mobile Subscriber International* ISDN (MSISDN), MS *Category*, *Access Priority Class* sowie Subskriptions-Informationen: *Supplementary Services* (SS's)-Parameter (wie CUG-Zugehörigkeit, Rufweiterleitung, SCI), *Bearer Capability*, *Service Provision Subskription* und aktuelle Dienst-Restriktionen (wie *Roaming*- Einschränkung);

- **temporäre/transiente[3] Daten**

  Hierbei handelt es sich überwiegend um *Mobility*-Informationen zur Teilnehmerlokalisierung: *Mobile Subscriber Roaming Number* (MSRN), *Local* MS *Identity* (LMSI), VLR-Adresse, MSC-Adresse, *Authentication-Set*, SS-Parameter und *Message Waiting Data* (MWD für Kurznachrichtendienst).

Visitor Location Register (VLR)

Das *Visitor Location Register* kann als lokale Datenbank bezeichnet werden, mit einem geringen Anteil an Steuerungsfunktionen. Sie beinhaltet - bezüglich eines Teilnehmers - die Teilmenge seiner Daten, einschließlich des aktuellen Aufenthaltsortes, die für *Call-Processing*-Funktionen (Verbindungsbearbeitung) von Bedeutung sind. Zu den Steuerungsaufgaben gehört die Koordinierung und Behandlung von DB-Transaktionen und *Call-Setup*-Aktivitäten. Hier wird die Berechtigungsabfrage an die Mobilstationen initiiert. Diese Besucherdatei enthält transiente und temporäre Daten über die MS's und Mobilfunkteilnehmer, die sich in ihrem Bereich aufhalten. Die VLR-Daten werden vor allem bei *Roaming* (LUP) von den MS's und vom HLR dynamisch aktualisiert. Im Falle eines MTCs werden die MSRN-Leitinformationen geliefert. Der Zugriff auf VLR-Daten wird mittels IMSI, LAI + TMSI (*Temporary Mobile Subscriber Identity*) oder MSRN vorgenommen. In den VLR-Tabellen werden folgende Elemente verwaltet:

- **temporäre Daten**

  IMSI, MSISDN, MS *Category*, SS-Parameter (registrierte/aktivierte Zusatzdienste), *Access Priority Class*, Gebühren- und Verwaltungssperre, Teilnahme- und *Roaming*-Einschränkung.

- **transiente Daten**

  TMSI, LMSI, MSRN, LAI, MSC-Adresse, HON, SS-Parameter, *Radio Confirmation Indicator* (s. *Restoration Flags*), HLR, MSRN-*Flag*, *Message Waiting Flag*.

---

[3]Auf den Unterschied zwischen semipermanent/temporär/transient wird in diesem Kapitel im Abschnitt MF-Daten eingegangen.

Das VLR enthält auch einen permanenten Anteil der DB für Wegsteuerungsprozeduren, z.B. für die IMSI- und LAI-Umsetzung, *Mobile Global Title*, *Signalling Point Code*-Adresse und *Timer* für *Call-Handling*-Funktionen. Das VLR muß imstande sein, die Korrelation zwischen IMSI und TMSI zu administrieren (s. weiter).

Die Datensätze beider LR's können in drei Bereiche eingeteilt werden: allgemeine Teilnehmerdaten, Dienstdaten (Basis- und Zusatzdienste) und *Mobility*-Daten. Im VLR können zusätzlich Authentizitäts-Daten unterschieden werden. Eine Gegenüberstellung der LR-Inhalte ist in der Tabelle 3.1 aufgeführt. Auf die genauere Bedeutung dieser Informationen wird im Abschnitt 3.5 Mobilfunkdaten eingegangen. Die VLR-Datenbasis kann nur eingeschränkt (im Gegensatz zum HLR) über MML-Kommandos administriert werden. Beim Auftreten eines Systemfehlers sind außer *Recovery* weitere Aktivitäten wie Register-*Restoration* notwendig, um die Daten zu erhalten und konsistent zu rekonstruieren. In der GSM Phase 2 werden für das VLR *Overload Control* Mechanismen betrachtet.

PVLR

Previous VLR: Die VLR-Zuständigkeit kann aufgrund von *Roaming* der MS oder der Teilnehmerortsänderung wechseln. PVLR ist das vorherige VLR, die "alte" Besucherdatei, im Unterschied zu dem "neuen" VLR, das die Lokalisierungskontrolle übernommen hat.

Tabelle 3.1: Gegenüberstellung der LR's

HLR	VLR
MSISDN, **IMSI**, MS-*Category*, Tele-, Träger- und Zusatz- dienste, Subskription, *Access Priority Class*, Blockierung (*Adm. Block.Flag*) Paßwort und Zähler für *Call Barring*, *Accounting Suspension Flag*,	**IMSI**, MSISDN, MS-*Category*, Tele-,Träger- und Zusatz- dienste, Subskriptions-Info, *Access Priority Class*, HON, HLR *Confirmation Indicator*, *Radio Confirmation Indicator*,
Basic Service Id. (Teleserv.) *Service Code* (Telefon), SS-Parameter, SS-Registr./Aktiv., *Call Forwarding*, CUG *Indicator*, MWD,	SS-Parameter (dienstabhängig) Aktivierungs-*Flag*, *Call Forwarding*, CUG-Daten, MW-*Flag*,
VLR-Adresse, MSC-Adresse, *Roaming Restriction*, MSRN, LMSI,	**TMSI** neu/alt, LAI, MSC-Adresse, IMSI-*Attach/Detach-Flag*, MSRN, LMSI, MSRN-*Flag*,
Authentication-Sets	*Authentication-Sets* *Authentication*-Zähler, CKSN

3.3 Operation and Maintenance Subsystem (OMS)

Die grobe Einteilung des PLMN-Netzes unterscheidet nur zwei Subsysteme: RSS und NSS. In dieser Anordnung werden AUC, EIR und OMC-S dem NSS und OMC-R dem RSS zugeordnet. Um die *Operation and Maintenance* (O&M)-Aufgaben als globale Systemangelegenheit zu berücksichtigen, ist es sinnvoll, entsprechend der empfohlenen TMN-Architektur (TMN: *Telecommunication Management Network*) ein PLMN-übergreifendes OMS einzuführen. In diesem Sinne können die lokalen bzw. regionalen OMC's einschließlich AUC und EIR dem zentralen Betriebs- und Wartungssubsystem (OMS) zugeordnet werden. Das OMS-Konzept ermöglicht ein ferngesteuertes, zentralisiertes Betreiben und die Instandhaltung der Netzelemente des PLMNs. Die Zentralisierung der Systemdatenverwaltung und der Eingriffsmöglichkeiten des Operators ist für ein funktionsfähiges Netzwerkmanagement unabdingbar. Das Telekommunikationsverwaltungssystem sollte auch die Innovationsmöglichkeiten des IN-Konzeptes berücksichtigen. Eine ausführlichere Beschreibung des OMS als TMN für den Mobilfunk wird in Kapitel 14 vorgenommen.

3.3.1 Authentication Center (AUC)

Das AUC oder Berechtigungszentrum, manchmal einfach AC abgekürzt, ist ein hochsicherheitsrelevanter Bereich mit wichtigen semipermanenten und transienten Daten des GSM-PLMNs, das alle Manipulationen ausschließen soll und diebstahlsicher ist. Die Realisierungsart der AUC-Entität wurde dem Netzbetreiber bzw. dem Hersteller überlassen. Das AUC mit seinen *Security*-Boxen beinhaltet MSIN's, die zugewiesenen Schlüssel (alle Ki's) sowie die Algorithmen-Versionen A3 und A8, die auf Anforderung vom VLR zur Erzeugung von teilnehmerspezifischen Berechtigungsparametern (Triplets s. Sicherheitsmaßnahmen) benutzt werden. Die im AUC erzeugten Daten werden über das HLR ans VLR weitergeleitet. Die Authentizitätsdaten dienen der Sicherheit und Geheimhaltung der Teilnehmerinformationen im GSM-System, z.B. durch weitere Chiffrierung. Die Anzahl der *Authentication-Sets* pro Teilnehmer hängt von der Länge der Transfernachrichten auf der AUC-HLR-VLR-Schnittstelle und der Speicherkapazität der LR's ab. Ein PLMN-Netz kann ein oder mehrere AUC's beinhalten. Die Sicherheitsanforderungen an die AUC-Hardware sind sehr hoch. Oft wird AUC im HLR integriert (s. Konfiguration der LR's).

3.3.2 Equipment Identity Register (EIR)

Im EIR (Gerätedatenbank) werden die GSM-PLMN-Mobilstationen und die zugehörigen Nutzungsberechtigungen semipermanent registriert. Diejenigen Geräte, die nicht in Ordnung sind (grau/schwarze Gerätekennzeichen-Listen), können beim Versuch, den

PLMN-Service zu benutzen, gesperrt und eventuell lokalisiert werden. Eine effektive Zugriffsmöglichkeit auf die IMEI-*Database* (IMEI: *International Mobile Station Equipment Identity*) ist mittels Hash-Algorithmus möglich. Mit MML-Kommandos können die EIR-Einträge geändert werden.

IMEI-*Database*

Die IMEI-Datenbasis gliedert sich in drei Teile:

white - *type approved*: beinhaltet nur die Seriennummern aller zugelassenen PLMN-Endgeräte;
grey - *to be observed*: Liste der fehlerhaften Mobilfunkgeräte, die beobachtet werden;
black - *barred*: registriert diejenigen Endgeräte, die aufgrund technischer Mängel oder Diebstahls gesperrt sind.

Die grauen und schwarzen Listen beinhalten ganze IMEI's (je 15 Ziffern).

Die genaue Art der EIR-Realisierung ist weiterhin unklar. Aus der Sicht des einzelnen Netzbetreibers besteht keine zwingende Notwendigkeit, das *Mobile Equipment* (s. Kapitel 5) zu registrieren oder zu verfolgen. Dies kann sogar zu einer vollständigen Entkopplung von der Teilnehmerverwaltung führen. Diese Inkonsistenz läßt sich auf die unzureichenden Spezifikationen zurückführen. Selbstverständlich muß die einwandfreie Funktionalität der Endgeräte strengstens beachtet werden. Für den Teilnehmer wäre es sehr wünschenswert, eine konsequente und effektive IMEI-Kontrolle GSM-weit einzuführen. An dieser Stelle soll zukünftig das internationale CEIR (*Central* EIR) helfen.

3.3.3 Operation und Maintenance Center (OMC)

Die Betriebs- und Wartungszentren (OMC's) für Radio- und Netzseite werden eingesetzt, um die PLMN-Subsysteme zu bedienen und zu kontrollieren. Die wichtigsten Anschlußpunkte für OMC - R für Radio und S für *Switch* - sind in der Abbildung 3.6 dargestellt. Beide können vom regional zentralisierten *Network Management Center* aus gesteuert werden. Die Netz-*Entities* können aus der Ferne (*Remote* O&M) bedient werden. Es soll aber auch die Möglichkeit bestehen, die Operationen lokal über örtliche Terminals, *Local Maintenance Terminals* (LMT-S, -R) oder OMT's (O&M-Terminals), auszuführen. Die lokalen Wartungsterminals sind für kompliziertere Operationen mit tieferer Eingriffsmöglichkeit in komplexe Systemfunktionen vorgesehen.

Einem OMC können mehrere BSS's und MSC's zugeordnet werden. Es kann direkt mit folgenden NE's geschaltet werden: HLR, AUC, EIR, BSC, MSC, VLR, SC (*Short Message Center*) und *Billing Center*. Für die BTS's ist keine direkte Anbindung an das OMC vorgesehen. Die Ansteuerung muß über den BSC erfolgen. Der Operator kann für Bedienungszwecke MML-Kommandos benutzen. Zusätzlich kann eine Menü-orientierte Oberfläche angeboten werden. Mit Hilfe dieses Werkzeuges kann das System bequem und effektiv verwaltet und betrieben werden. Die Datenbasis-Einträge können gelesen, gelöscht, hinzugefügt, modifiziert und ausgewertet werden. Auch dem Mobilfunkteilnehmer kann die Möglichkeit angeboten werden, auf bestimmte *on-line*-Hilfefunktionen des Betriebs- und Wartungszentrum zuzugreifen. Weitere Informationen zu O&M sind im Kapitel über das Netzmanagement enthalten.

* * *

Die beiden nun folgenden Unterkapitel haben im Gegensatz zu den anderen Abschnitten einen Nachschlagewerk-Charakter.

3.4 Organisation der Radio-Kanäle

Es wird die Einteilung der Funkkanäle des GSM-Systems betrachtet. Diese Beschreibung bildet eine Aufteilung der Spezifikation der physikalischen Schicht der Funkschnittstelle (U_m). Über einen MF-Kanal (CH: *Channel*) werden nur Informationen in digitaler Form geschickt.

Radiopath

Als *Radiopath* wird der informationstragende Funkweg für Verkehrs- (TCH: *Traffic* CH) oder Steuerkanäle (CCH's: *Control* CH's) bezeichnet.

Übertragungsrichtung

Auf der U_m-Schnittstelle werden die Übertragungsrichtungen (Bild 3.7), analog zu den Satellitenstrecken, folgendermaßen bezeichnet:

Downlink **(↓)**
Abwärtsrichtung von der Basisstation zur MS

Uplink **(↑)**
Aufwärtsrichtung von der Mobilstation zur BS

Übertragungsfrequenzband im GSM 900

Es wurden von CEPT, ausschließlich für das GSM 900 System, zwei Frequenzbänder im UHF-Bereich mit je 25 MHz für jede Richtung reserviert[4] (s. dazu Bild 5.9):

für *uplink* ab 890 MHz (*lower band*);
für *downlink* ab 935 MHz (*upper band*).

---

[4]Ein Teil des erwähnten Frequenzbereichs (935-950, 915 und 960 MHz) wird nach MoU erst ab dem 1.1.2001 frei.

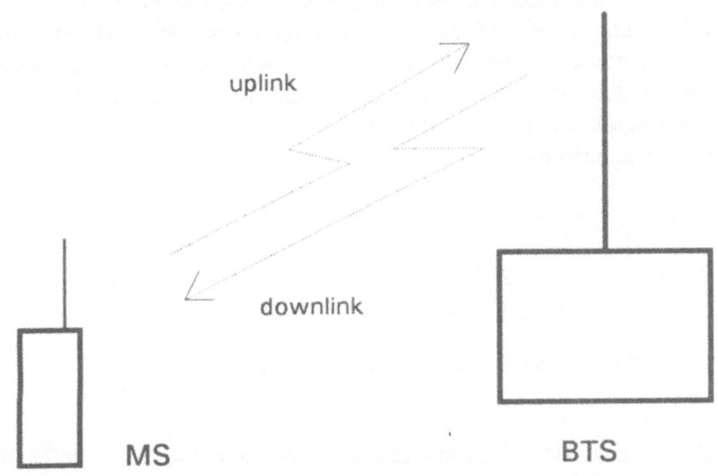

Bild 3.7: Übertragungsrichtungen der Funkschnittstelle

Pro Frequenzband gibt es mit je 200 kHz Kanalabstand 124 Trägerfrequenzpaare, deren Auswahl für jede Verbindung vom BSC getroffen wird. Dieses *Carrier*-Paar wird als ein *Radio Link* bezeichnet, wobei ihre RFCH's (*Radio Frequency Channels*) einen Duplex-Abstand von 45 MHz haben. Die Frequenzplanformel für das *primary* Band sieht dementsprechend wie folgt aus:

Fl(n) = 890.2 MHz + (n - 1) × 0.2 MHz (l: *lower*)
Fu(n) = Fl(n) + 45 MHz (u: *upper*)
n = 1 bis 124

Die Kanäle 1 und 124 werden in der Regel für lokale Vorkehrungen benötigt. In Spezialfällen können in nationalen PLMN's eventuell auch Frequenzen, die außerhalb des GSM 900-Definitionbereichs liegen, gewählt werden. Zusätzlich wurde ein *extension* Band (G1) unterhalb von 890 MHz definiert. Die Frequenzökonomie resultiert u.a. aus der gewählten Clustergröße, der Systemorganisation und dem verwendeten Vielfachzugriffsverfahren.

MF-Kanal

Ein Kanal (s. auch Glossar) ist ein eingeteilter RF-Bereich im Frequenzband (FDMA) oder/und eine Sequenz von Zeitschlitzen im TDMA-System. Im MF wird die einfache Kombination beider Systeme benutzt. Dies ergibt acht physikalische Kanäle pro Frequenzträger. Ein MF-Kanal (BPC: *Basic Physical Channel*) kann somit als eine Sequenz von TDMA-Rahmen (FN: *Frame Number*) mit Zeitschlitznummer (TN: *Time Slot Number*) Modulo 8 und einer Frequenzsprungsequenz definiert werden. Innerhalb der Zeitschlitze wird der physikalische Inhalt mit sogenannten *Bursts* (s. Kapitel 12) übertragen. Auf die physikalischen Schmalband-Kanäle werden die logischen Kanäle (*Logical Channels*) abgebildet. Sie können der Schicht 2 zugeordnet werden und teilen sich in Steuerkanäle (CCH's), die vor allem von den Nachrichten der Systemverwaltung belegt werden, und in Nutzkanäle (TCH's) für Teilnehmeranwendungen. Diese Einteilung zeigt eine enge Verwandtschaft zu dem ISDN-Konzept mit der n × B + D -Struktur. Es werden folgende Bezeichnungen verwendet:

TCH (Bm, Lm)
CCH (Dm)

Bild 3.8: Grobe Einteilung logischer Kanäle

Dm-Kanal
Data mobile: Der Steuerkanal (Bezeichnung entsprechend dem D-Kanal für ISDN) zerfällt in mehrere Unterkanäle.

Bm-Kanal
Bearer mobile: Nutzkanal für Sprechverbindungen und Daten-Transport (TCH/F: *fullrate* TCH)

Lm-Kanal
Low mobile: *Low-Rate*-Verkehrskanal (TCH/H: *halfrate* TCH für Übertragungsraten, die kleiner sind als die bei Bm)

3.4.1 Verkehrskanäle (TCH's: *Traffic Channels*)

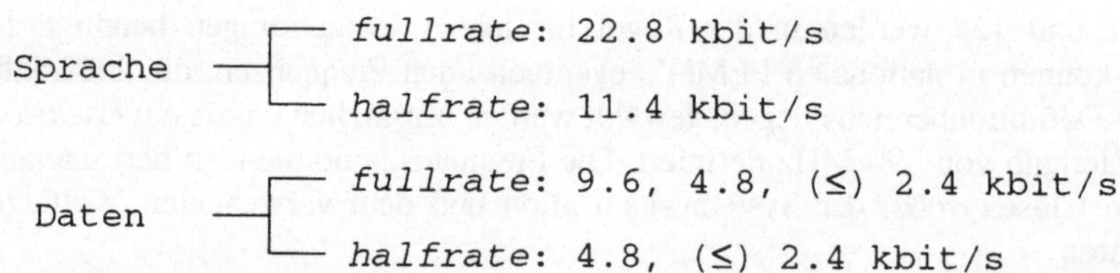

Bild 3.9: Verkehrskanal-Einteilung mit Angaben zur Brutto-Übertragungsrate

TCH's sind Nutzkanäle und dienen der Übertragung codierter Benutzerinformationen. Über die Verkehrskanäle wird keine Signalisierung geschickt. Diese Verbindungskanäle werden für leitungsvermittelnde und paketschaltende (z.B. X.25) Anwendungen benutzt. Es sind Bm-Kanäle (*fullrate* TCH's) für Sprechverbindungen im Duplex-Modus oder einen Datentransport bis zu 9.6 kbit/s und Lm-Kanäle (*halfrate* TCH's) mit niedriger Übertragungsgeschwindigkeit für Lm-Dienste vorhanden. Bei voller Auslastung des Frequenzbandes stehen bis zu 992 *fullrate* Verkehrskanäle zur Verfügung.

3.4.2 Steuerkanäle (CCH's: *Control Channels*)

Steuerkanäle werden im GSM-System für die Signalisierung, Synchronisierung und eventuell für paketgeschaltete Datenübertragung (*User Packet Data*) wie Kurznachrichtendienst benutzt. Für die Steuerkanäle unterscheidet man, je nach System und der Anzahl seiner Funkkanäle, drei wichtige Zugriffsmethoden:

- Signalisierung auf allen Kanälen;
- Signalisierung auf dedizierten (zugeordneten) Kanälen;
- *Scanning*-Methode.

Sie weisen unterschiedliche Flexibilität, Frequenzausnutzung und Zugriffszeiten auf. Im GSM wird eine geschickte Kombination dieser Techniken verwendet. Zusätzlich werden *Paging*-Kanäle benutzt. Im Dm-Kanal unterscheidet man grob drei CCH-Kanäle: *Broadcast* (B), *Common* (C) und *Dedicated* (D). Diese werden ihrerseits weiter unterteilt. Es sind entweder Simplex- oder Duplexkanäle (s. Bild 3.10). Andererseits lassen sich alle Kontrollkanäle zwei Gruppen zuordnen: *Common Access* und *User Specific Group*. Die Kanäle für einen allgemeinen Zugriff, *Broadcast*- und CCCH, übertragen Systeminformationen und dienen der Verbindungsinitiierung. Danach wird die bestehende Verbindung auf benutzerspezifische, zweckgebundene Steuerkanäle geschaltet. Die Zeichengabe behandelt folgende Bereiche: CM (*Connection Management*), MM (*Mobility Management*) und RR (*Radio Resource Management*). Es gibt mehrere Möglichkeiten, CCH's zusammenzulegen. Diese Kanäle können auch dynamisch umkonfiguriert werden. Im folgenden wird die Systemorganisation der Steuerkanäle, d.h. ihre Einteilung, Bezeichnung und Funktion, beschrieben.

(↓) **BCH**: *Broadcast Channel*; BCH's sind einseitig gerichtete *Point-to-Multipoint*-Kanäle für die Abwärtsrichtung. Man unterscheidet *Broadcast Control*, *Frequency Correction* und *Synchronisation Channels*. Sie übertragen Systeminformationen einer BTS wie Trägerfrequenzen, FH oder VAD-Fähigkeit (s. *System Information*).

(↓) **BCCH**: *Broadcast Control Channel*; Dieser wird von der BTS benutzt, um u.a. die notwendigen Orientierungsinformationen (als *Unnumbered Information*, s. LAPDm) an diejenigen MS's zu liefern, die sich im MF-Netz (BS-*Area*) melden wollen. Vom Netzwerk aus werden u.a. folgende Syteminformationen über BCCH ausgesandt: LA, Funkzelle, Kanalstruktur und Optionen, die innerhalb der Zelle unterstützt werden. Die zellenspezifischen Daten müssen permanent gesendet werden und dienen den MS's für eine Funkzellenauswahl. Der BCCH entlastet damit die CCCH-Kanäle. Für BCCH und seinen physikalischen Kanal wird kein Frequenzsprungverfahren verwendet.

(↓) **FCCH**: *Frequency Correction Channel*; FCCH's liefern Informationen zur Frequenzkorrektur von Mobilstationen. Sie werden als *Frequency Correction Bursts* (Frequenzkorrekturbursts) parallel zu BCCH-Daten geschickt.

(↓) **SCH**: *Synchronisation Channel* mit Zeit-Synchronisationsinformationen, die als *Synchronisation Bursts* (SB's) nacheinander geschickt werden. Er ermöglicht die Bit- und Rahmensynchronisation (TDMA *Frame Number*) sowie die BTS-Identifizierung (BSIC).

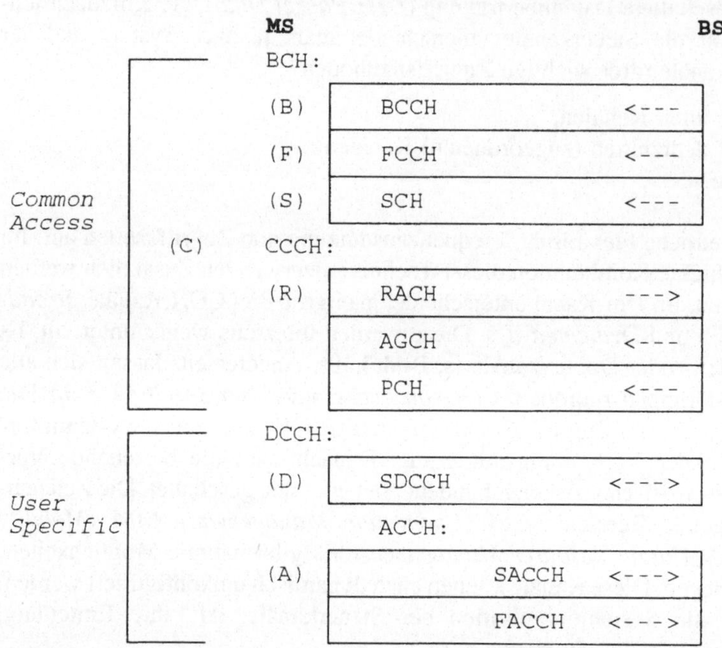

Bild 3.10: Organisation der Steuerkanäle (CCH) der Funkschnittstelle (→, ← : *up/downlink*-Übertragungsrichtungen)

(↑↓) **CCCH**: *Common Control Channels* werden für beide Übertragungsrichtungen für die Verbindungsaufnahme verwendet. Ihre RACH-Unterkanäle dienen dem Zufallszugriffsverfahren (*Sloted Aloha Random Access*) bei MO-Verbindungsprozessen. Der PCH-Unterkanal wird für MT-Verbindungen benutzt. Der CCCH kann aber auch für andere Signalisierungszwecke verwendet werden. Dieser Kanal wird von allen Teilnehmern einer Funkzelle (*Common* !) benutzt.

(↑) **RACH**: *Random Access (Control) Channel*; Hierbei handelt es sich um einen Teil eines CCCHs für die Aufwärtsrichtung; Er wird von der MS für das Zufallszugriffsverfahren (*Random Access*-Technik mittels *Access Bursts*) verwendet, um z.B. folgend die SDCCH-Allokierung zu erreichen. Um eine Blockierung des RACH zu vermeiden, werden auf dem BCCH aktuelle Kontrollinformationen geliefert.

(↓) **AGCH**: *Access Grant* CH; Teil vom CCCH für die *downlink* Richtung; AGCH wird benutzt, um der MS den DCCH (SDCCH) oder direkt einen TCH nach erfolgreicher *Random Access*-Prozedur (s. *Immediate Assignment*) zuzuweisen.

(↓) **PCH**: *Paging Channel*; Der Rufkanal des GSM-PLMN-Systems wird für MT-Prozesse benutzt. Die gesuchte MS wird mit *Paging*-Nachricht (LA-selektiv) angesprochen. Der PCH ist ein Teil vom CCCH, dabei werden der PCH und AGCH unter gegenseitigem Ausschluß betrieben.

(↕) **DCCH**: *Dedicated Channel*; Der dedizierte Steuerkanal für beide Richtungen der existierenden Punkt-zu-Punkt-Verbindung und für verschiedene Übertragungsraten entspricht dem eigentlichen Dm-Kanal. Die meisten Zeichengabe-Nachrichten, wie z.B. die Synchronisation der Verschlüsselung, werden über diesen Kanal geschickt. Zu diesem Zweck kann z.B. der aktivierte (jedoch ohne Verbindung) TCH benutzt werden. Nach GSM-Empfehlungen beinhaltet der DCCH den SDCCH und die ACCH-Kanäle.

(↕) **SDCCH**: *Stand-Alone* DCCH; Ein dedizierter Einzelsteuerkanal für Bitraten bis 9.2 kbit/s. Dieser vollduplex-Kanal dient sowohl der Übertragung von Signalisierungsinformation bezüglich des Zielnetzes (z.B. der Teilnehmernummer) als auch der Mitteilung der Nummer des zu verwendenden TCHs an die MS. Auf diesem Kanal erfolgt die Signalisierung des Verbindungsaufbaus (*Call Setup Signalling*). Außerdem können mit SDCCH weitere Informationen an die MS geliefert werden, wie z.B. die während der Abwesenheit eingegangenen Anrufe. Der SDCCH kann auch, falls kein TCH allokiert ist, für SM-Dienste benutzt werden und wird dann CBCH (*Cell Broadcast* CH) genannt. Die beiden SDC- und CB-Kanäle benutzen den gleichen physikalischen Kanal.

(↕) **ACCH**: *Associated Control Channel*; Dieser Kanal existiert nur dann, wenn dem Teilnehmer Verkehrskapazität (TCH oder SDCCH) zugeteilt wird (deswegen assoziiert). Er wird für die Signalisierung während der bestehenden Verbindung benutzt, so z.B. für einen Umschaltprozeß. Seine Übertragungskapazität ist gering und die zeitliche Verzögerung (bis zu 500 ms) recht groß. ACCH teilt sich in SACCH und FACCH auf.

(↕) **SACCH**: *Slow* ACCH; Ein ACCH ohne *Frame Stealing* (s. Glossar) - wird mit TCH oder SDCCH allokiert. Die Feldeinteilung des SACCH-Rahmens: 16 Bit *Layer*-1-Kontrollinformation und 168 Bit für höhere Schichten. Er wird für solche Informationen wie Sendeleistungsanpassung, Hintergrundgeräusche (*Comfort Noise*), Rahmen-Ausrichtung, *Timing Advance*, Kontrolldaten (*downlink*) oder Daten für einen *Handover*-Prozeß wie Empfangsqualitätsmessungen (*uplink*) und Bezeichnung des geeigneten BCCHs benutzt. Der SACCH wird auch für Kurznachrichtendienst (bei TCH-Allokierung) eingesetzt. Je nach Verwendung wird zwischen den Bezeichnungen SACCH/T (T für *Traffic*) oder SACCH/C (C für *Control*) unterschieden. Es wird hierfür meistens der Übertragungsmodus ohne Bestätigung benutzt.

(↕) **FACCH**: *Fast* ACCH erlaubt eine effiziente Nutzung der Radio-Ressourcen. Seine Allokierung hängt mit der vom TCH zusammen, da es sich dabei um ACCH mit *Frame Stealing* (vom TCH) handelt. Die "gestohlenen" Rahmen werden zweckentfremdet eingesetzt, um zusätzliche Kapazitäten für die Zeichengabe des HOV-Prozesses, für das IMSI-*Detach* oder *Call Setup* (GSM Phase 2) bereit zu stellen. Bei der Sprachübertragung können die Datenblöcke nur einzeln entnommen werden. Für den Datentransport können mehrere Blöcke anders belegt werden. Mögliche Bitraten betragen 9.2 oder 4.6 kbit/s. Die FACCH-Bursts werden zwecks Unterscheidung mit *Stealing-Flags* versehen.

(↕) **MSL**: Als *Main Signalling Link* wird je nach TCH-Allokierung entweder FACCH oder SDCCH bezeichnet. Die Nachrichten werden hier überwiegend mit Bestätigung übertragen.

3.4.3 Vielfachzugriffsverfahren und der TDMA-Rahmen

Im GSM werden auf der Funkstrecke, um die Radio-Ressourcen gut auszunutzen, zwei klassische Verfahren - *Frequency Division Multiple Access* (FDMA) und *Time Division Multiple Access* (TDMA) - benutzt. Im Bild 3.11 ist die Einteilung der Frequenzressourcen des GSM 900 Systems als eine Kombination der FDMA-TDMA-Technik abgebildet. Die zusätzliche Modifikation des TDMA-Mehrfachzugriffs besteht in der Anwendung von Unterbrechungs- (DTX/DRX) und Frequenzsprungtechniken. Dieses FDMA-"ATDMA"-Verfahren (A für *Advanced*) bewegt sich in Richtung der CDMA-Technik (s. Glossar).

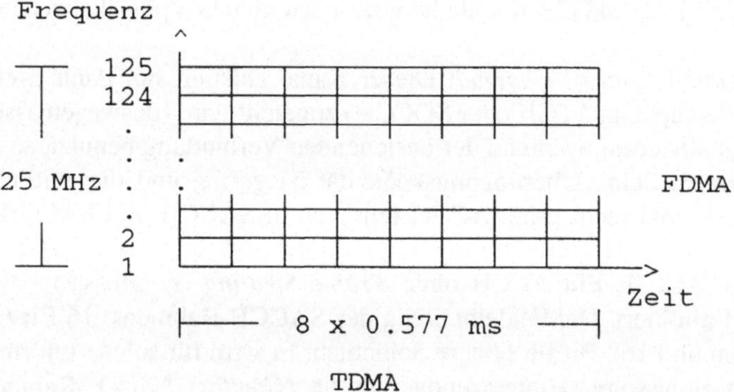

Bild 3.11: Kombination der FDMA-TDMA-Verfahren im MF

Ein Basis-TDMA-Zeitrahmen besteht aus 8 Zeitschlitzen (TS's: *Time Slots*) und ist darunter abgebildet.

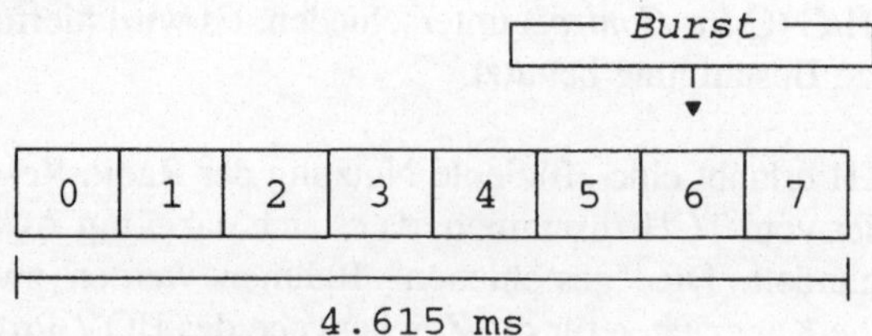

Bild 3.12: Zeitrahmen im MF

Mit einem TDMA-Rahmen werden entweder TCH's (inkl. ACCH: SACCH/T + FACCH) oder *Common Access* CCH's übertragen. Dies ergibt die sinnvolle Einteilung *Traffic/Associated* oder *Broadcast/Common*, wobei es sich im ersten Fall um sieben TCH's und einen Signalisierungskanal handelt. In der zweiten Gruppe werden folgende Zuordnungen logischer Kanäle realisiert:

- ein BCCH- und mehrere CCCH-Kanäle;
- acht SDCCH's;
- vier SDCCH's, ein BCCH und die CCCH's.

Die Verwendung der Steuerkanäle wird sich je nach Verkehrssituation und Teilnehmeraktivitäten (SMS, LUP, SCI usw.) ändern. Im GSM wurden insgesamt sieben verschiedene Kanalkonfigurationen definiert.

Die TDMA-Rahmen werden in längere Zeitstrukturen zusammengefaßt. Ein *Multiframe* für Signalisierung besteht aus 51 Zeitrahmen. Ein *Multiframe* für Sprache/Daten (TCH's und ACCH) beinhaltet 26 Rahmen. Sie werden ihrerseits entsprechend mit 26 bzw. 51 *Multiframes* zu einem *Superframe* von 6.12 Sekunden-Dauer zusammengefaßt. Ein *Superframe* (1326 TDMA-Rahmen) ist also der kleinste gemeinsame Nenner beider *Multiframe*-Sorten. Ein *Hyperframe* (Überrahmen) beinhaltet 2048 *Superframes*, und seine Rahmenzahl dient als Modulo-Wert für die FN-Zählung (FN: *Frame Number*). Diese Zählung (bis $51 \times 26 \times 2^{11} = 2715648$) ist für kryptographische Zwecke als Input-Variable nützlich. Bei der *Multiframe*-Bildung sind nur zugelassene Kanal-Kombinationen möglich. In Abbildung 3.13 wird ein T/A-*Multiframe* gezeigt.

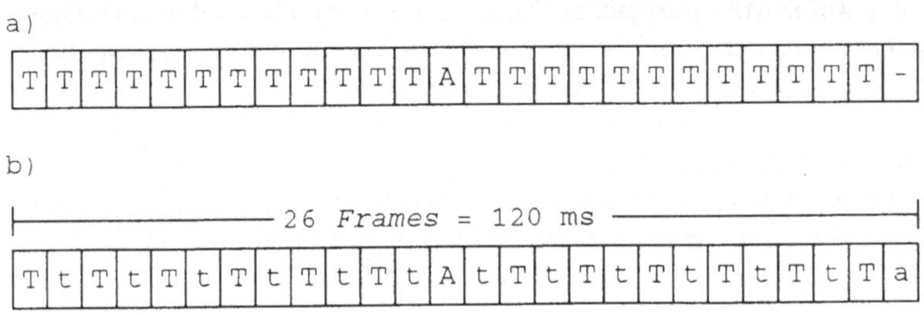

t, T: TDMA-Rahmen für TCH
a, A: TDMA-Rahmen für SACCH/T
- : *Idle* TDMA-*Frame*

Bild 3.13: Kanal-Organisation für TCH's mit zugeordneten SACCH's (T/A-*Multiframe*)
a) *fullrate* TCH b) zwei *halfrate* TCH's

Die detaillierte Spezifikation der Kanäle für die Schnittstelle des Kanalcodierer/-decodierer sieht folgendermaßen aus:

1. Signalisierung

FACCH/F - 184 Bit alle 20 ms
FACCH/H - 184 Bit alle 40 ms
SACCH/T - 184 Bit alle 480 ms
SACCH/C - 184 Bit alle 470.77 ms
SDCCH - 184 Bit alle 235.38 ms
BCCH + FCCH - 184 Bit alle 235.38 ms (*downlink*)
PCH - 184 Bit alle 235.38 ms (*downlink*)
AGCH - 184 Bit alle 235.38 ms (*downlink*)
RACH - 8 Bit alle 235.38 ms (*uplink*)
SCH - 5 × 25 Bit alle 235.38 ms

2. Daten

TCH/F9.6 - 12 kbit/s = 60 Bit alle 5 ms
TCH/F4.8 - 6 kbit/s = 60 Bit alle 10 ms
TCH/F2.4 - 3.6 kbit/s = 72 Bit alle 10 ms
TCH/H4.8 - 6 kbit/s = 60 Bit alle 20 ms
TCH/H2.4 - 3.6 kbit/s = 72 Bit alle 20 ms

3.5 Mobilfunk-Daten

Um eine geschickte und sichere Benutzung der GSM-Dienste zu ermöglichen, war es notwendig, eine ganze Reihe MF-spezifischer Daten einzuführen. Es wurden auch Daten aus anderen Spezifikationen, z.B. zum Numerierungsplan, übernommen. Manche dieser Daten sind nur innerhalb eines LA-Bereichs oder nur transient, z.B. für die Dauer einer Verbindung, gültig. Dies dient zur Befriedigung der erhöhten Sicherheitsanforderungen an das GSM-System. Durch die temporären Bezeichner existieren bestimmte Korrelationen und sind spezielle Abbildungen (*Name-to-Address-Mapping* [25]) nötig. Die Änderung derjenigen Daten, die auch von anderen PLMN's benutzt werden, z.B. IMSI, IMEI, MSC-Adresse, MCC und MNC, muß vom PLMNO den davon Betroffenen (anderen Operatoren) rechtzeitig mitgeteilt werden.

Database

Als *Database*[4] bezeichnet man allgemein alle Daten, die den verlangten Funktions- und Informationszustand des Systems garantieren. Die Daten lassen sich aufgrund der Änderungshäufigkeit in bestimmten Systembereichen folgendermaßen unterscheiden:

[4] Im engeren Sinne werden unter *Database* nur Daten der zugehörigen MF-Teilnehmer verstanden.

- **Permanente Daten**
  Diese Daten können nicht geändert werden. Eine neue SW-Version, z.B. mit neuen Dienstmerkmalen, bringt einen Satz neuer permanenter Daten mit sich.

- **Semipermanente Daten**
  Die semipermanenten Daten sind schreibgeschützt, sie können jedoch zum Teil durch Umkonfigurierung mit MML-Kommandos, über Patche oder Teilnehmerangaben verändert werden. Diese Daten werden mit einem aktuellen Abbild dauerhaft abgespeichert, so daß sie nach Fehlern (Systemausfälle) durch einen Ladeprozeß wieder verfügbar werden.

- **Temporäre Daten**
  Der Inhalt dieser Daten ändert sich mit der Zeit. Sie können auch nach Abschaltung der MS ihre Gültigkeit behalten. Sie bleiben aktuell, z.B. für die Aufenthaltsdauer im VLR-Bereich.

- **Transiente Daten**
  Transiente Daten können sich sehr oft - typischerweise mit jeder Transaktion - ändern. Sie können im System mit anderen Daten nur in bestimmten Zeitabständen, z.B. periodisch, abgespeichert werden. Aus diesem Grund können sie auch am leichtesten verloren gehen.

Der Unterschied temporär/transient ist gering und wird oft unterschlagen. Die gleichen Daten können sogar, je nachdem, in welchem Register sie sich befinden, einen unterschiedlichen zeitlichen Status aufweisen.

Nachfolgend werden die wichtigsten MF-Daten genauer beschrieben.

MSISDN (*Mobile Station*[5] *International* ISDN *Number*)
MSISDN ist die übliche Mobilfunk-Teilnehmerrufnummer, die gemäß der CCITT-Empfehlung E.164 (NP1) zugewiesen wird. Diese Nummer wird im Telefonbuch eingetragen und ermöglicht allen (PSTN-, ISDN-, PLMN-) Benutzern, eine Verbindung zum mobilen Teilnehmer zu initiieren. Mit MSISDN wird das SIM-Modul als "ISDN-Anschluß" definiert (s. auch *Multinumbering*). MSISDN wird benutzt, um zugehörige Teilnehmerdaten aus dem HLR zu holen. Dazu muß anhand der Nummer zuerst entweder der DPC oder der GT für die SCCP-Weglenkung zum HLR abgeleitet werden. Die MSISDN-Struktur entspricht der normalen, nationalen ISDN-Nummer und enthält bis zu 15 Dezimalziffern einschließlich Länderkennzahl, Netzkennung und Ortsnetzkennzahl, jedoch ohne die Ausscheideziffernfolge (z.B. 00 für internationale Verbindungen). MSISDN = CC + NDC + SN s. MF-Parameter.

---

[5]Vorsicht: *Station* oder *Subscriber* - die Bedeutung weicht in den CCITT- und GSM-Empfehlungen voneinander ab.

IMSI (*International Mobile Subscriber Identity*)
Die internationale Mobilteilnehmeridentität wird vom Netzbetreiber im Rahmen der CCITT-Empfehlung E.212 (NP6) vergeben. Diese Kennummer befindet sich auf der SIM-Karte (sowie im HLR/VLR) und ermöglicht die Identifizierung des Teilnehmers im GSM-System und einen Zugriff auf die MF-Datenbasis (HLR, VLR, AUC). Zusätzlich kann mit IMSI die Adressierung sowohl des Teilnehmers als auch des HLRs vorgenommen werden. Die Mobilteilnehmerkennung wird nur bei *Location Registration* (z.B. beim Einloggen) und bei der LUP-Prozedur (z.B. für *International Roaming*) benutzt, sonst wird sie durch temporäre Bezeichner (TMSI, MSRN) ersetzt (s. auch IMSI *Attach/Detach*). Die IMSI ist dem Mobilfunkteilnehmer nicht bekannt. IMSI = MCC + MNC + MSIN, Länge bis 15 Ziffern.

MSRN (*Mobile Station Roaming Number*)
MSRM wird als Umbuchungsnummer oder Aufenthaltsnummer bezeichnet und kann beim *Roaming* nach Betreten eines anderen LA-Bereichs auf zwei Weisen allokiert werden (Zuordnung zur MS):

a) durch Registrierung/LUP; dies wird im VLR geschehen und dem HLR mitgeteilt,
b) nach Anforderung des HLRs *on a per call basis* (Einzelanrufbasis).

Die *Mobile Station Roaming Number* unterstützt die Vertraulichkeit des Gesprächs und wird vom GMSC bzw. HLR benutzt, um eine Verbindung zur MS herzustellen (MTC-*Routing*). Es kann sich dabei um ein MTC vom Fremdnetz (PSTN/ISDN) handeln. Die Aufenthaltsnummer wird auch für den Zugriff auf die Teilnehmerdaten im VLR benutzt. MSRN ist nur in einem *Location Area* definiert und kann nach dem Verlassen dieses Gebiets weiter transient vergeben werden. Davor muß sie jedoch sowohl im VLR als auch im HLR gelöscht werden (*Cancel*-Prozedur). Es kann also kurzzeitig mehr als nur eine MSRN-IMSI-Korrelation existieren. Die Umbuchungsnummer hat die gleiche Struktur und Länge wie MSISDN. Sie beinhaltet das Land, das PLMN und die MSC-Kennung des aktuellen LAs.

TMSI (*Temporary Mobile Subscriber Identity*)
Die temporäre Mobilteilnehmerkennung hat nur lokale Bedeutung innerhalb des VLR-*Area* und koppelt an die IMSI-Kennung. TMSI unterstützt die Anonymität der Transaktionen, z.B. bei einer nicht chiffrierten Übertragung. Sie kann nach erfolgreicher Authentizitätsüberprüfung vom VLR zugeteilt und zusammen mit LAI benutzt werden. Die IMSI-Ersetzung soll die Teilnehmeridentifizierung von Unbefugten ausschließen. Anhand der zeitweiligen Kennung (TMSI) wird,

- der Teilnehmer im NSS identifiziert,
- im BSS (für *Paging*-Zwecke) adressiert und
- der Zugriff auf seine Daten im VLR ermöglicht.

TMSI kann zusätzlich innerhalb des LAs nach einer bestimmten Anzahl von Anrufen (z.B. nach jeder Berechtigungsprüfung) oder LUP's geändert werden. Die TMSI-Struktur wird von der jeweiligen Netzadministration festgelegt und kann z.B. die Allokierungszeit beinhalten. Die Länge beträgt bis zu 4 Oktetts. Ein kurzer TMSI-Code (TIC) erlaubt eine effektive *Paging*-Prozedur.

LMSI (*Local Mobile Subscriber Identity*)
Die lokale Mobilteilnehmerkennung wird beim LUP vom VLR zugewiesen und zusammen mit IMSI vom VLR zum HLR geschickt. Dies soll beim MTC, falls die MSRN *on a per call basis* allokiert wurde, den Suchvorgang nach Teilnehmerdaten im VLR beschleunigen (*Internal Data Management*). Länge 4 Oktetts;

LAI (*Location Area Identity*)
LAI ist die international gültige Bezeichnung für die Aufenthaltsbereich-Identifizierung (Gebietskennung). LAI wird vom BSS benutzt, um den MS's die LA anzuzeigen; dies geschieht über den BCH. LAI ist insbesondere für LUP's wichtig. Die Aufenthalt-Gebietskennung wird (über VLR-Eintrag) auch für *Paging*-Zwecke benutzt. LAI = MCC + MNC + LAC.

CGI (*Cell Global Identity*)
Die globale Funkzellenkennung bezeichnet eine Funkzelle und dient der Adressierung. Das NSS leitet anhand der CGI die Gebietskennung ab, um die BS für eine Leitweglenkung zu ermitteln. Im BSS wird die globale Zellenkennung entsprechend der CGI = LAI + CI Aufteilung, zwecks Funkzellenidentifizierung und Festlegung des Aufenthaltsbereichs beim Funkruf (*Paging*), verwendet.

BSIC (*Base Transceiver Station Identity Code*)
Der BTS-Kennungscode (lokaler Farbcode) wird mit BCCH übertragen und ermöglicht der MS, zwischen *co-channel* BTS's bzw. BCH's zu unterscheiden. Die von der MS im *Idle-Mode* festgestellte BSIC-Änderung kann zur LUP-Prozedur führen. Eine Aktualisierung der BTS-Kennung ist für einen möglichen HOV-Prozeß wichtig. BSIC = NCC + BCC. Länge 6 Bit;

IMEI (*International Mobile Station Equipment Identity*)
Wird auch als *International Manufacturer Equipment Identity* bezeichnet. Die internationale Mobilgerätenummer dient der eindeutigen Identifizierung der MS im GSM-Servicebereich. Die Mobilgerätekennung besteht im wesentlichen aus dem Typzulassungscode und einer Fertigungsnummer. IMEI = TAC + FAC + SNR + SP. Länge 15 Ziffern (6 + 2 + 6 + 1);

MGT (*Mobile Global Title*)
MGT = CC + NDC + MSIN. Der *Mobile Global Title* ist eine Kombination von MSISDN und IMSI und kann beim *Location Updating* benutzt werden. MGT entspricht dem GT des SCCP für *Routing*-Zwecke. Beim MTC wird als globaler Bezeichner die MSISDN dienen. Beim *Roaming*-Vorgang wird die, über eine Umbuchungsnummer (MSRN) korrelierte, IMSI benutzt.

HOV NO (HON: *Handover Number*)
Die *Handover*-Nummer (Umschaltenummer) ist eine transiente Teilnehmernummer, welche im neuen VLR beim *Inter*-MSC-HOV-Prozeß zugeteilt und gespeichert wird. Sie wird bei der Erstumschaltung (*Basic* HOV) benutzt, um die Verbindung zwischen MSC's (zum alten MSC) herzustellen und die Teilnehmerverbindung zur nächsten Vermittlungseinrichtung zu leiten. HON hat die gleiche Struktur wie MSISDN. Ihre Existenzdauer wird durch einen *Timer* kontrolliert.

LMN (*Location Mark Number*)
LMN ist der geographische Rufursprung einer Funkzelle, der beim Notruf (s. Seite 143) im MSC für die Verbindungssteuerung benutzt wird. Mittels der LMN kann die nächstgelegene Notrufzentrale erreicht werden.

MSIDN (*Mobile Station International Data Number*)
MSIDN ist eine optionale Nummer für PDN-Verbindungen (CSPDN, PSPDN), die nach X.121 (NP3) vergeben wird.

RAND (*Random Number*)
Die Zufallszahl wird für Authentizitätszwecke vom Zufallsgenerator (RNG: *Random Number Generator*) erzeugt.

SRES (*Signed Response*)
Die SRES-Zahl ist eine gekennzeichnete Antwort auf den RAND-Wert. Sie entsteht unabhängig im AUC und der MS und dient der Authentizitätsprüfung.

Kc (*Cipher Key*)
Kc entsteht über A8- und wird im A5-Algorithmus für die Chiffrierung gebraucht (s. Sicherheitsalgorithmen). Der Kc-Schlüssel bleibt beim HOV-Vorgang unverändert.

CKSN (*Cipher Key Sequence Number*)
CKSN ist eine zwischen der Mobilstation und dem VLR übertragene Zahl, die der Kc-Konsistenzüberprüfung und damit der implizierten Authentizitätskontrolle dient.

Ki (*Individual Subscriber Authentication Key*)
Der Ki-Schlüssel (Länge bis 128 Bit) wird netzintern, z.B. vom RNG, vergeben und bezieht sich auf die IMSI des mobilen Teilnehmers. Dieser streng geheime Schlüssel (*Secret-Key*) ist auf der SIM-Karte und im AUC gespeichert und wird gebraucht, um SRES auszurechnen. Die Speicherung von Ki im HLR, bzw. im VLR, soll mit dem neuen (1993) *Change Request* nicht mehr erlaubt sein.

Restoration Flags
Sie bilden im VLR einen Teil der Statusdaten für die Mobilstation. Es sind: *Radio Confirmation Indicator*, HLR *Confirmation Indicator*, MSRN *Flag*, *Check Supplementary Services Flag* (s. auch LR-*Recovery*).

3.5.1 MF-Parameter

Die hier aufgeführten Parameter beziehen sich zum Teil auf die oben erwähnten Daten. Sie können Werte für verschiedene Operationen übertragen. Die folgende Liste enthält die wichtigsten Parameter.

IMEI-Parameter:

TAC: *Type Approval Code*; Typzulassungscode wird von der Administration festgelegt (enthält in der Regel Länderkennzeichen); 6 Ziffern;

FAC: *Final Assembly Code* (Herstellernummer) kennzeichnet den Hersteller und seinen Ort; 2 Ziffern;

SNR: *Serial Number* ist die individuelle Geräte-Seriennummer; 6 Ziffern;

SP: *Spare* steht für nicht belegt (weitere Kennzeichnung); 1 Ziffer;

MCC (*Mobile Country Code*)
Die Mobil-Landeskennzahl oder Länder-Code bezeichnet das Land, in dem das PLMN lokalisiert ist. MCC entspricht der Landeskennung (CC) im ISDN und beträgt für Deutschland 262 (s. auch Anhang B). Länge 3 Ziffern;

CC (*Country Code*)
Die Landeskennung (Landeskennzahl) bezeichnet das Land, in dem die Teilnehmerregistrierung erfolgte. Für Deutschland ist CC = 49. Durch die Verwendung der sogenannten *Plus-Key*-Funktion (→ +49) kann die MSISDN von überall in Europa einfach und einheitlich gewählt werden (*International Roaming and Access*).

MNC (*Mobile Network Code*)
Die Mobil-Netzkennzahl identifiziert das PLMN innerhalb des Landes. Diese Netzkennung wurde für manche, nicht benachbarte Länder mehrfach vergeben. Mit dem Netzwerk-Code kann im Ausland das gewünschte PLMN angewählt werden. Die Netzkennzahlen für europäisches Ausland sind im Anhang B beigefügt. Länge 1-2 Ziffern;

LAC (*Location Area Code*)
LAC's sind Teilbereiche der *Routing-Database* innerhalb einer Vermittlungsstelle. Der Aufenthalt-Gebietscode im Mobilfunk identifiziert den Aufenthaltsbereich (LA) innerhalb des NSSs. Die LAC-Zahl kann je nach PLMN-Konfiguration unterschiedlich gewählt werden. Die LAC-Umwertung wird bei solchen Prozessen wie LUP, *Paging, Searching*, HOV oder Notruf benutzt. Für eine genauere Lokalisierung wird CI benutzt. LAC-Länge bis 2 Oktetts;

CI (*Cell Identity*)
CI ist die Kennung für die Lokalisierung der Zelle bzw. der MS innerhalb eines BSSs. Die CI's sind eindeutig innerhalb eines MSC-*Area* vergeben. Anhand der *Cell Identity* kann die zugehörige MSC-Adresse ermittelt werden. CI kann hexadezimal codiert werden; Länge bis 5 Ziffern.

NCC (PLMN *Colour Code*)
Der PLMN-Farbcode unterscheidet benachbarte PLMN's, z.B. Deutschland = 3, Frankreich = 0, Österreich = 0; Länge 3 Bit;

BCC (BTS *Colour Code*)
Der BTS-Farbcode unterscheidet zwischen gleichfrequenten Kanälen benachbarter Cluster durch verschiedene Trainingssequenzen (s. *Burst*); Länge 3 Bit;

MSIN (*Mobile Subscriber Identity Number*)
Die Mobilteilnehmernummer (nach CCITT E.212) identifiziert den Teilnehmer innerhalb des PLMNs. MSIN enthält die HLR- bzw. BSS-ID und mit ihrer Hilfe kann auf HLR- bzw. AUC-Teilnehmerdaten zugegriffen werden.

SN (*Subscriber Number*)
Die individuelle Teilnehmernummer entspricht der normalen Ortskennzahl. Anhand von SN ist ein Zugriff auf die Teilnehmerdaten im HLR des Teilnehmers möglich.

NMSI (*National Mobile Subscriber Identity*)
Die nationale Mobilfunkteilnehmerkennung wird von der PLMN-Administration (Betreiber) vergeben. NMSI = MNC + MSIN.

NDC (*National Destination Code*)
Netzkennung (nationale Dienstkennzahl oder Netzzugangsnummer) wird nach CCITT E.164 jedem GSM-PLMN zugewiesen und beträgt z.B. 0171 für das D1-, 0172 für das D2- und 0177 für das E1-Netz. Anhand der NDC's (NC's) wird erkannt, ob es sich um einen Anruf für den MF-Teilnehmer handelt.

SCI (*Subscriber Controlled Input*)
SCI ist ein Teil der semipermanenten HLR-Daten (mit Zusatzdiensten wie Rufweiterleitung), die vom PLMN-Teilnehmer vom Endgerät aus festgelegt bzw. verändert werden können. Mit SCI wird auch die zugehörige Änderungsprozedur vom *Mobile* aus, bezeichnet.

SCN (*Service Centre Number*)
SCN wird für die Numerierung von SMS-Zentren benutzt.

***Subscriber Management*-Parameter**
Dies sind praktisch alle HLR-/VLR-Daten eines Teilnehmers, wie die benutzte MS-Kategorie (nach Q.763), verschiedene Dienste oder der Teilnehmerstatus (s. Tabelle 3.1).

***Call*-Parameter**
Zu den *Call*-Parametern gehören: *Call*-Status, Gesprächsdauer und -Zeitpunkt, Typ der Verbindung, Grund der Verbindungsauflösung, übertragene Datenmenge usw., s. Gebührenerfassung (Kapitel 14).

Radio-Parameter
Zu den Radio-Parametern gehören der Kanaltyp und Elemente, die für die HOV-Ausführung wichtig sind.

Kanaltyp (*Channel Type*)
Der Kanaltyp ist ein Signalisierungselement (A-Schnittstelle), das alle Informationen enthält, damit das BSS entsprechende Radio-Ressourcen reservieren kann.

HOV-Parameter
Zu den *Handover*-Parametern gehören *Classmark-Information*, HOV-Typ, und HOV-Priorität. HOV-Parameter sind z.B. in der Message HANDOVER REQUIRED (BSS → MSC) enthalten. Es werden solche Angaben wie der Grund für die Umschaltung (HOV), *Radio-* und BSS-*Environment*, Frequenz und CIC aufgeführt.

SS-Parameter
Diese Parameter der Zusatzdienste beziehen sich auf einzelne Services wie CUG, Konferenz usw. Sie können auch Informationen zu den Paßwortangaben tragen.

SMS-Parameter
Das sind Parameter des Kurznachrichtendienstes; Sie beinhalten Adressen der SMS-Nachrichten, des SC's und Prioritätsangaben zum SMS, und sie können sich auch auf den Nachrichteninhalt beziehen.

3.5.2 Adressierung und Identifizierung

Viele der oben erwähnten Nummern, Parameter und Kennungen dienen der Adressierung und Identifizierung. Neben den festen Netzkomponenten können auch die Endgeräte und die Teilnehmer adressiert werden.

Für die Identifizierung eines Teilnehmers werden folgende personalisierte Nummern bzw. Kennungen benutzt: MSISDN, IMSI, MGT, TMSI, MSRN, LMSI und (optional) MSIDN. Ihre Aufteilung in den LR's ist in der Tabelle 3.1 dargestellt. Außer den bereits erwähnten Identifizierern, z.B der Teilnehmer oder des Mobilfunkgerätes (IMEI), gibt es eine Reihe weiterer Bezeichner und Adressen wie LA-*Id*'s, *Cell-Id*'s, MSC-, VLR-, HLR-Adressen, HOV-, *Called/Calling/Dialled-Number* u.a. Die Zeichengabepunkte eines PLMNs werden innerhalb eines NPs behandelt (nationale und internationale SPC's).

Adressierung im PLMN

Die Adressierung der NE's (*Network Entities*) ist für *Routing*-Aufgaben wichtig. Die CCS7-Adressierung ist in Kapitel 9 beschrieben. Anhand der Netzkomponenten-Kennung werden die SPC's abgeleitet. Die übertragenen Meldungen können direkt über DPC's adressiert werden. Eine interessante Lösung ist die Verwendung von GTT auf der

SCCP-Ebene. Die Benutzung der GT-Adressen ist netzwerk- bzw. anwendungsspezifisch. Die GTT-Funktionen werden in großen Systemen meistens in STP's implementiert. Nach der durchgeführten Translation stehen die erhaltenen Informationen für die Wegsteuerung zur Verfügung, um z.B. eine Gesprächsverbindung aufzubauen. Für Mobilfunk-Zwecke werden teilnehmerspezifische Daten wie IMSI, TMSI oder MSRN in den LR's übersetzt (s. weiter unten). Die aktuelle VLR-Adresse muß im HLR vorhanden sein. Für IN-Anwendungen wird eine Umsetzung der Rufnummer in die aktuell gültige Adresse bzw. Zielrufnummer praktiziert. Im Dialog zwischen zwei Netz-*Entities* muß die initiierende Seite beide SP's kennen oder den DPC über die GTT gewinnen können. Bei CO-Verbindungen (SCCP) werden die Referenznummern verwendet. Für den MO-*Routing*-Prozeß (MO: *Mobile Originated*) im GSM-System ist nur die MSISDN-Nummer (DN des Teilnehmers) erforderlich.

Netzeinheitenadressierung:

1. **MS** ist innerhalb des PLMNs durch die LAC-Angabe ausreichend adressiert. Für *Routing*-Zwecke wird MGT verwendet. Beim Notruf oder HOV kann zusätzlich CI benutzt werden.
2. **BTS**: CGI (CI, Funkzelle), BSIC, TEI (TRX, BCF)
3. **BSC**: BSC-Adresse (BSC-ID, BSC-SPC)
4. ***Paging*-Areale**: LA-Bereiche werden mit LAI gekennzeichnet.
5. **MSC**: MSC-Adresse (MSC-ID, MSC-SPC)
6. **VLR**: VLR-Adresse (VLR-ID, VLR-SPC)
7. **HLR**: Die HLR-Adresse (HLR-ID, HLR-Code) wird für die *Interrogation* aus der MSISDN über SCCP-Funktionen abgeleitet. Vergebührungsinformationen werden mittels der im VLR vorhandenen Adresse geschickt.
8. **AUC**: AUC-Adresse, AUC-SPC
9. **EIR**: EIR-Adresse (aus IMEI)
10. **OMC**: OMC-Adresse, OMC-SPC (falls OMC über einen SS7-*Link* angebunden ist)
11. GSM-**PLMN**: NDC

Im MSC sind außerdem weitere NE-Adressen wie VMS (*Voice Mail System*) oder SC bekannt, die netzintern vergeben werden. Die Notrufzentrale ist in der Regel über PSTN erreichbar. Die SCCP-Adressen sind auch für das *Interworking* mit angeschlossenen Netzen nötig. Die IWMSC-Adresse befindet sich im HLR oder MSC, sie kann aber auch von der SC-Adresse abgeleitet werden.

Numbering Plan (NP)

Die im GSM verwendeten Numerierungspläne (s. auch Glossar) basieren zum Teil auf CCITT-Empfehlungen, die vor mehreren Jahren entworfen wurden. Sie können im Überblick folgendermaßen dargestellt werden:

NP1 = ISDN/Fernsprechtechnik NP (ISDNTNP) Rec. E.164/E.163
NP2 = *spare*
NP3 = Daten-NP (Rec. X.121)

NP4 = Telex-NP (Rec. F.69)
NP5 = *Maritime Mobile* NP (Rec. E.210/211)
NP6 = *Land Mobile* NP (LMNP) (Rec. E.212/E.213)
NP7 = ISDN/*Mobile* NP (ISDNMNP) (Rec. E.214)
NP8 bis E *spare*, F *reserved*

Viele der oben erwähnten Datenstrukturen richten sich nach diesen Empfehlungen. E.164 kann als Erweiterung von E.163 für das ISDN-Netz betrachtet werden. Nach diesem Schema werden netzintern die HLR-, VLR-, MSC-, EIR- und AUC-Adressen vergeben. Die NP-IE's (wie CC usw.) werden zusammen mit anderen Parametern (s. z.B. VLR-Daten-Translation) für die Nachrichtenlenkung, z.B. beim Verbindungsaufbau zu anderen Netzen, benutzt.

Der nationale GSM-PLMN Numerierungsplan kann netzintern erfolgen, jedoch so, daß die Bewegungsfreiheit nicht eingeschränkt wird. Das Mobilfunknumerierungsschema muß, wegen der verlangten weitgehenden ISDN-Transparenz, dem ISDN-NP des jeweiligen Staates entsprechen. Die NP's für den internationalen PLMN-Gebrauch werden folgendermaßen verwendet:

Teilnehmer	-	E.212
Mobilstation	-	IMEI-Plan (GSM)
Netzwerkelemente	-	E.164
PLMN's	-	E.214

Übersetzung der VLR-Daten

Um eine Teilnehmer-Transaktion korrekt adressieren zu können, sollten im VLR folgende Daten vorhanden sein: IMSI, LMSI, TMSI, MSRN sowie LAI und HON. Die IMSI wird je nach Bedarf (unterschiedliche IMSI-Transaktionen) mit einer der unten genannten Angaben korreliert:

LMSI	-	für HLR-VLR-Kommunikation;
TMSI	-	für RSS-Verbindung;
MSRN	-	für *Roaming* und *Routing* (z.B. vom GMSC zum VMSC beim MTC).

Die IMSI-Korrelation bzw. Umwertung wird als ein Teil der *Global Title Translation* (GTT) betrachtet. Die IMSI-Translation läuft im VLR wie folgt ab: MCC → CC, MNC → NDC, MSIN wird abgeschnitten, falls die GT-Länge 15 Stellen (Ziffern) überschreitet. Anhand der erhaltenen Daten kann das HLR des MF-Teilnehmers angesteuert werden. Mehr zu GT siehe SCCP-Adressierung.

Zusätzlich werden beutzt:

LAI-Translation	-	für die PVLR-Adressierung und
HON	-	für MSC/MSC-*Routing* beim *Basic* HOV.

Bezeichnung der Leitungen

Die Zeichengabekanäle werden üblicherweise mit *Signalling Link* die Spachkanäle mit *Trunk* bezeichnet (s. z.B. Bild 9.1). Zusätzlich werden *Circuits, Lines* und *Channels* (*Slots*) verwendet. Innerhalb der Transportprotokolle sind folgende Bezeichnungen wesentlich:

- ***Service Access Point Identifier***
  SAPI macht die Identifizierung von *Service Access Points* (SAP s. Glossar) möglich. Mit SAPI n werden die *Data Links* bezeichnet. Für das MF-Netz wird die folgende Belegung (Übertragungsklassen) benutzt:

  SAPI 0 für Signalisierung,
  SAPI 1 für Paketvermittlung nach Q.931,
  SAPI 3 für Kurznachrichtendienst (SMS),
  SAPI 16 für Paketdaten (X.25),
  SAPI 62 für O&M-Prozeduren,
  SAPI 63 für *Layer* 2 Management-Prozeduren.

  Die SAPI-Bezeichnung dient der Priorisierung von Nachrichten (*Layer* 3). SAPI 0-Messages haben den absoluten Vorrang.

- ***Data Link Connection Identification*** (DLCI)
  DLCI ist ein DTAP-Informationselement (s. BSSAP oder auch LAPD) mit Funkkanal-Identifizierung (*Data Link on the Radio Path*, RCI im Bild 11.1) und SAPI-Wert.

- ***Signalling Link Selection*** (SLS)
  Bezeichnung einer Zeichengabestrecke im CCS7-Bündel (s. MTP-*Label-Type*).

- ***Circuit Identification Code*** (CIC)
  CIC dient der Identifizierung des Kanals (*Time Slot* im PCM-Bündel), über den das Gespräch geführt wird (Sprechkreisadresse beim ISUP/TUP). CIC wird in den Signalisierungs-Einheiten (SU's: *Signalling Units*) geführt, die sich auf diese Leitung beziehen. Die CIC's werden in sogenannten *Circuit Groups* zusammengefaßt, die durch bestimmte *Routing*-Funktionen charakterisiert sind.

4 Codierung und Signalprozeß-Funktionen

Die Komplexität des GSM-Systems ist sehr hoch. Die technologisch neuen Aspekte der Mobilkommunikation betreffen die Funkschnittstelle in sehr starkem Maße. Hierfür waren intensive Untersuchungen einschließlich Grundlagenforschungen notwendig.

Bei der Beschreibung der Organisation des GSM-Systems wurde im Kapitel 3 kurz die Luftschnittstelle und die vorgenommene Funkkanaleinteilung betrachtet. In diesem Abschnitt wird auf die digitalen Signalverarbeitungsprozesse (DSP: *Digital Signal Processing*) eingegangen, die den Informationstransport auf der Funkschnittstelle ermöglichen sollen. Es wird der Umwandlungsvorgang der Sprache in HF-Signal sowie der umgekehrte Weg skizziert. Die hier beschriebenen Sprach-Prozeß- und Datenverarbeitungs-Funktionen beziehen sich auf die *fullrate* TCH-Übertragung. Die betrachtete Kanalcodierung und das Modulationsverfahren werden im GSM zugleich für die Sprach- und Datenübermittlung benutzt. Die wichtigsten DSP-Funktionen sind die Codierung sowie Techniken der Rausch- und Sendeleistungsreduktion. Die *Halfrate*-Codierung wird in diesem Buch nur kurz behandelt, da die endgültigen Spezifikationsarbeiten noch nicht vorliegen. Zunächst folgt die einleitende Beschreibung der Funkstörungen, um die Bedeutung der Codierung, der Modulation und anderer komplizierter Sprachsignalverarbeitungstechniken, die mit der Funkübertragung zusammenhängen, aufzuzeigen.

4.1 Funkstörungen

Verschiedene Funkstörungen beeinflussen die spektralen und energetischen Eigenschaften und wirken sich nachteilig auf die *Transmitter/Receiver-Performance*, und damit auch die übertragene Sprach- bzw. Datenqualität, aus. Zu den möglichen Funkstörungen gehören: Nachbarkanalstörungen, Gleichkanalstörungen mit Schwunderscheinungen durch Interferenzen, Dämpfung, Funkschatten-Effekte, elektromagnetische Störimpulse, Dopplerverschiebung usw. Man kann eine Einteilung in systembedingte (Gleichkanal-, Nachbarkanal-) und durch äußere Einflüsse bedingte Störungen vornehmen. Andererseits gibt es natürliche, z.B. atmosphärische, und technisch bedingte Störungen. Alle Funkstörungen sind frequenzabhängig.

Im folgenden wird auf die wichtigsten Störungen eingegangen. Es können Rayleighstreuung und normale Dämpfung (*Fading*) unterschieden werden. Die natürliche Dämpfung durch Absorption und Streuung in der Atmosphäre wird erst in einem Frequenzbereich ab etwa 10 GHz wichtig. Das eigene thermische Rauschen kann auch eine Ursache für Bitfehler sein. Die elektromagnetische Beeinflussung entsteht z.B. durch schlecht abgeschirmte elektrische Geräte bzw. Anlagen und kann als eine Superposition aller solcher Störungen, die zum Fluktuationsrauschen führen, aufgefaßt werden. Auf die Dopplerverschiebung wird knapp im Kapitel 12 eingegangen.

Schwunderscheinungen

Schwunderscheinungen mit Signaleinbrüchen sind durch Reflexionen (Mehrwegeausbreitung) und Funkschatten möglich. Man unterscheidet hier den langsamen (*log-normal Fading*) und schnellen (*Rayleigh Fading*) Schwund. Beim schnellen Schwund handelt es sich um Interferenzen, die durch eine Überlagerung von Signalen (Vektorsummierung) entstehen.

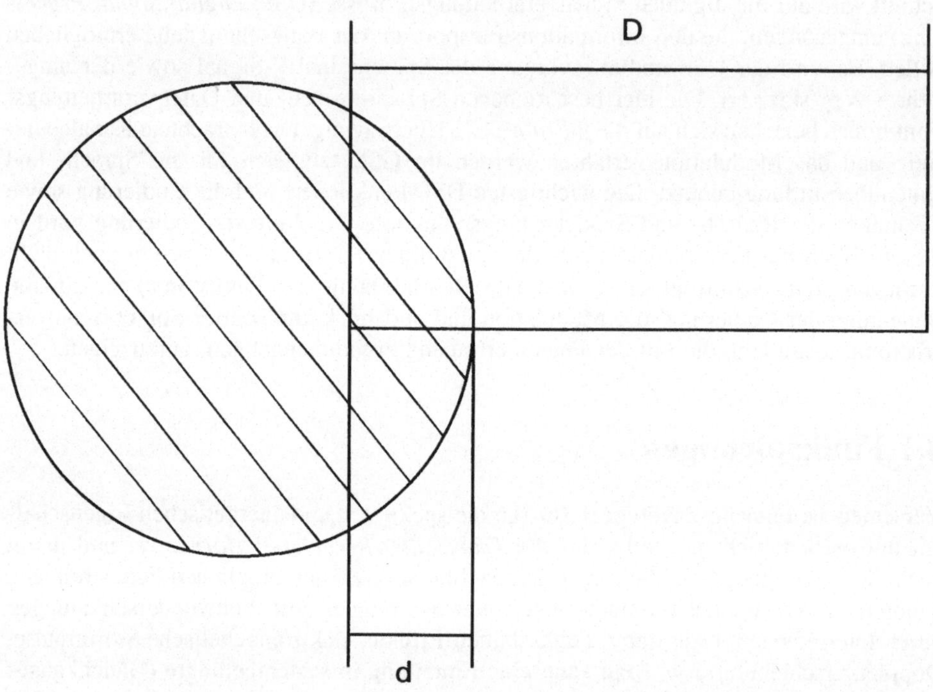

Bild 4.1: Interferenzbereich gleichfrequenter BS's

Interferenz

In einem Schmalbandsystem wie GSM bilden die Interferenzerscheinungen die wichtigste Funkstörungsquelle. Man unterscheidet die systeminterne Interferenz der Mobilfunkkanäle gleicher Frequenzen von zwei Sendern, die sogenannte Gleichkanalstörung, dann die Intersymbolinterferenz, die durch Laufzeitunterschiede (Reflexionen und Beugung) bedingt ist, und schließlich die Nachbarkanalstörung (*Adjacent Channel Interference*). Es werden kurz die monofrequenten Interferenzen beschrieben:

1. Bei der Gleichkanalstörung handelt es sich vor allem um die gegenseitige Beeinflussung benachbarter (übernächster oder präziser ausgedrückt, homologer) Basisstationen. Die Interferenz gleichfrequenter Mobilstationen kann wegen der geringen Sendeleistung vernachlässigt werden. Solche Interferenzen können auf den *Idle*-Kanälen vom BSS (s. *Idle Channel Observation*) detektiert werden.

2. Zur Intersymbolinterferenz (ISI) kommt es durch Laufzeitunterschiede von reflektierten Wellenpaketen (Signalverschmierung durch Mehrwegeausbreitung).

Die Interferenz gleichfrequenter Sender führt zu Problemen der elektrischen Nichtlinearität, die bewältigt werden müssen. Eine der wichtigsten Maßnahmen ist die bereits angesprochene sorgfältige Frequenzplanung. Wird dem Propagationsmodell ein Potenzgesetz zugrundegelegt, so kann der Bereich der Gleichkanalinterferenz (ohne Fluktuation) wie in Bild 4.1 dargestellt werden. Für die Punkte auf dem Kreis ist das Verhältnis von Nutz- und Störsignal konstant. Der Nutzbereich d (Kreisinnere) wird dabei durch die Formel $d = v \times D/(1 + v)$ beschrieben, v ist das Abstandsverhältnis der Sender und D der Abstand homologer Stationen.

Funkschatten (langsames *Fading*)

Hierbei handelt es sich um abgeschirmte Bereiche innerhalb des PLMN-Netzes, wo der Funkkontakt, vor allem zu der stärksten BS, schlecht oder gar unmöglich ist (zu geringe Funkfeldstärke durch Abschattung). Dort, wo es erforderlich ist, wird versucht, solche Schatten, z.B. durch eine spezielle Antennenaufstellung und durch zellulare *Repeater*, zu vermeiden. Auch die adaptive Leistungsregelung, das Umschalten des Systems (HOV), die *Call Re-establishment* Prozedur und eine optimierte Zellenstruktur kann in solchen Fällen eine effektive Abhilfe schaffen.

Funklöcher

Funklöcher können durch wirksamen Funkschatten, Schwundeffekte oder in schlecht bzw. nicht versorgten Gebieten auftreten.

Alle erwähnten Störeinflüsse und Erscheinungen, wie Dopplerverschiebung und die daraus resultierenden Verfälschungen, müssen bei der Betrachtung der Transmissions-Parameter in der Systemkonzeption (Netzsynthese) berücksichtigt werden. Als Ergebnis solcher Untersuchungen wurden meßtechnisch verschiedene Parameter definiert, die für die Übertragungsqualität maßgeblich sind. Es können registriert werden:

BER: *Bit Error Rate* (Bitfehlerquote);
FER: *Frame Erasure Rate* (Rahmenfehlerquote);
RBER: *Residual* BER (restliche Bitfehlerquote).

Für die betrachteten PLMN-Bereiche werden, um die Übertragungsqualität zu optimieren, verschiedene Propagationsmodelle (z.B. Okumura-Hata Modell) benutzt, Simulatoren konzipiert und mobile Testvorrichtungen eingesetzt (s. Kapitel Tests).

Gegenmaßnahmen

Die oben beschriebenen unterschiedlichen Störfaktoren bei der Funkübertragung müssen so abgefangen werden, daß die angestrebte Verbindungsqualität darunter kaum bzw. nicht leidet, und der Telefonbetrieb mit allen zugehörigen Prozessen reibungslos ablaufen kann. So sind aktive Verbindungsüberwachung und -steuerungsprozeduren unentbehrlich. Zusammenfassend können im GSM-System folgende Maßnahmen unterschieden werden:

- geeignete Zugriffstechniken;
- komplexe Modulationsformate;
- Codiertechnik (Quellen- und Kanalcodierung);
- *Diversity*-Techniken;
- Spreiztechnik (SFH, *Interleaving*);
- Antennen-Technik;
- konstruktive Maßnahmen für Sender und Empfänger;
- DTX-Technik;
- sorgfältige Frequenzplanung, BSS-Parameterwahl und *Tuning*;
- dispersionsarme Lokalisierung von Basisstationen;
- kleinere Zellen (geringere Reflexionswege);
- Vollversorgung;
- Protokolle mit Fehlerkorrektur;
- Interpolationstechniken für Sprachabschnitte;
- *Radio-Link* Messungen;
- Sendeleistungssteuerung (*Power Control*);
- unterschiedliche HOV-Behandlung;
- *Call Re-establishment* Prozedur;
- Konfigurieren des Interferenzlevels und der Sprungsequenzen vom OMC.

Eine Reduktion der Interferenzwerte ist durch Änderung der Trägerfrequenz, z.B über Rekonfiguration der Funkkanäle oder Sendeleistungsregelung (mit AGC: *Automatic Gain Control*), möglich. Erhebliche Vorteile bietet hier die CDMA-Technik, die jedoch im GSM-System nicht zum Einsatz kommt.

Modulation und Codierung werden zugleich verwendet, um die verfügbare Kanalkapazität gut auszunutzen: "Umformung des Nachrichtenquaders" [23]. Die Redundanz der Sprache ermöglicht das Erkennen und die effektive Korrektur von Nachrichtenfehlern. Mit der Codierung ist eine weitere Aufbereitung des digitalen Sprachsignals einschließlich Reduktionsverfahrens möglich.

4.2 Codierung von fullrate Verkehrskanälen

An dieser Stelle wird die Codierung der *Traffic*-Kanäle beschrieben. Für die *Fullrate*-Codierung wird die klassische Einteilung in Sprach- und Kanalcodierung beibehalten, wobei für den Codierungsprozeß (*Coding*), aufgrund von zwei Richtungen, zwischen eigentlicher Codierung (*Encoding*) und Decodierung (*Decoding*) unterschieden wird. Die Codierung der Steuerkanäle, deren Rahmen kürzer als die der Verkehrskanäle sind, wird im Kapitel 12 besprochen. Für die *Fullrate*-Sprachcodierung werden Sprach- und Kanalcodierung, wie im Bild 4.2 gezeigt, nacheinander ausgeführt. Im Falle der Datenübertragung wird eine Kanalcodierung mit anderen Parametern verwendet.

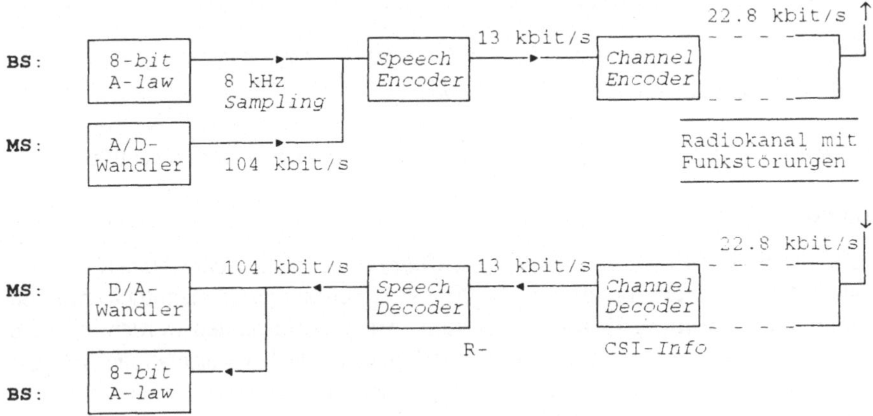

Bild 4.2: Codierung der Sprachkanäle im MF (MS/BTS)

Das Codierungsverfahren kann zugleich für MS und BTS betrachtet werden. Das digitale, lineare PCM-Signal von 104 kbit/s wird aus dem Standard-64-kbit/s-PCM-Signal durch Expansion der nichtlinearen Quantisierung (8 Bit/A-Gesetz → 13 Bit-Transformation) gewonnen. Im Sprachcodierer wird die Bitrate auf 13 kbit/s reduziert. Dabei werden alle 20 ms 260 Bit lange Datenblöcke festgelegt. Die Netto-Bitrate von 13 kbit/s wird im Kanalcodierer durch Fehlerkorrekturverfahren auf eine Brutto-Bitrate von 22,8 kbit/s erhöht. Dazu kommen zusätzliche Funktionen wie DTX, die weiter unten beschrieben werden. Für die andere Richtung ist die Reihenfolge genau umgekehrt.

4.2.1 Sprachcodierung

Aufgrund der eingeschränkten Frequenzbreite des verfügbaren Funkspektrums muß das zu übertragende, digitalisierte Sprachsignal einem Reduktionsverfahren unterworfen werden. Die zu übertragende Information wird im *Speech Encoder* auf 13 kbit/s reduziert. So eine Quellencodierung ist aufgrund der Redundanz der Sprache - Zeitinvarianz und Linearität im ms-Bereich - inkl. irrelevanter, nicht-kommunikativer Elemente möglich. Das nicht-transparente Sprachcodierungs-Verfahren, ein regulär-pulsangeregtes Prädiktionsverfahren mit zusätzlicher Langzeit-Vorhersage-Stufe (RPE-LTP: *Regular-Pulse Excitation with Long-Term Prediction*), wurde für MF als Kombination der zwei Vorschläge RPE-LPC und MPE/LTP gewählt. RPE-LTP enthält auch eine Kurzzeitprädiktionsstufe, Prädiktion s. z.B. [23], [27]. Die sorgfältige Wahl dieses Verfahrens wurde mit der besten Sprachqualität bei relativ niedriger Komplexität begründet. Die Fehlerrate darf dabei die Korrekturfähigkeit des Verfahrens nicht übersteigen. Das algorithmische Blockdiagramm (Bild 4.3) für den Codierer unterscheidet 5 Module:

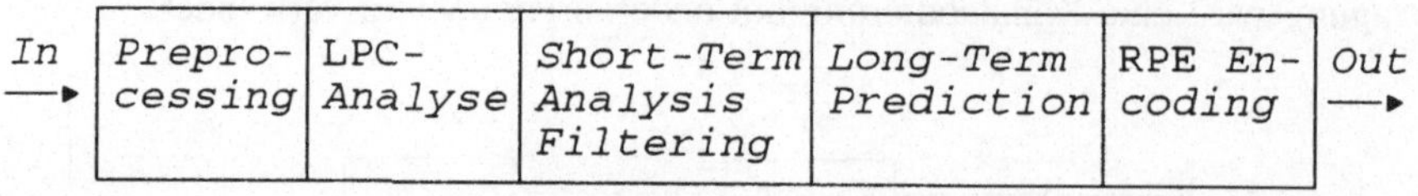

In ⟶	Prepro-cessing	LPC-Analyse	Short-Term Analysis Filtering	Long-Term Prediction	RPE En-coding	Out ⟶

Bild 4.3: Blockdiagramm für RPE-LTP-*Encoder*

Preprocessing des Eingangssignals mit Offset- (Verschiebungs-) Kompensation;

LPC-Analyse

Bei der LPC-Analyse (LPC: *Linear Prediction Code*) findet eine lineare Transformation des Signals statt. Das Sprachsignal wird alle 20 ms als Zeitrahmen (Datenblock) mit 160 Abtastwerten (*Samples* mit je 13 Bit) segmentiert. Aus jedem Rahmen werden mit dem Schur-Rekursionsalgorithmus acht Reflexionskoeffizienten (als Autokorrelationen) ausgerechnet und zu den, dem menschlichen Gehörempfinden entsprechenden logarithmischen Werten, den LAR-Koeffizienten (LAR: *Log-Area Ratio*) konvertiert.

Short-Term Analysis Filtering

In diesem Abschnitt wird eine Datenreduktion innerhalb eines Rahmens vorgenommen. Die gewonnenen LAR-Koeffizienten werden linear interpoliert und zu r(i)-Koeffizienten rekonvertiert.

Long-Term Prediction (LTP)

Im LTP-Modul erfolgt eine weitere Datenreduktion, diesmal aufgrund der Korrelation zwischen den benachbarten Rahmen. Die Datenreduktion wird mit Hilfe der Berechnung des Maximums der KKF (Kreuzkorrelationsfunktion) vollzogen.

RPE *Encoding*

Die ankommenden Subsegmente werden mit einem *block filter*-Algorithmus - einer speziellen Faltung - gewichtet. Zusätzlich erfolgt die *Sample Rate Decimation* und eine Ausrechnung der maximalen Energie der Sequenzen, was zum Schluß 260 Bit pro *Frame* und doch eine gute Sprachqualität mit leicht erhöhtem Hintergrundrauschen liefert. Zusammensetzung der Bitfelder:

36 Bit (STP) + 36 Bit (LTP) + 188 Bit (RPE) = 260 Bit (RPE-LTP) .

STP: *Short Term Prediction*

4.2.2 Codec

GSC: GSM *Speech Codec*; Codec ist eine konstruktive Zusammenfassung von Coder und Decoder, die als hochintegrierter Telekommunikationsbaustein eingesetzt wird. Das Codierungsverfahren ist so ausgelegt, daß die Decoder-Struktur trotz verschiedener logischer Kanäle einheitlich bleibt. Die Decodierung der empfangenen Rahmen wird mit einem *Maximum Likelihood Sequence Estimation*-Verfahren MLSE (s. Receiver) ausgeführt, um ein Optimum der Fehlerdetektionsrate und der Fehlerkorrektur zu erreichen. Für die MS werden im Codec auch der Entzerrer und die A/D- sowie D/A-Wandler mit integriert. Dem GSM Codec wird ein Sprachtranscoder als VLSI-Baustein zugeschaltet. Damit wird das digitalisierte Sprachsignal in einen 13 kbit/s-Datenstrom komprimiert. Die Sprachprozeßfunktionen wie VAD, *Comfort Noise*, Sprachrahmen-Substitution, usw. werden auch dem Codec zugeordnet. Die Sprachcodierer auf der Netzseite können physikalisch außerhalb der BTS lokalisiert sein.

Codec-*Performance*

Die für Codec ausgewählte RPE-LTP-Technik resultiert aus subjektiven Sprachqualitätsbeurteilungen verschiedener Verfahren. Die Bit-Fehler-Statistik zeigt, daß die Leistungsfähigkeit, dort wo das Träger-zu-Interferenz-Verhältnis über 10 dB liegt, sehr gut ist.

4.2.3 Kanalcodierung

Die Kanalcodierung (CC: *Channel Coding*) wird benutzt, um den Einfluß der Fehler, die auf der Funkstrecke auftreten, zu minimieren. Durch diese Codierung wird die Bitrate auf 22,8 kbit/s erhöht. Der Kanalcodierung werden alle eingehenden Informationen unterworfen. Je nach verwendetem Kanal werden verschiedene Codierungsvarianten benutzt. Für die Zeichengabe- und Datenübertragung werden alle Bits als gleichwertig betrachtet - anders als für die Sprachcodierung. Man unterscheidet zwei Fehlerkorrekturverfahren, FEC der physikalischen Schicht (s.u.) und ARQ für *Layer* 2 - sie führen entsprechend zur transparenten oder nicht transparenten Übertragungsklasse.

Fehlervorwärtskorrektur (FEC: *Forward Error Correction*)

FEC ist für die Kanalcodierung obligatorisch und unterscheidet sich in einzelnen Schritten, in Abhängigkeit von den zu übertragenden Daten. Durch Anwendung der Faltungsmethoden werden Fehler mittels Redundanz generell und nicht gezielt behandelt. Für die Sprachübertragung wird ein spezielles FEC-Korrekturverfahren eingesetzt. Bei einer FEC-Korrektur wird der durch RPE-LTP erzeugte Bitstrom (13-kbit/s) einem Sicherungsverfahren unterworfen, bei dem so codiert wird, daß auch bei einer gestörten Übertragung (z.B. durch Interferenz) eine Rekonstruktion der gesendeten Sprachinformation möglich ist. Die Transmissionsdauer bleibt immer konstant, während die Fehlerquote variieren kann. Innerhalb der FEC, siehe Bild 4.4, werden zwei Operationen ausgeführt: externe (Blockcode) und interne (Faltungscode) Codierung.

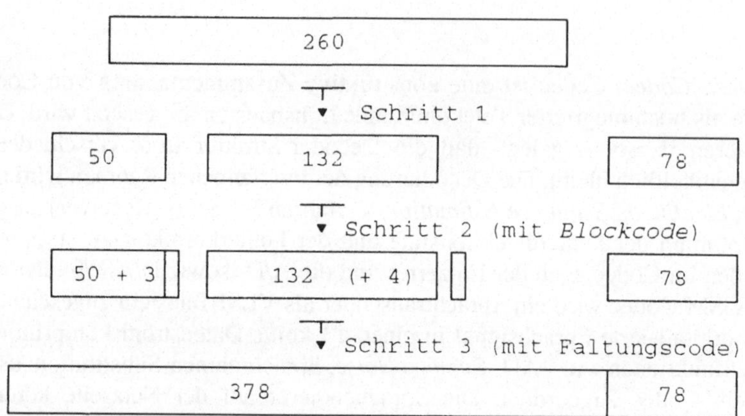

Bild 4.4: Schema der Fehlerkorrektur (FEC)

Im ersten Schritt 1 werden die Bits eines Datenblocks - je nach Sprachverständnis - in drei Bereiche oder zwei Wichtigkeitsklassen eingeteilt (davon 182 Bit der Klasse 1 - als *protected bits*).

Im zweiten Schritt werden die wichtigsten 50 Bit durch drei *Parity*-Bits (CRC-Bit für eine schnelle Fehlererkennung) des *Cyclic Redundancy Checks* gesichert, und es werden vier Flankenformungsbit (*Tailbits*, 4 x 0) dazugenommen.

Im dritten Schritt werden die 185 Bit mit höchster Wertigkeit (inklusive der 3 CRC-Bit) und die anschließenden *Tailbits* durch einen Faltungs-*Encoder* (Faltungscoderate = 0.5 und *Constraint*-Länge = 5) geschickt, was zusammen mit den restlichen 78 Bit (*no protection*) einen Rahmen mit einer Länge von 456 (= 19 x 24) Bit ergibt.

Dieses Verfahren, in dem ein Schieberegister für eine Bit-Verknüpfung sorgt, eignet sich für nicht allzulange Datenblöcke und erlaubt, Übertragungsfehler zu berichtigen. Das Bild 4.4 zeigt die gerade noch zulässige Größe. Mit der CSI-Information (*Channel State Information* des Equalizer/Demodulators s. Bild 4.2), die den Kanalzustand beschreibt, kann die Fehlerkorrekturfähigkeit variiert werden. Um die Sprachqualität zu erhöhen, werden vom Kanal-Dekoder zum *Speech*-Dekoder R-Informationen (R: *Reliability*) für jeden Rahmen übertragen.

ARQ (*Automatic Request Forretransmission*)

Dieses Fehlerkorrekturverfahren mit gezielter Fehlerbehebung kann für die Datenübertragung verwendet werden. Das ARQ-Verfahren, auf Grundlage der Flußsteuerung, führt zu einer nichttransparenten Übertragung und ist in Kombination mit FEC besonders wirksam. Es reduziert die Fehlerquote und bewirkt Änderungen in der Transmissionsdauer und im Datendurchsatz. ARQ wird im *Radio Link* Protokoll verwendet.

4.3 Halbraten-Codierung

Das Codierungsverfahren für die *Halfrate*-Kanäle wird voraussichtlich erst Mitte 1994 ausgewählt und Ende 1994 verfügbar sein, unabhängig von der Fertigstellung der Phase 2 Spezifikationen. Mit Sprechkanälen halbierter Bitrate kann die Effizienz der Nutzung des gegebenen Frequenzspektrums und damit die Teilnehmerverkehrsdichte verdoppelt werden. So belegt ein *Halfrate*-Verkehrskanal einen Zeitschlitz nur in jedem zweiten Rahmen. Die Anforderungen an das zur Zeit entwickelte Sprachkompressionsverfahren können bereits jetzt der spezifizierten Systemumgebung entnommen werden. Es ist klar, daß an dieses systemkompatible Codierverfahren ungleich höhere technische Anforderungen als im Falle der *Fullrate*-Kanäle gestellt werden müssen. Als Grundforderung wurde festgelegt, daß der zwangsläufig höhere Leistungsbedarf des *Halfrate*-Codec das Vierfache des für das *Fullrate*-Verfahren benötigten Leistungsbedarfs nicht überschreiten darf. Dabei sollen die möglichen Funkstörungen durch das neue Codier-Verfahren so abgefangen werden, daß die Übertragungsfehler gering gehalten werden und die Sprachqualität dem *Fullrate*-Verfahren gleich kommt. Die *Roundtrip*-Verzögerung soll sogar noch verkleinert werden. Es ist ein *Interleaving* (s. Spreiztechnik) des vierten Grades vorgesehen. Es werden mit hoher Wahrscheinlichkeit Interpolationstechniken verwendet, wobei die gegenwärtige strikte Trennung in Sprach- und Kanalcodierung möglicherweise aufgehoben werden muß. Gegenüber der Vollratencodierung werden zusätzliche Operationen eingeführt. Für den *Halfrate*-Codierer wird die 16-*bit fixed-point arithmetic*, Prozessor-unabhängige 32-Bit-Akkumulation und eine Rechenleistung von 20 Millionen Befehlen pro Sekunde (20 MIPS) benötigt.

4.4 Signalprozeß-Funktionen

Außer der Codierung werden alle zu übertragenden Informationen (einschließlich der Zeichengabe) weiteren Verarbeitungsprozessen unterworfen. Die Schritte für beide Richtungen (Transmission und Empfang) sind schematisch im Bild 4.5 dargestellt. Es handelt sich hierbei überwiegend um Funktionen der physikalischen Schicht (*Layer* 1).

a) **Transmissionsrichtung**

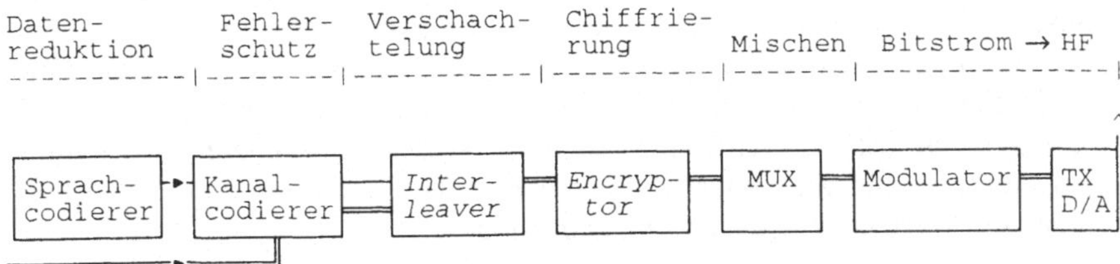

Bild 4.5 a: Signalbehandlung an der Funkschnittstelle

b) Empfangsrichtung

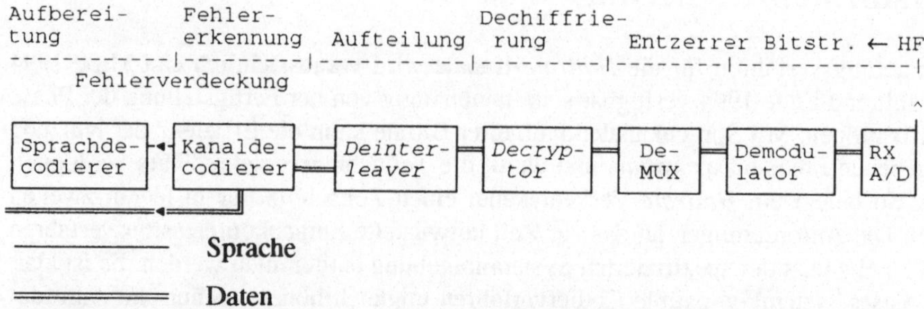

Bild 4.5 b: Signalbehandlung an der Funkschnittstelle

In den GSM-Spezifikationen werden Techniken beschrieben, die Interferenzen und Störeffekte reduzieren sollen. Die Signalverarbeitungsfunktionen, wie die Formung von TDMA-Paketen mit Abgleich-Bitfolgen (für Kanalimpulsantwort s. U_m-Schnittstelle) und die Verschlüsselung, können der Kanalcodierung zugeordnet werden.

Nach der Beschreibung der Spreiztechnik werden die Sende- und Empfangsrichtung getrennt behandelt. Dies entspricht auch dem zeitlich alternierenden Sende-/Empfangs-Vorgang innerhalb der MS. Die Datenratenanpassung (RA) wird im Kapitel 5 erwähnt.

4.4.1 Spreiztechnik

Die Spreiztechnik gehört zu der Familie der *Diversity*-Verfahren, die in der modernen Funkübertragung immer wichtiger werden. Sie wird als eine zusätzliche Fehlerschutzmaßnahme auf der Funkstrecke verwendet. Man unterscheidet hier zwischen *Interleaving* und Schmalbandspreizung, welche durch das FH-Verfahren (s.u.) realisiert wird.

Interleaving

Das *Interleaving* verbessert die *Performance* der Übertragung und kann durch verschiedene Verschachtelungsalgorithmen realisiert werden. Für MF wird sowohl *Bit-* wie *Slot-Interleaving* benutzt. Unter *Bit-Interleaving* versteht man ein gleichsinniges, zeitliches Vertauschen der Informationsbits, um die Störfestigkeit gegenüber den im Funk häufig auftretenden gebündelten Fehlern zu verbessern. Eine Bitfolge wird anhand des rekurrenten Codierungsschemas über mehrere zu übertragende Blöcke verteilt (gespreizt). Beim *Slot-Interleaving* werden die neuen Blöcke den Zeitschlitzen auf bestimmte Weise zugeteilt. Damit wird auch ein geordneter Transmissionsverlauf gesichert. Diese sequentielle Verschachtelung ist kanalabhängig.

Der *Interleaver* schließt direkt an den Kanalcodierer an. Um die *Fading*-Effekte zu reduzieren, wird *Bit-Interleaving* verwendet, indem der Rahmen über alle 8 Zeitschlitze bitweise und zyklisch verteilt wird (block-diagonales *Interleaving*). *Interleaving* kann zur Eliminierung von Rauschen und Kurzzeit-Funkstörungen (~1 ms) führen. Die Mehrbitfehler werden auf diese Art verteilt, und das Korrekturverfahren kann wirkungsvoller eingreifen. Es sollte jedoch beachtet werden, daß die *Performance*-Werte der Fehlerkorrektur nicht überschritten werden dürfen. Bei der Sprachübertragung handelt es sich um ein *Interleaving* achten Grades (acht Gruppen mit je 19 × 3 Bit). Jeder der 8 Blöcke ist mit einem *Header*-Bit (*Stealing-Flag* s. *Frame Stealing*) zur Unterscheidung der TCH- und FACCH-Blöcke versehen.

Ein *Interleaving* der Datenblöcke sieht etwas anders aus. Der *Interleaving*-Grad beträgt hier 19 und führt zu größeren Übertragungszeiten als bei der Sprache. Für Datendienste mit adaptiven Übertragungsraten (s. GSM-Dienste) können zusätzlich Kontrollinformationen für die Modems übergeben werden. Der *Interleaving*-Grad für die Signalisierung beträgt vier.

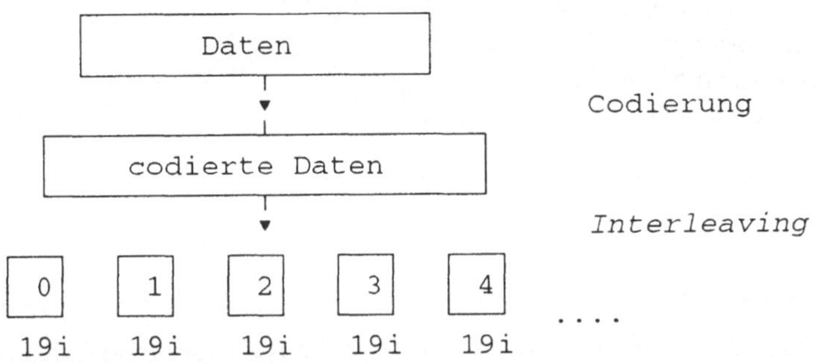

Bild 4.6: Codierungs- und *Interleaving*-Schema

Frequenzsprungverfahren (FH: *Frequency Hopping*)

Das Frequenzsprungverfahren ist eine Form der Frequenz-*Diversity*. Es ist ein algorithmischer Wechsel der Kanäle - im Duplex-Modus - zu anderen Trägerfrequenzen. Das FH-Verfahren kann nur benutzt werden, wenn mehrere *Carrier*-Paare gleichzeitig in der BS im Einsatz sind. Es reicht aus, den nächsten Sprung zu kennen. Dies kann durch einen *Trailer* (ein Paket, das die Frequenzinformation des Nächsten trägt) mitgeteilt werden. Im GSM muß dem Empfänger die Sprungfolge bekannt sein. FH ist eine Spreiztechnik, mit der Störsignale sowie die durch Mehrwegeausbreitung verursachten frequenzspezifische Feldstärkeeinbrüche reduziert bzw. gleichmäßiger verteilt werden und die Abhörsicherheit erhöht werden soll. Mit SHF (*Slow* FH) soll die Effizienz der Codierung und Verschachtelung von Informationen, vor allem für die sich langsam bewegenden MS's, verbessert werden. Der Begriff "langsames" Frequenzhüpfen hängt mit der Verweildauer auf einer Frequenz (im GSM ist sie 4.615 ms lang) zusammen. Für diese Technik sind schnelle Frequenzsynthesizer (217 *Hops*/s) notwendig. Das Frequenzsprungverfahren kann optional für alle Mobilstationen im PLMN oder in einem seiner Teilbereiche eingeführt werden. Auf dem Funkweg werden verschiedene Trägerfrequenzen (TF) für aufeinander folgende Zeitschlitze (ausgenommen BCCH) benutzt. Die FH-Sequenzen (HSN: *Hopping Sequence Number*) sind innerhalb einer Zelle orthogonal (keine Kollisionen) und für homologe (gleichfrequente) Funkzellen unabhängig. Das *Frequency-Hopping-Management* wird für die A-Schnittstelle "unsichtbar" vom BSC bzw. BCF (*Base Control Function*) ausgeführt. Der Sprungalgorithmus kann vom OMC aus umkonfiguriert werden.

4.4.2 Transmitter

Der Mobilfunk-Sender kann anhand folgender Merkmale charakterisiert werden:
- Frequenzgenauigkeit;
- Frequenzdrift;
- Phasenrauschen;
- Nachbarkanalleistung;
- Störleistung;
- Inter- und Modulationsverzerrungen;
- Sendeleistung.

Im folgenden wird auf die Signalverarbeitungselemente der Transmissionsrichtung eingegangen.

Multiplexer (MUX)

Es gibt zwei Multiplexer-Sorten: den Auf- und den Abwärtsmischer entsprechend für die MS bzw. BTS. Im MPX (MUX) werden die chiffrierten Kanäle zusammengemixt und die addierten Bitströme zu TDMA-Datenpaketen geformt. Die Sprechkanäle mit einer Brutto-Bitrate von je 22.8 kbit/s werden an die MPX/TDMA-Einheit übergeben. Ein physikalischer Kanal benutzt im TDMA-Rahmen immer die gleiche Zeitschlitznummer (TN). Beim Multiplexen der Kanäle wird *Frame Alignment* benutzt. Es werden zusätzliche Rahmen eingefügt, um diese Kanäle anschließend unterscheiden zu können. Nach dem Multiplexen besitzt der gesamte und einheitliche Datenstrom einer Trägerfrequenz die Brutto-Bitrate von 270.833 kbit/s. Zur Zeit wird, um die Transmissionskosten zu reduzieren, das Multiplexen der *Halfrate*-Kanäle in Erwägung gezogen.

Modulator

Der Modulator bekommt vom Multiplexer die gesamte Bitfolge und macht daraus ein Basisbandsignal. Dabei wird durch die sogenannten Modulationsbits (z.B. *Tailbits*) die aktive Arbeitsphase eingeleitet. Die digitale Modulationstechnik (s. Glossar) muß neben einer effizienten Frequenznutzung weitere wichtige Merkmale, wie Resistenz gegen Funkstörungen oder gute Service-Eigenschaften für alle Dienstarten, bieten. Als Modulationsverfahren wurde die Gauß'sche Minimalphasenlagen-Modulation (GMSK: *Gaussian Minimum Shift Keying*) mit dem Modulations-Index BT = 0.3 (BT: *normalized band-*

width = Bandbreite (3dB) × Bitdauer) und einem Phasenshift von $+\pi/2$ gewählt. Aus dem niederfrequenten Basisband werden mittels Quadraturamplituden-Modulation (I/Q-Signalaufbereitung) direkt die Radiofrequenzen erzeugt. Die Phase des Trägers hat keine zeitlichen Diskontinuitäten. Die GMSK-Modulation hat den Vorteil, daß sie - durch den Einsatz eines Vorfilters (mit BT) - sehr bandbreiteneffiziente Signale erzeugt. Solche Filter dienen der Reduzierung von Nachbarkanalstörungen und anderer Effekte. Der GSM-Modulator ist ein markantes Beispiel für die Vorteile der Digitaltechnik. Ein Frequenzsynthesizer und Mischer bilden aus dem Basisbandsignal ein Trägerfrequenzsignal. Über einen Endverstärker gelangt das zu übertragende Signal zur Antenne.

DTX-Technik

Fullrate Discontinuous Transmission gehört zu den wichtigen Techniken der Sprachverarbeitung. In diesem Operationsmodus wird der Transmitter nur für Rahmen mit nützlichen Informationen - dies entscheidet der VAD - eingeschaltet. Für den Sender wird ein Zustandsübergangsdiagramm definiert, das das Zusammenspiel von Codierung, Sprachaktivitätserkennung und *Comfort Noise* spezifiziert. Die DTX-Technik ist für MS's vorgeschrieben und erlaubt, die Funkstörungen (Interferenzen), die Sendeleistung sowie den durchschnittlichen Stromverbrauch der MS zu reduzieren. Dieser Energiesparmodus kann vom *Mobile* aus ein- und ausgeschaltet werden. Außer für Sprachkanäle kann DTX für den nicht-transparenten Datentransfer benutzt werden. In beiden Fällen bleibt der zugewiesene Kanal belegt. Die DTX-Technik ist für die *up-* und *downlink* Richtungen vorgesehen. Ob DTX im BSS implementiert wird, entscheidet der Netzbetreiber bzw. die Hersteller.

Sprachaktivitätserkennung

Voice Activity Detection (VAD) wird in der DTX-Technik benutzt. Der VAD detektiert Sprachelemente sowie die Konversationspausen und entscheidet - anhand der ihm in den 20 ms TDMA-Rahmen zugeschickten Informationen - ob eine Sprachübertragung stattfindet, oder ob eine Unterbrechung (*Standby-Modus*) möglich ist. Innerhalb der Übertragungsphase (*Speech*: SP = 1) sind sog. *Hangover*-Perioden möglich. Sie zeigen an, daß nur Rauschen übertragen wird und übergeben die Hintergrundrausch-Charakteristik. VAD wird als Energie-Detektor realisiert. Die Energie des filtrierten Signals wird ausgewertet und der (Sprach-) Rahmen klassifiziert. Dabei muß auf die Differenzierung zwischen den Hintergrundgeräuschen und dem Gesprochenen geachtet werden. Auf die algorithmische Beschreibung des VADs und seiner Testkonfiguration wird in diesem Buch verzichtet.

Noise-Kontrast-Effekt

Dieser Effekt tritt auf, wenn die Transmission des Gesprochenen (Sprachpaket) inkl. des Hintergrundrauschens zu Ende ist und sich eine Pause abzeichnet. Die Wiederholung dieses Vorgangs führt zu einer störenden Modulation. Dieser akustisch unangenehme Effekt wird durch die *Comfort Noise* TX/RX-Funktionen weitgehend vermieden.

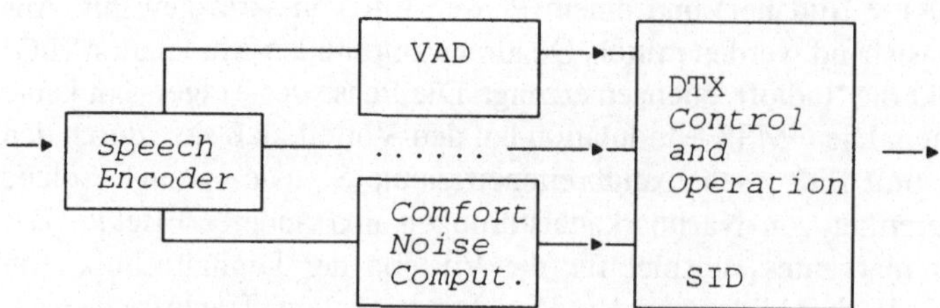

Bild 4.7: Teil des Transmitters mit den wichtigsten Audio-Funktionen

Comfort Noise* TX-*Function

Um das Hintergrundrauschen zu bestimmen, werden *Comfort-Noise*-Werte ermittelt (Block-Amplitude und LAR-Parameter). Diese Angaben werden periodisch als SID-Rahmen (SID: *Silence Information Descriptor*) codiert und am Ende des Sprachpaketes (SP = 0) abgeschickt, damit der Empfänger sie ausnutzen kann (s. RX-*Function*).

Sendeleistungssteuerung

MS *Power Control* oder Leistungsregelung wird in den Mobilfunkgeräten zur Reduzierung der ausgestrahlten Leistung unter Beibehaltung der Übertragungsqualität eingesetzt. Ist der Empfang bei der MS sehr gut, so kann auch die Sendeleistung der Basisstation dynamisch verringert werden. Der RR-*Power Capability* Zustand kann mit CLASSMARK CHANGE auch während einer bestehenden Verbindung geändert werden. Auf diese Weise wird die Netzkapazität optimiert, die Nachbarkanalstörungen verringert, die Wärmeentwicklung reduziert und Energie gespart. In der adaptiven Leistungsanpassung (AGC) wurden für die Mobilstation 16 Leistungsstufen[1] in zwei dBm-Schritten definiert. Für die MS gibt es zusätzlich fünf verschiedene GSM-Leistungsklassen (s. MS-Klassen) zwischen 20 und 0.8 A *peak output power*. In der Regel werden die für eine MS-Klasse höchstzugelassenen Sendeleistungen nicht verwendet. Die genaue Einstellung (bis auf 2 dB) der richtigen Leistungsstufe des Senders ist vor allem für die RR-Nutzung wichtig. Die Entwicklung zu geringeren Sendeleistungen erlaubt die Integrierung der Endstufen-Verstärkung und damit die Verfeinerung der Geräteaufbautechnik. Die Sendeleistungssteuerung für das BSS ist optional, sie wird jedoch in der Praxis grundsätzlich implementiert. Dies kann die durchschnittliche Strahlungsdichte (Elektrosmog) und die Gleichkanalstörungen verringern. Mit BS POWER CONTROL werden vom BSC zum BTS aktuelle Werte für eine maximale Sendeleistung durchgegeben. Die Basisstation muß dann imstande sein, die Sendeleistung für verschiedene Zeitschlitze dynamisch zu variieren (*hopping between power level on a timeslot per timeslot basis*). Die Parameter der Leistungsanpassung können vom OMC geändert werden. *Static Power Control* siehe Seite 120;

[1]Die Anzahl der Leistungsstufen hängt von der MS-Klasse ab. Bei einer geringeren Sendeleistung werden weniger Stufen, z.B. bei 2W fünf Stufen, benötigt.

4.4.3 Receiver

Das empfangene Frequenzspektrum ist verrauscht und enthält verschiedene Störsignale, die korrigiert werden müssen. Für einen guten Empfang werden spezielle Filterungs- und Modulationsverfahren verwendet. Der Empfänger führt *Tuning & Switching*-Funktionen aus und kann charakterisiert werden anhand solcher Parameter wie:

- Empfindlichkeit,
- Trennschärfe,
- Träger-zu-Interferenz-Verhältnis (C/I) bzw.
- Signal-zu-Rausch-Verhältnis (S/N),
- *Blocking*,
- Gleich- und Nachbarkanalunterdrückung bzw. Nachbarzeitschlitzunterdrückung.

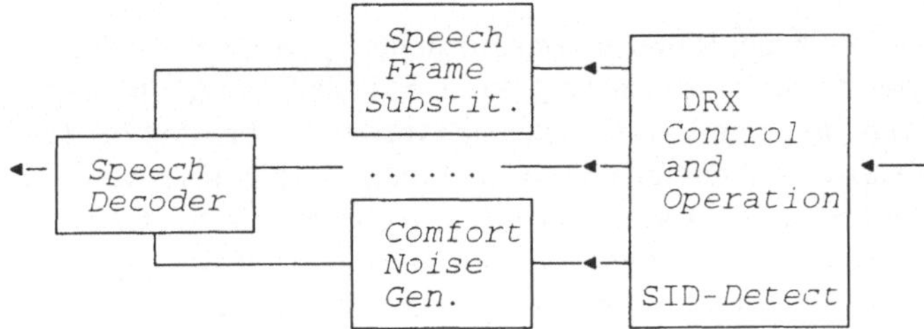

Bild 4.8: Teil des Receivers mit den wichtigsten Audio-Funktionen

Die Receiverstufe besitzt eine automatische Verstärkungsregelung. Es können dort die *low noise Amplifier* zum Einsatz kommen. Auf der Empfangsseite erfolgt zuerst die Digitalisierung des HF-Signals. Der A/D-Wandler leitet digitale I- und Q-Abtastwerte (I/Q: *In/Quadrature Phase*), die phasengleich bzw. um 90^0 verschoben sind, zum Demodulator. Die Genauigkeit der Modulation hat besondere Bedeutung für eine zuverlässige Verarbeitung des empfangenen Signals. Im Demodulator wird eine Synchronisationsstufe zugeschaltet. Hier wird der Eintreff-Zeitpunkt des Datenpaketes bestimmt und eine Messung der Signalverzerrungen vorgenommen, um dem Equalizer mit einer Abgleichsequenz die notwendigen Informationen bereitzustellen. Die Behandlung möglicher variabler Zeitverzögerungen ist in Kapitel 12 beschrieben. Die Equalization erlaubt es, die verzerrten Informations-Bits so zu interpretieren, daß die geschickte Nachricht wiedergewonnen wird. Nach der Dechiffrierung folgen *Deinterleaving* und Decodierung. Der Empfänger dekodiert die empfangenen Bits mit dem Viterbi-Algorithmus gemäß dem *Maximum-Likelihood*-Verfahren (s. Entzerrer). Nach der Fehlerkorrektur im Decoder werden aus den 260 Bit 20 ms lange Sprachabschnitte synthetisiert. Der Kanal-Codec setzt aus den ankommenden Datenpaketen wieder das komprimierte Sprachsignal (13 kbit/s) zusammen, das folglich im Sprachtranscoder expandiert wird. Für die BS und MS werden zusätzlich Echokompensatoren (s. Glossar) eingesetzt. Sie sollen die nichtmanuellen Operationen an der MS (Freisprecheinrichtung) unterstützen und solche Effekte wie "*far end echo*" elektronisch reduzieren.

DRX-Technik

Der diskontinuierliche Empfang (*Discontinuous Reception*) ist nur für Mobilstationen vorgesehen. Die *Paging*-Nachrichten vom Netz (s. Seite 257) werden nur auf einem "eigenen" Subkanal, dh. nur periodisch, abgehört. Die inaktive Zeit können die MS's im *Idle-Mode* unter Abschaltung ihrer RF- und Schaltkreise verbringen. Die DRX-Technik stellt einen Kompromiß der Optimierung von Zugriffszeit und Stromverbrauch dar. Sie ermöglicht den Einsatz von Batteriesparschaltungen. Der DRX-Mode wird nicht beim Suchen geeigneter Funkzelle (*Cell Selection*) geschaltet.

Decryptor

Im Dechiffrierer erfolgt die Entschlüsselung der übertragenen Daten.

Entzerrer (*Equalizer*)

Die Signalentzerrung kann in weitem Rahmen vom Hersteller spezifiziert werden. Die Entzerrung wird anhand der Trainingssequenzen geführt. Für die TDMA-Übertragung wird eine adaptive Entzerrung mit dem *Viterbi-Equalizer* verwendet. Er ist in der Lage, Doppler-Verschiebung, Mehrwegausbreitung und andere Frequenzfehler bis etwa 500 Hz auszugleichen. Seine Komplexität steigt stark mit dem angestrebten Wert der höchstzulässigen Verzögerungsentzerrung. Da die *Access Bursts* nicht entzerrt werden können, wird dieser *Equalizer* nur in den Mobilstationen eingesetzt. Wegen der hohen Anfälligkeit des HF-Spektrums müssen unkorrigierte Bitfehlerraten von 10^{-3} toleriert werden, was um mehrere Größenordnungen die Fehlerquoten im Festnetz übersteigen kann.

***Comfort Noise* RX-Function**

Durch die wiederholten Ein- und Ausschalt-Vorgänge des DTXs würde es zu einer Modulation des Hintergrundrauschens kommen. Das korrekte Erkennen von Sprachpausen ist recht kompliziert. Die wichtigste Anforderung ist, daß die Sprachsignale auf keinen Fall abgeschnitten werden dürfen. Während der Sprechpausen werden die Hintergrundgeräusche, gemäß der empfangenen Vorgaben, generiert. Beim Empfang wird ein sogenanntes *Comfort Noise* (Komfort-Rauschen) erzeugt und dem Receiver zugesetzt (CNI: *Comfort Noise Insertion*). Dazu wird die kurz vor der Signalunterbrechung empfangene SID-Information ausgewertet. Durch die *Comfort-Noise*-Funktion kann der Modulations-Effekt ausgeschlossen werden (s. *Noise-Kontrast*-Effekt). Die *Comfort Noise*-Generierung (RPE-LPT-Decodierung) wird immer erneuert, wenn ein gültiger SID-Rahmen empfangen wird.

Speech-Frame-Substitution

Sprachrahmen-Substitution ist ein Interpolationsverfahren, das bei hohen Fehlerquoten wirksam wird. Ist nach der Codec-Fehlerkorrektur das empfangene Sprachpaket fehlerbehaftet (*Blockcode*-Prüfung), so wird es nach Entfernen durch seinen Vorgänger ersetzt. Diese Substitution soll den auftretenden Fehler beheben und subjektiv eine annehmbare

Sprachqualität liefern. Fehlen mehrere Rahmen nacheinander (Langzeitstörung), so wird dies dem Teilnehmer akustisch als Pause (bis zu 320 ms) angezeigt (graduelle *Muting*-Technik).

Echokompensation

Neben den festnetzüblichen Echokompensatoren (s. DEC) oder Echosperren sind im Mobilfunk weitere Maßnahmen notwendig. Die Ausbreitungsverzögerungen auf der Funkschnittstelle gehören zu den wichtigen Faktoren, die berücksichtigt werden müssen. Auch das akustische Echo bei den Freisprecheinrichtungen ist zum wichtigen Störfaktor geworden. Die Aspekte der Echokompensation konnten leider nicht im Rahmen der VAD/DRX-Technik betrachtet werden. Die CCITT-Empfehlungen zur Echokompensation sind veraltet und die dort genannten Grenzwerte (45 dB ERLE: *Echo Return Loss Enhancement*) ungenügend. Die Einhaltung dieser Normen kann zu nennenswerten Störungen führen. Es werden für die Mobilfunkgeräte geeignete Echokompensations-Vorrichtungen in VLSI- und ASIC-Technologie entwickelt.

Antennen-Technik

Durch die Zeitschlitz-Verschiebung zwischen TX und RX sowie der Umschaltetechnik können Antennen abwechselnd zum Senden und Empfangen verwendet werden. Ihre Dimensionierung hängt mit der zu benutzenden Wellenlänge zusammen. Die halbe Wellenlänge bei 900 MHz ergibt für die Grundlänge der MF-Antenne: $\frac{1}{2}\lambda = 15$ cm. Über das Leistungsvermögen einer Antenne entscheiden der Gewinn, Wirkungsgrad und die Impedanz. Es werden zunehmend Antennenanlagen verwendet, die mehrere Zellen bedienen und über die LWL-Technik die Integration mehrerer Sendeeinheiten nutzen.

Um die Netzkapazität zu erhöhen, werden für BTSs neben Rundstrahlern auch Sektor-Antennen eingesetzt. Bei den Richtantennen wird nur ein Teil der Störleistung empfangen. Der verbesserte Geräuschabstand läßt eine höhere Qualität und Anzahl der gleichzeitig bestehenden Verbindungen pro Zelle (ATDMA) zu. Es muß jedoch darauf geachtet werden, daß es an dem Aufstellungsort zu keinen nennenswerten Reflexionen kommen kann. Die BTS-Antennen-Installierung ist z.B. von der Topographie, von klimatischen Einflüssen und von der Zellengröße abhängig.

- **Antennen-*Diversity***

  Der Einfluß der Vielwegausbreitung (*Fading*-Absenkung) kann durch die Anordnung mehrerer Antennen mit einem Abstand $\geq \frac{1}{2}\lambda$ voneinander reduziert werden. Im Empfänger können verschiedene Signal-Auswahl-Techniken wie *Periodic Switching*, *Equal-Gain* oder *Two-Branch Selection* eingesetzt werden. Diese *Diversity*-Techniken (s. Glossar) sind unterschiedlich kostspielig und eignen sich entweder für Basisstationen oder Endgeräte. Im GSM wird die Antennen-*Diversity* nur für die Basisstationen eingesetzt. Dies hat zur Folge, daß die Übertragungsqualität bei Störungen und Versorgungslücken für die *downlink* Richtung empfindlicher reagiert als der *uplink* Kanal. Beim GSM 900 werden die Antennen in einem Abstand von etwa 6 Metern voneinander aufgestellt. Der erreichbare Gewinn der Signalstärke kann bis zu 6 dB betragen.

Stromspartechnik

Durch Sprachaktivitätserkennung mit DTX-Funktion, DRX-Technik, Integration von Sende- und Empfangsvorrichtungen, adaptive Sendeleistungssteuerung und nicht zuletzt die Mikrochiptechnik (VLSI) mit hochintegrierten kundenspezifischen Bausteinen (*Fullcustom*-IC's) ist es möglich, die MF-Geräte so zu gestalten, daß sie relativ wenig Energie verbrauchen und immer handlicher werden. Die vorgesehene Automatisierung bestimmter Funktionen, wie z.B. PLMN-Wahl oder die Einstellung des Klingelzeichens, können den Stromverbrauch der Mobilstationen deutlich erhöhen. Dies sollte insbesondere bei den *Handies* berücksichtigt werden.

5 GSM-Komponenten

Der Aufbau des MF-Netzes kann, dank der funktionalen Trennung in mehrere NE's (*Network Entities*, Netzkomponenten), unterschiedlich realisiert werden. Dabei werden u.a. die zu erwartenden Teilnehmerzahlen sowie die Kapazität und Leistungsfähigkeit der Komponenten in Betracht gezogen. Beim GSM-System handelt es sich um einen offenen Standard im Sinne der *Open Network Architecture* (s. IN). Diese Tatsache ist für alle Beteiligten, die Systemtechnik sowie die Vertriebsaktivitäten, von entscheidender Bedeutung. Die wichtigsten Netzelemente wurden bereits im Kapitel 3 vorgestellt. Die detaillierte Funktionsbeschreibung der Signalverarbeitungskomponenten für die Radio-Seite erfolgte im Kapitel 4. Im folgenden werden die wichtigsten Systemkomponenten (*Network Building Blocks*) des GSM-PLMN-Netzes unter Berücksichtigung ihrer Netzfunktionen beschrieben.

5.1 Mobilstation

Die GSM Mobilstation wird als Einrichtung für die Benutzung von Diensten des GSM-Systems definiert. Eine MS besteht aus folgenden funktionellen Gruppen - aus dem MT (*Mobile Terminal*) und, je nachdem welche Anwendungen und Dienste vorgesehen sind, aus einer Kombination von TA (*Terminal Adapter*) und TE (*Terminal Equipment*). Man unterscheidet einfache MS's und solche mit *Multiple Terminal Equipment*. Dabei darf das Wort "einfach" nicht unterschätzt werden. Die Komplexität des GSM-Systems schlägt sich ebenfalls in der zugehörigen Beschreibung und Technik seiner Mobilstationen nieder. Dies führte unter anderem dazu, daß die Termine für die Spezifizierung der MS (*Conformity Specification*) zu knapp geplant waren und verschoben werden mußten. Die Mobilstation ist ein kleiner "intelligenter" Rechner, und die für ihre volle Funktionsbereitschaft benötigte Software ist von der Größenordnung eines MBytes ! Die neuartigen und komplexen IC's ermöglichen eine immer bessere Miniaturisierung der Endgeräte bei gleichzeitig steigender Funktionalität und besserem Bedienungskomfort. Der Markt der GSM-Endgeräte entwickelt sich - unter starkem Wettbewerbsdruck - sehr dynamisch. Vom technischen Standpunkt aus sollte jede MS sowohl *half-* wie *fullrate* TCH's benutzen können. Eventuelle Einschränkungen sind durch ein einfacheres Design und die Zulassung nur bestimmter *Features* denkbar. Der GSM-Standard erlaubt zugleich die Benutzung sogenannter *Dual Band Mobiles* für 900 und 1800 MHz.

MS-*Category*

In Bezug auf die Gebührenerfassungsmethode gibt es zwei MS-Kategorien: *payphone* (Münztelefon oder Zahlkartentelefon) und *not payphone* (Abonnenten-Nummer).

MS-Typ

Der Attribut Nutzungstyp läßt folgende Möglichkeiten zu: fest eingebaute Autotelefone, transportierbare Stationen, Hand-Mobilstationen, kombinierte fahrzeugmontierte/transportable MS's und kombinierte fahrzeugmontierte/Hand-Mobilstationen.

MS-Klasse

Je nach vorgesehener Sendeleistung gibt es unterschiedliche Geräte-Klassen (*Power Classes*) mit folgenden *peak output power*-Werten:

Klasse 1: bis 20 W für *Vehicle & Portable*,
Klasse 2: bis 8 W für *Portable & Vehicle*,
Klasse 3: bis 5 W für Hand-MS,
Klasse 4: bis 2 W für Hand-MS,
Klasse 5: bis 0,8 W für Hand-MS.

Die auf dem Markt verfügbaren *Handies* werden mit höchstens 2 W-Spitzenleistung betrieben. In manchen MS-Modellen ist eine manuelle Umschaltung der Sendeleistung möglich. Für die GSM Phase 2 sind folgende Klassenänderungen zu erwarten: auf die Klasse 1 wird verzichtet und die Klasse 3 wird in *Portable & Vehicle* umdefiniert.

MS-Leistungsstufen

Für die automatische Leistungsregelung von Mobilstationen wurden 16 Stufen definiert. Die zulässigen Abweichungen dürfen je nach Bereich 2-4 dB betragen (s. Kapitel 4).

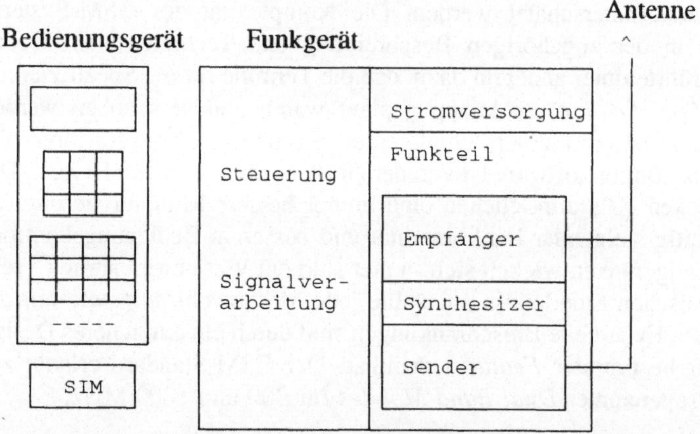

Bild 5.1: Schematischer Aufbau der Mobilstation mit abgetrenntem Funkgerät

MS-Aufbau

Eine GSM-Mobilstation setzt sich aus folgenden Funktionseinheiten zusammen: HF-Sende- und Empfangsteil, Basisband-AD- und -DA-Wandler sowie einem Signalverarbeitungsteil (s. Bild 5.1). Die Funktionsbeschreibung der GSM-Funktechnik und der zugehörigen Komponenten wurde im Kapitel 4 dargestellt. Bezüglich der Signalisierung unterschiedlicher Kommunikationsverbindungen und Dienstedefinitionen ist die folgende Einteilung wichtig:

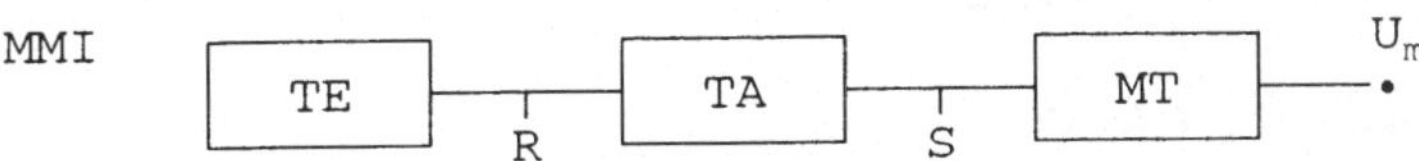

MMI: *Man Machine Interface* (Benutzerschnitstelle)
TE : *Terminal Equipment* (Endeinrichtung)
TA : *Terminal Adapter* (Endgeräteanpassung)
MT : *Mobile Terminal* (Speisegerät der MS)

Bild 5.2: MS-Konfiguration mit Referenzpunkten

Der im Bild 5.2 dargestellte schematische MF-Netz-Anschluß ist dem Basisanschluß der ISDN-Technik sehr ähnlich.

MT
Das MS-Speisegerät, z.B. ein *Handy*, entspricht dem *Network Terminator* (NT) des ISDN-Anschlusses. An dieser Stelle endet die Funkübertragung der U_m-Schnittstelle. *Mobile Terminal* ist ein Teil der Mobilstation mit Funktionen, die von allen Services gemeinsam genutzt werden.

TE
Das *Terminal Equipment* ist das Peripheriegerät der MS, das den Mobilfunkteilnehmern vielfältige Dienste (Datenübertragung, SMS-Terminal) bieten kann und in verschiedenen Ausführungen vorliegt. Diese Endeinrichtung enthält keine GSM-spezifischen Funktionen. Es handelt sich hier meistens um ein *Notebook* oder ein Faxgerät.

R und S sind Bezugspunkte (Daten-Schnittstellen nach CCITT) für die Trägerdienste. Dort endet die Verantwortung des Netzbetreibers. Die Endgeräte für Datendienste werden über die R/S-Schnittstelle oder über die Anpassungseinheit (TA s. Glossar) an die Mobilstation (MT) angeschlossen. TA wird für Trägerdienste bei Nicht-ISDN-Terminals benutzt. Die MMI-Schnittstelle ist weitgehend GSM-unabhängig.

MMI-Kommandos
Das *Man Machine Interface* kann von den Mobilgeräteherstellern sehr unterschiedlich gestaltet werden. Für die MMI-Schnittstelle sind neben normalen alphanumerischen Angaben (einschließlich *- und #-Tasten) die *Send* und *End* Symbole vorgesehen. An Hand dieser Möglichkeiten können SCI-Angaben, wie Aktivierung/Deaktivierung oder *Interrogation*, ausgeführt werden. Als Beispiele für das Einrichten der Rufweiterleitung (CF: *Call Forwarding*, s. GSM-Dienste) ohne zusätzliche Menühilfe gelten folgende Angaben (Dienstcodefunktionen):

- CFU: **21*Zielrufnummer#*Send*
- CFB: **67*Zielrufnummer#*Send*

- CFNRy: **61*Zielrufnummer#*Send*
- CFNRc: **62*Zielrufnummer#*Send*
- *erasure all* CF: ##002#*Send*

SIM-ME-Schnittstelle (S_m-*Interface*)

Die Mobilfunkstation wird in bezug auf den Austausch von Teilnehmerdaten in den *Mobile Equipment* und den *Subscriber Identity Module* unterteilt.

```
MS = ME + SIM
```

Das SIM-ME-*Interface* wird je nach SIM-Sorte in zwei Ausführungen realisiert (s. SIM-Modul).

ME

Das *Mobile Equipment* ist ein Teil der MS, der nicht-teilnehmerspezifische Elemente enthält. Es handelt sich hierbei um das Mobilgerät, das den Zugang zum GSM-Netz ermöglicht und die gesendeten Signalisierungsnachrichten mit den Teilnehmerdaten vom SIM-Modul versorgt. Das Mobilgerät enthält einen oder mehrere 16-bit-Mikrorechner und eine spezielle Logikeinheit (s. *Idle-Mode*). Der Speicher des MEs kann bei einigen *Mobiles* auch vom Teilnehmer benutzt werden.

SIM

Subscriber Identity Module: gehört zu der Mobilstation und kann von ihr abgetrennt werden. Die SIM-Karte wird für die Subskriptionszeit dem Teilnehmer zur Verfügung gestellt. Dort werden wichtige individuelle Teilnehmerdaten gespeichert, die eine effiziente Nutzung der PLMN-Dienste ermöglichen. Der SIM-Modul enthält z.B. IMSI, Ki, A3, PIN sowie temporäre Daten wie TMSI, LAI, Kc, einen *Timer*-Wert für periodisches *Location Update* und die BCCH-Information für eine schnelle Netzzugriffsmöglichkeit. Mit SIM findet die "Personalisierung" des Mobilfunkgerätes statt. Die SIM-Module können auf sogenannten *Smart Cards* untergebracht werden. Die *Smart Cards* bieten die Möglichkeit des Zugriffs auf individuell-zugeschnittene (*tailored*) Service-Pakete und -Optionen. Sie erlauben, alle *card-operated* MS's (→ totale Mobilität) und sogar andere nicht-mobilfunkspezifische Services zu benutzen. Die normale GSM-Karte hat die Größe einer EC-Karte und kann zusätzlich ein eigenes Telefonnummernverzeichnis für Kurzwahl enthalten sowie weitere Optionen unterstützen, wie z.B. die Wahl bestimmter Rufnummern (*Fixed Dialling Number, Last Dialled Number*) oder *Language Preference*. Die PLMN-Karten gibt es in zwei Ausführungen, als IC-SIM und *Plug-in*-SIM (Minikarte[1]). Die *Plug-in*-SIM-Variante kommt wegen geringer Dimensionierung

[1] An dieser Stelle wird nicht zwischen *Mini* ID *Card* (ID-00) und *Plug-in Card* (ID-000) unterschieden.

oft in den *Handies* zum Einsatz. Weitere Informationen zu der SIM-Karte werden unter dem Begriff "Zugangskontrolle" bei der Betrachtung der Sicherheitsaspekte gegeben.

Für den GSM-Einsatz sind zunehmend Service-Diversifikation und Flexibilität gefragt. Die Mobilstation verfügt über eine Reihe von Funktionen, die sich in die Kategorie interaktiver IN-Dienste einfügen lassen. Dies sind:

- interaktive Überprüfung der Teilnehmerberechtigung;
- nach der Aktivierung automatische Meldung des Benutzers und seines Aufenthalts;
- IMEI-Übergabe;
- selbständige Prüfung der Verbindungsqualität, Wahl des besten Übertragungskanals durch entsprechende Meldungen zum Netz;
- SCI (*Subscriber Controlled Input*).

Dem Benutzer einer MS stehen neben der eigentlichen Telefonfunktion noch eine Reihe weiterer Möglichkeiten zur Verfügung. Sie können in Kategorien der Basis- und Zusatzfunktionen sowie in lokale Funktionen eingeteilt werden. Die dem Mobilfunkteilnehmer zur Verfügung stehenden GSM-Dienste sind im Kapitel 6 beschrieben. Die Zusatzfunktionen der Mobilstation können in obligatorische (*mandatory*) und optionale eingeteilt werden. Die lokalen *Features* betreffen nur die Mobilstation, d.h. sie haben keine funktionelle Auswirkung auf das PLMN. Zu den vorgeschriebenen Zusatzfunktionen gehören:

- Rufnummernanzeige der gewählten Nummer;
- *Call Progress Signals* (Überwachungstöne, Ansagen);
- PLMN- und Land-Anzeige bzw. -Wahlmöglichkeit;
- SIM-*Handling*;
- PIN- und Netzwerk Paßwort-Angabe;
- IMEI;
- Service-Anzeige;
- Notruf;
- Selbsttest mit Anzeige;
- DTMF.

Zu den optionalen *Features* gehören u.a.:

- Kanal- und Leistungsanzeige;
- SMS-Anzeige und Eingabemöglichkeit für Kurznachrichtendienst;
- benutzerspezifische Telefonbuch;
- DTE/DCE-Schnittstelle;
- S-Schnittstelle (ISDN);
- (analoger) Anschluß für Zusatzeinrichtungen;
- internationale Standard-Zugriffsfunktion ("+-*key*");
- Schalter (Ein/Aus) mit weichem Funktionsabschluß;
- *Autocalling* (automatische Wahlerinnerung);
- Gebührenzähler und -anzeige (*Advice of Charge*);

- Kurzwahl;
- Zielwahltasten (*Fixed Destination Call*);
- Wahlwiederholung;
- Sperrmöglichkeit (*Key-Guard*);
- Freisprecheinrichtung;
- Lautstärkeregelung, Lautsprecheroperationen;
- Menü- und *Display*-Funktionen;
- MUMS (*Multi User Mobil Station*);
- Mehrtonklingel mit Tonstärkeregelung;
- automatisches Einschalten, Stummschaltung;
- zweites *Handset*;
- Zusatzvorrichtungen für das Auto (*Car-Kit, Booster*);
- Wahl der Menü-Sprache;
- *Voice dialling* (Spracherkennung).

Diese Liste kann sicherlich fortgesetzt werden, und die meisten dieser Funktionen bedürfen keiner weiteren Beschreibung. Die Komforttelefone verfügen inzwischen über mehrere der oben erwähnten *Features*. Eine qualitative Einteilung der möglichen MS-Erweiterungen kann schematisch wie in der Tabelle 5.1 dargestellt werden.

Tabelle 5.1: MS-Erweiterungen

Ton	Text	Daten	Bild
Freisprechein- richtung	Telefax	Modem	Zusatz-*Display*
	SMS	*Laptop*	Video
Anrufbeantworter	Drucker	*Notebook*	Bildtelefon
Diktaphon	Kopiergerät	GSM-Adapter	Stand- und
phonetische Schreibmaschine		Software	Bewegtbilder
Verstärker	*Shredder*		TV-Set
Voice dialling			

Es werden zugleich multifunktionale Endgeräte (*Multimode-Terminals*) entwickelt, die für das GSM- und andere Systeme wie z.B. CT- und Satellitentechnik einsetzbar sind. An dieser Stelle werden nur DTMF, Freihörsprecheinrichtung, Radiostummschaltung, MUMS und Benutzerinformationen erwähnt.

DTMF

Dual Tone Multi Frequency - Mehrfrequenzwahlverfahren (MFWV): Ein DTMF-Ton (*audio tone*) kann durch eine Kombination gut trennbarer Frequenzen nach Betätigung bestimmter Funktionstasten (0-9, A, B, C, D, *, #) erzeugt werden. Initiiert von der MS werden diese Angaben als Signalisierung transparent über BSS zur MSC geschickt, dort interpretiert und weitergeleitet. Die DTMF-Signalisierung ist für PLMN-Netze obligatorisch. Es handelt sich um ein *in-band* Signalisierungsverfahren (s. Glossar oder GSM-Dienste), das im GSM-System digitalisiert und Zeichen für Zeichen übertragen wird. DTMF wird z.B. für die Abfrage der *Mailbox* verwendet.

Freihörsprecheinrichtung

Die Freisprecheinrichtung mit Audio-Wandlern mindert gewissermaßen die Gefahr der Ablenkung und Konzentrations-Beeinträchtigung im Straßenverkehr. Diese Vorrichtung (in manchen Ländern sogar Pflicht) ist für Fahrzeugführer unentbehrlich und zählt zu den wichtigen Sicherheitskomponenten. Zusätzlich bietet das Freisprechen die Möglichkeit einer aktiven Beteiligung mehrerer Personen am Telefonat.

Radiostummschaltung

Diese Vorrichtung wird beim Autotelefon benutzt, um für die Zeit des Telefongesprächs das Autoradio automatisch abzuschalten. Mit der Radiostummschaltung soll der Fahrer seine Aufmerksamkeit möglichst nur dem Verkehr widmen können. Außerdem unterstützt diese Vorrichtung, durch eine Reduzierung der zusätzlichen Geräuschkulisse, den Spracherkennungsalgorithmus und verbessert damit die Sprachqualität.

Benutzerinformation

Die Benutzerinformationen oder Anzeigen erreichen den MF-Teilnehmer über verbale Nachrichten (Ansagen/Ankündigungen), Töne (Freizeichen, belegt, unerreichbar) und die auf dem LC-*Display* angezeigten Texte oder graphischen Symbole. Es sind sogenannte *Cause Codes* (*Causes*) definiert, mit denen die MS je nach Land (Sprache) usw. die vorgesehene Ansage oder *User*-Information (s. SIT) selbst anlegen kann.

MUMS

Die *Multi-User-Mobil-Station* ist eine Mobilstation mit einem bzw. mehreren Kartenlesern für eine parallele - jedoch nicht echt simultane - MS-Nutzung durch mehreren Teilnehmer. Der erste aktive Benutzer bedient die Mobilstation in üblicher Weise, die weiteren sind für den Zeitraum nicht erreichbar.

MS-Betrieb

Für die eingeschaltete MS können zwei Zustände unterschieden werden

1. *Idle* mit AGCH-, SDCCH-, RACH-Kanalnutzung und
2. *Busy* mit belegten SACCH-, FACCH- und TCH-Kanälen.

Idle-Mode

Der *Idle-Mode* ist der operative Grundzustand der Mobilfunkstation. Sie befindet sich im Bereitschaftszustand, ist eingeschaltet, und es wird auf den Verkehrskanälen kein Telekommunikationsdienst in Anspruch genommen. In diesem Modus ist dem *Mobile* kein TCH oder ACCH zugeteilt. Die MS wird periodisch "angepollt", damit z.B. ein MOC (*Mobile Originating Call*) ohne nennenswerte Verzögerungen gestartet werden kann. Für die Aktivierungssignale und die Überrahmenzählung ist eine spezielle Logikeinheit zuständig. Die BCCH- und PCH-Kanäle werden von der Mobilstation abgehört, so daß der Funkzellen-Wechsel beim *Roaming* oder die *Paging*-Signale registriert werden können. Die Mobilstation kann in diesem Zustand (*camping on the cell*) auch SMS-Informationen empfangen. Die Entscheidung für die beste BS wird in der MS über eine spezielle Auswahlstrategie (*Idle-Mode Activity*) realisiert.

PLMN *Selection*

Außerhalb des HPLMNs können mehrere Netze zur Auswahl stehen. Sie können entweder automatisch von der Mobilstation anhand existierender PLMN-Listen oder manuell vom Teilnehmer gewählt werden. Im *automatic mode* sollen neben der *preferred* Liste auch die weiteren verfügbaren PLMN's durchsucht werden.

Cell Selection

Die Zellenauswahl der MS erfolgt in der GSM Phase 1 über das *Path Loss*-Kriterium und den C_1-Parameter. Er wird über aktuelle Messungen folgendermaßen ausgerechnet:

$$C_1 = A - \mathrm{Max}(B, 0) \quad \text{mit } A = \mathrm{RXLEV} - \mathrm{RXLEV\_ACCESS\text{-}MIN}$$
$$\text{und } B = \mathrm{MS\_TXPWR\_MAX\_CCH} - P \text{ wobei}$$
$$P = \text{maximale Ausgangsleistung der MS}$$

Der C_1-Wert bezieht sich nur auf die eine Übertragungsrichtung und kann nicht immer die beste Übertragungsqualität garantieren. Sein Wert wird ständig aktualisiert und mit denen der Nachbarzellen verglichen. In der GSM Phase 2 wird für die mikrozellularen Operationen eine weitere Größe (C_2, *Reselect*-Parameter) zur Auswertung herangezogen.

Fehlverhalten der MS

Eine Überprüfung des MF-Gerätetyps wird in obligatorischen Typzulassungstests vorgenommen. Weitere Tests werden dauernd von den Netzbetreibern durchgeführt. Jede MS verfügt zusätzlich über Selbstüberwachungsfunktionen (*Self-Tests*). Die eventuell auftretenden Funktionsfehler der Mobilfunkstation lassen sich in der Regel während der Benutzung, z.B. als schlechte QOS (*Quality of Service*), feststellen. Sollten in der MS wichtige Daten verloren gegangen sein, so wird sofort ein MS-*Recovery* ausgeführt. Bei der Wartung und Reparatur von Mobilstationen werden die Gesamtfunktionen für Sende- und Empfangsrichtung überprüft. Beim Fehlverhalten der Endgeräte kann in vielen Fällen die Kundenbetreuung Hilfe leisten.

Typzulassung (TA: *Type Approval*)

Die GSM-Funktelefone müssen vor der Inbetriebnahme einer technischen Kontrolle unterzogen werden. Es handelt sich um eine europaweit gültige Zulassung zum GSM-Netz, die von den Endgeräte-Herstellern erworben werden muß. In der Typzulassung werden zwei Schritte unterschieden (s. weitere Systemmerkmale):

Interim Type Approval (ITA) - vorläufige *Acceptance*-Tests und
Final Type Approval (FTA) - endgültige Zulassung.

Für die Vortests werden 160 Testfälle als *Reduced* ITA (RITA) gewählt. Die endgültige Zulassung beinhaltet annähernd 300 Testfälle - dies ist eine Auswahl aus den ursprünglich geplanten 600. Auch für die MT's müssen TA-Szenarien ausgearbeitet werden. In den Tests der Zulassungsprüfung wird das Funktionsverhalten ausführlich untersucht:

1. Normalfall (Dienste und ihre Qualität);
2. Mögliche Wechselwirkungen mit dem System (inkl. Fehlverhalten);
3. Elektromagnetische Verträglichkeit (EMV): EM-Wechselwirkung mit der Umgebung - ihr passives und aktives Störverhalten.

Die EMV-Messungen beziehen sich bis jetzt nicht auf die biologischen Auswirkungen der Funkfelder. Das Problem der Festlegung der zulässigen Grenzwerte für die Strahlung und die Meßverfahren-Standardisierung muß noch von renommierten Instituten untersucht und anschließend auf internationaler Ebene erörtert werden. Mehr zu den Testszenarien ist im Abschnitt MSTS-Messungen (Kapitel 15) zu finden.

5.2 Base Transceiver Station

Die Aufgaben des BSSs werden zwischen der Basisstationssteuerung (BSC) und den *Base Transceiver Stations* aufgeteilt. Oft wird das *Transcoding Equipment* als physikalisch getrennte Einheit konfiguriert. Innerhalb des BSS sind mehrere Funktionsgruppen zu unterscheiden. Die funktionelle Aufteilung zwischen BTS und BSC kann wie in der Tabelle 5.2 dargestellt werden. Die unteren Funktionsbereiche dieser Tabelle werden auch vom MSC behandelt. BTS beinhaltet funktechnische Funktionen, die unmittelbar für die Radioschnittstelle von Bedeutung sind und sich auf die einzelnen Zellen beziehen, wie z.B. *Scheduling* der *Paging*-Nachrichten zu *Paging*-Gruppen, Messung der Interferenzstärke auf den belegten und den Wechselkanälen usw. Die meisten aufgeführten Funktionen und Signalisierungen mit CC- (*Call Control*), MM- (*Mobility Management*) und RR-Protokollen (RR: *Radio Resources*) werden an späterer Stelle behandelt, z.B. im Kapitel 11. Eine BS (wie im Bild 5.3 a) kann mit der Rundstrahlantenne, d.h. omnidirektional, nur eine Funkzelle versorgen. Es wird aber auch die *Multicell*-Option mit Richtantennen oder sektorisierten Antennen mit Richtcharakteristik für komplizierte-re Topographien eingesetzt. Die modulare Bauweise ist in der BTS wesentlich ausgeprägter als bei der Mobilstation. Die GSM-Basisstationen können prinzipiell auf acht verschiedenen Leistungsstufen zwischen 2,5 und 320 W (Spitzenleistung) betrieben werden. Eine solche Leistungsregelung wird als statische *Power Control* bezeichnet. Eine BTS besteht aus zwei funktionellen Teilen, die individuell adressiert werden (s. TEI), einem Transceiver-Block (TRX: Transmitter/Receiver) und einem BCF-Block (BCF: *Base Control Funktion*), der die TRX's kontrolliert. Erlaubt die technische Realisierung eine getrennte Aufstellung der TRX's von BCF, so ist die Unterscheidung BS (TRX) und BTS sinnvoll. Die Anzahl der Transceiver kann meistens ohne konstruktive Änderungen variiert werden und richtet sich nach dem zu erwartenden Verkehrsaufkommen. Es können unterschiedliche Anordnungen gewählt werden:

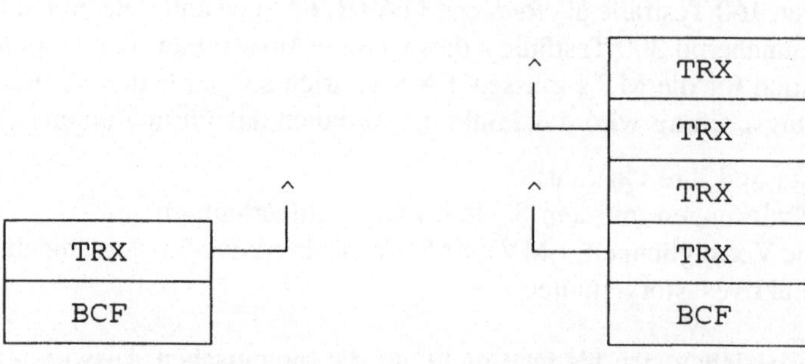

a) BTS mit einem TRX b) BTS mit mehreren TRX's (Antennen-Konstellation)

Bild 5.3: BTS-Konfigurationen

In der ersten Ausbaustufe kommt vor allem die Anordnung a) zum Einsatz. Jede BTS wird nur eine Funkzelle bedienen. Im Fall b) sind bis zu 6 TRX pro BCF möglich.

Multicell-Option

Entsprechend der Abbildung 5.3 kann eine BTS mehrere TRX besitzen und dadurch entsprechend mehr Sektorzellen versorgen. Eine BTS kann einige TDMA-Systeme mit je acht *Fullrate*-Kanälen bedienen. Die Gesamtzahl der Nutzkanäle eines BSS ist in der Regel zusätzlich durch die BSC-Dimensionierung (Anzahl der TRX's) beschränkt.

Transceiver

Ein *Transceiver* (TRX) ist eine GSM-Einheit, die aus Transmitter und Receiver besteht. Diese Bauart soll die geringe räumliche Dimensionierung wesentlich erleichtern. Die getrennte Beschreibung der Sende- und Empfangsrichtung ist im Abschnitt "Signalprozeß-Funktionen" zu finden. Durch das TDMA-Verfahren kann ein TRX pro Trägerpaar bis zu acht *fullrate*-Verbindungen gleichzeitig abwickeln. Dadurch verringert sich die Anzahl der benutzten *Transceiver* pro BTS im Vergleich zu den früheren Systemen, die nur mit der FDMA-Technik ausgestattet waren, erheblich. Die zeitliche Versetzung um drei Zeitschlitze ermöglicht eine nicht-gleichzeitige Sende- und Empfangs-Aktivität. Wegen der Asymmetrie der Funkschnittstelle und der unterschiedlichen Sendeleistungen sind die TRX's für die MS und BTS anders konzipiert. Die Anforderungen an die Parametergenauigkeit sind für Basisstationen wesentlich höher als für MS's. Die Funktionen eines TRXs sind im Bild 5.4 aufgeführt. Die meisten sind in einer *Baseband*-Einheit lokalisiert. Für beide Richtungen ist ein FH MUX (*Frequency Hopping Multiplexer*) vorgesehen, der die Verteilung relevanter Signale vornimmt. Wird kein SFH verwendet, so kann die Kommunikation auf einem RF-Träger erfolgen. Für den *Transceiver*-Betrieb ist die Frequenz- und Leistungsstabilität wichtig (s. Kapitel 4.4).

Base Control Function (BCF)

Die Basissteuerungsfunktion ist eine funktionelle Einheit, die *Common-Control*-Funktionen (wie FH) für TRX's behandelt. Der BTS-Kontroller empfängt die an die BTS gerichteten O&M-Nachrichten und ist für ihre Ausführung zuständig. Hier laufen die BTS-Überwachungsprozesse ab.

Inband Remote Control

Inband Remote Control ist für den Existenzfall einer 16 kbit/s-A_{bis}-Schnittstelle erforderlich. Die entfernte Steuerung der TRAU-Einheiten (TRAU: *Transcoding and Rate Adaptation Unit*, s. Seite 124) bezieht sich auf die Konfiguration, DTX-Operationen und O&M-Prozeduren. Zusätzlich sind Transportfunktionen notwendig, die aus der Existenz der oben erwähnten Schnittstelle resultieren: *Alignment*, Synchronisation und Fehlerschutz.

Channel Codec Unit (CCU)

Die CCU wird bei der 16 kbit/s-A_{bis}-Schnittstelle benutzt und ist für alle Radio-Subsystem Funktionen der BTS zuständig. Darunter fällt folgendes: Kanalcodierung, *Speech Handler*, RAA- sowie RA1/RA1'-Ratenanpassung (s. weitere Seiten) und Steuerungsfunktionen. Ein *Speech Handler* (SH) ist u.a. für die SID-Rahmen-Detektion zuständig.

Transcoder (TCE: *Transcoding Equipment*)

Der *Transcoder* (Codierumsetzer) gehört zum BSS und kann optional außerhalb der BTS (im BSC oder MSC) eingesetzt werden um zusätzlich das Multiplexen zu ermöglichen. Der Codierumsetzer konvertiert den 16 kbit/s-Subkanal (Bitpaare) nach dem PCM-A-Gesetz in ein 64 kbit/s-Signal. Durch die Lokalisierung am MSC-Standort läßt sich die Anzahl der notwendigen 64 kbit/s-Kanäle reduzieren, womit eine hohe Anzahl der Sprechkanäle erreicht werden kann. Die Transcodiereinrichtung (TCE) führt *Transcoding*-Funktionen aus und wird vom BSS überwacht. Die *Transcoding*-Funktionen sind für die Übertragung von Sprache (Transmission inkl. DTX-Technik, s. Kapitel 4) und die darauffolgende Codierung zuständig. Wichtige Informationen wie die Rahmenkorrektheit, *Comfort Noise* und der SID-Indikator werden *in-band* ohne zusätzliche Signalisierung übergeben. Die Zeichengabekanäle werden einfach durchgeschaltet. Die Transcodierungs-Algorithmen sind recht kompliziert und erfordern eine hohe Rechenkapazität in der Größenordnung von 10^6 Rechenschritten pro Sekunde. Für die *Transcoding Equipment* werden spezielle VLSI-Bausteine eingesetzt.

Datenratenanpassung

Im BSS werden verschiedene Datenraten der Funkschnittstelle in 64 kbit/s-Kanäle der A-Schnittstelle konvertiert und umgekehrt. Die Datenraten der U_m-Schnittstelle können 3.6, 6 oder 12 kbit/s betragen und entsprechen den *User*-Daten von (≤) 2.4, 4.8 oder 9.6 kbit/s. Für die Ratenadaptierung existieren zwei Anpassungsfunktionen:

1. die RA1/RA1' adaptiert die U_m-Raten auf 8 oder 16 kbit/s (*Intermediate Rate*)
2. die RA2 führt eine weitere Anpassung auf 64 kbit/s (CCITT A-*law*) durch.

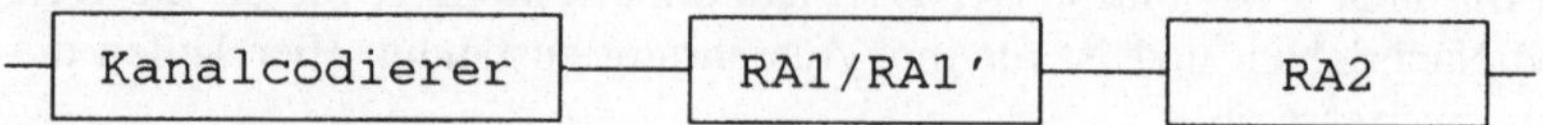

Bild 5.4: Datenratenanpassung im BSS

Das BSS (BSC) nutzt für die Ratenanpassung und die Wahl einer korrekten Kanalcodierung Informationen der ASSIGNMENT REQUEST-Nachricht (BSSMAP) aus. Für die Steuerkanäle wird keine Ratenanpassung verwendet.

Rate Adapter (RA)

Der *Rate Adapter* befindet sich meistens im BSS und führt, nach einer entsprechenden Information vom MSC (in der ASSIGNMENT REQUEST-Message), eine Übertragungsraten-Konversion durch. RA0-, RA1- und RA2-Funktionen sind im ISDN spezifiziert.

***Rate Adapter*-Funktionen** (RAF)

Neben RA1/RA1' und RA2, die als Teil des Verbindungstyps kombiniert sind, existieren weitere Datenratenanpassungs-Funktionen. Manche werden auch in der MS implementiert. Zusammenstellung der RA-Funktionen (siehe auch TA im Glossar):

RA0: asynchrone-synchrone Umsetzung;
RA1: synchrone Adaptierung auf 8, 16 kbit/s;
RA2: Adaptation von Zwischenraten (*Intermediate Rate*); diese Funktion ist äquivalent zur CCITT-Beschreibung (Rec. V.110 mit 64 kbit/s);
RA1': ein Teil von synchroner RA1-*User*-Ratenadaptierung (TA) oder *Output* der RA0-Funktionen und Radio *Interface*-Raten von 3.6, 6 oder 12 kbit/s;
RA1/RA1': wie oben; zusätzlich Unterstützung (inkl. Modifikationen) bei der Datenratenumsetzung nicht-transparenter Trägerdienste (s. RLP);
RAA: wird für die A_{bis}-Schnittstelle zwischen RA2 und RA1/RA1' geschaltet.

***Multidrop*-Option an der A_{bis}-Schnittstelle**

Es ist möglich, bis zu vier in eine Reihe geschaltete Basisstationen an einen A_{bis}-*Link* anzuschließen. Dieser *Drop/Insert* Multiplex mit Kaskadierung führt auf die sog. *Multidrop*-Konfiguration. Diese Schaltung erlaubt, z.B. die *Transceiver*-Redundanz zu erhöhen und 2 Mbit/s-PCM-Leitungen besser auszunutzen.

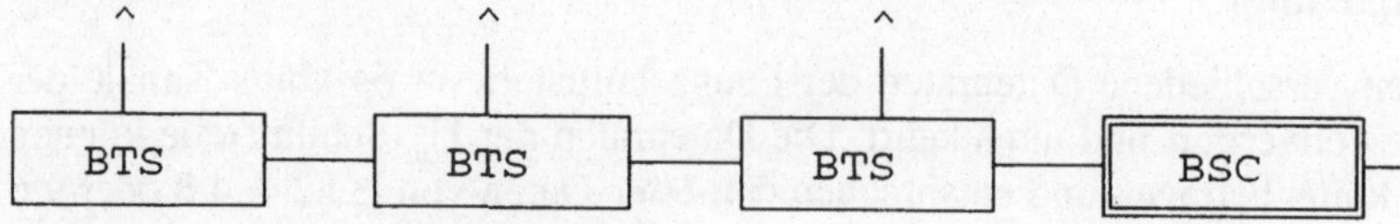

Bild 5.5: *Multidrop*-Konfiguration

Mit *Multidrop*-Verbindungen lassen sich ring- und sternförmige BS-Anordnungen realisieren.

Tabelle 5.2: BSS-Funktionsaufteilung

	BTS	BSC
Management der Funkkanäle		x
Frequenzspringen (FH)	x	x
Management der terrestrischen Kanäle		x
Abbildung der Funk- und terrestrischen Kanäle aufeinander		x
Kanalcodierung/-decodierung	x	
Transcodierung und Ratenanpassung	x	
Chiffrierung/Dechiffrierung	x	x
Paging	x	x
Messungen		
Uplink	x	
Traffic		x
Timing Advance	x	
RR Indication	x	
MM		
Authentication		x
LR, LUP		x
HOV-Verwaltung/Ausführung		x
CC		x

5.3 Base Station Controller

Der BSC bildet die Funkkanal-Vermittlungseinrichtung innerhalb des BSSs und ist für die BTS-Prozeßsteuerung zuständig. Der BSC erfüllt damit eine Schalterfunktion und dient zugleich als BSS-Systemkern. Die Basisstationssteuerung kann zu den intelligenten Netzvorrichtungen (SN, s. IN) gezählt werden. Die wichtigsten BSC-Aufgaben sind in Tabelle 5.2 aufgeführt. Dazu gehören die Durchschaltung der Nutzkanäle inkl. der Kanalzuordnung sowie weitere Signalisierungsbearbeitung. Der BSC verwaltet die Kanalkonfiguration einschließlich des FH-Managements, *Locatings* und HOV-Ausführung. Die vom Netz kommenden PAGING Nachrichten werden weiter vom BSC gesteuert. BSC ist für *Operating and Maintenance* des BSSs zuständig. Von hier aus werden die *Transceiver* und ihre Prüfeinrichtungen gesteuert und kontrolliert, die RR-

Verkehrslast gemessen und an OMC's weitergereicht. Der schematische BSC-Aufbau ist im Bild 5.6 gezeigt. Einem BSC können mehrere BTS's zugeordnet sein. Die meisten BSC-Funktionen werden an anderen Stellen im Buch beschrieben. Vor allem auf die zugehörige Zeichengabe wird in den weiteren Kapiteln eingegangen.

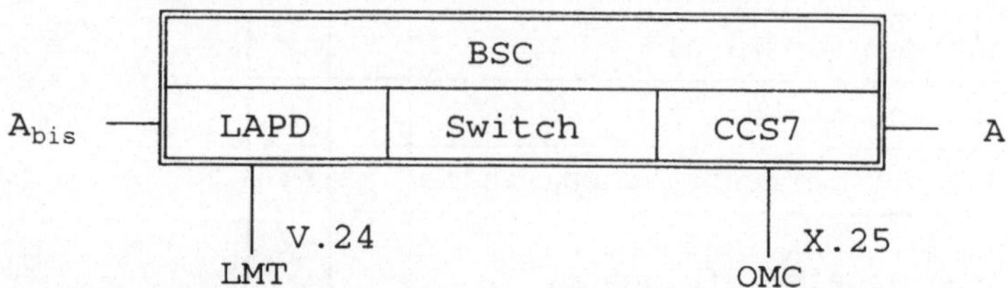

LMT: *Local Maintenance Terminal*

Bild 5.6: BSC-Schema

Der Aufbau des BSSs kann, je nach technischer Realisierung der vorgesehenen Leistung, der geographischen bzw. lokalen Gegebenheiten und der einkalkulierten Netzkosten, unterschiedlich gestaltet werden. Man unterscheidet, je nach Lage des BSCs und BTS's zu einander, *Combined-*, *Remote-* und Mischbetrieb. So kann die Lokalisierung des BSCs z.B. wie in Abbildung 3.6 gewählt werden. Innerhalb des BSCs können die zentrale Steuereinrichtung (**BCE**: BSS *Central Equipment*) und die Transcodiereinrichtung (**TCE**: *Transcoding Equipment*) unterschieden werden. Vom BCE werden die Verwaltung der Funkbetriebsmittel (Zuweisung eines Trägerpaars zu einer Verbindung), die Verbindungsabwicklung sowie Betriebs- und Wartungsfunktionen übernommen. Der BCE ist auch für die Steuerung der Funkleistung zuständig.

TRAU

TRAU ist eine spezielle Übertragungseinrichtung des GSM-Systems, die laut Spezifikationen der BTS zuzuordnen ist. Die Bezeichnung *Transcoding and Rate Adaptation Unit* ist strenggenommen nur für die 16 kbit/s-A_{bis}-Schnittstelle gültig, wenn der *Transcoder* im BSC lokalisiert ist. Die TRAU-Funktionen werden von der BTS aus gesteuert und für die Transcodierung sowie Konvertierung der Übertragungsraten zwischen der MS und dem NSS benutzt. Dieser Zuordnungswechsel der Nutzkanäle zwischen MS und MSC wird für Sprache bzw. Daten durchgeführt. Dies ermöglicht eine effiziente Verwendung von Ressourcen durch Submultiplexen von maximal vier Funkkanälen bis 16 kbit/s in die 64 kbit/s-Kanäle. Dadurch lassen sich die Transmissionskosten niedrig halten. Die Anzahl der BSS-MSC Verkehrskanäle mit Ratenanpassung kann limitiert werden. Die einzelnen TRAU Funktionen sind:

- Sprach-Transcodierung (Codierung/Übertragung);
- *Remote Speech Handler*;
- RAA und RA2-Ratenanpassung;
- entfernte Steuerungsfunktionen.

Die TRAU-Einheit gehört funktional zum BSC, wird aber in den meisten Fällen in der MSC-Umgebung lokalisiert. Es sind, wie im Bild 5.7 gezeigt, drei verschiedene Konfigurationen möglich:

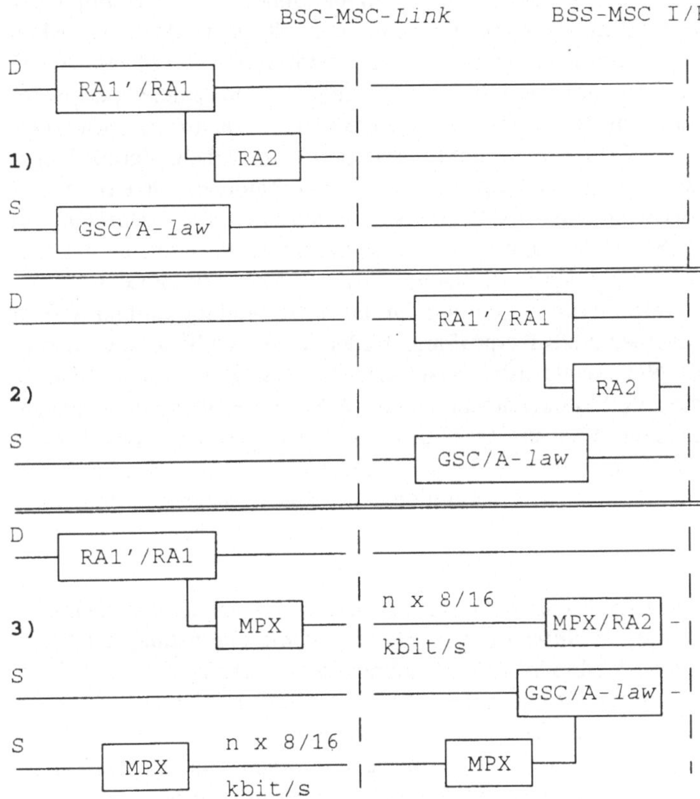

GSC = GSM *Speech Codec*
S: *Speech*
D: *Data*

Bild 5.7: Alternative Lagen der Transcoder- und Ratenanpassungsfunktionen

Im ersten und zweiten Fall handelt es sich entsprechend um die 16- oder 64 kbit/s-A_{bis}-Schnittstelle. Für die dritte Konfiguration wird kein A_{bis}-*Interface* verwendet. Für die entfernte TRAU-Steuerung werden zwischen CCU- und TRAU-Einheiten sog. TRAU-Rahmen für Sprache, Daten, O&M-Informationen und *Idle Speech* verwendet. Sie enthalten 320 Bit und können alle 20 ms geschickt werden. Das Multiplexen von *halfrate* Kanälen kann zusätzliche Verzögerungen (*Round Trip* ≈ 10 ms) verursachen.

5.4 Mobile Switching Centre (MSC)

Die Mobilvermittlungseinrichtung als *Switch* mit Zusatzfunktionen, die die Mobilität der Teilnehmer auffangen, nimmt im MF-Netz eine zentrale Stellung ein. MSC ist neben den normalen Vermittlungsfunktionen für die Prozeßsteuerung auf der PLMN-Ebene zuständig. Viele Netzwerkelemente wie die *Location Register* und andere 'periphere' Komponenten werden vor allem in der ersten GSM-Entwicklungsphase im MSC integriert. Das *Mobile Switching Centre* übernimmt u.a. folgende Aufgaben: Vermittlungsvorgänge unter Berücksichtigung der Aspekte der Funkverbindung, Steuerung und Verwaltung der Netzressourcen, z.B. der PCM30-Systeme, sowie die Anbindung an andere Netze (*Gateway*-MSC). Die wichtigste MSC-Funktion ist die schnelle Vermittlung (MO, MT) verschiedener Dienste (Sprache, Daten, SMS). Zu diesem Zweck werden diverse Datenbankinformationen benötigt. Für einen Verbindungsaufbau werden solche Prozeduren wie Authenizitätsüberprüfung, Einleiten der Chiffrierung, durchgehende Allokierung des Nutzkanals usw. verwendet (für genauere Beschreibung s. *Call-Setup*). Die realisierten Verbindungen werden vom MSC unterhalten und abgebaut. Die meisten Netzkomponenten sind ans MSC geschaltet. Dies erfordert den Einsatz diverser Baugruppen (HW-Komponenten) und die Implementierung verschiedener IW-Funktionen. Zusätzlich zu den normalen Vermittlungsfunktionen, wie sie in herkömmlichen Vermittlungsnetzen verwendet werden, gibt es eine ganze Reihe weiterer MSC-Funktionen, die an dieser Stelle zusammengestellt werden:

a) spezifische *Call-Handling*-Funktionen, die mit der mobilen Natur der Teilnehmer zusammenhängen (z.B. *Paging*, *Interrogation*, *Handover* mit Verwaltung der RR während einer bestehenden Verbindung, Verbindungswiederaufbau),
b) Abschluß und Bearbeitung der Zeichengabe (SS#7) und anderer Protokolle,
c) Management der MF-spezifischen Signalisierungs-Abläufe,
d) *Location Registration* (LR, LUP) und Verarbeitung der Aufenthalts-Informationen,
e) GMSC-Funktionen für HLR-*Interrogation* und SSP-Triggerfunktionen,
f) Zugriff auf Datenbanken (Informationsabfrage über MAP-Prozeduren),
g) Bereitstellung neuer Dienstarten (Fax, *Data Calls*),
h) IWF (Datentransport, Signalisierung, Dienste),
i) Unterstützung der DTMF-Zeichengabe und des *Voice Mail* Systems,
j) Transport von *Encryptions*-Parametern und Unterstützung von Sicherheitsfunktionen,
k) Unterstützung des Kurznachrichtendienstes und der Zusatzdienste,
l) Generierung und Weiterleitung der Vergebührungsdaten und
m) simultane und alternierende Dienstenutzung.

Digital Echo Compensator (DEC)

Mobilfunkspezifische-*Delays* (durch Codierung und *Radiopath*), große Entfernungen und andere Ursachen - wie unzureichend angepaßte Impedanzen von Abschlüssen und Leitungen - können bei bestehenden Verbindungen zu Signalverzögerungen und damit zu Echo-Erscheinungen führen. Dies wird für Gesprächsverbindungen durch spezielle

Echokompensatoren unter MSC-Kontrolle nivelliert. Das *Echo-Cancellation-Equipment* ist für die Service-IW-Funktionen zwischen unterschiedlichen Netzen (PLMN-Fremdnetz-Schnittstelle) wichtig. Hierzu s. Glossar oder auch "Signalprozeß-Funktionen".

Remote Mobile Switching Unit (RMSU)

Ein Leitungskonzentrator (RMSU) kann im PLMN verwendet werden, um die Anzahl der Leitungen zwischen BSS's und dem MSC zu reduzieren. In Verbindung mit TCE werden *Submultiplexer* eingesetzt. Es können zusätzlich Crossconnectoren benutzt werden, um Übertragungswege besser und flexibler nutzen zu können.

5.5 Location Register (LR)

Register-Dimensionierung

Die LR-Dimensionierung sollte den an das PLMN gestellten Forderungen entsprechen, und diese sind sowohl System- und Konfigurations als auch Verkehrsprofil-abhängig. Die VLR-Speicherressourcen werden dynamisch allokiert und im RAM verwaltet. Der Speicher muß in der Lage sein, auch zu Stoßzeiten alle *Visiting*-Teilnehmer unterzubringen. Im HLR werden aufgrund des semipermanenten und transienten Datenanteils zwei Bereiche unterschieden. Die DB-Vergrößerung kann selbstverständlich höchstens bis zur Grenze der physikalischen Realisierbarkeit erfolgen. Die vereinfachte Rechnung für die Registerdimensionierung fordert etwa 300 bis 500 Byte pro Teilnehmer. Dazu kommen die täglichen Verkehrsmessungen, Statistikzahlen und bestimmte *Call Records* (z.B. im HLR bei unbedingter Rufweiterleitung). In der Regel werden alle Daten redundant gespeichert. Die *Call*- und Statistik-Daten werden jeden Tag zum OMC bzw. Verrechnungszentrum geleitet. In einem Register müssen typischerweise mehrere hundert MByte Speicher verfügbar sein. Bei einem großen Dienstangebot können die Register weiter gesplittet und differenziert ausgebaut werden.

5.5.1 Konfiguration der Location Register

Die fast uneingeschränkte Mobilität der Teilnehmer erzwingt im Netz zusätzliche Signalisierungs- und Datenbasis-Prozeduren, die von der Verkehrsintensität her die normalen Vermittlungsfunktionen bei weitem übertreffen. Um die Dienstgüte zu optimieren und die Flexibilität zu erhöhen, können die Dienststeuerungselemente und die LR's aus dem MSC ausgegliedert werden. Durch diese klare Funktionstrennung können bestimmte NSS-Funktionen als universelle IN-Lösung realisiert werden. Die Probleme, die mit der aktuellen IN-Architektur zusammenhängen, sind die zusätzlichen Prozeßverzögerungen. Für die Erstimplementierung im GSM wurde aus wirtschaftlichen Gründen die integrierte Konfiguration aller NSS-Komponenten vorgezogen. Neben der in Bild 3.6 dargestellten Basis-Konfiguration sind für die LR's weitere Kombinationen möglich.

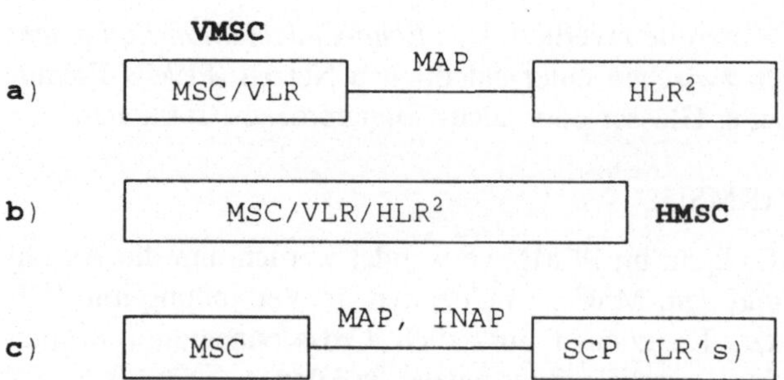

Bild 5.8: Konfigurationen der LR's

zu a)
Das VLR ist die aktuelle Datenbank der Teilnehmer im MSC-*Area*. Da zwischen MSC und VLR ein erheblicher zeitkritischer Verkehr existiert, ist es sinnvoll, beide zusammenzulegen. Das *Visitor*-MSC (VMSC) ist ein MSC mit implementiertem VLR. Diese Konfiguration setzt sich allgemein durch, so daß die B-Schnittstelle herstellerabhängig realisiert wird und die GSM-Spezifikationen an dieser Stelle nicht weiter entwickelt werden (s. Seite 161).

zu b)
Die zweite Konfigurationsmöglichkeit besteht darin, VLR und HLR im MSC zu lokalisieren. Das MSC mit implementiertem HLR wird *Home* MSC (HMSC) genannt. Beim Verbindungsaufbau zu den im HLR und VLR registrierten Teilnehmern wird nur die internationale ISDN-Nummer verwendet. Diese Lösung zeichnet sich durch eine schnelle Prozeßverarbeitung aus und tendiert in Richtung der *Advanced Switch*-Technik. Die MSRN wird nicht, bzw. nur für die Verbindungsdauer (*on a per call basis*), allokiert. Diese Konfiguration weist jedoch geringe Flexibilität auf.

zu c)
Die dritte Möglichkeit mit abgesetzten LR's (HLR's) ist die ursprünglich betrachtete IN-Lösung für *Advanced Cellular Services*. Im AIN-Konzept können auch AP's (*Adjunct Processors*) zum Einsatz kommen.

Die Wahl der LR-Konfiguration ist nur systemintern von Bedeutung, d.h. sie darf keinen direkten Einfluß auf andere angeschlossene Netze, z.B. weitere PLMNs, haben. Die Zugriffszeiten und das Dienstangebot können jedoch erheblich beeinflußt werden. Die HLR-MSC-Schnittstelle entspricht dem SCP-SSP-*Interface* im IN-System. Die Einbeziehung der IN-Lösung kann deutliche Vorteile bei der Serviceführung mit sich bringen, was in den Abschnitten über GSM und IN (weiter unten) angesprochen wird.

---

[2] Abhängig vom Hersteller kann AUC mit HLR implementiert werden. An dieser Stelle bietet sich aus Gründen der Übertragungskapazität die integrierte Bauweise an.

5.6 Systemtechnik

GSM ist ein sehr komplexes System, das eine Reihe von Erweiterungen vorsieht und auch in Bezug auf zukünftige Ergänzungen und Änderungen offen ist. An dieser Stelle wird die GSM-900-Systemtechnik (Phase 1) in Kurzform zusammengefaßt. Die Abkürzungen können im Stichwortregister und eine detailliertere Beschreibung der noch nicht betrachteten Punkte in den weiteren Kapiteln des Buches gefunden werden.

Technische Daten auf einen Blick:

1. **RSS**

- volldigitales, zellulares Mobiltelefonsystem mit FDMA/TDMA-Technik;
- Frequenzbelegung im UHF-Spektrum mit Trägerfrequenzbereich (*primary band*):
  MS -> Netz-Richtung: 890-915 MHz,
  Netz -> MS-Richtung: 935-960 MHz,
  124 Frequenzkanäle je Richtung in 25 MHz-Bändern, Kanalabstand 200 kHz,
- Duplexabstand innerhalb eines Trägerpaars 45 MHz,
  3 Zeitschlitze zwischen TX und RX der TRX-Einheit;

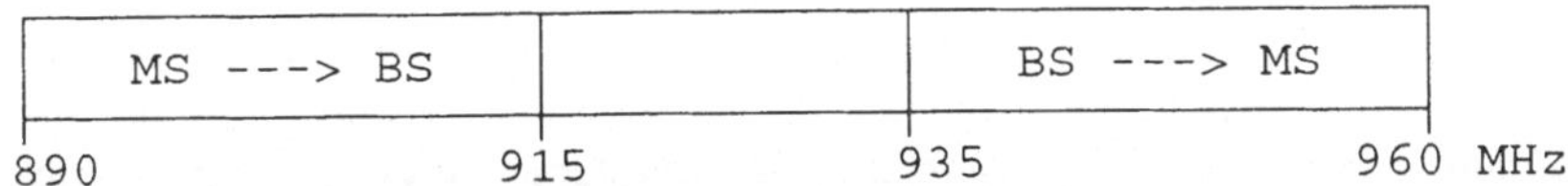

Bild 5.9: Frequenzbänder für MF

- *Sloted Aloha Random Access*-Technik (SARA);
- digitale Sprachübertragung mit 13 kbit/s, Verkehrskanal 22.8 kbit/s davon 9 kbit/s Fehlerkorrekturinformation (*fullrate* TCH's),
- *Fullrate*-Quellencodierung mit RPE-LTP-Sprachcodierung, dazu Kanalcodierung mit FEC- bzw. ARQ-Verfahren;
- Verschlüsselung der Übertragungsinformation (A5/A5X-Algorithmen);
- Modulationsart: *Gaussian Minimum Shift Keying* (GMSK) mit einem Modulations-Index BT = 0.3 und einer Brutto-Geschwindigkeit (Transmissionsrate) von 1625/6 kbit/s ≈ 270.833 kbit/s;
- TDMA Übertragungsverfahren: Zeitrahmen 4.615 ms (→ 217 Hz Pulsfrequenz), 8 bzw. 16 Kanäle pro Trägerfrequenz mit 8 Zeitschlitzen: 156 ¼ Bit pro Zeitschlitz, Dauer 15/26 ms ≈ 0.577 ms;
- Frequenzsprungverfahren (FH) mit einer Periode des Zeitrahmens (→ *Slow* FH), Mehrwegeausgleich (*Path Equalization*) mit 20 μs Zeit-Dispersion (Laufzeitstreuung) - später auf 16 μs reduziert; (zusätzliche Übertragungsverzögerung etwa 200 ms);
- DRX/DTX-Technik;
- Entzerrung mit Viterbi-Algorithmus nach dem *Maximum-Likelihood*-Verfahren;
- adaptive Sendeleistung und Synchronisierung der MS;

- Zellengröße bis 35 km vom PLMNO veränderbar, Mikrozellen-Einsatz;
- Datenratenanpassung;
- verschiedene HOV-Prozeduren, *Call Re-establishment*;

2. **NSS**

- *International Roaming*;
- hierarchisches System mit MS, BTS, BSC, MSC, VLR, HLR, OMC, TMN;
- PCM-Technik mit 8 kHz Abtastrate, Codierung nach A-Gesetz;
- CCS7-Signalisierung (MTP, SCCP, TCAP, ISUP), zusätzlich mit MF-spezifischen Protokollen (MAP, BSSAP, LAPDm, SMS-Protokoll);
- ISDN-kompatibel und über Fernsprechprotokolle und IWF an andere Netze (z.B. PSTN) anschließbar;
- PLMN als IN-Netz realisierbar; mögliche IN-Komponenten: SSP, SCP, SN, IP, SMS;
- STP's und MSC's mit STP-Funktionalität;
- verschiedene Telekommunikationsdienste inkl. Daten- und Kurznachrichtendienste, weitere Mehrwertdienste wie Informationsservices u.ä.

5.6.1 Weitere Systemmerkmale

Es werden kurz weitere Punkte der Systembeschreibung wie Netz-*Engineering*, -Konfiguration und -Dimensionierung abgehandelt. Das GSM ist ein Hybridsystem, das die besten Eigenschaften verschiedener, früherer Zellularsysteme vereinigt (z.B. in der Sprachcodierung). Hier sind eine Vielzahl moderner Technologien, Übertragungsverfahren und neudefinierter Standards eingeflossen.

- Die verwendete Digitaltechnik sorgt u.a. für folgende *Features*:

- hohe Kapazität;
- gute Sprachqualität mit DEC's, Kompression sowie Fehlererkennung und -korrektur;
- gutes Störverhalten und Übertragungsqualität;
- spektrale Effizienz (durch geeignete Codierung, Modulation und Datenreduktion);
- gesicherte Dienstgüte;
- verschiedene Datendienste;
- Kompatibilität zu bestehenden und zukünftigen Digitalnetzen;
- reduzierte Sendeleistung;
- moderne VLSI-Komponenten → geringe räumliche Dimensionierung, große Stückzahlen sowie niedrige Kosten durch Großserien-Produkte;
- breite Dienst-Palette.

- In der Vorphase der Systemrealisierung werden die strategische Netzwerkplanung und -dimensionierung durchgeführt. Zuerst müssen Anforderungen bezüglich der Kapazität, Abdeckung und Dienstqualität abgeschätzt werden. Eine hohe Verfügbarkeit kann sehr kostspielig werden und sollte nach rationalen Kriterien eingeführt werden. Die aus den Planungsmodellen resultierenden Konfigurationen sollten durch praktische Vorortmessungen ergänzt werden und können regional und für jedes PLMN unterschiedlich sein. In der Netzwerkentwicklung sind u.a. folgende Elemente zu betrachten:

- Funkübertragung und Zellendimensionierung;
- Frequenzwiederverwendung;
- Kapazitätsberechnung;
- Übertragungsnetze.

Um die RR-Mittel gut auszunutzen und geplante Kapazitätsgewinne bei hoher Übertragungsqualität zu erzielen, wurde/wird eine Reihe von Verfahren angewendet. Zu den bereits beschriebenen Maßnahmen für eine gute Übertragungsqualität wie FH, Modulationsart, DTX-Technik oder adaptive Sendeleistungsanpassung können für Kapazitätsgewinne weitere Verfahren genannt werden:

- FDMA/TDMA;
- OACSU;
- Warteschlange (Queuing);
- dynamische Kanalzuweisung[3], *Directed Retry*;
- *Multicell-Option*;
- Tendenz zu immer kleineren Zellen;
- *half-, quarterrate* TCH's mit entspechender Codierung.

Diese Verbesserungsmaßnahmen bilden einen "natürlichen Übergang" in Richtung einer optimalen Übertragungstechnik (ATDMA, CDMA - diese steht noch nicht fest !) für zukünftige Systeme und wurden aufgrund der 1987 existierenden Marktsituation verabschiedet[4]. Sie erlauben, gute Kapazitätsgewinne zu erreichen, und lassen sich (vom technischen Standpunkt her) unproblematischer einführen als das CDMA-Verfahren. Die dynamische Kanalzuordnung und der Warteschlangenbetrieb setzen die Beherrschung der aufwendigen Systemsteuerung voraus und werden im Laufe der Jahre wahrscheinlich zu einem höheren Gesamtaufwand als die CDMA-Technik führen.

Signalisierung

Die Signalisierung im GSM-System hat eine sehr ähnliche Struktur wie für IN-Netze. Im NSS kommt die Zeichengabe #7 mit speziellen GSM-Erweiterungen zum Einsatz. Um die Zeichengaberedundanz und Flexibilität der Diensteeinführung preisgünstig

---

[3]Für das GSM-System ist eine dynamische und flexible Kanalnutzung, z.B. zwischen den Nachbarzellen, nicht vorgesehen. Eine dynamische Kanalzuweisung kann allerdings die Leistungsfähigkeit des Systems weiter erhöhen.

[4]Der damalige Vorschlag, die CDMA-Technik auf europäischer Ebene einzuführen, wurde abgewiesen.

realisieren zu können, werden STP's eingesetzt. Auf der Radio-Seite wird DSS1 mit mobilfunkspezifischen Ergänzungen verwendet. Diese Protokolle ermöglichen eine weitgehende ISDN-Kompatibilität. Auch mit X.25 können bestimmte Netzverwaltungsfunktionen wie Billing und Netzmanagement abgewickelt werden. Die Netzkonfiguration und *Database*-Gestaltung haben einen wesentlichen Einfluß auf den Signalisierungsverkehr. Zusätzlich zu der CCS-Zeichengabe wird *In-band Signalling* mit DTMF benutzt.

Synchronisation

Für die Netzsynchronisation wird das hierarchische *Master-Slave* Konzept (G.703: *hierarchical digital interface*) verfolgt. Die Systemsynchronisation an bestehende nationale Netze erfolgt über existierende PSTN-Taktgeneratoren (Q.541) und 2MByte-Leitungen (Frequenzabgleich). Im MF wird die Synchronisation innerhalb eines PLMNs als netzinterne Angelegenheit betrachtet. Eine genaue Zeiteinstellung und Synchronisation aller MSC's ist für *Call Processing*-Funktionen, *Basic* HOV oder *Billing Records* (*Time Stamp*-Setzung) wichtig. Die Synchronisation zwischen BSC und MSC erfolgt über PCM30 oder eine interne Uhr (*Clock-Generator* nach CCITT G.811). Die Mobilstation paßt sich über adaptive Rahmensynchronisation (s. Kapitel 12) an die aktuelle BTS an. Der Synchronisationsgrad der Nachbarzellen ist für HOV-Prozesse und in der Phase 2 zusätzlich für Prozeduren zur Bestimmung der Teilnehmerlokalisierung wichtig.

Netzkonfigurationen

Die funktionale System-Modularität erlaubt eine breite Spanne an möglichen Netz-Konfigurationen. Sie können flexibel für unterschiedliche Verkehrslasten ausgelegt und konstruiert werden. Für die Wahl einer bestimmten Konfiguration müssen verkehrstheoretische Berechnungen durchgeführt werden und von Seiten des Systems solche Aspekte wie Leistung, Speicherkapazität, Übertragungsraten sowie Fehlerraten und Antwortzeiten für alle NE's berücksichtigt werden. Die Optimierung der Systemparameter muß unter Einbezug der Marktentwicklung sowie der Ausgaben und Kostenminimierungsverfahren für das Gesamtsystem erfolgen (Finanz- und Marketingstrategie). Durch mehrere parallele Netzbetreiber wird die Netzinfrastruktur vervielfacht. Dabei können unterschiedliche Strategien und Lösungen verfolgt werden. Hier spielen die logistischen und zeitlichen Aspekte des Netzaufbaus und -betriebs, wie z.B. Flexibilität, Rekonfigurations- und Erweiterungsmöglichkeiten, eine entscheidende Rolle. Für die Netzkonfiguration gibt es Variationsmöglichkeiten mit mehreren Freiheitsgraden:

MSC's:	Anzahl, Abstand, Durchsatz, Integrierung anderer NE's;
LR's:	Konfiguration und Dimensionierung der LR's;
BSS's:	Anzahl, Abstand, Durchsatz, BTS/BSC- Konfiguration, *Multidrop*-Option;
BTS's:	TRX-Anzahl, Antennenaufstellung, Maste, Zellengröße, Sektorzellen, Multizellen Frequenzbereiche, Zahl der Kanäle, Sendeleistung;
O&M:	Art und Möglichkeiten der Überwachung, s. OMS, NM.

Das GSM-System bietet interessante Möglichkeiten für Überlagerungszellen (*Umbrella*

Cells) und mikrozellulare Operationen[5]. Die GSM-Funktechnik kann hier durch Schlitzleitungen und *Repeater*-Einsatz verfeinert werden. Die bestehenden Techniken können zukünftig durch weitere Entwicklungen und Technologien erweitert werden.

In bezug auf die Vermittlungsebene sind unterschiedliche Überlagerungsnetze möglich:

a) Alle MSC's können teilweise oder voll in einer NSS-Ebene vermascht sein.
b) Es können aus Gründen der Verkehrslastverteilung mehrere hierarchische Vermittlungsebenen eingerichtet werden. Gewählte Ebenen werden nur für netzinterne Abläufe ausgerichtet. So werden *Gateway*- und IW-Funktionen differenziert und nur in bestimmten Knoten eingesetzt.
c) Das MSC kann in andere Systeme (z.B. als SSP) integriert werden.

- Der expandierende Massendienst und die Wahl einer optimalen Netz-Konfiguration ermöglichen Wirtschaftlichkeit sowohl in Ballungsgebieten (Großstädte, Flughäfen, Autobahnen) wie in schwach besiedelten Regionen mit wenig Verkehr (in ländlichen Gegenden).

- Das GSM-System bietet Anpassungsfähigkeit an spezielle Topographien und demographische Besonderheiten (z.B. in außereuropäischen Regionen).

- Es soll zukünftig möglich werden, auch herkömmlich noch nicht erschlossene - nicht verkabelte - Regionen mit dem GSM-Telefonnetz kostengünstig zu versorgen. Die bereits vielfach verwendete Richtfunktechnik verdeutlicht diese Tendenz.

- Ein relativ einfacher Anschluß (über *Gate* MSC's) an andere Netze, vor allem an PSTN und ISDN; Dieser Anschluß und die Nutzung der Mietleitungen (von Fremdnetzen) sind für die Rentabilität des PLMNs sehr wichtig.

- Zu einer bedeutenden Eigenschaft des Systems gehört die Nutzungsmöglichkeit im internationalen Geschäftsbereich (*International Roaming*, Datenverkehr).

- Die Administration der Datenverteilung (Datenbank-Verwaltung) ist im GSM-System weitgehend automatisiert (LUP, LR-Datenaustausch und -*Restoration*, eventuell auch *Billing via* AMA usw.).

- Das GSM-System ist in hohem Maße standardorientiert. Dies hat relevante ökonomische Auswirkungen und ermöglicht:
  - Die Aufrüstung der PLMN's mit neuen NE's und Dienstmerkmalen, was durch den Wettbewerb der Hersteller und Netzbetreiber forciert wird;

---

[5]In diesem Zusammenhang wird auch der Begriff der unterlegten Zelle (*underlay Cell*) benutzt.

- IN-Züge, das sind z.B. DB-Aspekte, Netzmanagement, weitere Services. Sie können die weiteren Entwicklungen prägen und in eine vollständig offene IN-Architektur münden. So werden inzwischen HLR's als echte SCP-Rechner angeboten. Dies bedeutet mehr Flexibilität, Herstellerunabhängigkeit und *Performance*-Steigerung.
- Industriestandards und Modularisierung des GSM-*Equipments* (*Modular Building Blocks*) lassen mehr Wettbewerb seitens der Hersteller zu (→ Preissenkung, bessere Qualität).

Weitere Aspekte

Beim GSM-System sind mehrere Produzenten und Beteiligte in das Gesamtkonzept eingebunden. So müssen viele Firmen, Konzerne - hier vor allen die Netzkomponenten-Hersteller - verschiedene *Joint Venture* oder Konsortien eingehen und durch Kooperation effektiv zusammenarbeiten. Die bisher erzielten Ergebnisse zeigen, daß bei der konsortiellen Arbeit nicht immer die gewünschten Ziele erreicht werden. Für den PLMN-Aufbau und -Betrieb können die Netzkomponenten von unterschiedlichen Anbietern zusammengestellt werden. Diese Strategie wird vor allem in Europa verfolgt. In diesem Zusammenhang sind Überlegungen bezüglich der Systemstabilität, der Abstimmung der Komponenten (Konformität, Leistung, Verzögerungen) von hoher Bedeutung. Im außereuropäischen Geschäft (s. Ausblick) sind einschlägige GSM-Erfahrungen und ein integriertes Angebot "aus einer Hand" zunehmend wichtig. In Europa gibt es nur wenige Systemanbieter von kompletten PLMN-Vorrichtungen und die müssen den Besonderheiten der Nationalnetze gerecht werden.

Eine besondere Situation ergibt sich für die Funkschnittstelle und die sichere Beherrschung der neuen Techniken, wie des TDMA-Zugriffs. Hier existieren eine ganze Reihe von Anbietern, die anhand der GSM-, ETSI-, und CCITT-Spezifikationen vollfunktionsfähige Endgeräte auf den Markt bringen. Die U_m-Schnittstelle muß exakt definiert und realisiert werden, damit die Telefonate quer über den ganzen Kontinent, mobil und fehlerfrei mit allen funktionellen Möglichkeiten durchgeführt werden können.

Einen bedeutenden Schwachpunkt ("Singularität") der GSM-Spezifizierung bildet die A_{bis}-Schnittstelle und hier insbesondere die bisher unzureichende Definition des O&M-Protokolls. Diese Tatsache erschwert eine unabhängige Entwicklung von BTS und BSC. Daraus werden letztendlich herstellerabhängige Realisierungen bzw. Standards folgen.

Anfängliche Schwierigkeiten

Wie die ersten Erfahrungen gezeigt haben, sind die von den GSM-Empfehlungen behandelten technischen Aspekte der System-Realisierung nicht immer korrekt und ausreichend spezifiziert. Es traten Inkonsistenzen, Unsicherheiten und sogar funktionsbedingte Fehler auf. So ließen sich unklare Definitionen, komplizierte und teilweise sogar widersprüchliche Spezifikationen nicht auf Anhieb vermeiden. Dies mußte korrigiert werden. Die stellenweise große Implementierungsfreiheit führte dazu, daß Mobilfunkausrüstungen verschiedener Hersteller nicht immer effektiv miteinander kommunizieren konnten. Auch in den ETSI-Normen für Zulassungsbedingungen sind zahlreiche Fehler entdeckt worden. So kann der Systemsimulator mit einem vollständigen Satz von Testszenarien erst zu einem späteren Termin realisiert werden. Dies hat zur Einführung einer vorläufigen Zulassungsprozedur geführt. Trotz der Forderung nach identischen Schnittstellen mußten weitere Vereinbarungen zu den *Interfaces* und Protokollen, z.B. bezüglich der Übertragungsqualität und *Performance* (Verzögerungen), auch zwischen sonst konkurrierenden Unternehmen, getroffen werden. Es wurden sowohl Ergänzungen als auch Spezifikationsänderungen vorgenommen. Zusätzlich erwartet man zukünftig die Integration weiterer Netze (PCN, Satellitennetz). Es ist daher bei kommenden Entwicklungen mit weiteren Spezifikationen, Kommentierungsverfahren (*Public Inquiry*) und Standards, z.B. für bestimmte Schnittstellen, zu rechnen. Diese Entwicklung zeigt deutlich, wie aktuell und entscheidend die Standardisierungsbestrebungen und gut durchdachte Konzepte für die Telekommunikations-Massenmärkte sind. Sowohl für die Hersteller als auch für die Netzbetreiber ist es wichtig, an solchen Gremien und Tagungen in verschiedensten Arbeitsgruppen und Komitees Teil zu nehmen, um den aktuellsten Stand zu kennen und gegebenfalls zu beeinflußen.

Der Kompliziertheitsgrad des GSM-Gesamtsystems ist sehr hoch. Die Forderungen nach ISDN-Kompatibilität und Dienstevielfalt haben auch ihren Preis. Die Systemimplementierung ist relativ langwierig und recht teuer. So belaufen sich die Kosten für die GSM-Infrastruktur allein in Europa auf etliche Milliarden ECU's. So werden z.B. im Endausbau in Deutschland allein für die D-Netze etwa 6000 BTS installiert. Die beiden D-Netz-Netzbetreiber werden in das GSM-System rund 8 Milliarden DM investieren. Die Investitionskosten für die vergleichbare 1.8 GHz-Technik steigen im RSS-Bereich nahezu mit der zweiten Potenz des (verkleinerten) Zellenradius. Zum Aufbau des E-Netzes werden voraussichtlich 7,8 Milliarden DM gebraucht.

5.6.2 GSM und Intelligente Netze

IN-Einsatz

In den GSM-Empfehlungen wird die Möglichkeit der IN-Realisierung in GSM-PLMN's nicht erörtert. Diese Festlegung bleibt vorerst den Herstellern bzw. Netzbetreibern überlassen. Sie können es dabei belassen, die Integration des *Intelligent Network*-Konzeptes nur als marginal zu betrachten. Angesichts der aufwendigen CCS7-Zeichengabe für die GSM-Dienste, der Integration mit PCS-Netzen und der absehbaren zukünftigen *follow-on*-Services kann es sich als sehr vorteilhaft erweisen, die echte IN-Konzeption für PLMN's rechtzeitig einzuführen. Die treibende Kraft dieses Konzepts für die Einführung neuer Services ist nicht zu verkennen. Die Prozeßkapazität, die Effektivität der Transaktionsabläufe und andere Vorteile des IN-Aufbaus wie Erweiterungsmöglichkeiten mit SIB's usw., können für Kosteneinsparungen und Wettbewerbsfähigkeit von entscheidender Bedeutung sein. Wie nützlich die IN-Architektur für die mobile Kommunikation ist, kann anhand der PCN-Entwicklung (s. Kapitel 1) in Großbritannien verfolgt werden.

Die neuen, erweiterten GSM-Dienste können in zwei Kategorien eingeteilt werden: solche, für die die IN-Architektur attraktiv ist (z.B. CUG, *Call Transfer*, regionale Dienste), und solche, die gut ohne diese auskommen. Zu den einfacheren, die nicht nach vermittlungsexternen Dienststeuerungsfunktionen verlangen, gehören viele der Zusatzdienste. Als zukünftig die wichtigsten können hier die *Number Identification* und *Call Completion* (automatischer Rückruf) bezeichnet werden (s. GSM-Dienste). Bezüglich der IN-Service-Gruppe kann auf das Kapitel "Grundlagen Intelligenter Netze" und auf weitere Literatur verwiesen werden.

Die IN-Züge im GSM sind sowohl in der Architektur (ONA: *Open Network Architecture*) und Steuerungsebene als auch in der Funktionalität der MS's sehr deutlich zu erkennen. Die auffällige Einteilung der Netzfunktionen und Systemkomponenten in drei physikalische Ebenen:

SSP-Ebene - mit MSC (SSP), BSS (SN) usw. für Service-Operationen;
SCP-Ebene - mit HLR und evtl. VLR sowie echten SCP-Rechnern;
SMS-Ebene - als O&M-System inkl. AUC und EIR

wurde bereits hervorgehoben.

Auch bezüglich der Vermittlungstechnik ist eine dreistufige Einteilung sichtbar. Neben der Dienstesteuerungsebene werden auch die Kanalvermittlungsfunktionen mobilfunkspezifisch zwischen MSC und BSC aufgeteilt.

Die IN-Züge können teilweise sogar in noch früheren Systemen wie z.B. im C-Netz erkannt werden. Man kann behaupten, daß die Entwicklung des Mobilfunkmarktes europaweit zu der treibenden Kraft für die IN-Einführung wurde.

Das Thema "Integration des IN-Konzeptes in die Mobilkommunikation" ist zum Gegenstand dieses Buches geworden. So wurde/wird im Text an vielen Stellen auf die existierenden Zusammenhänge und die daraus resultierenden Vorteile hingewiesen. Die Liste der Gemeinsamkeiten zwischen GSM und IN beinhaltet u.a. folgende Punkte:

- wachsende Herstellerunabhängigkeit bei der Systembeschaffung und -integration;
- ähnliche bis gleiche Netzwerk-Architektur (ONA);
- flexible Konfiguration (mit verschiedenen Entwicklungsstufen);
- verteilte Vermittlungsfunktionen;
- Selbsttests, Redundanz der wichtigen Systemkomponenten;
- Modularisierung und Funktionstrennung;
- abgetrennte Steuerungs- und Funkvermittlungsebene;
- zentralisierte/verteilte Datenbanken mit zugehörigen Echtzeitbetriebs-Transaktionen, *Database-Management;*
- intelligente Netzwerkumgebung (IP-Elemente: SMS, *Voice Mail* usw.);

- Einsatz von STP's und *Transmission Equipments*;
- dienstspezifische Knoten (SN's);
- intelligente Applikationen (z.B. AUC und EIR);
- standardisierte Schnittstellen;
- Protokolle (SS#7, DSS1, X.25, NM-Protokolle);
- ähnliche Strukturen der Anwenderoperationen;
- Mobilitätsaspekte;
- optimierte Nutzung der Ressourcen (Kanalzuweisungs-Funktionen);
- orts- und zeitabhängige Verkehrsführung und Tarifierung;
- *Roaming*-Fähigkeit;
- ISDN-Kompatibilität;
- intelligente und interaktive Endgerätefunktionen;
- SCI, *Customer Control*, veränderbare Teilnehmerprofile;
- vielfältige Sicherheitsaspekte;
- Chipkarten-Einsatz;
- Systemverwaltung in Anlehnung an NM-Standard (CCITT, ISO, ETSI);
- differenzierte Statistikprogramme über Verkehrsdaten, *Performance*-Messungen;
- flexible und adäquate Gebührenerfassung;
- neue Dienste mit Übernahme von SIB's (SCE-*Tools*);
- regionale bzw. kundenbezogene Dienstleistungen;
- Erweiterungsmöglichkeiten (für das Netz, Rechner, *Units*, Speicher usw.).

5.7 System-Performance und -Kapazität

Viele Faktoren wie Stabilität oder zeitliches Verhalten wirken sich auf die Übermittlungsqualität aus. Die Systemzeit für eine Transmission setzt sich aus mehreren Prozeßzeiten und Verzögerungen (*Delays*) zusammen (OACSU, HOV usw.). Man unterscheidet system- und implementierungsabhängige Verzögerungen. Die Sprachverzögerung (mit Effekten wie Echo oder *Doubletakt*) darf innerhalb des PLMNs 180 ms nicht überschreiten. Die Übertragungsverzögerung der TCH's (Sprache/Daten für *full*- oder *halfrate* Kanäle) wird für beide Richtungen (*up*- und *downlink*) getrennt betrachtet. Ein *Round Trip* darf je nach Kanaltyp zwischen 50 und 310 ms dauern. Für das MSC wurden zwei *Reference Loads* (A und B) mit unterschiedlichen Auslastungsniveaus festgelegt. Die Systemkapazität ist nicht nur von der Netzkonfiguration und Komponenten-Auslegung abhängig, sondern wird auch stark vom Teilnehmerverhalten beeinflußt.

Die MTBF-Periode (MTBF: *Mean Time Between Failure*) des GSM-*Equipments* ist vom Hersteller und der Systembetreuung abhängig (*Standby*-Redundanz, Auslastungsverteilung usw.). Es fehlt hierfür eine international verläßliche Norm.

Eine Reihe weiterer Aspekte, wie Zuverlässigkeit, Redundanz (2N, N + 1), dynamische Leistung von Prozessoren und ihrer Konfiguration, Wartung, Selbstüberwachung usw. hängen vom jeweiligen Anbieter ab und werden in diesem Buch nicht weiter betrachtet.

Typische Kapazitätswerte

In einer betriebsfähigen Vermittlungsstelle wird die Auslastung durch die Anzahl der bedienbaren Verbindungsversuche (*Call Attempts*) festgelegt. So können je nach *Switch* 300.000 bis 600.000 Teilnehmer bedient werden. Die Leistungsfähigkeit eines MSCs wird zusätzlich durch die Behandlung von MM-Prozessen (LUP's, HOV's), SCI's usw. beeinträchtigt. Die typische Verkehrskapazität eines MSCs liegt bei 100.000 BHCA's und 2.500 Erlangs (25 mErl/Teilnehmer laut GSM). Die Anzahl der Transaktionen einschließlich der BHA's beträgt über eine Million. Diese Werte können je nach Hersteller und MSC-Variante deutlich höher liegen. Ein BSC kann die GSM-Dienste bis zu 100.000 Teilnehmern bieten. Der Ausbau der mikrozellularen Netzkonfiguration muß den überproportional steigenden Signalisierungsverkehr und die zeitlichen Änderungen der *Traffic*-Profile mitberücksichtigen. Aus der Frequenzverteilung und der geforderten Blockierungsrate kann die Zahl der aktiven Teilnehmer pro Zelle ermittelt werden.

GSM-Perspektiven für Europa

Das GSM wird in Europa anfänglich relativ langsam eingeführt. Einerseits gibt es andere Mobilfunknetze mit Analogtechnik, die für eingeschränkte Benutzerkreise und mit unterschiedlicher Sättigung vergleichbare Dienste bieten. Andererseits sind erhebliche Vorleistungen und längere Anlaufzeiten notwendig um interessante GSM-Dienste flächendeckend anzubieten. In der Entwicklung der PLMN-Netze wird mit Abdeckungsgraden von bis zu 20 % der Bevölkerung gerechnet. Das erweiterte GSM-System ist in der Lage, die hoch angesetzten Anforderungen des Euromarktes mindestens bis zum Jahr 2000 zu befriedigen. Durch eine Verkleinerung bzw. Verdichtung der Zellen und durch die PCS-Dienste können noch wesentlich höhere Teilnehmerzahlen erreicht werden. Eine grobe Abschätzung besagt:

GSM 900 - 20 Millionen Teilnehmer,
DCS 1800 - 40 Millionen Teilnehmer,
GSM 1800 - 60 Millionen mit PCN kompatibel.

Die Integration beider GSM-Systeme kann auf der Basis einer gemeinsamen digitalen Technologie relativ einfach erfolgen. So erscheint es wie im Falle der PCN-Lösung (s.Kapitel 1) nur sinnvoll, das IN-Konzept mit PNA-Architektur einzubeziehen. Mehr zu GSM-Perspektiven s. Ausblick

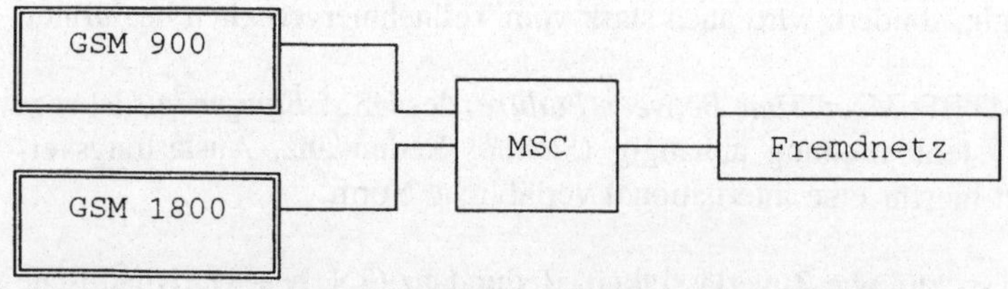

Bild 5.10: Integration der GSM-Systeme

6 GSM-Dienste

Das GSM-System bietet *Multiservice*-Optionen und ist für die Sprachübertragung mit integrierter Datenkommunikation optimiert. In PLMN's wird durch den Einbezug aller möglichen Telekommunikationsdienste das Konzept der "mobilen Büros" verwirklicht. Die GSM-Dienste (*Mobile Services*) lassen sich in drei Bereiche gliedern:

- Teleservices (TS's: *Telematic Services*),
- Trägerdienste (BS's: *Bearer Services*),
- Zusatzdienste (SS's: *Supplementary Services*).

Die Teleservices sind Telekommunikationsdienste, die im Mobilfunk benutzt werden, um den Benutzern die Möglichkeit zu bieten, über die Telefon-Endgeräte miteinander zu kommunizieren. Die Trägerdienste sind Telekommunikationsdienste, die gebraucht werden, um Daten zwischen bestimmten *Access Points* (Benutzer-Netz-Schnittstellen, Bild 5.2 und 6.1) zu übertragen. Für Datendienste werden andere Übertragungsraten als für Sprache verwendet. Bei allen Basisdiensten müssen solche Aspekte wie zellulare Operationen (HOV), Sicherheitsmaßnahmen usw. betrachtet werden. Zusatzdienste bilden weitere Dienstmerkmale und sind als Ergänzung der Basisdienste zu verstehen. Diese Services entsprechen, bis auf die auf dem Funkweg geringeren Übertragungsraten, denjenigen des ISDNs. Diese Kompatibilität ist aufgrund der in beiden Netzen benutzten CCS7-Zeichengabe und der übernommenen Definition der Referenzpunkte[1] (R und S) für die Mobilfunkstation möglich. Bestimmte Dienste, wie Rufweiterleitung oder *Mailbox*, steigern zusätzlich die Netzwerkeffizienz und die Mobilitätsgarantie.

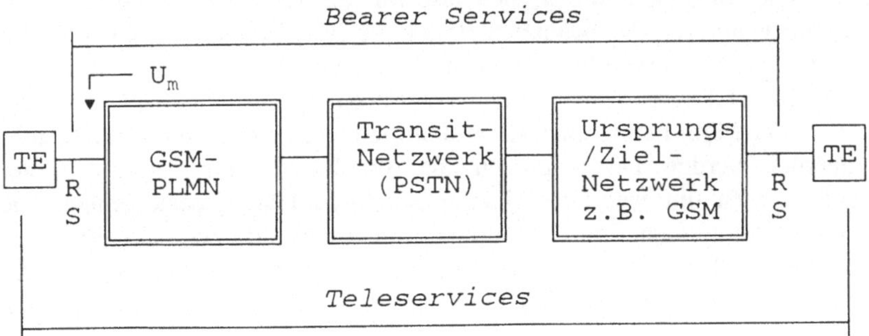

Bild 6.1: Träger- und Teledienste

[1]Ein Referenzpunkt kann je nach Netz durch unterschiedliche Schnittstellen realisiert werden.

Man unterscheidet die simultane und alternierende Benutzung der Dienste. Da das GSM-System als ein echtes IN realisiert werden kann, ist für spätere Entwicklungsphasen mit weiteren Diensten zu rechnen.

Verbindungstypen

Es sind folgende Verbindungstypen möglich:

- Sprechverbindungen;
- Datenverbindungen;
- Kurznachrichten.

Eine genauere Beschreibung dieser Unterteilung, unter Berücksichtigung verschiedener Attribute, Übertragungsmoden, -raten usw., wird im weiteren Verlauf dieses Kapitels erfolgen.

6.1 Trägerdienste

Das Konzept der Trägerdienste (*Bearer Services*) wurde für ISDN entwickelt und konnte für GSM-Netze übernommen bzw. erweitert werden. Bei dem Trägerdienst handelt es sich um einfache Datentransportdienste, die von den Bezugspunkten (R/S) ausgehen und eine der erlaubten bzw. möglichen Übertragungsraten zwischen 300 und 9600 Bit/s aufweisen. Die Datenübertragung erfolgt zwischen einem PLMN-Mobilteilnehmer und einem anderen Teilnehmer im PLMN/ISDN/PSTN/PSPDN oder CSPD-Netz. Die Spezifikation der Trägerdienste erstreckt sich also nur bis zu den Endgeräte-Schnittstellen. Dementsprechend sind die benutzten Protokolle in den unteren Schichten des OSI-Modells lokalisiert. Es werden hierfür nur die Transportprotokolle (Schichten 1-3) verwendet. Die Mehrfachdienste bauen auf den Trägerdiensten auf. Man kann erwarten, daß mehr als 10 % der Mobilfunkteilnehmer in unmittelbarer Zukunft die Datendienste in Anspruch nehmen werden. Dieser prozentuale Anteil dürfte mit der Zeit weiter steigen. Es sind für die Zukunft weit über 30 unterschiedliche Trägerdienste geplant. Die digitale Trägerübermittlung kann, um die Marktanforderungen für den hochintegrierten Datendienst zu erfüllen, duplex, synchron (bitorientiert), asynchron (zeichenorientiert), transparent oder nicht-transparent (T/NT) und mit unterschiedlichen Geschwindigkeiten erfolgen.

Die Datendienste im GSM-PLMN-Netz werden leitungsvermittelt (auf Anrufbasis) und bzw. oder paketvermittelt realisiert und lassen sich, in Abhängigkeit vom Anschlußnetz, in folgende Gruppen einteilen:

1. Datendienste der leitungsgebundenen Netze (ISDN, PSTN)

synchron - mit 2.4, 4.8 oder 9.6 kbit/s

asynchron - zwischen 300 und 1200[2] Bit/s

2. Dienste der Paketvermittlung (z.B. Datex-P-Netz)

synchron - mit 2.4, 4.8 oder 9.6 kbit/s (über PAD)
asynchron - zwischen 300 und 9600 Bit/s

Für die Datendienste zu anderen Netzen ist ein *Interworking* mit Fremdnetzen notwendig. Sobald die Paketvermittlung im ISDN weiter fortgeschritten ist, soll die Zusammenarbeit mit dem GSM-System untersucht werden. Im Bild 6.2 sind die ISDN- und GSM-spezifischen Definitionspunkte für Datendienste dargestellt.

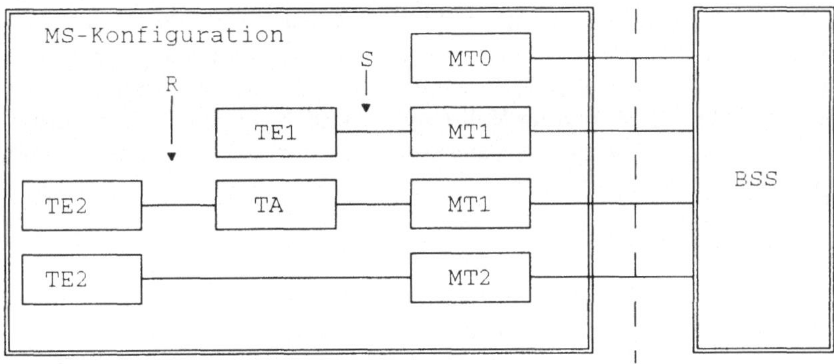

Bild 6.2: GSM-Dienstzugangspunkte (MT_i) und die ISDN-Referenzpunkte (R/S)

Abhängig vom Dienstzugangspunkt MT_i werden Trägerdienste weiter unterteilt. Am MT_i sind die Funktionen der OSI-Schicht L_{i+1} (i = 0, 1, 2) der U_m-Schnittstelle zugänglich. Mit TE1 wird ein ISDN-fähiges Endgerät bezeichnet, mit TE2 ein Nicht-ISDN-Endgerät. Der Terminal Adapter (TA) nimmt die erforderliche Protokollkonvertierung vor. Es ist einleuchtend, daß der Funkkanal einen Engpaß der *Bearer Services* darstellt. Selbstverständlich ist die Datenintegrität beim nichttransparenten Dienst höher - dies macht sich in Fällen einer mäßigen Funkqualität besonders bemerkbar. Für jede Trägerdienstsorte kann je nach dem verwendeten Fehlerkorrekturverfahren entweder eine transparente oder nichttransparente Übertragungsart benutzt werden. MT_0 bietet einen transparenten Telekommunikationsdienst einschließlich SS's und Datenübertragung an. Die Forderung nach Bittransparenz läßt nur Fehlerkorrekturverfahren (FEC) mit einer konstanten Verzögerung (200 ms) zu. Beim nichttransparenten Datendienst (MT_1 und MT_2) werden die Fehler mittels ARQ-Verfahren behoben, und die maximale Datenrate verringert sich auf 4.8 kbit/s. Dabei können im stationären Fall höhere Durchsatzraten als für die in Bewegung befindlichen MS's erreicht werden.

[2]Höhere Geschwindigkeiten für leitungsvermittelte, asynchrone Übertragung sollen untersucht werden. Auch für die transparente Klasse werden 12 kbit/s erörtert (FFS).

Radio Link Protokoll (RLP)

Das Funkübertragungsstreckenprotokoll sorgt für eine hohe Fehlerfreiheit bei der Datenübertragung. Beim RLP handelt es sich um eine *Interworking*-Funktion des GSM-Netzes. RLP ist ein optionales Protokoll, das für die nichttransparente Datenübertragung und *Telematic*-Dienste im PLMN-Netz zwischen MS und MSC, wo an beiden Enden IWF's für synchrone und asynchrone Protokolle implementiert sind, benutzt wird. Dabei wird die DTX-Technik berücksichtigt. Die RLP-Funktionen führen eine Gruppierung der Benutzer-Daten für Übertragungszwecke durch. RLP benutzt vier modifizierte CCITT V.110-Bit-Rahmen. Es werden zusätzlich zur Kanalcodierung die Fehlerkontrolle und Korrektur (durch die ARQ-Datenwiederholung, s. Kanalcodierung) verwendet. Ein HOV wird in der Regel (je nach HOV-Fall) zum Abbruch der Daten-Protokoll-Verbindung führen. Da die Protokollinstanzen in der MS und MSC lokalisiert sind, führen die *Intra*-MSC-Umschaltearten zu keinem Informationsverlust. Das RLP ist dem HDLC sehr ähnlich (deswegen wird auf eine weitere Beschreibung verzichtet). Es wird im *Asynchronous Balanced Mode* (ABM) und im Voll-Duplex-Betrieb verwendet. Die Fenstergröße für die Flußsteuerung (*Window*-Mechanismus s. Glossar) der RLP-Rahmen kann bis 32 gesetzt werden.

Layer 2 Relay Function (L2R)

L2R ist für die Schicht-2-Protokoll-Konversion zwischen verschiedenen Strukturen der Benutzer-Daten (z.B. X.25-Rahmen) und dem RLP-Format zuständig.

a) transparente Übertragung

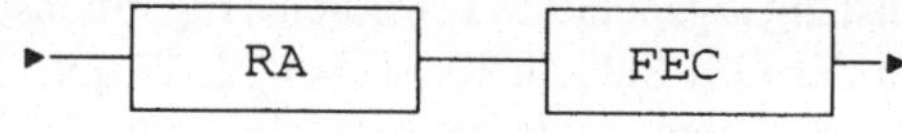

b) nicht-transparente Übertragung

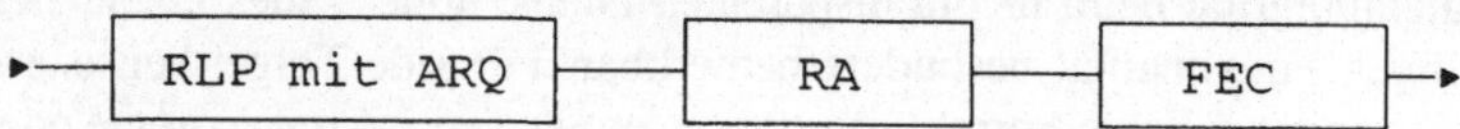

Bild 6.3: Grundlegende Unterscheidung der Datendienste

6.2 Teleservices

Teleservice-Merkmale umfassen auch die Endgeräte, und die angebotenen Dienste sind die Wichtigsten im gesamten GSM-Spektrum. Man unterscheidet:

- Mobilfunk-Telefonie (mobile Ferngespräche);
- Notruf (GSM-Notruf: 112; nationaler Notruf: z.B. 110 in Deutschland);
- *Non-Voice-Teleservices.*

Der GSM 900-Standard für die Phase 1 beinhaltet eine genaue Spezifikation des Telefondienstes (inkl. Notruf) und der Fax-Gruppe-3.

Telefonieren

Der mobile Telefondienst wird benutzt, um eine Sprechverbindung zwischen dem Mobilteilnehmer und einem zweiten (oder mehreren) Teilnehmer(n) im ISDN/PSTN oder PLMN herzustellen. Das ganze GSM-Konzept wurde vorrangig auf das mobile Telefonieren ausgelegt. Die Gespräche werden standardmäßig auf 3.1 kHz Bandbreite übertragen. In der ersten Entwicklungsphase des GSM-Systems werden die Fernrufe nur auf *Fullrate*-Kanälen geführt. Später sollen auch Telefonate mit gleicher Übertragungsqualität auf unterteilten, z.B. halbierten, TCH's möglich werden. Der Technik und dem Ablauf von Sprechverbindungen sind andere Kapitel (insbesondere 4, 8 und weitere) gewidmet. Der Dienst Sprache kann mit Zusatzfunktionen wie dem Sprachspeicherdienst (*Voice Mailbox*) kombiniert werden (s. auch *Non-Voice-Teleservices*).

Notruf

Der GSM-Notruf ist für alle PLMN's obligatorisch und wird von allen Netzbetreibern kostenlos angeboten. Der Anrufer kann von der MS aus den *Emergency Call* (Notruf) mit der SOS-Taste oder mit der für ganz Europa einheitlichen Notrufnummer (112, *European Emergency Code*), die ebenfalls vom Aufenthaltsort unabhängig ist, anwählen. Dazu ist keine Teilnehmerkarte erforderlich. *Emergency Call* erfolgt mit höchster Priorität (s. *Priority-Level*), so können Verbindungen niedriger Priorität abgebrochen werden. Mit der LMN (*Location Mark Number*) der MSC-Datenbasis wird die nächstgelegene Notrufzentrale erreicht. Der *Routing Zone Code* (s. Glossar) informiert, aus welchem Netz angerufen wird. Die eigene Rufnummer (MSISDN) kann der Zentrale mitgeteilt werden (CLI). Beim Notruf handelt es sich um eine MOC-Version mit mehreren Abweichungen vom Standardablauf, zusätzlich unterscheidet sich der Ablauf beim nationalen Notruf vom EEC. Die möglichen Einschränkungen wie "Teilnehmer gesperrt" oder eine fehlende Teilnehmeridentifikation werden nicht beachtet (s. auch CC-Prozeduren).

Multinumbering

Mit diesem *Feature* können einem Mobilteilnehmer (einer IMSI) mehrere MSISDN's zugeordnet werden. Dies kann für das Service-*Interworking* zwischen PLMN's und anderen Netzen (z.B. PSTN) benutzt werden. Die erste wichtige GSM-Anwendung fällt mit der Einführung des Fax-Dienstes zusammen.

Non-Voice-Teleservices (Nichtsprache-Teledienste)

Die Auswahl der *Non-Voice-Teleservices* hängt vom speziellen Netz und den Anforderungen des Netzbetreibers (bzw. seiner Kunden) ab. Viele dieser Dienste sind aus der herkömmlichen Telefontechnik bekannt. Es können aber auch neuartige Services zur Verfügung gestellt werden, die die neuen Möglichkeiten der Berechtigungsüberprüfung oder IN-Technologie nutzen. Zur Zeit gibt es folgende Nichtsprache-Teleservices:

- *Facsimile* (Fax-Gruppe-3), z.B. mit tragbaren Faxgeräten (Laptops);
- Telefax: Fernkopieren alternierend mit Sprachübertragung (synchron, Fax-Gruppe-3);
- Kurznachrichtendienst (SMS);
- Videotex (asynchron, duplex, 1200/75 bit/s), in Deutschland als Bildschirmtext (Btx);
- Teletex (synchron, duplex, 2.4 kbit/s);
- Sprachspeicherdienst (*Voice Mailbox*);
- MHS (CCITT X.400 *Store-and-forward* Dienst) oder elektronische Post;
- Bildtelefon (Videotelefon);
- Informationsdienste (z.B. Flug- und Verkehrsinformation) sowie andere Mehrwertdienste wie Buchungs- und Reservierungsservices.

Das **Fernkopieren** ermöglicht, wie der Name verrät, die Reproduktion von Dokumenten (bis zu einem bestimmten Format). Für die Fax-Güte spielen die Auflösung, die Übertragungsgeschwindigkeit und das Codierungsschema eine wichtige Rolle. Für das mobile Faxen wurde die einfache und günstigere *Facsimile*-Technik - Fax-Gruppe-3 - gewählt. Die anfänglichen Anpassungsschwierigkeiten, die durch Verzögerungen an der Luftschnittstelle verursacht werden, mußten gelöst werden. Die Fax-Gruppe-3-Protokolle sind historisch gewachsen und haben keine OSI-Strukturierung (CCITT-Rotbuch), was eine OSI-gerechte Adaptierung erschwerte. Die GSM-Spezifikationen beziehen sich im wesentlichen auf die Empfehlungen T.30 und T.4. Es wurde sowohl der transparente als auch der nichttransparente Modus (ECM: *Error Correction Mode*) vorgesehen. Bei einer schlechten Übertragung im transparenten Modus wird die Übertragungsrate (bis 9.6 kbit/s) automatisch verringert und der Nutzkanal gewechselt (*Channel Mode Modify Procedure*). Der transparente FAX-Dienst liefert überraschend gute Bildqualität selbst unter erschwerten Funkbedingungen. Die Fax-Gruppe-4 mit 64 kbit/s (*high speed Fax*) ist derzeit nicht möglich, kommt aber als Zukunftsoption (GSM Phase 2) mit dem Einsatz von Mikrozellen in Frage. Der Fax-Dienst kann im automatischen Anpassungsmodus benutzt werden oder zusammen mit anderen Services kombiniert werden.

Videotex ist ein interaktiver Service, der den Benutzern den Zugriff auf Datenbanken ermöglicht. Zu diesem Zweck muß die MS mit einem Videotex-Terminal ausgerüstet sein. Eine GSM-Standardisierung von Videotex-Datenbanken wurde nicht vorgenommen.

Teletex ist in den CCITT-Empfehlungen F.200 definiert und wird zwischen Terminals für Korrespondenzzwecke (als ASCII-Satz einschließlich gängiger Steuerzeichen) eingesetzt.

Im GSM wurden keine zusätzlichen Sprachspeichersysteme wie Anrufbeantworter standardisiert, weil diese im Fernsprechnetz vorhanden sind und vom mobilen Teilnehmer mitbenutzt werden können. Von den PLMN-Betreibern werden netzgestützte Anrufbeantworter-Dienste unter dem Namen Mobilbox bzw. *Mailbox* angeboten. Dieser Abrufdienst fügt sich sehr gut in die Philosophie der uneingeschränkten Mobilität ein.

Die Basis-Telekommunikationsdienste können im GSM zur Zeit nicht simultan benutzt werden. Eine Ausnahme bilden hier die Kurznachrichten (s. 6.2.1) und SS's als Ergänzung der Basisdienste. Im GSM ist eine Umschaltung der Dienstarten möglich. Dies kann als eine (pro Anruf) einmalige Umschaltung oder als beliebiges Alternieren zwischen Sprache und Daten- bzw. Faxdienst realisiert werden. Das Umschalten (*Changeover*) während der Sprechverbindung wird vom MF-Teilnehmer signalisiert. Diese Art der Services kann zugleich den Trägerdiensten zugeordnet werden.

In-Call-Modification

In-Call-Modification ist eine Prozedur, die während der bestehenden Verbindung eine *Call*-Modus-Umschaltung, z.B. vom Gespräch auf Datenübertragung, ermöglicht. Folgende Anwendungen werden betrachtet:

Alternate Speech unrestricted digital - transparent oder nichttransparent,
Speech then unrestricted digital information - transparent oder nichttransparent
und alternierend Sprache/Fax-Gruppe-3 (*Teleservice - Group 3 Fax*).

Ablauffolge: Bei dieser Umschaltung des MMCs muß systemintern eine geeignete Änderung der Codierungs- und Sicherungsverfahren erfolgen. Der vorgesehene Wechsel wird schon in der SETUP-Message (s. Übertragungsmode-Änderung) vermerkt und zum gewünschten Zeitpunkt mit einer MODIFY-Nachricht initiiert. Die Gegenseite überprüft, ob der neue Modus benutzt werden kann und nimmt gegebenenfalls die Reservierung von notwendigen Ressourcen vor. Es können eventuell, je nach benutztem Bm/Lm-Kanal, auch Mittel freigegeben werden. Der Abschluß der Dienständerung erfolgt mit MODIFY COMPLETE/REJECT. Im *alternate* Modus wird der Vorgang wiederholt und die Kanäle für beide Dienstarten temporär (für die *Call*-Dauer) belegt.

DTMF Protokoll-Steuerung

Dual Ton Multi Frequency (s. Glossar oder GSM-Komponenten) wird als Doppelton-Selektivruf übersetzt und kann nur beim Telefonieren oder während der Sprechphase des *Alternate Speech/Data* (eventuell auch *Speech/Facsimile Teleservices*) -Übertragung Wirkungen haben. Nach einem Tastendruck wird die START DTMF-Message (inkl. der Tastencodierung) in Richtung Netzwerk geschickt. Die Information wird im CCS-Netz bitweise übertragen. DTMF kann z.B. für *Number Address Signalling, Calling Number Identification Presentation* (CNIP), *Ringback* oder *Voice-Mail* verwendet werden.

6.2.1 Kurznachrichtendienst (SMS)

Der Kurznachrichtendienst dient der alphanumerischen Nachrichtenübertragung von oder zur MS. Es läßt sich eine gewisse Verwandtschaft zu Funkrufdiensten (z.B. Cityruf) feststellen. *Short Message Service* (SMS) wird jedoch zum ersten Mal in die Sprachübertragung mitintegriert, was bei der Benutzung der MF-Dienste neue Einsatzmöglichkeiten bietet. SMS wird für die Kommunikation zwischen dem Dienstezentrum (SC: SMS *Center*) und MF-Teilnehmern bzw. ihren Endgeräten, so z.B für allgemeinzugängliche Informationen mit engem lokalen Bezug wie Verkehrssituation, Warnungen, Parkmöglichkeiten, Wetterlage usw., eingesetzt. Für die MT-Richtung können die SMS-Nachrichten auf der SIM-Karte gespeichert werden. Für die Übertragung werden nur die Signalisierungskanäle benutzt. Auf diese Weise ist eine simultane Nutzung der Basisdienste und des SMS möglich. Für die Phase 2 ist eine Zusammenarbeit mit den ERMES *Paging*-Diensten vorgesehen. SMS ist in zwei Varianten möglich:

1. ***PtP*-Dienst** (MO und MT SMS)

Point-to-Point-Service bietet SMS-Dienste zwischen SC und einem MF-Teilnehmer. Hier werden Informationen bis zu einer Länge von 160 Zeichen übertragen. Die Nachrichten können, bei Abwesenheit des Empfängers, zwischengespeichert werden (*Store-and-forward*-Merkmal). Für die Übermittlung zum SC muß die Mobilstation im Besitz einer geeigneten Eingabemöglichkeit (z.B. Tastatur) sein.

2. **Broadcast-Dienst** (SMSCB)

Der Punkt-zu-Mehrfachpunkt-Nachrichtendienst (*PtM* MT SMS) im Deutschen Zellenrundfunkdienst genannt, wird mehreren Mobilteilnehmern gemeinsame Mitteilungen vom SC unter PLMN-Aufsicht liefern. SMSCB ist analog dem angebotenen Teletext-Dienst im Fernsehen. Die Informationen werden in einer BS-*Area* beziehungsweise in *Cell Broadcast Area* ausgestrahlt. Für jede Nachricht kann der Sendebereich anders definiert werden. Die Mitteilungen sind auf 93 Zeichen begrenzt. Es kann ein selektiver Empfang anhand des Message Identifizierers praktiziert werden (z.B. bei Nachrichten in mehreren Sprachen). Der Netzbetreiber ist für die Wahl der Übertragungswege und SMS-Protokolle zuständig. Für einen europaweiten Zugang sind standardisierte Schnittstellen erforderlich. Die hier beschriebene Lösung führt über das MSC und basiert auf CCS7. Eine alternative Methode wäre der direkte X.25-Anschluß (über O&M-*Port*) ans BSS. Die Beschreibung der SMS-Protokolle ist im Kapitel 13 zu finden.

6.3 Zusatzdienste

Die *Supplementary Services* (SS's) sind als eine Ergänzung der Telekommunikationsdienste zu betrachten - sie können alleine nicht angeboten werden. Viele der Zusatzdienstmerkmale wurden bereits in anderen Netzen vor allem im ISDN eingesetzt. Sie können sich je nach Landesnetz und implementierter Protokollversion voneinander unterscheiden. Durch die Einführung der Zusatzdienste im GSM-System erhöht sich die ISDN-Kompatibilität in PLMN's. Die Anbietung der SS-Dienste ist innerhalb eines MF-Netzes als nationale Angelegenheit (*national matter*) zu betrachten. Sie können in einer späteren Entwicklungsphase zusätzlich oder als Modifikation der bestehenden Services angeboten werden (z.B. wahlweise als Zusatzabonnement). Zu den ersten Diensten, die eingeführt werden, gehören Anrufumleitung, Anrufsperre und Konferenzschaltung.

Im folgenden wird eine Zusammenfassung wichtiger *Supplementary Services* und ihrer Zusatzdienstmerkmale für MF dargestellt. Diese Liste stimmt mit den von MoU (1989) vereinbarten SS-Diensten, die eine europaweit kompatible Einführung von ISDN garantieren soll, sehr gut überein. Die Harmonisierungsbestrebung bezüglich der ISDN und GSM Zusatzdienste soll dazu dienen die noch möglichen Probleme rechtzeitig auszuräumen.

Man unterscheidet acht Gruppen von Diensten:

1. *Number Identification*:
- *Calling Line (/Number) Identification Presentation* (CLIP/CNIP)
- *Calling Line (/Number) Identification Restriction* (CLIR/CNIR)
- *Connected Line (/Number) Identification Presentation* (COLP/CONP)
- *Connected Line (/Number) Identification Restriction* (COLR/CONR)
- *Malicious Call Identification* (MCI) - Fangen

2. *Call Offering*:
- *Call Forwarding Unconditional* (CFU) - unbedingte Anrufumleitung
- *Call Forwarding on Mobile Subscriber Busy* (CFB)
- *Call Forwarding on no Replay* (CFNRy)
- *Call Forwarding on Mobile Subscriber Not Reachable* (CFNRc)
- *Call Forwarding on Radio Congestion*
- *Call Forwarding on mobile Subscriber not registered*
- *Call Transfer* (CT)
- *Mobile Access Hunting* (MAH)

3. *Call Completion*

Die *Call Completion Services* können zusammen mit den Diensten der Gruppe 1 verwendet werden und erlauben, verschiedene *Screening*-Optionen zu nutzen. Für MF sind zunächst nur die folgenden Dienste geplant:

- *Call Waiting* (CW) - Anklopfen
- *Call Hold* (HOLD) - Anruf halten
- *Completion of Calls to Busy Subscribers* (CCBS) - Automatischer Rückruf

4. *Multi Party* und 5. *Community of Interest*
- *Three Party Service* (3PTY/TPS) -Dreiergesprächsschaltung
- *Conference Calling* (CONF) - Konferenzschaltung
- *Closed User Group* (CUG) - Geschlossene Benutzergruppe

6. *Charging*
- *Advice of Charge* (AoC) - Gebührenanzeige
- *Reverse Charging* - Gebührenübernahme
- *Freephone Service* (FPH)

7. *Additional Information*
• *User-to-User Signalling* - (transparentes) UUS

8. *Call Restrictions* (Sperrmaßnahmen)
Zu den einschränkenden Maßnahmen gehören, Sperren der von der MS ausgehenden Anrufe/Auslandsgespräche und Sperren der ankommenden Anrufe (z.B. bei *Roaming* außerhalb des HPLMNs):

• *Barring of All Outgoing Calls* (BAOC/OCB)
• *Barring of Outgoing International Calls* (BOIC)
• *Barring of Outgoing International Calls except those directed to the Home* PLMN *Country* (BOIC-*exHC*)
• *Barring Of All Incoming Calls* (BOAIC/ICB)
• *Barring of Incoming Calls when Roaming Outside the Home* PLMN *Country* (BIC-*Roam*)

und zusätzlich ein spezieller *Interception Case* für Sicherheitsbehörden: Die Gespräche können - falls gesetzlich erlaubt (z.B. von Geheimdiensten) - abgehört werden.

Erläuterung gewählter SS-Dienste

Die dargestellten GSM-SS's gehen zum Teil über die ISDN-Definition der Zusatzdienste hinaus. Ihre Bedeutung ist aber anhand der selbsterklärenden Bezeichnung verständlich. Allgemein läßt sich für ISDN folgende Gruppierung von Zusatzdienstmerkmalen vornehmen:

- Anschlußdienstmerkmale;
- Verbindungsdienstmerkmale;
- Informationsdienstmerkmale.

Außer der Rufnummeranzeige gibt es weitere Möglichkeiten für *Just-in-Time*-Informationen, z.B. durch Nutzung der CIT-Dienste (CIT: *Computer Integrated Telephony*). Eine andere wichtige Einteilung der Zusatzdienste in bezug auf ihre Realisierung bilden die verbindungsorientierten und nichtverbindungsorientierten SS's. Nachfolgend werden verschiedene gewählte Zusatzdienstmerkmale erläutert. Es werden Rufnummer-Identifizierungsdienste und Anrufbearbeitungsmerkmale beschrieben. Zu den letzteren können die Weiterleitung oder das Anrufhalten gezählt werden. Die meisten dieser Dienste sind für die GSM Phase 2 vorgesehen, werden aber von verschiedenen Herstellern bereits früher angeboten.

• **Identifikation** (CLI/COL)
Die Identifikation der Rufnummer des anderen Teilnehmers (Gesprächspartners), darunter fällt auch die Registrierung unerwünschter Anrufe (MCI). Beim Verbindungsaufbau wird die Rufnummer des Anrufers oder des Angerufenen z.B. mit Zusatzinformationen zur Adresse (Subadresse) übertragen und im *Display* angezeigt (CLIP). Bei diesem Dienst müssen die rechtlichen Aspekte des Datenschutzes berücksichtigt werden.

• **Identifikationsunterdrückung**
Der Anrufer/Angerufene kann CLIP/COLP mit CLIR/COLR (s. Seite 147) verhindern. Die Rufnummeranzeige des Anrufenden wird von ihm als weiterer Dienst zur CLIP-Unterdrückung benutzt.

• **Automatischer Rückruf**
Ist die Verbindung zum gewünschten Teilnehmer besetzt, kann der Anrufende einen automatischen Verbindungsaufbau nutzen. Nach der Dienstaktivierung werden Signalisierungsnachrichten ausgetauscht, ohne daß eine Telefonverbindung bereits existieren würde. Die Verbindung wird automatisch aufgebaut, wenn die Gegenseite wieder verfügbar ist.

• **Anklopfen** (*Call Waiting*)
Anzeige des ankommenden Anrufs während eines laufenden Gesprächs mit der Möglichkeit einer späteren Gesprächsübernahme; Für die Dauer der Wartezeit wird dem wartenden Teilnehmer kein Sprechkanal zugeordnet.

• **Anruf halten** (*Call Hold*)
Mit Anruf halten besteht die Möglichkeit, ein Telefonat zu stoppen und erst ein anderes fortzusetzen. Der MF-Teilnehmer kann ein ankommendes Gespräch auch ablehnen oder auf eine Warteliste setzen. Es können eventuell mehrere Anrufe in den Wartezustand versetzt werden. Dieser Service bildet die Grundlage für den sukzessiven Aufbau einer Konferenzschaltung.

• **Konferenzverbindung**
Verbindung mehrerer Teilnehmer zu einer Gesprächsrunde mit bis zu 7 Teilnehmern; Die Konferenzschaltung kann über mehrere TCAP-Transaktionen realisiert werden.

• **Sperren**
Sperren kann sowohl für abgehende wie für ankommende *Calls* eingesetzt werden und zwar entweder global oder eingeschränkt. Zu diesem Zweck kann zusätzlich eine Paßwort-Abfrage, die für alle Basisdienste gültig ist, eingeführt werden. Die während des Sperrvorgangs laufende Kommunikationsverbindung wird dadurch nicht gestört.

• **Gebührenanzeige**
Die Gebührenanzeige der laufenden Gesprächseinheiten auch außerhalb des Heimat-PLMN's; Die *Advice of Charge* (AoC) hängt vom Subskriptionstyp (s. Seite 153) ab. Die Gebührenanzeige kann z.B. im Ausland sehr nützlich sein - sie wird in der Währung des Heimatlandes erfolgen. Betrachtet man die technische Seite, so können die netzüberschreitenden AoC-Dienste zu gewissen Komplikationen führen.

• ***UtU-Signalling***
Dieser Zusatzdienst erlaubt dem PLMN-Teilnehmer, parallel zu existierender Verbindung, eine begrenzte Anzahl an Informationen zu schicken bzw. zu empfangen.

• **SIT**: *Special Information Tone*
SIT's werden durch das Übermitteln von spezifischen *Intercept Code* Parametern angelegt. SIT kann z.B. beim Sperren aller ankommenden Anrufe hörbar gemacht werden.

Zusatzdienste im ISDN

An dieser Stelle werden noch kurz die im Blaubuch (und später) spezifizierten SS-Dienste erwähnt, die in Verbindung mit ISUP und TCAP für *UtU-Signalling* benutzt werden können. Es sind CUG, CLIP/R, DDI (*Direct Dialling In*), MSN (*Multiple Subscriber Number*) und Anrufumleitung. Zusätzlich werden implizit SUB (*Subaddressing*) und TP (*Terminal Portability*) unterstützt. Die DDI- und MSN-Dienste haben keine Relevanz bezüglich internationaler Schnittstellen.

• **CUG**: Geschlossene Benutzergruppe
Ein Telefonverkehr ist nur innerhalb dieser Gruppe möglich. Eine zusätzliche Wahl-Option unterstützt eine oder mehrere Verbindungen außerhalb dieser Gruppe. Ein Teilnehmer kann mehreren CUG's angehören. Beim CUG-Verbindungsaufbau wird anhand des *Interlock Codes* überprüft, ob der Anrufende und Angerufene derselben Gruppe angehören. Bei einer zentralisierten Administration der im ganzen Netz verteilten CUG-Mitglieder wird neben ISUP auch TCAP (→ IN-Dienst) zum Einsatz kommen. Dies wird im VPN-Service (s. IN) verwendet. Die CUG-Spezifizierung innerhalb der GSM Phase 1 weist deutliche Instabilitäten auf. Die hauptsächliche Realisierung wird erst in der GSM Phase 2 erfolgen.

• **Rufweiterleitung**
Die Rufweiterleitung gehört zu den wichtigen Diensten, die die Teilnehmermobilität und -erreichbarkeit auch im PLMN weiter fördern. Mit der Rufumleitung können vom Angerufenen alternative Ziele als Substitut der ursprünglichen Rufnummer genannt werden. Die Anzahl der Weiterleitungen pro Anruf ist in der Regel limitiert. Die Anrufumlenkung liegt in zwei Typen vor. Sie kann unbedingt oder bedingt erfolgen. Im *unconditional*-Fall werden unabhängig vom Teilnehmerverhalten alle Anrufe umgeleitet. Diese unbedingte Rufumleitung funktioniert unmittelbar und setzt bereits beim HLR des B-Teilnehmers an. Die bedingte Umleitung wird u.a. in folgenden Fällen aktiv: "besetzt", "keine Antwort" oder "nicht erreichbar". Sie wird je nach Fall erst nach einer gewissen Zeit (nach dem Verbindungsversuch über VMSC) aktiv. Die Umleitungsoption kann dem Anrufer angezeigt werden. Die Weiterleitung bei "nicht erreichbar" ist auch im abgeschalteten Zustand der MS aktiv. Zu den *Call Forwarding*-Daten gehören: Art der Weiterleitung (s. *Call Offering*), neue Rufnummer und *Ringing Time* (*Timer* der den Weiterleitungsprozeß kontrolliert).

Signalisierung

Die Signalisierung der SS-Dienste hat die Aufgabe der Administrierung von Teilnehmeroptionen und der Ausführung von *Calls* inkl. SS-Optionen (wie oben erwähnt: Rufumleitung, *Charging* usw.). Man muß dabei zwischen Protokollen innerhalb des Festnetzes (CCS7 mit ISUP und MAP) und denen zu den Endteilnehmern (D-Kanal-Protokoll) unterscheiden. Im PLMN ist vor allem die Strecke SIM-MSC/VLR-HLR von Interesse. Manche der SS-Dienste erfordern die Einbeziehung von SCCP oder SCCP-ähnlichen Verbindungsarten (CO-Protokoll-Klasse) - dieser Protokoll-Service wird auf der A-Schnittstelle zwangsläufig vorgeschrieben. Die SS-Nachrichten werden auf der A-Schnittstelle in die DTAP-Messages eingebettet. Im MSC muß die Abbildung der SS-Transaktionen (DTAP ↔ TCAP) erfolgen. In der aktuellen GSM-Entwicklung wird, wegen einer zukünftig flexibleren Implementierung, eine Entkopplung des SS-Unterprotokolls angestrebt. Für eine SS-Kontrolle der verbindungsabhängigen (*Call Related*) Zusatzdienste werden unter anderem folgende Nachrichten benutzt:

HOLD	- Kann vom MS-*User* oder Netzwerk benutzt werden, um ein Gespräch vorübergehend zu unterbrechen.
HOLD ACKNOWLEDGE	- Bestätigung, falls HOLD ausgeführt werden kann.
HOLD REJECT	- Absage bezüglich HOLD
RETRIEVE	- Wird benutzt, um ein vorübergehend unterbrochenes Gespräch wieder aufzunehmen.
RETRIEVE ACKNOWLEDGE	- Bestätigung für RETRIEVE
RETRIEVE REJECT	- Absage bezüglich RETRIEVE
FACILITY	- Für eine Dienstanfrage oder -bestätigung (Dienstart im IE)

Diese Nachrichten werden nach dem DSS1-Standard (Schicht 3) - entsprechend Q.932 für Zusatzdienstmerkmale - verwendet. Des weiteren gibt es: ALERTING, CONNECT, DISCONNECT, RELEASE, RELEASE COMPLETE und SETUP (s. Glossar). Sie entsprechen der CCITT-Empfehlung bezüglich der Verbindungssteuerung nach Q.931. Mit diesen Nachrichten lassen sich die Verbindungsteuerungsfunktionen (CC: *Call Control*) beeinflussen.

Zu den verbindungsunabhängigen (*Call Independant*) Messages der SS-Dienste gehören:

REGISTER	- Zuweisung eines neuen, nicht Anruf-gebundenen Transaktions-Identifikators (nach Q.932) außerdem
ERASE	- als Löschvorgang und

ACTIVATE, DEACTIVATE, INVOCATE, INTERROGATE sowie FACILITY und RELEASE COMPLETE wie oben.

Die Signalisierung der *Call Independant* SS's läßt sich, z.B. mit der *Ellipsis*-Notation, vereinfachen. Um ein korrektes *Cross Phase Interworking* der Zusatzdienste für die höheren GSM-Phasen zu ermöglichen, werden sogenannte *Screening*- und Version-Indikatoren eingeführt. Die verbindungsunabhängigen Prozeduren (*Get String* usw.) können mit *Unstructered SS Data* (USSD) realisiert werden. Hierfür, wie auch für viele andere Dienstarten, bietet sich die Verwendung der IN-Architektur an. Für die neudefinierten USSD-Operationen wird nur noch das SMS-Alphabet (kein IA5 mehr) verwendet. Eine weitere Beschreibung der SS's ist in Kapitel 10 (MAP) zu finden.

6.4 Implementierung der Dienste für MF

Das Dienstspektrum im GSM beinhaltet Services des öffentlichen Fernsprechnetzes und ISDN mit Einschränkung durch einen geringeren Datendurchsatz und einen fehlenden Parallelbetrieb. Das Serviceangebot wurde anfänglich auf die von allen Ländern als wesentlich angesehenen Dienste konzentriert und wird sukzessiv erweitert.

Tabelle 6.1: Realisierungsstufen der PLMN-Dienste (laut GSM)

Dienst	Stufe
Telefonie (inkl. Notruf) + SS's	E1/91
Fax-Gruppe-3 + weitere SS's	E2/94
asynchroner Zugang zu PSTN/ISDN	E2/A
asynchroner Zugang zur Paket-Vermittlung über PAD	E2/E3/A
Btx, Teletex	A
synchroner Zugang	A
Kurznachrichtendienst, weitere SS's sowie Nichtsprache-Services	E3/96

Es gibt obligatorische (*essential*: E1, E2, E3 - für verschiedene Einführungszeiten) und zusätzliche (A: *additional*) Dienste. E-Dienste müssen von jedem PLMN-Netzbetreiber eingeführt werden, im Gegensatz zu den A-Diensten, die nicht zwingend sind. Beide Dienstarten müssen in Übereinstimmung mit den GSM-Empfehlungen implementiert werden. Die festgelegte Zeitskala für die Einführungsphase der wichtigsten Dienstmerkmale ist in der Tabelle 6.1 abgebildet. Die E-Dienste müssen aufwärtskompatibel zur Verfügung stehen. Die meisten der Zusatzdienste können offiziell erst nach dem Abschluß der zweiten Phase der GSM-Spezifikation angeboten werden. Viele dieser Dienste werden aber bereits wesentlich früher verfügbar. *Call Waiting* und *Call Hold* ist bereits ab 1994 möglich. Auch der SMS wird je nach Hersteller schon jetzt angeboten (z.B. in Deutschland). Die verstärkte Einführung des IN-Konzeptes in die PLMN-Infrastruktur wird die Dienstevielfalt noch erheblich erweitern. Dies kann entweder regional oder nach anderen Kriterien erfolgen. Für bestimmte Kundengruppen kann das Dienstangebot durch Zielgruppen-Pakete optimiert werden. Die einfachen Mehrwertdienste (*Value Added Services*) können zusätzlich im Rahmen des Wettbewerbs vom Netzbetreiber bzw. vom *Service Provider* eingeführt werden. Zu den augenblicklich bekanntesten Mehrwertdiensten gehören außer den bereits erwähnten Weitervermittlung, die Verkehrsinformationen, Buchungs- und Reservierungsdienste, Pannenhilfe usw. Durch das Bestreben nach einer optimalen individuellen Kundenbetreuung wurden/werden solche Dienste wie Sekretariat oder *Hot Line* mit spezialisierter Kundeninformation zur Verfügung gestellt. Auf diese Weise erlebt das wegrationalisierte und eloquente "Fräulein vom Amt" ein *come back* in die moderne Kommunikationswelt.

6.5 Teilnehmerverhältnis und -priorität

Zur Zeit existieren in Deutschland drei qualitativ unterschiedliche, jedoch mit ähnlichen *Features* ausgestattete zellulare Mobilfunknetze, das C-, D- (D1 + D2) und E-Netz. Der einzige noch bedeutende Vorteil des C-Netzes ist sein landesweiter Deckungsgrad. Die Vorteile des GSM-Systems sind so überzeugend, daß sich deutlich ein massiver Zugang zu den neuen Netzen abzeichnet. Die Kunden haben hier die Möglichkeit, über verschiedene Vertriebskanäle der Netzbetreiber z.B über einen Dienstanbieter ein Teilnehmerverhältnis einzugehen. Für das GSM-Teilnehmerverhältnis (D-Netz) sind drei Möglichkeiten vorgesehen:

- weltweiter Zugang zu allen PLMN-Netzen;
- Zugangsberechtigung zum Heimatnetz (D1 oder D2) und allen anderen europäischen GSM-Auslandsnetzen - diese Option ist obligatorisch;
- Zugang nur zum nationalen *Home* GSM-*Network*.

Somit können alle Teilnehmer verschiedene GSM-Dienste in Anspruch nehmen und zwar gleichberechtigt, solange die Priorität es zuläßt.

Der Teilnehmerzulauf im E-Netz ist, aufgrund der erst kürzlich erfolgten (1994) Netzeröffnung, schwer vorauszusagen. Die Atraktivität dieses Netzes ist für viele Kundenkreise recht hoch. Das Teilnehmerverhältnis ist, wegen der zur Zeit kaum vorhandenen *Roaming*-Möglichkeit, einfach zu gestalten. Es soll der Zugang zu drei Subskriptionstypen, weltweit, regional und lokal, möglich werden. Die *International Roaming* Situation wird sich durch neue PCN-Lizenzen im Ausland sowie durch *Dual Band Mobiles* verbessern.

Subskription

Die Subskription ist die im definierten HPLMN (*Home* PLMN) erteilte Berechtigung, bestimmte Telekommunikationsdienste zu benutzen. Jeder Teilnehmer bekommt von der Administration für die Zeit der Subskription eine persönliche IMSI-Nummer und eine SIM-Karte, in der IMSI abgespeichert ist. Die Teilnehmerdaten (inkl. der A3- und A8-Algorithmen) werden vom Personalisierungszentrum (PCS: *Personalisation Center*) zugleich auf die SIM-Karte und zum HLR/AUC gebracht. Die Subskription ist in der Regel regional, d.h. der Service ist nur von einem festgelegten Bereich (s. oben) aus möglich. Eine Außnahme bildet der Notruf, der innerhalb des gesamten GSM-Service-*Area* erfolgen kann. Der Erwerb eines SIM-Moduls legt gleichzeitig die Heimatdatei (HLR) fest. Liegt keine gültige Subskription mehr vor, so wird der Teilnehmerstatus im HLR auf *Roaming not allowed* gesetzt. Außerdem kann eine Subskription durch Einschränkungen (*Restrictions*) modifiziert werden. Für anderen Dienste, die z.B. nicht allgemein verfügbar sind, muß beim PLMNO/SP eine zusätzliche Subskription beantragt werden (z.B. Anrufsperren). Die Subskription hat an sich nichts mit dem Besitz eines Mobilfunktelefons zu tun. Sie hat jedoch nur Sinn, wenn mindestens ein sporadischer Zugang zum *Mobile Equipment* möglich ist. Mit der Phase 2 kann eine regionale Subskription der Dienste (auf LAC-Basis) angeboten werden.

Access Classes (ACC)

Es werden Zugriffsprioritätsklassen (*Access Priority Classes*) benutzt, um das Systemverhalten während abnormer Situationen, vor allem im Katastrophenfall oder bei Überlast-Zuständen, in vorgesehener Form zu beeinflußen (s. *Access Control* im Kapitel 14). In solchen Fällen werden die unter den Teilnehmern (SIM-Eintrag) für die Reihenfolge des Verarbeitungsvorgangs verteilten Prioritäten (es sind 16 *Classes*) wichtig. Es werden 15 personenbezogene Prioritäten vergeben. Die Klassen 1 - 10 sind für normale Teilnehmer vorgesehen und werden zufällig verteilt. Klassen 11 bis 15 sind für spezielle Personengruppen reserviert. So wird dem Notarzt eine höhere Zugangspriorität als einem Normalverbraucher zugeteilt. Die 16-te und höchste Priorität wird beim Notruf erteilt.

7 Schnittstellen und Protokolle im MF — Überblick

Schnittstellen sind definierte Referenzpunkte zwischen funktionalen Komponenten. Die genaue Spezifikation der zahlreichen Schnittstellen und der zugehörigen Protokolle erlaubt eine durchstrukturierte und modulare Bauweise, die auch das Zusammenwirken verschiedener Hersteller und die Verwendung diverser Netzkomponenten und technischer Lösungen ermöglicht. Diese Aufteilung und klare Strukturierung ist besonders bei komplizierten Systemen wie GSM wichtig.

In diesem Abschnitt wird die Protokollarchitektur für die definierten Mobilfunk-Schnittstellen laut GSM-Standard angegeben. Die wichtigsten GSM-*Interfaces* sind in Abbildung 3.6 enthalten. Die meisten Protokolle beziehen sich auf die Zeichengabe. Zusätzlich kann mit ihrer Hilfe die Datenübertragung (einschließlich SMS) und Netzverwaltung behandelt werden. Die relevanten Protokolle können in drei Bereiche eingeteilt werden:

1. **CCS7** (nach CCITT) mit:
   MTP : *Message Transfer Part*
   SCCP : *Signalling Connection Control Part*
   TCAP : *Transaction Capability Application Part*
   ISUP : ISDN *User Part*
   TUP : *Telephone User Part*
   OMAP : *Operation and Maintenance Application Part*
   Monitoring & Measurements

2. **GSM-Zeichengabe** (speziell für MF) mit:
   BSSOMAP : BSS *Operation and Maintenance Application Part*[1]
   BSSAP : *Base Station System Application Part*
   DTAP : *Direct Transfer Application Part*
   BSSMAP : BSS *Management Application Part*
   MAP : *Mobile Application Part*
   LAPDm : *Link Access* Prozedur auf Dm-Kanal

3. **andere Standards**, z.B. DSS1 mit LAPD, X.25, ACSE, ROSE, CMIS oder FTAM.

Diese Vielfalt der Protokolle ist durch die langwierige historische Entwicklung unterschiedlicher Standards geprägt und durch die *Multiservice*-Forderung für das GSM-System bedingt. Beim GSM stellt die herkömmliche Fernsprech-Zeichengabe nur einen geringen Anteil des gesamten Verkehrsaufkommens dar. Der Großteil der Signalisierungsfunktionen behandelt die mobilfunkspezifischen Aspekte. Die Beschreibung der

[1]Das BSSOMAP basiert auf Standardprotokollen (X.25 bzw. SS#7) und wird im Kapitel Netzmanagement beschrieben.

Zeichengabe in diesem Buch sieht folgendermaßen aus: Im Kapitel 8 werden die wichtigsten Signalisierungs-Prozesse im MF-Netz als Ganzes beschrieben. Kapitel 9 behandelt diejenigen Protokolle (Bereich 1), die in allen CCS7-Netzen (insbesondere auch für IN-Anwendungen) benutzt werden. Sie werden als *Signalling Parts* bezeichnet. Im anschließenden Kapitel 10 wird MAP als ein Protokoll der Gruppe 2 beschrieben. MAP baut auf SCCP/TCAP auf und ist speziell für MF-Zwecke entwickelt worden. MAP- und ISUP-Zeichengabe bilden im Festnetzbereich die Intelligenzgrundlage für eine effektive Diensteführung. Den weiteren MF-spezifischen Protokollen (BSSAP, LAPDm, BTS-*Management*) sind die Kapitel 11 und 12 gewidmet. Auch LAPD ist im Kapitel 12 zu finden. Die Beschreibung der A-Schnittstelle schließt Prozeduren ein, die für den ganzen MS-VMSC-Abschnitt von Bedeutung sind. Die höheren Protokolle auf dieser Strecke werden übergreifend mit RR (*Radio Resource*), MM (*Mobility Management*) und CM (*Connection/Communication Management*) bezeichnet. Die Signalisierung für SS's wurde im Abschnitt über die GSM-Dienste und die für SMS im Kapitel 13 erwähnt. Die weiteren Standards (dritter Bereich) werden in diesem Buch nicht bzw. nur kurz und exemplarisch behandelt. Es wird hierzu auf die hinten aufgeführte Literatur verwiesen. Auf die Netzmanagement-Protokolle wird kurz im Kapitel 14 eingegangen. Für viele der Protokolle und Dienste (z.B. *Supplementary Services*) wird in den Spezifikationen die ASN.1 Notation (s. Glossar) benutzt.

Protokollarchitektur für die Signalisierung des GSM-Systems:

U_m:
CM (= CC + SS + SMS)
MM (*Layer* 3)
RR (*Layer* 3)
LAPDm (*Layer* 2)
Layer 1

A_{bis}:
CC, SS, SMS
MM (*Layer* 3)
RR (*Layer* 3)
BTSM + TRAU (*Layer* 3)
LAPD (*Layer* 2)
G.703 (*Layer* 1)

A:
BSSOMAP (*Layer* 4-7)
BSSAP (BSSMAP + DTAP) (*Layer* 3)[2]
SCCP (*Layer* 3)
MTP (*Layer* 1-3)

---

[2]BSSAP geht über Layer 3 hinaus. Ihm werden neben den Zusatzdiensten (SS) auch SMS-Nachrichten zugeordnet.

B bis **G**: MAP[3] (*Layer* 7)
TCAP (*Layer* 7)
SCCP (*Layer* 3)
MTP (*Layer* 1-3)

OMC-Schnittstelle: OMAP (*Layer* 7)
TCAP (*Layer* 7)
SCCP (*Layer* 3)
MTP (*Layer* 1-3)

Der *Operation and Maintenance Application Part* wird nicht als Teil des GSM SMAPs (SMAP: System Management Anwender Prozeß) sondern als CCS7 SMAP betrachtet. Genauere Darstellung dieses Protokoll-*Stacks* siehe Bild 14.3

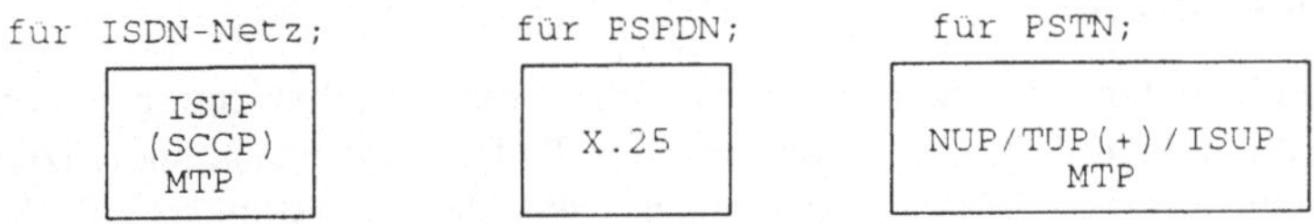

Bild 7.1: Fremdnetz-Protokolle

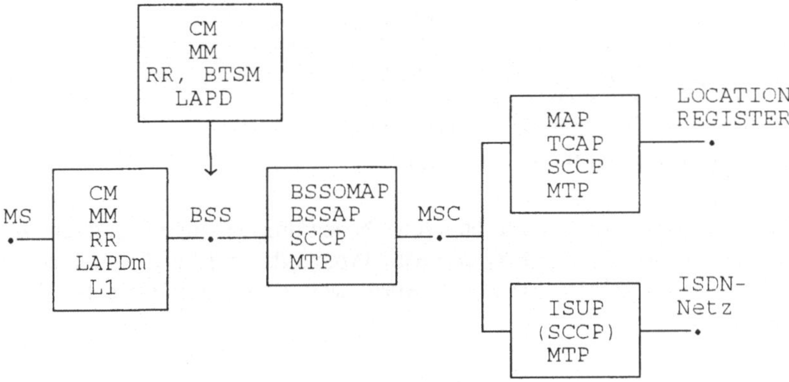

Bild 7.2: Protokollarchitektur für die Signalisierung im MF

Weitere übergreifende Schnittstellenbeschreibung, z.B. der MAP- oder GMSC-Fremdnetz-Schnittstellen, wird anschließend erfolgen.

[3]Die Schnittstellen-Unterscheidung innerhalb des MAPs s. 7.2 und Kapitel 10

"*some interfaces may become internal interfaces*" (GSM 09.02)

7.1 Einteilung der GSM-Schnittstellen

In bezug auf das PLMN und die Anbindung an Fremdnetze unterscheidet man PLMN-externe und -interne Schnittstellen. Die PLMN externen Schnittstellen (am *Point Of Interconnection*) werden vom GSM nicht behandelt. Eine andere Bedeutung dieser Einteilung hängt mit der Vollständigkeit der GSM-Spezifikationen bzw. der Art der Implementierung zusammen. Als interne Schnittstelle wird eine solche bezeichnet, die hersteller- bzw. netzbetreiberspezifisch realisiert wird. In diesem Zusammenhang sind die externen Schnittstellen genauestens spezifiziert, so daß eine *Multivendor*-Konfiguration möglich ist. Viele der internationalen Spezifikationen wie z.B. bezüglich der R- und S-Referenzpunkte wurden vom GSM übernommen und zum Teil modifiziert.

PLMN interne Schnittstellen

PLMN interne Schnittstellen sind innerhalb des GSMs unter Einbeziehung anderer Standards und Empfehlungen definiert. In den meisten Fällen wird genau spezifiziert, welche Protokolle zu benutzen sind. Schematisch sind die mobilfunkspezifischen Schnittstellen und Protokolle im PLMN folgendermaßen lokalisiert:

```
MS         BTS                         BSC          MSC          LR/MSC
                                                         MAP
                   CM + MM             (DTAP)      <---------->
<----------------------------------------->
   RR                 RR'              BSSMAP
<------><------------------><---------->
  LAPDm     LAPD, BTSM, TRAU     MTP/SCCP
```

Bild 7.3: Die wichtigsten Protokolle im GSM-Standard

Auf der MS-NSS-Schnittstelle sind in den höheren Ebenen drei wichtige Protokolle zu unterscheiden: RR, MM und CC. Die RR- und MM-Protokolle sind für den zellularen MF-Betrieb wichtig. Das *Call Control*-Protokoll wurde weitgehend dem internationalen ISDN-Standard angepaßt.

Funkschnittstelle

MS-BTS: Die U_m-Schnittstelle wird in der Umgangsprache auch als Luftschnittstelle bezeichnet. Dieser Schnittstelle kommt eine besondere Bedeutung zu. Sie ermöglicht - über die hochfrequente MS-Ankopplung - die Nutzung der PLMN-Dienste.

Im RSS sind außer U_m oder S_m folgende Schnittstellen wichtig:

BTS-BSC A_{bis}-Schnittstelle
BCE-TCE M-Schnittstelle

Innerhalb des NSS kommen insbesondere die MAP-Schnittstellen ins Spiel:

MSC-VLR B-Schnittstelle (für *stand-alone* VLR)
MSC-HLR C-Schnittstelle
VLR-HLR D-Schnittstelle
MSC-MSC E-Schnittstelle
MSC-EIR F-Schnittstelle
VLR-VLR G-Schnittstelle

interne Schnittstellen

Innerhalb der GSM-Netzwerk-*Entities* können noch weitere überwiegend nicht spezifizierte also interne Schnittstellen existieren. Zu den bekanntesten gehören:

HLR-AUC-Schnittstelle; Sie wird vom Hersteller definiert und kann z.B. wie eine MAP-Schnittstelle mit einfacher Datentransportfähigkeit behandelt werden.

BCE-TCE oder M-Schnittstelle wurde von GSM/ETSI nicht spezifiziert. Dieses *Interface* basiert auf der PCM-Standard-Übertragung. Es werden die 16 kbit/s Nutzkanäle auf die 64 kbit/s gemultiplext (s. BSC). Die Zeichengabe entspricht der A-Schnittstelle.

Es gibt auch weitere Schnittstellen, die in GSM-Empfehlungen nicht definiert sind, aber nichtsdestoweniger für den PLMN-Netzbetrieb von Bedeutung sind. So erfolgen z.B. der Anschluß eines SCs, einer *Mailbox* oder eines Verrechnungszentrums (*Billing Center*) netzintern. Die Notrufzentrale kann unter Umständen nur im PSTN erreicht werden. Auf die herstellerspezifischen *Interfaces* innerhalb der Netzwerkelemente, z.B. in der Vermittlungsstelle, wird in diesem Buch nicht eingegangen.

OMC-Schnittstellen

Die NSS- und RSS-Komponenten werden zuerst über lokale und mit der fortschreitenden Netzentwicklung auch über abgesetzte O&M-Vorrichtungen gesteuert. Für die BTS's oder TCE's ist in der ersten GSM-Spezifizierungsphase so gut wie kein direkter O&M-Anschluß mit definiertem Protokoll vorgesehen. Die O&M-Schnittstelle der Basisstation wird aus diesem Grund zunehmend als intern behandelt. Unter den OMC-Schnittstellen unterscheidet man:

- **O-Schnittstellen**

OMC-BSC - für Radio Subsystem (OMC-R) - wird mit CCITT X.25 (eventuell kombiniert mit CCS7) auf einer 64 kbit/s-Leitung realisiert;

OMC-MSC - interne Schnittstelle für das NSS (OMC-S) - Die Realisierung ist anwendungsspezifisch und PLMN-abhängig und

- **T-Schnittstellen** wie BTS/BCE-LMT für lokale Terminals (auch mit X.25).

PLMN externe Schnittstellen

Externe Schnittstellen sind notwendig, um den Anschluß an andere Netze zu erreichen. Diese Thematik gewinnt durch die geplante Einführung mobiler Massenmärkte mit stark abweichenden Systemstrukturen und neuartigen Diensten zunehmend an Bedeutung. Die Anbindung an andere Netze (Fremdnetze) wird über *Gateways* realisiert. Die *Gateway*-Funktionen werden in ausgewählten MSC's (GMSC's) implementiert. Die Entscheidung, welche der MSC's als GMSC's dienen sollen, bleibt den PLMN-Betreibern überlassen. Die Netzanschlußfunktionen sind im Unterkapitel 7.3 beschrieben. Als Fremdnetze (s. Bild 3.6 und 7.1) kommen zur Zeit folgende in Frage: ISDN, PSTN, PSPDN und CSPDN. Eine kurze Beschreibung dieser Netze ist im Abschnitt Netzwerk-*Interworking* zu finden. Auch ein Anschluß von anderen Mobilfunknetzen wie z.B. Satellitensystemen ist langfristig geplant. Die bestehende Einteilung der Anschlußnetze ist als historisch bedingt zu betrachten. In Folge der Digitalisierung und Modernisierung, z.B. im PSTN Netz, ist eine Erweiterung und Integration anderer Dienste vorgesehen oder bereits realisiert. Die verschiedenen öffentlichen Netze werden immer mehr zu einem globalen Telekommunikationssystem verschmelzen. Die heutigen Fernsprechnetze weisen entweder alle *Features* des ISDN-Netzes auf oder sind/werden in hohem Maße ISDN-kompatibel. In der zukünftigen Entwicklung werden ATM-Netze (*Asynchronous Transfer Mode*) die meisten bisherigen Dienste integrieren und auch Breitband-ISDN (B-ISDN) anbieten. Alle Daten (inkl. Signalisierung) werden durch das eine, paketvermittelnde Netz geschickt. Solche Entwicklungen müssen dem zeitsensitiven Verhalten bei der Sprachübertragung (Einzelverzögerungen von 6 ms) gerecht werden.

7.2 Kurze Beschreibung der MAP-Schnittstellen

Als MAP-Schittstellen werden *Interfaces* mit implementiertem, anwendungsspezifischem *Mobile Application Part*-Protokoll bezeichnet. Im GSM-System wird die Teilnehmerlokalisierung ständig verfolgt, und das in sehr großen Arealen (GSM *System Area*), nicht nur PLMN-weit. Für einen Informationsaustausch, z.B. zwischen den LR's, werden Protokolle benötigt, die sowohl eine schnelle Datenübertragung ermöglichen wie auch einem hohen Verkehrsaufkommen gerecht werden. Zu diesen und zu weiteren Zwecken werden der *Signalling Connection Control Part* (SCCP) im CL-Modus, der *Transaction Capability Application Part* (TCAP) und der *Mobile Application Part* (MAP) eingesetzt[4]. Auch in den Fällen, wenn netzintern keine MAP-Implementierung notwendig ist, kann es aus Standardisierungs- und Integritätsgründen sinnvoll sein, sie zu wählen. Zu den weiteren Argumenten, die für die TCAP/MAP-Protokolle sprechen, können die Leistungsfähigkeit und die vielfältigen Dienstmöglichkeiten gezählt werden.

[4]Es ist zu betonen, daß die erwähnten Protokolle im Rahmen der Level-Einteilung der Ebene 4 zuzuordnen sind. Beim TCAP und MAP handelt es sich um Anwenderprotokolle (*Layer* 7) im Sinne des OSI-ISO-Referenzmodels.

B-Schnittstelle (MSC-VLR)

Über die B-Schnittstelle kann das MSC von dem zuständigen VLR alle relevanten Daten über die Mobilteilnehmer aus dem MSC-Bereich verlangen (*Interrogation*). Das VLR wird beim *Location Update* (LUP) oder bei einer Aktivierung bzw. Modifizierung der Zusatzdienste vom MSC informiert, daß neue Daten abgepeichert werden sollen. Wie bereits im Abschnitt Konfiguration der LR's erwähnt, werden MSC und VLR so gut wie immer zusammengelegt. Die B-Schnittstelle wurde inzwischen als intern[5] deklariert und hat nur noch eine Bedeutung für Modellierungszwecke. Das Protokoll-*Interworking* zwischen RSS und NSS im GSM-System erfolgt genau an dieser Stelle.

C-Schnittstelle (MSC-HLR)

Die C-Schnittstelle ist für die ständige Erreichbarkeit der MF-Teilnehmer erforderlich. Das GMSC informiert sich auf diesem Weg (bei MT-Prozessen) über die MSRN der gesuchten MS (s. Seite 172). Vor allem die HLR-*Interrogation* (*-Enquiry*) macht eine Implementierung des C-MAPs notwendig. Über die C-Schnittstelle kann das MSC Informationen für Gebührenberechnungen, z.B. nach einem MOC, an das HLR schicken.

D-Schnittstelle (HLR-VLR)

An diesem sehr wichtigen *Interface* werden zwischen den LR's Daten bezüglich der Teilnehmerverwaltung (einschließlich der Zusatzdienste) und des -Aufenthalts ausgetauscht. Das VLR informiert das HLR über die MS-Registrierung, über die neueste Lokalisierung (LUP) und die *Roaming Number* (MSRN). Das HLR sendet alle wichtigen Daten an das jeweils aktuelle VLR, um die MF-Dienste im gesamten GSM *Service Area* zu unterstützen. Danach wird das HLR, falls sich die MS aus dem Verwaltungsbereich der "alten" Besucherdatei entfernt hat, das PVLR informieren.

E-Schnittstelle (MSC-MSC)

Außer der konventionellen Zeichengabeverbindung des CCS7-Netzes mit TUP/TUP+ oder ISUP (PSTN bzw. ISDN) sind für die MSC-MSC-Schnittstelle MF-spezifischen Erweiterungen notwendig. Für das E-*Interface* wird das MAP-Protokoll benötigt, um z.B. die Kurznachrichtendienste, Zusatzdienste, O&M-Informationen oder die *Basic* bzw. *Subsequent* HOV-Prozesse zu unterstützen. Wird zwischen den MSC's kein nationales CCS7-Netz eingesetzt, so können *dedicated Links* (z.B. als separate Richtfunkstrecken) verwendet werden.

F-Schnittstelle (MSC-EIR)

Diese Schnittstelle kommt zur Geltung, wenn das MSC die Mobilgerätekennung (IMEI: *International Mobile Equipment Identity*) einer MS überprüfen will (EIR-*Interrogation*).

---

[5]Nach GSM (09.02) Phase 2: "*It is strongly recommended not to implement the B-interface as an external interface.*"

Die Voraussetzung dafür ist, daß die EIR-Datenbank im PLMN eingerichtet ist. Die F-Schnittstelle muß nicht mit TCAP/MAP realisiert werden und ist in den GSM-Empfehlungen nicht spezifiziert.

G-Schnittstelle (VLR-VLR)

Auf diesem Weg kann beim LUP mit einer im Netz bekannten TMSI das aktuelle VLR sowohl die IMSI wie auch das *Authentication Set* vom PVLR holen.

7.3 Fremdnetz-Schnittstellen

Der Anschluß eines PLMNs an das bestehende Fernsprechnetz wird über externe Schnittstellen erreicht. Hierfür müssen Übergangs- bzw. Übersetzungsfunktionen implementiert werden. Die Fremdnetzanbindung erfolgt im sogenannten POI (*Point of Interconnection*). Die 2 Mbit/s-Übertragung ist CCITT konform (G.703/704).

7.3.1 Interworking (IW)

Interworking ist eng mit der Schnittstellen-Definition und den Kompatibilitätsproblemen verwandt. Hierbei handelt es sich um das Zusammenspiel verschiedener Netze oder ihrer Teile. Überall dort wo keine transparente Übertragung vorliegt kommt IW ins Spiel. Diese Problematik ist recht verzwickt und stellt insbesondere bei der Entwicklung internationaler Systeme und der Integration zellularer Netze ein schwieriges Hindernis dar. Die Implementierung der IW-Funktionen (IWF) für das GSM-System hängt von dem Anschlußnetz und seinen Protokollen, den Netz-Komponenten und den Diensten ab. Netzwerk-IW kann in sogenannten *Gateways* erfolgen, die als intelligente Knoten, die gleichzeitig mehreren Netzen angehören, beschrieben werden können. Die Übergangsfunktionen können sowohl netzintern implementiert werden als auch zu den Fremdvermittlungsstellen verlagert werden. Um vollständige Systemlösungen globaler Art anbieten zu können, ist es sehr wichtig, den Anschluß (Netzanbindung) an diverse Fremdnetze durch geeignete Anpassungsfunktionen zu erreichen.

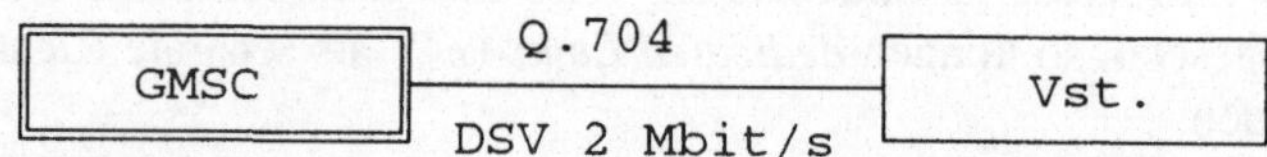

Bild 7.4: PLMN-Netzanschluß

IWF

Die *Interworking*-Funktionen (Übergangsfunktionen) erlauben das Zusammenwirken der Netzwerke, Endsysteme oder Teile davon mit der *End-to-End* Kommunikation. IWF's werden für Teleservices sowie für Trägerdienste eingesetzt. Die meisten Umwandlungsfunktionen werden im MSC implementiert und für bestimmte Prozesse ausgewählt (eingeschleift). Hier werden z.B. die im PLMN benutzten Zeichengabeprotokolle auf die anderer Netze abgebildet. Die Verwaltung der Netzressourcen, O&M-Funktionen, Erhaltung der QOS oder Gebührenberechnung müssen netzeigenständig erfolgen. In bestimmten Situationen (z.B. komplette Systeme oder Mehrfachnetzbetreiber) sind auf Anhieb übergreifende Systemlösungen möglich. Es ist in solchen Fällen vorteilhaft, die *Interworking*-Einrichtungen in das Bedienungs- und Instandhaltungssystem zu integrieren. Für IN-strukturierte Netze wird, wegen der geforderten internationalen Integrität, die *Inter-Networking Function* (INF) definiert. Zu ihren Aufgaben gehören unter anderem netzübergreifende Sicherheitsaspekte, Vergebührung und *Routing*-Prozeduren.

Interworking allgemein kann transparente und nichttransparente Operationen enthalten und läßt sich in folgende Bereiche aufteilen:

- *Service Interworking* (SI);
- Netzwerk-*Interworking*;
- Zeichengabe-*Interworking* (Protokoll-Konvertierung);
- Numerierung;
- Zusatzdienste-*Interworking*.

Service-*Interworking*

Service-IW ist notwendig, wenn sich die Dienste oder *Features* der in einer Verbindung involvierten Netze unterscheiden. Für alle Sprechverbindungen müssen digitale Echokompensatoren verwendet werden. Zusätzlich sind für PSTN bei Telediensten Service-Übergänge notwendig (z.B. Umwandlungsfunktionen zwischen Teletex und Telefax). Alle Datendienste öffentlicher Netze nutzen Modem-Vorrichtungen. Sie können als integraler Bestandteil der IWF's bezeichnet werden. Für die Fax-Gruppe-3-Geräte sind auf der *Mobile*-Seite zusätzlich GSM-Fax-Adapter notwendig. IW der Zusatzdienste wird getrennt behandelt.

Netzwerk-*Interworking*

Bei Netzübergängen müssen die verschiedenen nationalen Besonderheiten anderer Systeme beachtet werden. Ein Netzknoten vom anderen Netzwerk kann nicht über SPC adressiert werden. Die *Routing*-Information wird am *Gateway*-Vermittlungsknoten zur Verfügung gestellt. Ein GMSC (*Gateway* des PLMNs) behandelt internationale Adressen sowie die aus anderen Netzen resultierenden Parameter und Abläufe gemäß ISDN-UP. Es folgt eine genauere IW-Spezifizierung, je nach Netzwerktyp:

PLMN-ISDN (S-Band)

ISDN (*Integrated Services Digital Network*): Die wichtigsten Merkmale des digitalen diensteintegrierenden Nachrichtennetzes sind im Glossar aufgeführt. Ein MSC kann in das ISDN-Netz als normaler *Switch* integriert werden. Die *Gateway Exchanges* auf der ISDN-Seite werden als sogenannte VE:N's eingesetzt. Es wird CCS7 mit TUP(+) oder ISUP als Anwenderteil benutzt. Dank den Standardisierungsbestrebungen in verschiedenen Ländern sind die Abweichungen und Unterschiede bei weitem nicht so drastisch, wie das im PSTN der Fall sein kann. Je nach Verbindungsart und Übertragungsrate sind entsprechende IWF's zu implementieren. Ab 1993 ist für Deutschland MoU ISUP vorgeschrieben. Die Umstellung der Protokoll-Versionen 1TR7 nach ISUP MoU erfolgte in Phasen und bezog sich sowohl auf die PLMN-PSTN/ISDN- als auch auf die internen MSC-MSC-Schnittstellen.

PLMN-PLMN

Zwischen zwei PLMN's ist CCS7 vorgeschrieben. Es wird die volle PCM30-Strecke mit Rahmenstruktur nach CCITT G.704 und G.706 verwendet. Zusätzlich können MAP-Prozeduren (z.B. zwischen GMSC und HLR) benutzt werden. Die Zusammenarbeit der in Betrieb befindlichen GSM-PLMN's beschränkt sich in erster Linie auf den Austausch von Abrechnungsinformationen und Statistikdaten. Die Aspekte der Netzelement-Adressierung und des *Routings* sowie die gegenseitigen Abhängigkeiten gehen über ein PLMN-System hinaus. Bei wichtigen Konfigurationsänderungen und für die Zusammenarbeit mehrerer Netze sind automatisierte, übergreifende Netzmanagement-Funktionen und ein kontrollierter Informationsfluß zwischen PLMNO's wichtig.

PLMN-PSTN

PSTN (*Public Switched Telephone Network*): Öffentliches Fernsprechwählnetz - das normale Telefonnetz; Ein PSTN kann je nach Land und Region einen sehr unterschiedlichen Stand der Technik aufweisen. Im ungünstigsten Fall kann hier ein analoges Fernsprechnetz mit elektromechanischen Vermittlungsstellen ohne SW-Steuerung und ohne CCS vorliegen. Die notwendigen IWF's hängen vom konkret betrachteten Netz ab. Beim CAS kann es sich z.B. um die IKZ50- oder MFC-Zeichengabe handeln. Der Normalfall ist das Fernsprechnetz mit CCS7 (TUP oder ISUP). Beim Fehlen nationaler CCS7-Netze kann der Anschluß über ICS's (ISC: *International Switching Center*) erfolgen. Für analoge Leitungen werden Modems mit Codec-Funktionen benutzt. Beim MOC wird am Anfang einer Verbindung (SETUP Nachricht) der Modemtyp festgelegt. Beim MTC ist die MS-Entscheidung in der CALL CONFIRMED Message enthalten. Ein PSTN kann eventuell über ISDN an ein PLMN angeschlossen werden.

PLMN-CSPDN

CSPDN (*Circuit-Switched Public Data Network*): Öffentliches Datennetz mit Leitungsvermittlung; Das CSPDN-Netz ermöglicht die Nutzung bestimmter Trägerdienste. Für IW unterscheidet man zwei Fälle: direkt synchron und über ISDN. Synchrones IW ist nur transparent mit Geschwindigkeiten von 2.4, 4.8 oder 9.6 kbit/s möglich. Die CSPDN-Netze werden immer mehr vom ISDN verdrängt.

PLMN-PSPDN

PSPDN (*Public Switched Packet Data Network*): Das öffentliche Datennetz mit Paketvermittlung wird für die Computerkommunikation und die Datennetzabschlußgeräte

(*Packet Handler*) benutzt. Durch den PSPDN-Anschluß können bestimmte Trägerdienste adaptiert werden. Um einen PAD-Zugriff zu unterstützen, sind IWF's (z.B. als *Interworking Units*) notwendig. Dieser Zugriff kann nur für MO-Dienste verwendet werden. PAD-*Access* wird in *Basic* und *Dedicated* eingeteilt. In beiden Fällen werden die Daten normal (nach IA5: *International Alphabet No. 5*) codiert. Es wurde auch ein minimaler Standard-Zugriff (untere Schichten), der für alle PLMN's kompatibel ist, spezifiziert.

Basic Access: Es sind zwei Typen der Netzwerk-Architektur für *Home* und *Visited* PAD-*Access* definiert.

Dedicated Access: Der direkte Zugriff zum PAD vom PLMN ist über zwei Lokalisierungsmöglichkeiten, PLMN-extern und -intern, realisierbar. Der Zugriff erfolgt anders als beim *Basic Access* nicht über eine DN (*Directory Number*). Für die PSPDN-Nutzung können mehrere Beispiele angegeben werden. Die BSS-OMC Anbindung für Administration und *Maintenance* Aufgaben kann extern geschaltet werden. Dies erfolgt in der Regel über PSPDN (X.25). Die MSC-SC-Schnittstelle für Kurznachrichten kann, je nachdem in welchem Netz sich das SC befindet, als eine der oben erwähnten Möglichkeiten realisiert werden. Auch solche Dienste wie MHS (*Message Handling System*) oder entfernte DB-*Interrogation* werden vom PSPDN unterstützt.

Zeichengabe-IW

Man unterscheidet zwischen Zeichengabe-IWF's innerhalb eines PLMN-Netzes und für die Integration fremder Netze. Schon die Änderung einer Protokollversion innerhalb des PLMNs erzwingt meist aufwendige Umwandlungsfunktionen mit solchen Vorsichts- und Anpassungsmaßnahmen wie *Protocol Fallback*[6]. Der physikalische POI (s. Bild 3.6) zwischen verschiedenen Netzen muß u.a. *Route-Diversity*, Synchronisation und Testzugriffsmöglichkeiten bieten. Die Anpassung von Signalisierungsraten anderer Systeme, die kleiner als 64 kbit/s sind, bleibt den einzelnen Netzbetreibern überlassen. In der Regel wird diese Problematik in nationalen Spezifikationen behandelt. Im allgemeinen wird auf der Fremdnetzseite das SS#7-System mit seinen *User Parts* (TUP/ISUP) vorausgesetzt. Die Abbildung der Zeichengabe-Protokolle aufeinander wird über *Primitives* spezifiziert. Für die Signalisierung müssen Netzfilter-, Netztrennfunktionen (*Screening*) sowie Erweiterungsmechanismen (z.B. spezielle Notationen) implementiert werden. Einen kritischen Punkt der Protokoll-Abbildung stellen die mangelhaft oder unterschiedlich definierten bzw. implementierten *Release* und *Error Causes* dar. Sie verhindert einen präzisen Informationsfluß innerhalb des Systems und können sogar zu falschen System- oder Endgeräteraktionen führen. Um den Kunden die detaillierten Informationen (z.B. als Ansagen) bezüglich eines Verbindungsaufbaus, Besetzt-Zustandes oder *Call*-Abbruchs liefern zu können, wäre es wichtig, eine differenzierte Unterscheidung der Zustände zu sichern und ihre exakte Protokollabbildung (*Mapping*) zu

[6]Die *Fallback*-Prozedur wird bei Protokollkompatibilitätsproblemen benutzt.

gewährleisten. Solche Informationen sind auch systemintern für das Netzmanagement wichtig. Andererseits ist bei einer Übergabe von Informationselementen darauf zu achten, daß nur relevante Daten abgebildet werden. Die Komplexität der Implementierung und die *Performance*-Grenzen müssen dabei im Auge behalten werden. In der Phase 2 sind *Error Handling* und andere bisher aufgetretene Protokoll-Unzulänglichkeiten überarbeitet worden. Das Signalisierungs-IW für die Netzanbindung wurde für das jeweilige Netz im Netzwerk-IW kurz erwähnt. Das Zeichengabe-IW mit anderen Netzen wird vor allem für *Call Handling* benötigt. Die IW-Funktionen der Zeichengabe im MSC betreffen vor allem BSSAP-, MAP- und ISUP-Protokolle. Die zukünftigen GSM-Spezifikationen sollen bezüglich der MAP-BSSAP-Interaktionen mehr Transparenz und damit mehr Unabhängigkeit zulassen. Zeichengabe-*Interworking* im MSC zwischen MAP und BSSAP teilt sich in nichttransparentes und transparentes IW auf.

nichttransparentes IW:

- *Call Establishment* (Verbindungsaufbau: MOC und MTC);
- *Call Release* (Verbindungsabbau);
- HOV.

transparentes IW:

- *Location Registration* (LUP);
- *Authentication*;
- IMSI-Behandlung (*Detach, Attach, Provide*);
- *Forward new* TMSI;
- CC (MSC-B).

Das BSS-*Interworking* benutzt DTAP.

Numerierung-IW: Einzelne Aspekte der Netznumerierung wurden im Abschnitt Adressierung und Identifizierung (Kapitel 3) angesprochen.

***Supplementary Services* IW**

Die *Supplementary Services* sind vor allem in ISDN-Netzen aber teilweise auch im PSTN verfügbar. Auf die Zeichengabe der SS's wurde im Abschnitt GSM-Dienste kurz eingegangen. Die SS-Operationen und -Meldungen werden vom MAP importiert, so daß das MSC für die Messages, die von und zur MS geschickt werden, transparent bleibt. Nur die *Notify*SS-Operation wird vom MSC interpretiert (entspricht der *ForwardSs-Notification* im MAP). Für verbindungsunabhängige SS's stehen die IW-Funktionen im MSC nur für eine Abbildung der Nachrichten mit wenigen Überprüfungen (fast transparent) zur Verfügung. Die verbindungsorientierten Zusatzdienste bilden einen Teil der Verbindungssteuerung (CC: *Call Control*). So sind die CC-Management-Funktionen auch im VLR enthalten. IW der Zusatzdienste ist für *UtU*-Signalisierung erforderlich.

8 Signalisierungs-Prozesse im GSM-System

In diesem Kapitel wird auf die Hauptfunktionen und -prozeduren des GSM-Systems eingegangen. Es wird im allgemeinen zwischen Prozeduren und Subprozeduren (elementare Prozeduren) nicht unterschieden. Die Bezeichnung Prozedur selbst wird in den folgenden Kapiteln zur Spezifizierung von Protokollabläufen verwendet und ist nicht im Sinne einer strengen Definition innerhalb eines Programmpakets aufzufassen. Manche der strukturierten Systemabläufe wie *Location Registration*, MTC, MOC oder HOV werden in dieser Arbeit als Prozesse bezeichnet. In der Regel können sowohl Prozeduren als auch Prozesse parallel ablaufen. Protokolle wie TCAP oder DTAP unterstützen diese Art von Operationen. Es werden hier die wichtigsten der komplexen Signalisierungs-Prozesse, die mehrere Schnittstellen betreffen, beschrieben. Diese Darstellung der Grundfunktionen soll dabei helfen, die Zusammenhänge des GSM-Systems einschließlich der Informationsverarbeitung zu verstehen. Es werden u.a. Netzfunktionen für den zellularen Netzbetrieb wie das *Handover* oder die Aufenthaltserfassung (LR) genauer erklärt. Des weiteren werden andere wichtige Begriffe, wie Sicherheitsmaßnahmen im MF erörtert. Manche der komplexen Prozeduren, Abläufe und Signalisierungen sind in anderen Abschnitten beschrieben, so ist z.B. der Kurznachrichtendienst im Kapitel 6 und zugehörige Signalisierung im Kapitel 13 zu finden.

8.1 Location-Management

Die garantierte GSM-*System-Area*-weite Mobilität der Teilnehmer bedeutet für das System einen enormen Signalisierungs- und Datenverwaltungsaufwand. Die Lokalisierung von Teilnehmern muß schnell und reibungslos erfolgen, unabhängig davon, wo sie sich gerade befinden. Dabei sollte die Datenbank nur die notwendigen Informationen verwalten. Hierfür wurde das Konzept der LR's (Heimat- und Fremddateien sind schon aus früheren Systemen bekannt) und der effektiven Daten-Aktualisierung (*keeping track of* MS) aufgegriffen. Es wurden speziell für diese Zwecke Protokolle entworfen (MAP, MM) und Lokalisierungs-Prozeduren definiert. Mit *Location Management* wird ein fortgeschrittenes Stadium des IN-Konzeptes realisiert[1]. Das *Location*-Management behandelt Aufenthaltsregistrierungs- und Aufenthaltsaktualisierungsfunktionen wie *Location Update*, *Location Cancelation*, *Deregistration* oder IMSI *Attach/Detach*. Sie werden in Prozeduren unterteilt, die meistens von der MS initiiert werden oder quasi/-echt unabhängig im NSS ablaufen. Ein Teil dieser Prozeduren ist im Abschnitt MAP-Protokoll beschrieben. Es sollte erwähnt werden, daß das *Mobility Management* und die Prozeduren des *Security Management* zeitlich parallel und zwischen gleichen *Entities* (SIM, HLR) ablaufen und damit vom gleichen Protokoll (MM) behandelt werden.

---

[1]Das GSM-System ist bei der Definition der *Mobility*-Aspekte sogar wegweisend für IN-Operationen.

Roaming

Bei *Roaming* handelt es sich um die Systemerfassung beim Wechseln der Funk-Verkehrsbereiche sowie der Funknetze, die den MF-Teilnehmern Bewegungsmöglichkeiten bei gleichzeitig bestehender Erreichbarkeit (falls die MS eingeschaltet ist) bietet. *Roaming* ist durch die automatischen *Location-Management*-Funktionen sowohl innerhalb des Netzes als auch zwischen den PLMN's und durch Umschaltprozesse (*Handover* und *Changeover*) möglich. Das *Roaming* verursacht auch im *Idle*-Zustand der *Roamer* (in Bewegung befindliche, personalisierte MS) einen bedeutenden Signalisierungsverkehr. Es sind adäquate Konzepte für die *Gateways*, Protokolle und die Datenbank-Auslegung erforderlich. Um den Signalisierungsverkehr auf einen vernünftigen Maß einzuschränken, wurden LA's eingeführt, die mehrere Funkzellen beinhalten. Für *Roaming* sind die SIM-Karten und ihre Einträge von entscheidender Bedeutung.

International Roaming

GSM-*Roaming* wird flächendeckend und lückenlos auch im Ausland (Länder der GSM *System Area*) angeboten. *International Roaming* auf der Basis der *Global Title Translation* (GTT s. SCCP) ist bereits ab 1993, zwischen PLMN's dessen Betreiber ein Abkommen vereinbart haben, möglich. Das automatische Einbuchen in ein ausländisches MF-Netz erfolgt über die GSM-Netzliste auf der SIM-Karte. Die einzelnen Einträge werden in der vom Teilnehmer vorgegebenen Reihenfolge abgearbeitet. Auch das manuelle Einbuchen ist möglich - hierbei ist jedoch aufgrund des notwendigen Datenaustausches über Transitnetze mit längeren Wartezeiten zu rechnen (s. auch PLMN *Selection*). Im internationalen Verkehr der Mobilgeräte (*free Circulation of* MS) spielen die europaweit einheitlichen Typabnahmetests der Mobilstationen (*Type Approval* s. Seite 118) eine wichtige Rolle. Um aus dem Ausland anrufen zu können, muß die Rufnummer im internationalen Format angegeben werden (s. *Country Code*).

National Roaming

National Roaming ist ein für DCS 1800 (GSM Phase 2) vorgesehener Mechanismus, der erlauben soll, innerhalb eines Landes zwischen PLMN's lokal zu wechseln. Dies soll ohne eine Teilnehmer-Wahrnehmung und durch vorherige Netzbetreiberabsprachen möglich werden. Ein einstellbarer (auf der SIM-Karte befindlicher) *Timer* steuert die automatische Suche nach dem HPLMN.

8.1.1 Von der MS initiierte Lokalisierung

Neben der Erstregistrierung (die eigentliche *Location Registration*) gehören zum *Location*-Management: LUP nach spezifischen Ereignissen, periodischer LUP sowie IMSI *Detach/Attach*. Alle diese Prozeduren führen zu Schreibaktivitäten in den LR's. Die spezifischen Ereignisse für einen normalen LUP-Prozeß sind:

- LA-Wechsel;

- Reallokierung von MSRN;
- MS-*Recovery* (nach Informationsverlust);
- Verlust der *Coverage*;
- Abweisung an die MS beim MOC-Vorgang mit Rückweisungsgrund: IMSI *unknown in* VLR;
- MS-Zugriff falls der HLR *Confirmation Indicator* gesetzt ist.

Location Registration (LR)

Die MS will sich im VLR aufgrund der auf der SIM-Karte nicht vorhandenen TMSI des mobilen Teilnehmers registrieren lassen. Dies ist der Fall beim Einschalten, Neuzugang, MS-*Recovery* oder wenn TMSI verloren gegangen ist. Die MS scannt (im verkürzten Verfahren) alle 124 GSM-*Carrier*-Paare, um die stärkste Empfangsfrequenz zu finden. Für die Aufenthalts-Registrierung wird **IMSI** mit Ki, Kc und LAI benutzt. Die MS initialisiert die *Location Registration* mit LR-REQUEST zum Netz, und der Registrierungsvorgang wird mit einer LR-CONFIRM Message an die MS abgeschlossen. Es kann zwischen der Registrierung innerhalb und außerhalb eines VLR-Bereichs unterschieden werden (*intra*- bzw. *inter*-VLR). Während der LR-Prozedur wird vom Netzwerk aus die Authentizitätskontrolle und Chiffrierung (s. Sicherheitsmaßnahmen) initiiert. Die erhaltenen Lokalisierungsdaten werden im zugehörigen VLR gespeichert, und die Adresse wird ans HLR geleitet. Von dort aus werden Daten, z.B. Subskriptions-Parameter, geliefert. Zugleich wird für die MS eine MSRN allokiert. Die LR-Prozedur bleibt für das MSC transparent, falls kein LAI-Eintrag notwendig ist. Die Vorgehensweise bei der Aufenthaltsregistrierung ist sehr ähnlich wie beim LUP-Prozeß - aus diesem Grunde werden sie in der Praxis nicht unterschieden. In beiden Fällen wird dem Teilnehmer eine TMSI zugewiesen, falls nicht vorhanden oder nicht mehr aktuell. Sie wird im VLR allokiert, chiffriert zur MS geleitet und anschließend (mit TMSI ALLOCATION ACK) bestätigt.

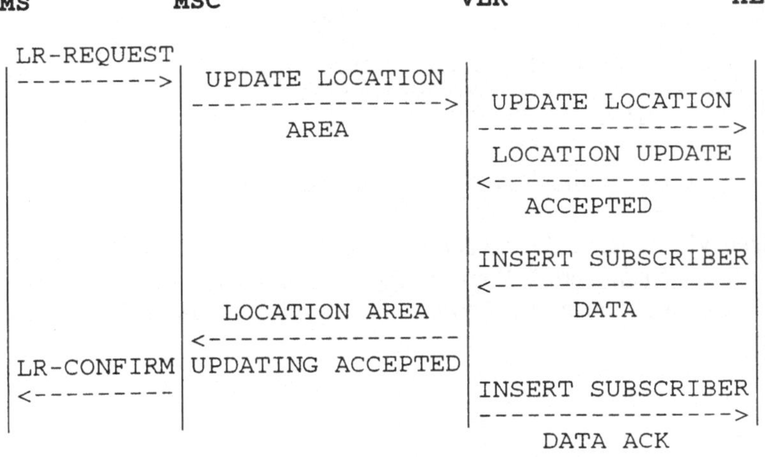

Bild 8.1: LR-Prozeß (ohne Authentizitätsüberprüfung)

Location Update **(LUP)**

Die Standortaktualisierung (LUP) wird immer von der MS aus (SIM muß vorhanden sein) gestartet, sobald diese anhand eines Vergleichs mit dem abgespeicherten Wert merkt, daß sich die LAI seit dem letzten Eintrag geändert hat. Dieser Positionswechsel wird über den RACH mit S-ALOHA (SARA) gemeldet. Zu diesem Zweck wird der DCCH angefordert (s. *Channel Assignment*). Mit LR-REQUEST werden **TMSI**, LAI, Ki, und Kc zum Netz geschickt. Die Aufenthaltsdatenaktualisierung wird im VLR und HLR durchgeführt (s. LUP in MAP-Prozeduren). Für LUP unterscheidet man drei Konfigurationen. Außer MS, BTS, MSC werden:

- nur VLR (keine neue Wegsteuerung-Information ans HLR);
- VLR und HLR (wenn sich die VLR-Zuständigkeit ändert);
- PVLR, VLR und HLR (MS benutzt zur eigenen Identifizierung TMSI aus PVLR) an der Registrierung beteiligt.

Bei einer VLR-Änderung muß die HLR-Adresse für das neue VLR (über IMSI) ermittelt werden. Die zu aktualisierenden Daten LAI, LMSI und die VLR-Adresse werden übergeben. Ein periodisches LUP wird vorgenommen, wenn die vom System vorgegebene Zeit zwischen den Signalisierungsaktivitäten bei eingeschalteter MS (der *Timer* ist in der MS lokalisiert[2]) überschritten wird. Nach dem LUP-Abschluß geht die MS in den *Wait for Network Command*-Zustand über. Die RR-Verbindung wird aufgelöst (so wie in IMSI *Detach*). Auf die verschiedenen LUP-Varianten wird im Abschnitt MAP-Prozeduren eingegangen. In Abbildung 8.1 sind 2 Fälle enthalten. Die einfachere LR-Variante ist die ohne HLR-Beteiligung. Im dritten Fall wird nach der UPDATE LOCATION AREA-Message ans VLR der folgende Ablauf erfolgen, bevor mit UPDATE LOCATION fortgefahren wird:

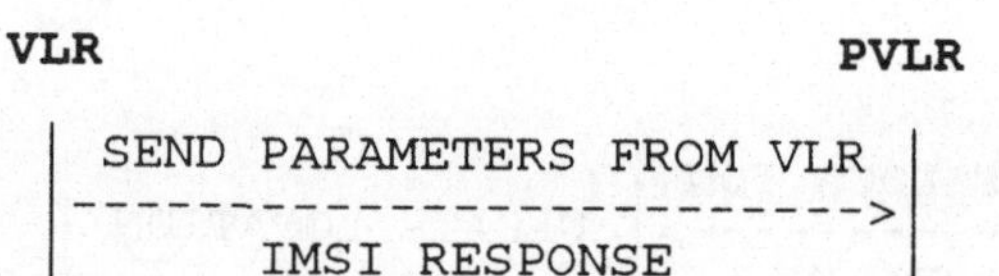

Bild 8.2: *Location Registration* inkl. PVLR (Ergänzung zum Bild 8.1 davor)

Aus dem vorherigen VLR werden Daten über die "alte" TMSI + LAI (IMSI) angefordert, die für das *Location Update* im HLR notwendig sind. Am Ende des LUP-Prozesses mit PVLR-Beteiligung muß noch die *Location Cancelation* (s. MAP-Prozeduren) ausgeführt werden.

[2]Der *Timer* ist in der GSM Phase 1 auf der SIM-Karte vorhanden. In der Phase 2 befindet er sich im ME und (aus Kompatibilitätsgründen) auf der SIM-Karte.

```
MS                    MSC                      VLR

| IMSI DETACH IND    | IMSI DETACH           |
|------------------->|---------------------->|
```

Bild 8.3: IMSI *Detach* Prozedur

IMSI *Detach*

IMSI-Auflösung; Die MS geht in einen inaktiven Zustand über weil z.B. die Chipkarte rausgenommen wird, die SIM-Karte ist nicht betriebsbereit oder die MS ausgeschaltet wurde. Über diesen Zustand wird nur das VLR unterrichtet, indem der IMSI DETACH-*Flag* für diesen Teilnehmer gesetzt wird. Es wird auf die Kanalfreigabe vom Netzwerk gewartet; erfolgt sie nicht, so wird die RR-Verbindung lokal freigegeben. Die ankommenden Anrufe (MTC's) werden rechtzeitig abgewiesen, so daß die Funkkanäle durch Suchrufe (*Paging*) nicht unnötig belastet werden. Ein impliziertes IMSI *Detach* hängt mit dem periodischen LUP zusammen.

IMSI *Attach*

Diese Aufenthaltsaktualisierungs-Prozedur ist komplementär zu IMSI *Detach* (das Ergebnis wird jedoch quittiert) und gehört neben dem LUP zu den spezifischen MM-Prozeduren (MM: *Mobility Management*). Ihre Aufgabe besteht darin, die MF-Teilnehmer-Aktivierung ans Netzwerk zu melden. IMSI *Attach* wird mittels LUP-Prozedur ausgeführt, dabei können über das A-*Interface* folgende Nachrichten geschickt werden: LOCATION UPDATING REQUEST/ACCEPT/REJECT. Nach einem positiven Ausgang des IMSI *Attach* Vorgangs (s. auch MAP) ist der Teilnehmer im VLR als aktiv vermerkt und sein *Mobile* als *Idle* registriert.

```
MS                    MSC                      VLR

| IMSI ATTACH REQ     | IMSI ATTACH            |
|-------------------->|----------------------->|
|  IMSI ATTACH        | IMSI ATTACH            |
|<--------------------|<-----------------------|
| (NOT)/CONFIRMED     | REFUSED/ACCEPTED       |
```

Bild 8.4: IMSI *Attach* Prozedur

Die beiden Prozeduren (IMSI *Attach* und *Detach*) entsprechen funktional den Aktivierungs- und Deaktivierungs-Prozeduren für unbedingte Rufweiterleitung (CFU). Ihre genaue Implementierung ist Hersteller- bzw. PLMN-abhängig und kann in einer späteren Systementwicklungsphase erfolgen.

***Classmark* Änderung**

Nach dem Einschalten der MS kann ein CLASSMARK CHANGE mit Informations-Elementen, die die Eigenschaften (Attribute) der MS beschreiben, Priorität (*high/low*), MS-*Equipment* (*vehicel, portable, handheld*), Änderung in TX-Leistung oder auch Chiffrierungs-Algorithmus ans Netz gemeldet werden. Nachdem die BTS so eine Message erhalten hat, wird ein CLASSMARK UPDATE weiter zum MSC geleitet.

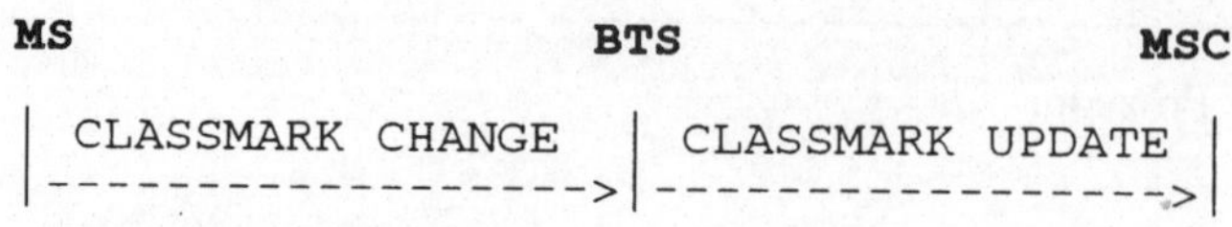

Bild 8.5: *Classmark*-Änderung

8.1.2 Lokalisierungs-Prozeduren in Registern

Neue Aufenthaltsinformationen werden über das MSC zum VLR und HLR geleitet und dort gespeichert. Die Register sind imstande, die Informationen untereinander auszutauschen. Es handelt sich hier um Prozesse innerhalb der MF-Datenbank. Beim LR-Vorgang müssen relevante Teilnehmerdaten vom HLR zum VLR geleitet werden. Eine genauere Beschreibung der Lokalisierungs-Prozeduren befindet sich im Abschnitt *Location*-Management (MAP-Protokoll).

Interrogation

Die *Interrogation* ist eine Abfrage-Prozedur an die MF-Datenbank. Die *Interrogation* erlaubt dem MF-Teilnehmer, Informationen zum Sperren abgehender Anrufe, zum CLIP oder zur Rufweiterleitung vom VLR/HLR zu holen. In erster Linie werden die *Location Register* interrogiert. Der wichtigste Fall ist die vom GSM-System automatisch ausführbare HLR-*Interrogation* (HLR-*Enquiry*) für *Call Routing*-Zwecke beim MT-Prozeß (MT: *Mobile Terminated*). So wird nach *Call*-Initiierung vom Festnetz aus (MTC) eine *Interrogations*-Prozedur zum HLR des anzurufenden Mobilfunkteilnehmers gestartet, um Informationen (*Roaming Number*) zu erhalten (s. Bild 8.6). Für eine Anfrage aus dem Fremdnetz wird dies von der Zugangs-Mobilvermittlungsstelle (GMSC) oder von einem anderen Netzknoten mit MAP-Fähigkeiten durchgeführt. Zu diesem Zweck werden die ersten Ziffern der Teilnehmernummer (SN) ausgewertet (→ HLR-Adresse). Nach Erhalt der MSRN kann der aktuelle MSC-Bereich angesteuert werden (vgl. MTC-*Call-Flow* in Bild 8.8). Befindet sich der Teilnehmer nicht im HPLMN, so kann es vorkommen, daß die zu ihm aufgebaute Verbindung unnötige Schleifen erzeugt.

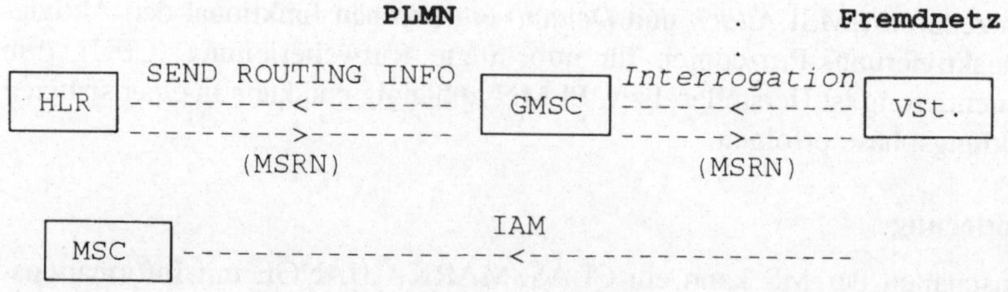

Bild 8.6: *Interrogation* des HLRs für ein MTC vom Fremdnetz aus

Die *Interrogation* ist eine typische IN-Prozedur. Das GSM-Szenarium sieht verschiedene Evolutionsschritte der HLR-*Enquiry* vor. Im ersten werden nur GMSC-*Entities* einen Anruf weiterleiten können. Im zweiten werden im GMSC zusätzliche *Rerouting*-Funktionen eingeführt. Schließlich werden in der dritten Phase auch andere SP's (SSP's), z.B. die angeschlossener Fremdnetze (ISDN/PSTN), interrogationsfähig sein. Diese Intelligenzzunahme im Netz soll die *Routing*-Funktionen, z.B. für *International Roaming*, vereinfachen.

8.2 Call Setup

Man unterscheidet je nach Initiierung und Ziel vier Rufaufbau-Typen:

- MOC: *Mobile Originating Call* (Ruf beim mobilen Ursprungsverkehr);
- MTC: *Mobile Terminating Call* (Ruf beim mobilen Endverkehr);
- MMC: *Mobile-Mobile Call*;
- *Transit Call*.

Im MSC findet eine zusätzliche Differenzierung statt: der Ruf aus dem Festnetz, TOC (*Trunk Originated Call*). MOC wird von der MS aus initiiert. Beim MTC ist der Angerufene ein PLMN-Teilnehmer. MMC kann als eine MOC/MTC-Kombination aufgefaßt werden und wird deswegen nicht getrennt behandelt. Hier kann man noch die einfachere Variante, das PLMN- oder MSC-interne MMC, unterscheiden. Ein *Transit Call* erfolgt zwischen benachbarten Vermittlungsstellen, wobei das MSC als Transit-Knoten involviert wird. Dieser Verbindungstyp kommt nur in bestimmten Netzen bzw. bei bestimmten Dienstarten (z.B. MTC mit Rufumleitung) vor. Bei einem Verbindungsaufbau kann es sich, abhängig von der Lokalisierung der betroffenen Personen, um einen Prozeß handeln, der über mehrere verschiedene nationale und/oder internationale Netze (ISDN/PSTN/PDN/PLMN) verläuft. Um ein Gespräch zu ermöglichen, müssen innerhalb kürzester Zeit zahlreiche Abläufe in bestimmter Reihenfolge stattfinden. Im folgenden werden die zwei wichtigsten Rufaufbautypen vom und zum Mobilteilnehmer (MOC und MTC) auf Prozedurebene einschließlich der *Call-Flow*-Darstellung skizziert.

8.2.1 Mobile Originating Call

MOC - von der MS ausgehender Anruf; Man unterscheidet zwischen dem MOC mit *Early Assignment* (s. Bild 8.7) und dem mit OACSU (*Off-Air Call SetUp* s. Kapitel 11). Andererseits wird zwischen MOC's mit (im VLR) registriertem und solchen mit nicht registriertem Teilnehmer differenziert. Auch beim Notruf handelt es sich um eine MOC-Variante. Sie wurde im Kapitel über GSM-Dienste (Teleservices) beschrieben. An dieser Stelle wird zuerst ein normaler MOC-Ablauf mit einer im VLR registrierten Mobilstation dargestellt.

1. **MOC mit *Early* (TCH) *Assignment***

MOC mit einer frühen TCH-Zuweisung; Der Mobilfunkteilnehmer wählt die Rufnummer und drückt die Ruftaste (*Send-Button*) - damit ist der *Call-Setup* initiiert. Für Ferngespräche zum Fremdnetz ist wie üblich eine Vorwahl zu wählen. Die Kanalsuche wird von der MS über priorisierte Kanäle vorgenommen, um Batteriekapazität zu sparen. Es wird die *Immediate Assignment*-Prozedur (s. RR-Management) gestartet, vom RR-Management wird die Kanalzuordnung vorgenommen. Danach wird vom CC der Aufbau einer MM-Verbindung gefordert (die übergebenen Parameter zeigen z.B., ob es sich um *Basis Call*, einen Notruf oder SMS handelt). Mit PROCESS ACCESS REQUEST wird die Anfrage bezüglich Authentizitätsinformationen vom MSC zum VLR gerichtet. Im VLR wird die *Subscriber Category* (für *Access Control*) abgefragt und es darf bezüglich des mobilen Teilnehmers keine Einschränkung (Restriktion) vorliegen. Mit AUTHENTICATE werden die Authentisierungsdaten (RAND und Kc) zum MSC geleitet. Die MS muß registriert sein, und der *Ciphering*-Modus wird gesetzt. Sollte sich (nach PROCESS ACCESS REQ) herausstellen, daß die MS im VLR nicht registriert ist, so wird zuvor die *Update Location*-Prozedur (MAP-Prozedur zum HLR) gestartet. Je nach Fall wird die MS über TMSI oder IMSI identifiziert. Die MM-Verbindung wird mit der ersten CC-Message bestätigt. Anschließend kann ein SETUP erfolgen. Mit SEND INFORMATION FOR O/G CALL SETUP werden Teilnehmerparameter des Anrufers vom VLR angefordert. Die TCH-Zuweisung wird nach der Authentizitätprüfung und nachdem alle relevanten *Call*-Parameter bekannt sind, ausgeführt (s. auch 2). Beinhaltet die angekommene SETUP-Message einen - bezüglich des Verbindungsaufbaus - vollständigen Informationssatz, so wird zur MS eine CALL PROCEEDING-Message geschickt (direktes CONNECT oder ALERTING werden erst untersucht). Es wird die angewählte ISDN-Nummer analysiert und anhand von CC und NDC das Zielnetzwerk angesteuert. Beim MOC zum Fremdnetz-Teilnehmer wird das jeweilige GMSC, nach dem Prinzip der minimalen Nutzung der Fremdnetzleitung, erreicht. Handelt es sich beim B-Teilnehmer wiederum um einen MF-Teilnehmer, so werden *Routing*-Informationen (MSRN) von seinem HLR angefordert. Die HLR-Adresse wird aus der MSISDN im MSC abgeleitet. Des weiteren werden Kanäle zugewiesen und eine IAM-Nachricht zum Netz geschickt. Eine positive Antwort (ALERT/CONNECT) wird in der MS mit CONNECTION ACKNOWLEDGEMENT zum MSC quittiert. Die MOC-Verbindung ist damit durchgeschaltet.

2. **MOC mit OACSU**

MOC mit funkfreiem Rufaufbau; Ein TCH zwischen MS und Netz wird erst nach der *Call Confirmation* (ALERT-Antwort) zugeordnet. Der *Call-Flow* (s. Bild 8.7) ist bis auf die *Assignment* Prozeduren dem im Unterpunkt 1. beschriebenen gleich.

8.2.2 Mobile Terminating Call

MTC - zur MS kommender Anruf; Beim MTC unterscheidet man mehrere Varianten je nach Lokalisierung der Teilnehmer, der zur Verfügung stehenden *Routing*-Informationen und Leitwege. Es kann sich z.B. um ein MMC innerhalb eines oder mehrerer MSC-Areale handeln. An dieser Stelle wird ein vom Fremdnetz kommender (NI: *Network Initiated*) MTC beschrieben, bei dem das aktuelle GMSC bereits gefunden wurde. Ein Teilnehmer wählt die MSISDN-Nummer, die keinerlei Information bezüglich des aktuellen Aufenthaltsortes des mobilen Teilnehmers enthält. Zuerst wird eine *Interrogation* der Heimatdatei des Anzurufenden durchgeführt (s. Unterkapitel 8.1 und Bild 8.8). Für ihre Dauer wird der Anruf vertagt - der Prozeß bleibt jedoch aktiv. Die MSISDN und der gewünschte Service (hier MTC) werden mit IAM (im Bild 8.8 nicht zu sehen) zum GMSC geschickt. Die IAM-Parameter werden auf eine MAP-Message abgebildet, die zum HLR geleitet wird, um das aktuelle VLR zu finden (HLR-*Enquiry* als IN-Dialog). Im HLR erfolgt auch die Überprüfung der Subskription und der SS-Wünsche (*Call Forwarding Unconditonal* oder *Incoming Call Barring*). Danach wird gegebenenfalls die PROVIDE ROAMING NUMBER-Message (mit MSISDN, IMSI und LMSI) zum VLR geschickt. Nach Erhalt der neu allokierten MSRN für die geforderte Verbindung, kann das zuständige MSC (mit modifizierter IAM-Nachricht) angesteuert werden. Je nach Service und Unterstützung seitens des *Mobiles* bzw. *Terminal Equipments* können verschiedene Trägerdienste in Anspruch genommen werden. Es wird noch eine SEND INFO FOR INCOMING CALL-Message an das VLR abgeschickt, um anhand der MSRN die LAC- und TMSI-Werte zu bekommen, bevor mit der *Paging*-Prozedur angefangen werden kann (s. *Paging* im Abschnitt RR-Verbindungsaufbau). Die aktive MS antwortet mit PAGING RESPONSE (*Complete* L3 *Message* der A-Schnittstelle) innerhalb der CR-Nachricht. Zu diesem Zeitpunkt wird - wie beim MOC - die Anfrage gestartet. Wie im MOC-Fall muß vor dem *Setup* eine Authentizitätskontrolle durchgeführt werden. Die SETUP Message enthält die Anforderung bezüglich des gewählten Dienstes (Sprache, Daten, Fax, ..). Nach ACCESS REQUEST ACCEPTED kann - falls gewünscht - eine neue TMSI re-allokiert werden. Die COMPLETE CALL, START CIPHERING (SET CIPHERING MODE) und REALOCATE TMSI Nachrichten können eventuell simultan verschickt werden. MTC-Varianten:

1. **MTC mit *Early* (TCH) *Assignment***

MTC mit früher Zuweisung; Die gesuchte MS antwortet auf PAGING mit dem Starten der *Immediate Assignment*-Prozedur. Danach wird wie bereits beschrieben eine PAGING RESPONSE-Nachricht ans MSC folgen (von jetzt an ist die zuständige BTS bekannt), und von dort aus wird mit *Authentication* und *Ciphering* wie beim MOC fortgefahren. Jetzt kann SETUP und CALL CONFIRMED (nach *Compatibility Checking*) als Antwort folgen. Die letzte Nachricht kann für eine Festlegung der Trägerdienste (*Bearer Capabilities*) benutzt werden. Vom MSC wird ein terrestrischer Kanal zugewiesen, und anschließend wird die Allokierung des TCHs im BSS (s. *Channel Assignment*) gefordert. Sind keine Radio-Ressourcen vorhanden, kann ein Warteschlange-Betrieb (s. *Queueing*) erfolgen. Das Mobilvermittlungssystem informiert in solchen Fällen den Anrufer mit einem entsprechenden Signal. In der Phase 2 der GSM-Entwicklung kann nach dem ALERT-Empfang die IMEI-Identifizierung vorgenommen werden.

2. MTC mit OACSU

MTC mit funkfreiem Rufaufbau; Die *Immediate Assignment*-Prozedur tritt bei diesem MTC nicht auf. Der Verbindungskanal wird erst nach CALL CONFIRMATION und CALL ACCEPTED (CONNECT-Message von der MS) zugeteilt.

```
MS               BSS                  MSC                  VLR  PSTN
 | CHANNEL REQ     |                   |                    |    |
 | ------------->  |                   |                    |    |
 | IMM ASSIGN.     |                   |                    |    |
 | <-------------  |                   |                    |    |
 |  CM-SERV REQ    |                   |                    |    |
 | ------------->  | CM SERVICE REQ    |                    |    |
 |   (SABM)        | ---------------> | PROC ACCESS REQ     |    |
 |                 | (COMP L3 MESS)    | ----------------->  |    |
 |                 |                   |  AUTHENTICATE      |    |
 |  AUTH REQ       |  AUTH REQUEST     | <-----------------  |    |
 | <-------------  | <---------------  |                    |    |
 |           (DTAP)|                   |                    |    |
 |  AUTH RES       | AUTH RESPONSE     |                    |    |
 | ------------->  | ---------------> |                     |    |
 |                 |                   |  AUTH RESPONSE     |    |
 |                 |                   | ----------------->  |    |
 |                 |                   |  SET CIPH MODE     |    |
 |                 | CIPH MODE CMD     | <-----------------  |    |
 | CIPH MODE CMD   | <---------------  | ACCESS REQ ACC     |    |
 | <-------------  |                   | <-----------------  |    |
 | CIPH MODE COM   |                   |  FORW NEW TMSI     |    |
 | ------------->  |  CIPH MOD COM     | <-----------------  |    |
 |                 | ---------------> |                     |    |
 | TMSI REAL CMD   | TMSI REAL CMD     |                    |    |
 | <-------------  | <---------------  |                    |    |
 | TMSI REAL COM   | TMSI REAL COM     |                    |    |
 | ------------->  | ---------------> |   TMSI ACK          |    |
 |    SETUP        |                   | ----------------->  |    |
 | ------------->  |      SETUP        |                    |    |
 |                 | ---------------> |   SEND INFO         |    |
 |                 |                   | ----------------->  |    |
 |                 |                   |  COMPLETE CALL     |    |
 |                 |    CALL PROC      | <-----------------  |    |
 |   CALL PROC     | <---------------  |                    |    |
 | <-------------  |  ASSIGN REQ       |                         |
 |  ASSIGN CMD     | <---------------  |                         |
 | <-------------  |                   |                         |
 |  ASSIGN COM     |                   |                         |
 | ------------->  | ASSIGN COMPL.     |        IAM              |
 |                 | ---------------> | ----------------------> |
 |    ALERT        |     ALERT         |        ACM              |
 | <-------------  | <---------------  | <---------------------- |
 |   CONNECT       |    CONNECT        |        ANM              |
 | <-------------  | <---------------  | <---------------------- |
 |  CONNECT ACK    |  CONNECT ACK      |                         |
 | ------------->  | ---------------> |                         |
```

Bild 8.7: MOC-Aufbau ohne OACSU

```
MS            BSS             MSC             VLR          HLR          PSTN
                                                                        (GMSC)
|              |               |               |           |SEND ROUTING|
|              |               |               | PROVIDE   |<-----------|
|              |               |               |<--------- |    INFO    |
|              |               |               |ROAMING NO |            |
|              |               |               |           |            |
|              |               |               |  MSRN     |            |
|              |               |               |--------->|ROUT INF ACK |
|              |               |               |           |----------->|
|              |               |               |  IAM (MSRN)            |
|              |               |<---------------------------------------|
|              |               | SEND INFO     |                        |
|              |               |------------>  |                        |
|              |    PAGING     | PAGING REQ    |                        |
|PAG REQUEST   |<------------- |<------------  |                        |
|<-----------  |               |               |                        |
| CHAN REQ     |               |               |                        |
|----------->  |               |               |                        |
| IMM ASSIGN   |               |               |                        |
|<-----------  |               |               |                        |
|PAGING RESP   | PAG RESP (CR) |PROC ACC REQ   |                        |
|----------->  |-------------> |------------>  |                        |
| AUTH REQ     | AUTH REQ (CC) | AUTHENTICATE  |                        |
|<-----------  |<------------- |<------------  |                        |
| AUTH RES     |   AUTH RES    |AUTH RESPONSE  |                        |
|----------->  |-------------> |------------>  |                        |
|              | CIPH MOD CMD  |SET CIPH MOD   |                        |
|CIPH MOD CMD  |<------------- |<------------  |                        |
|<-----------  |               | (INFO ACK)    |                        |
|CIPH MOD COM  | CIPH MOD COM  |               |                        |
|----------->  |-------------> |  ACCESS REQ   |                        |
|              |               |<------------  |                        |
|              |               |  ACCEPTED     |                        |
|              |    SETUP      |               |                        |
|   SETUP      |<------------- |<------------  |                        |
|<-----------  |               |  COMPL CALL                            |
| CALL CONF    |CALL CONFIRMED |                                        |
|----------->  |-------------> |                                        |
| ASS CMD      |ASSIGNMENT REQ |                                        |
|<-----------  |<------------- |                                        |
| ASS COM      | ASS COMPLETE  |                                        |
|----------->  |-------------> |                                        |
|   ALERT      |    ALERT      |                                        |
|----------->  |-------------> |               ACM                      |
|              |               |--------------------------------------->|
|  CONNECT     |   CONNECT     |               ANM                      |
|----------->  |-------------> |--------------------------------------->|
|  CONN ACK    |   CONN ACK    |                                        |
|<-----------  |<------------- |                                        |
```

Bild 8.8: MTC-Aufbau ohne OACSU (sowie ohne Abbildung von GMSC und HLR)

8.3 Handover

Handover (HOV) ist das Umschalten einer Kommunikationsverbindung, z.B. eines Gesprächs, auf einen anderen Funkweg. Je nach System sind verschiedene Verbindungsüberwachungsfunktionen und aktive Maßnahmen zu implementieren. In den mikrozellularen Mobilfunksystemen werden die HOV-Prozesse oft von der Mobilstation ausgeführt. Im GSM wird diese Aufgabe vom Netz übernommen. Das PLMN verfügt über eine globale Übersicht der Verkehrssituation und der vorhandenen Ressourcen und kann in den meisten Fällen diese Aufgabe gut erfüllen. Die Ruf- oder Signalisierungsweitergabe im GSM-System ist ein komplexer Prozeß, der mehrere Fälle unterscheidet. Der HOV-Prozeß der Nutzkanäle bewirkt einen TCH-Wechsel, oder er kann beim Verbindungsaufbau auf einen DCCH→DCCH-Übergang führen (s. *Changeover*). Diese automatische Umschaltung darf dabei die betroffene Verbindung nicht stören. *Handover* kann Funk- oder Netz-Ursachen haben: Zellenwechsel, schlechte Qualität der Funkverbindung aufgrund der MS-Bewegung (Störungen, große Entfernung), Verkehrsverteilung, O&M-Aktivitäten (*forced* HOV), Optimierung z.B. der Sendeleistung (TX) oder Meiden einer Zellengrenzüberschreitung. Der HOV-Prozeß wird immer von der Netzseite aus gestartet, ein Teil der notwendigen Informationen, z.B. Messungen auf Kanälen benachbarter Zellen, wird dabei von der MS geliefert. Neben der HOV-Kontrolle können am Umschalteprozeß weitere Signalisierungs-Prozeduren des Ressource-Managements, des CC- und MAP-Protokolls sowie zusätzliche *Switching*-Funktionen beteiligt sein. Es gibt HOV synchron, asynchron, *pre-synchronised* oder *pseudo-synchronised*[3] je nach Synchronisation der Zellen (TA-Informationsstand bzgl. der neuen BS s. Rahmensynchronisation) und HOV-Typs: entweder innerhalb oder zwischen zwei Zellen (*Intercell* und *Intracell* HOV). Je nachdem welche Netz-*Entities* beteiligt sind (Schaltkombinationen), gibt es verschiedene HOV-Arten. Die Kanalübergabe wird entweder vom BSC oder MSC geleitet. Kann das BSS die Umschaltung nicht selbständig bearbeiten, so muß die Aufgabe vom MSC übernommen werden. In bezug auf BSS gibt es interne und externe HOV's. Man spricht auch vom *Inter*-MSC HOV - hier sind mehrere MSC's am Umschalte-Prozeß beteiligt. Nach so einem *Basic*- bzw. *Subsequent*-HOV können folgende *Features* nicht mehr erfolgen:

- *Ciphering* kann nicht mehr initiiert werden;
- Kanalzuweisung kann nicht mehr ausgeführt werden;
- *Call-Re-establishment* wird nicht unterstützt;
- Alternieren der Dienste (s. *In-Call-Modification*) ist nicht mehr möglich.

8.3.1 HOV-Fälle

Die *Handover*-Fälle werden grob folgendermaßen klassifiziert:

- HOV innerhalb einer Funkzelle;
- HOV innerhalb eines MSCs (verschiedene BS's, BSC's);
- HOV zwischen MSC's.

In dieser Reihenfolge steigt auch der Umschaltaufwand im System - der betroffene PLMN-Bereich und damit der Anteil an neuen Kanälen wird immer höher. In einer genaueren Analyse müssen neben der Kanaländerung auch die MF-Daten beachtet

[3] *Pseudo-synchronised* HOV wurde im GSM nachträglich spezifiziert.

werden. Es sind verschiedene Kombinationen der HOV-Fälle denkbar. Durch den Einbezug von *halfrate* TCH's sind weitere Möglichkeiten zu berücksichtigen. Unten sind unterschiedliche HOV-Arten mit den jeweils betroffenen Netzabschnitten symbolisch abgebildet. Der Ort der Umschaltung und die MS-Bewegung wurden eingezeichnet.

8.3.1.1 *Internal* HOV

Internal HOV ist ein *Handover* innerhalb eines BSSs. Diese Umschaltung wird vom BSS selbständig ausgeführt (keine MSC-Unterstützung notwendig), weil es im Besitz relevanter RR-Informationen ist. Das BSC sendet nach einem erfolgreichen Abschluß eine HANDOVER PERFORMED-Nachricht zum MSC.

1. *Intracell* HOV

Es wird, z.B. aufgrund von Interferenz oder anderen Funkstörungen, zwischen Kanälen einer Funkzelle geschaltet, um eine hohe Qualität der Funkverbindung aufrechterhalten zu können. Dieser interne Kanalwechsel findet durch die Änderung der Zeitschlitze und/oder der Funkfrequenz statt und wird innerhalb des RR-Protokolls erfolgen. Die Änderung des Kanaltyps wird über die *Dedicated Channel Assignment* Prozedur (s. Bild 11.5) oder alternativ über die HOV-Prozedur erreicht. Im zweiten Fall wird wie beim *External* HOV (mehrere HANDOVER ACCESS Nachrichten zur BTS) verfahren. Die MSC-Benachrichtigung ist optional. Welche Prozedur benutzt wird, hängt vom Hersteller bzw. Netzbetreiber ab.

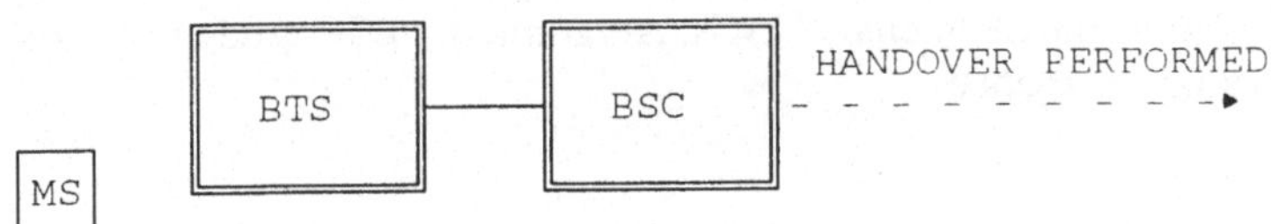

Bild 8.9: *Intracell* (intrazellulär) HOV

2. *Intra*-BSS HOV

Dieser HOV wird zwischen Zellen verschiedener BTS's eines BSSs ausgeführt. Das MSC wird nach dem HOV-Abschluß davon unterrichtet.

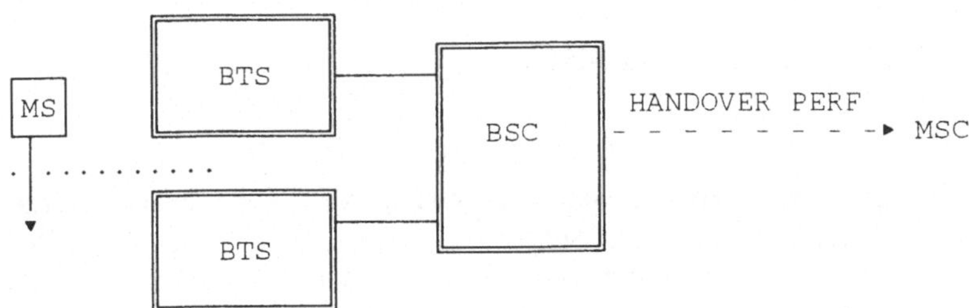

Bild 8.10: *Intercell* (interzellulär) HOV

8.3.1.2 External HOV

Bei der externen Umschaltung handelt es sich um verschiedene Kanalwechsel-Typen mit MSC-Steuerung. Der external HOV wird unterteilt in:

3. *External Intra*-BSS HOV (*Intra* BCE HOV)

In diesem Punkt gleicht die Anordnung dem Fall 2. Die HOV-Steuerungsfunktionen zwischen MSC und BSC können jedoch anders verteilt sein. Dies hängt von der implementierten Intelligenz des BSCs ab.

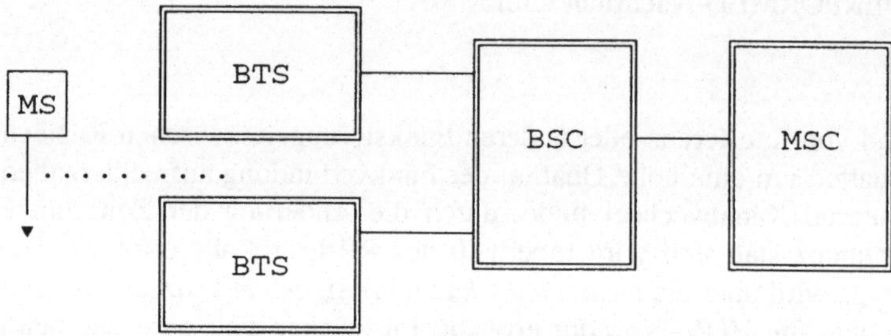

Bild 8.11: *Intra*-BSS HOV (wie Fall 2 jedoch) mit MSC Steuerung

4. *External Intra*-MSC HOV (*Inter* BCE HOV)

Es handelt sich um ein HOV innerhalb eines MSCs. Aufgrund der BSC-Änderung wird die *Classmark* Information übergeben.

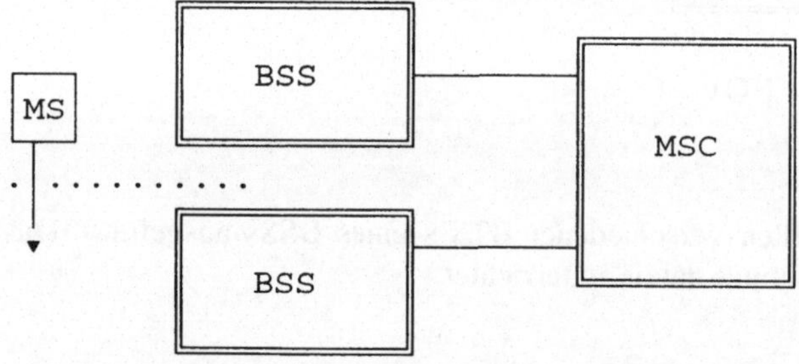

Bild 8.12: *External* HOV innerhalb eines MSCs

5. *Inter*-MSC HOV

Hier werden HOV-Fälle unter Einbezug von mindestens 2 MSC's betrachtet. Grundsätzlich unterscheidet man hier *Basic* und *Subsequent* HOV. Neben dem MSC-MSC *Handover* innerhalb eines Netzes könnten theoretisch auch solche zwischen PLMN's betrachtet werden.

5a. *Basic Handover*

Beim *Basic* HOV wird neben dem Anker-MSC das *Serving*-MSC (MSC-B) benutzt. Der *Basic* HOV gehört zu den recht komplizierten Prozessen, insbesondere dann wenn die MSC's von verschiedenen Herstellern stammen. Während dieser Umschalteart wird für *Roaming*-Zwecke die HON (HOV *Number*) benötigt. Der *Basic* HOV wird im Abschnitt MAP-Prozeduren genauer beschrieben.

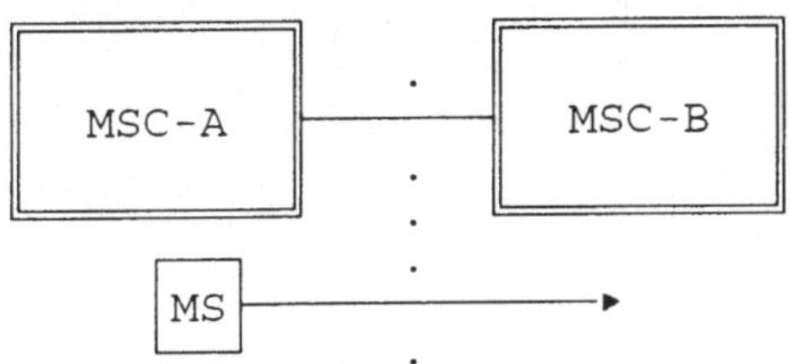

Bild 8.13: *Basic* HOV (MSC-A s. Kapitel 3)

5b. HOV mit 3 MSC's (A, B, B')

Nach einem *Basic* HOV (Erstumschaltung) kann es vorkommen, daß während der bestehenden Funkverbindung die betroffene Mobilstation den MSC-B-Bereich verläßt. Der notwendige HOV-Prozeß zu dem MSC-B' wird als *Subsequent* HOV (Folgeumschaltung) bezeichnet. Dabei unterscheidet man noch die einfachere Möglichkeit, daß das MSC-B' wieder das MSC-A ist.

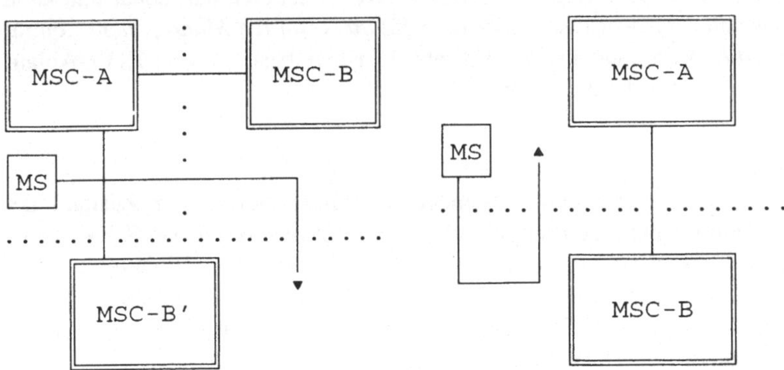

Bild 8.14: *Subsequent* HOV

Zwischen den MSC's B und B' beim *Subsequent* HOV gibt es keinen Nachrichtenfluß. Jeder weitere *Subsequent* HOV wird als HOV-Fall mit 3 MSC's betrachtet.

5c. HOV zwischen verschiedenen PLMN's

Diese Umschalteart kann an den internationalen *Gateways* zu einem erheblichen Signalisierungsverkehr führen und wird realisiert, wenn die einzelnen Netzbetreiber dies unter sich vereinbaren. Sonst wird der *Inter*-PLMN HOV nicht unterstützt. In den PLMN-Grenzbereichen kann es also vorkommen, daß die Verbindungsqualität sich allmählich verschlechtert und dies schließlich zum Verbindungsabbruch führt. In solchen Fällen kann nur ein erneuter Verbindungsaufbau helfen.

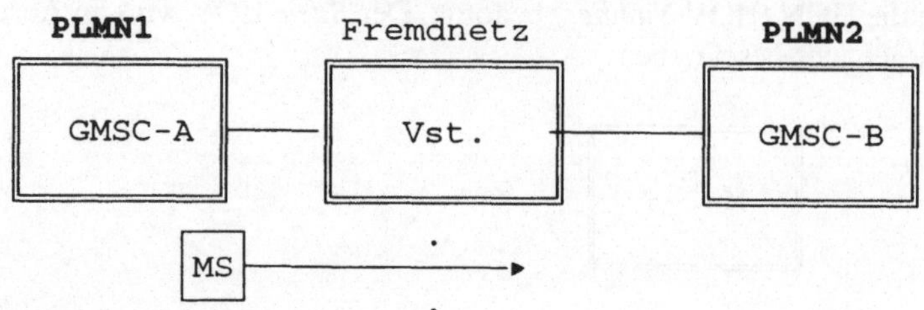

Bild 8.15: HOV zwischen PLMN's

8.3.2 HOV-Ablauf

Die HOV-Funktion ist sehr bezeichnend für den zellularen Netzbetrieb. Ein *Handover* soll möglichst schnell und unbemerkt ablaufen, so daß die Verbindung stabil bleibt. Die Unterbrechung pro einfachem HOV-Fall darf 150 ms nicht überschreiten und die Wahrscheinlichkeit für einen HOV-Erfolg sollte bei geringer Verkehrslast über 99 % liegen. Während der Umschaltung wird keine Authentizitätsprüfung und Chiffrierung benutzt. Der *Handover*-Prozeß wird überwiegend durch die RR-Prozeduren aufgebaut und kann in mehrere Phasen unterteilt werden. Außer dem *Radio Resource Management* kommt hier auch das *Mobility Management* zum Einsatz. Der hier beschriebene HOV-Ablauf bezieht sich auf eine externe Umschaltung.

1. Erkennung

Ein HOV kann wie bereits erwähnt verschiedene Gründe haben. Der Zustand der Funkkanäle wird ständig (quasi-kontinuierlich) durch Empfangspegel- (RXLEV) und -Qualitäts- (RXQUAL) Messungen der MS und BTS überwacht (s. Funkressourcen-Verwaltung), wobei die Mobilstation für die *downlink*- und die Basisstation für die *uplink*-Messungen zuständig ist. Die Messungen werden an den BSC übergeben und bilden eine Grundlage für die HOV-Entscheidung.

• **HOV *Candidate Enquiry***
In dieser Prozedur leitet das MSC eine Anfrage ans BSS, das in einer Funkzelle nach potentiellen HOV-Kandidaten suchen soll. Dabei kann der HOV-Schwellenwert im PLMN variiert werden (Erhöhung als protektive Maßnahme, s. Netzmanagement). Die gefundene Anzahl der MS, die umschalten wollen, wird ans MSC in der HANDOVER CANDIDATE RESPONSE-Nachricht zurückgegeben.

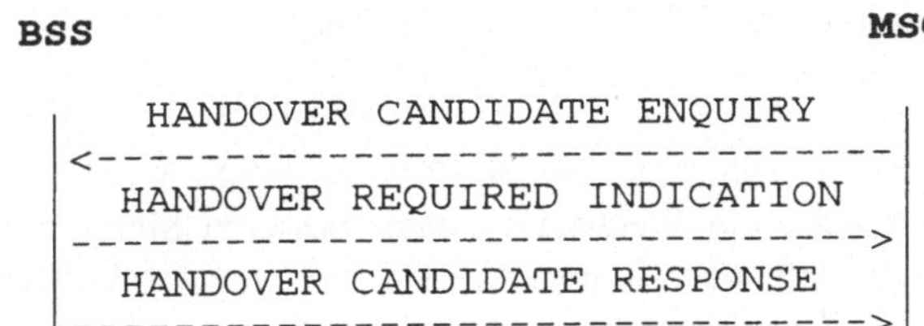

Bild 8.16: HOV-Einleitung

• **HOV *Required Indication***
HANDOVER REQUIRED INDICATION wird vom BSS zum MSC für eine bestimmte MS geschickt, wenn das BSS merkt, daß dies notwendig ist, z.B. aufgrund der schlechten Funkqualität oder nachdem das MSC eine HOV *Candidate Enquiry* Prozedur gestartet hat. HANDOVER REQUIRED (s. Bild 8.16) wird vor der HANDOVER CANDIDATE RESPONSE-Nachricht geschickt. HANDOVER RQD kann mehrmals hintereinander (T7-Zeitinterval) gesendet werden und enthält eine Liste derjenigen CI's, die eine bessere Übertragungsqualität versprechen.

2. Entscheidung

Die Entscheidungskriterien für ein HOV sind sowohl Meßergebnisse der Mobilfunkstation (über SACCH) bzw. netzseitige Ergebnisse der BTS-Messung (s. *Measurement Reporting/Radio-Link-Control* im Abschnitt A-Schnittstelle) einschließlich der *Timing Advance* Kontrolle als auch andere netzbezogene Gegebenheiten.

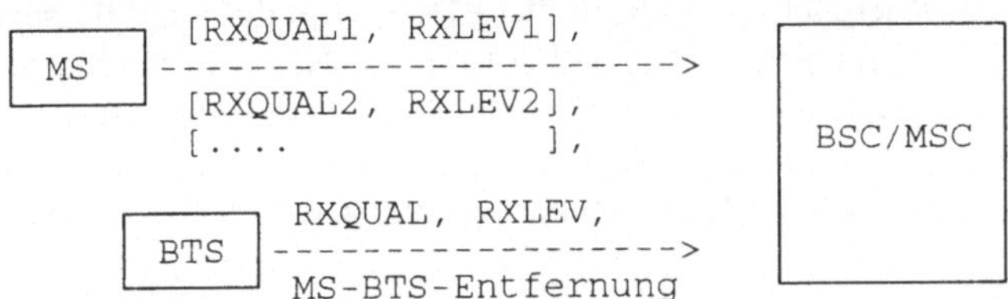

Bild 8.17: Funkdaten für eine HOV-Entscheidung

Der HOV-Anstoß kommt vom MM, und die Entscheidung wird immer netzseitig, entweder vom MM oder vom RR, gefällt. An den Zellengrenzen soll der sog. *Ping-Pong*-Effekt (Kanal-Oszillation) durch eine geeignete Korrektur bzw. Auswertung der Signalstärke-Parameter ausgeschlossen werden. Für die HOV-Entscheidung werden folgende Informationen betrachtet:

- Grund für ein HOV;
- Liste bevorzugter BTS's (nach Qualität des Empfangs);
- MS-BTS-Entfernung;
- *Power Class* der MS;
- verfügbare Ressourcen (evtl. *Directed Retry*);
- Nachbarbeziehungen (einseitig, gegenseitig) und Netzkonfiguration.

Der Entscheidungs-Algorithmus wurde von GSM nicht standardisiert.

• **HOV Strategie**
In dieser algorithmischen Prozedur wird festgelegt, wie ein HOV ausgeführt werden soll (z.B. Frequenzwahl). Es kann entweder ein Wechsel zu einer besseren Signalstärke erfolgen, oder es wird eine Fortsetzung der Kommunikation mit weniger Leistung angestrebt. Auch eine gleichmäßigere Kanalauslastung kann in Betracht gezogen werden. Die Entscheidungs- und Ausführungsstrategie hängen von vielen Parametern wie z.B. der Verkehrssituation oder der lokalen Netztopologie ab und die Festlegung wird dem Netzbetreiber bzw. den Herstellern überlassen. Auch die Implementierungsart (verteilt/-zentral) wurde nicht festgelegt. Die relative Entfernungsmessung kommt in diesem Zusammenhang nicht zum tragen.

3. Ausführung

Nach der Auswahl der geeigneten Ziel-Funkzelle wird die MS davon unterrichtet. Parallel dazu wird der neue Funkkanal belegt. Nach dem Umschalten muß der alte Kanal freigegeben werden. Beim nicht gelungenen *Internal* BSC-HOV zu einer neuen Zelle, können mithilfe einer vorhandenen Liste weitere HOV-Versuche zu anderen Zellen unternommen werden. Die Vorgehensweise für einen HOV mit MSC-Beteiligung sieht folgendermaßen aus:

• **HOV Ressourcen-Allokierung**
Mit dem HANDOVER REQUEST-Kommando fordert das MSC vom BSS Ressourcen an. Diese Prozedur ist der Kanalzuweisungs-Prozedur (*Channel Assignment*) sehr ähnlich. Mit HANDOVER REQUEST ACKNOWLEDGE wird die Wahl (Reservierung) der Radioressourcen angezeigt. Mit HANDOVER COMMAND wird die MS zur HOV-Ausführung aufgefordert. Dies ist für die MS zugleich die erste Information bezüglich der Umschaltung. Bis zum Empfang dieser Message werden nur RR-Management-Messages übertragen. Die genauere Nachrichtensequenz ist Bild 8.18 zu entnehmen.

• **HOV *Establishment*** (Einstellung)
Von der MS wird eine HANDOVER ACCESS-Message über den DCCH-Kanal geschickt. Man unterscheidet grob zwei Fälle für die synchronisierte und die nicht synchronisierte MS. Im ersten Fall wird diese Message in vier aufeinander folgenden Zeitschlitzen geschickt. Im zweiten Fall geschieht es kontinuierlich, das Netzwerk (BTS2 s. Bild 8.18) kann wiederholt eine PHYSICAL INFORMATION-Nachricht zur MS senden. Mit der ersten PHYSICAL INFORMATION wird auch HANDOVER DETECT ans MSC adressiert.

• **HOV *Execution*** (Ausführung)
Die eigentliche HOV-Ausführung wird mit HANDOVER COMMAND von dem betroffenen BSS (BSS1) gestartet. Diese Nachricht enthält eine genaue Kanalbeschreibung für die geforderte Umschaltung. Die Funkzelle und der neue, zu belegende Funkkanal werden angezeigt und der Ablauf wird durch einen *Timer* kontrolliert. In diesem Prozeß-

Abschnitt kann kurzzeitig eine doppelte Verbindung zum Netz existieren (*Quasi Conference Situation*). Auf DCCH werden (je nach TA-Information) mehrere HANDOVER ACCESS-Nachrichten (mit HRN: *Handover Reference Number*) zur BTS2 geschickt. Der HOV-Prozeß dauert länger, wenn die MS-Synchronisierung erst erfolgen muß.

• **HOV *Completion*** (Abschluß)
Es wird eine HANDOVER COMPLETE-Message in Richtung MSC abgeschickt. Dies bedeutet, daß die neuen Verbindungskanäle erfolgreich belegt werden konnten. Danach können die alten Kanäle mit CLEAR COMMAND/COMPLETE wieder freigegeben werden. Sollte die neue Verbindung nicht zustande kommen, kann eine HANDOVER FAILURE Nachricht oder *Call Re-establishment* die Verbindung retten. *Basic* HOV ist im Kapitel 10 beschrieben. HOV-Aktivitäten in bezug auf die RR sind im Abschnitt BSSAP (Funkverbindungszustand) zu finden.

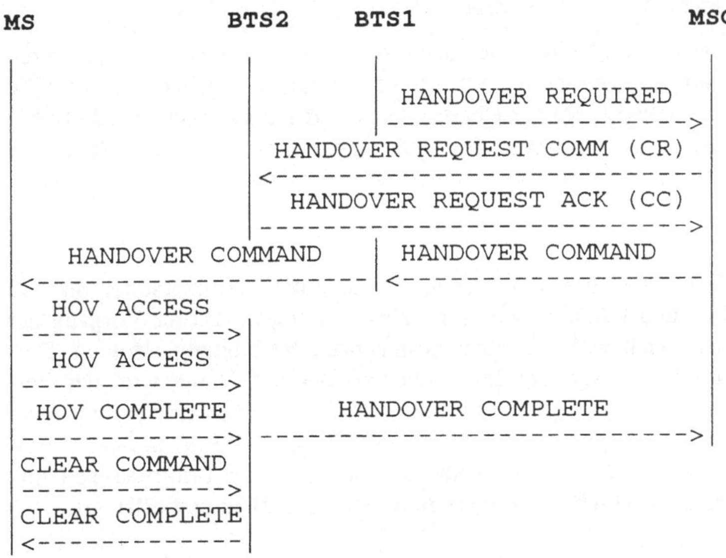

Bild 8.18: HOV (*synchronised case*) zwischen zwei BTS's, die von einem MSC kontrolliert werden.

8.4 Sicherheitsmaßnahmen

Die mobilen Kommunikationsdienste, die jedem berechtigten Teilnehmer von einem beliebigen (versorgten) Standort aus angeboten werden, erzwingen besondere Sicherheitsaspekte. Für das GSM-System wurden in diesem Zusammenhang mehrere Schutzmaßnahmen vorgesehen. Die Sicherheitsvorkehrungen gegen nicht autorisierte Personen, Prozesse oder Komponenten sind durch verschiedene *Features* des *Security Managements* gewährleistet. Es kann die folgende Einteilung vorgenommen werden:

1. **Zugangskontrolle und Identifizierung**

Eine Zugangskontrolle und Identifizierung werden sowohl für den Netzwerk- als auch für den Teilnehmerschutz gegen unberechtigte Benutzung eingesetzt. Die Zugangskontrolle erfolgt - in üblicher Weise - durch Chipkarte und PIN-Angabe (wie z.B. beim EC-Service). Damit sollen auch die Vergebührungsprobleme geregelt werden. Die Teilnehmeridentifizierung erfolgt durch eine Überprüfung der IMSI oder der zuvor automatisch zugewiesenen temporären Kennung. Für Bestimmte SS's wird zusätzlich die Angabe des *Network Password* gefordert. Die Authentizitätsprozedur basiert auf dem *Encryption*-Prozeß und benötigt die Algorithmen A3 und A8. Zu diesem Zweck wurde im PLMN das Berechtigungszentrum (AUC) mit einer Mobilteilnehmer-Datenbasis eingerichtet. Die AUC-Datenbank unterstützt neben der *Authentication* auch eine andere wichtige Funktion - die Chiffrierung.

2. **Datensicherung gegen Abhören** (Vertraulichkeit)

Alle Kommunikationsverbindungen und die zugehörigen Steuerinformationen passieren die Funkschnittstelle und können prinzipiell von jedem leicht abgehört werden. Die Datensicherung (Geheimhaltung) bei der Übertragung auf der Funkstrecke wird als A5-Chiffrierungs-Algorithmus auch mit dem *Encryption*-Prozeß erreicht. Zusätzlich wird eine Spreiztechnik in Form des Frequenzsprungverfahrens angewandt.

3. **Anonymität**

Die Anonymität der Teilnehmer wird durch temporäre Identifizierer unterstützt. So wird z.B. IMSI durch TMSI (und LAI), soweit es möglich ist, ersetzt. Dieser Vorgang der TMSI Allokierung kann auch während einer bestehenden Verbindung erfolgen. Dies garantiert eine vertrauliche Behandlung der Teilnehmeridentität. Damit wird der Versuch, abgehörte Daten einem MF-Teilnehmer zuzuordnen, zusätzlich erschwert. Translation, d.h. die Umsetzung von temporären Daten (TMSI oder MSRN) in andere Formen, dient den notwendigen *Routing*-Funktionen. Die benutzten Informationen und möglichen Fälle wurden im Abschnitt Adressierung und Identifizierung erläutert.

Für die Sicherheitsaspekte im PLMN ist die AUC-Einheit verantwortlich (s. Aufbau des GSM-Systems). Ihre Hauptaufgaben sind:

- Generierung von Ki-Schlüsseln (s. Bild 8.21),
- Erzeugung von SRES und Kc.

Es folgt eine genauere Beschreibung der Sicherheitsfunktionen.

8.4.1 Zugangskontrolle und Identifizierung

Die Zugangskontrolle wird über die SIM-Karte und die PIN-Eingabe (PIN: *Personal Identification Number*, persönliche Geheimzahl) realisiert. Stimmen die eingegebenen

Daten mit den in seinem "Berechtigungsprofil" hinterlegten Daten überein, erhält der Bediener Zugang zum System. Um einen Mißbrauch der Zusatzdienste (*Call Barring*) zu vermeiden, wird eine Paßwortangabe gefordert (s. Glossar). Um das System gegen das Vortäuschen einer falschen Identität zu schützen, wird bei der Einleitung vieler MF-Prozesse die *Authentication* des Teilnehmers (Berechtigungsprüfung s. A3-Algorithmus) benutzt. Auch die MS kann durch die IMEI-Abfrage identifiziert werden, was den Diebstahl eines MF-Endgerätes sinnlos machen soll. Die Identifizierung und die *Authentication* sind an sich völlig separate Sicherheitsprozeduren.

Einbuchen

Die Einbuchung (*Log-in*) kann nur bei vorliegendem Teilnehmerverhältnis erfolgreich sein. Beim Einbuchen wird das allgemein bekannte und gängige Verfahren benutzt, welches als einführende Sicherheitsstufe bezeichnet werden kann. Das Einbuchen, d.h. der Zugang zum MF-Netz, ist nur mit einer legitimen Berechtigungskarte (s. SIM-Modul/Chipkarte) möglich. Ihre Daten werden nach der korrekten PIN-Eingabe eingelesen und zum VLR geleitet. Die GSM-Dienste können nach Aktivierung der IMSI (s. IMSI-*Attach*) benutzt werden.

Subscriber Identity Module (SIM)

Um ein *Mobile* benutzen zu können, ist ein SIM-Modul erforderlich. Dort befinden sich vor allem IMSI, PIN und die Kryptoalgorithmen, um den Karteninhaber zu authentizieren und die übertragene Daten zu chiffrieren. In Verbindung mit *Mobility Management*-Funktionen sind *Update Status*, LAI, BA-Liste (BA: BCCH *Allocation*) sowie PLMN-Listen (*preferred* und *forbidden* PLMN's) zu nennen. Innerhalb des SIM-Moduls werden SRES und Kc ausgerechnet. Der (SIM + ME)-Verbindungsvorgang wird auch als Personalisierung des MEs (MS) bezeichnet (s. Bild 8.21). SIM kann je nach MS entweder als *Plug-in-Modul* oder IC-*Card*-SIM benutzt werden. Es ist konstruktiv möglich, beide SIM-Kartensorten in einer MS zu akzeptieren. Für die *Smart Card* (IC-SIM) ist ein Kartenleser erforderlich, und sie kann leicht aus der Mobilstation entfernt werden. Der Vorteil ist dabei, daß danach die MTC's zum Teilnehmer nicht empfangen werden können und die MO-Prozesse nicht auf Kosten des Karteninhabers geführt werden. Für die GSM Phase 2 sind SIM-Verbesserungen, wie die Einführung von zusätzlichen PIN-Nummern, vorgesehen.

Die *Smart Cards* haben seit einigen Jahren ein großes Interesse im Sicherheitsbereich diverser Systeme gefunden. Die integrierte *Circuit Card* wurde/wird von der ISO standardisiert (ID-7816). Es wurden unter anderem Parameter für Befehle und Antworten am GSM-Terminal beim Datenaustausch zwischen ME und SIM während der Teilnehmerauthentizitätsüberprüfung festgelegt. Die *Smart Card* sieht einer Kredit- oder Telefonkarte sehr ähnlich. Sie ist jedoch weit komfortabler und ihr Inhalt kann auch wesentlich effektiver gegen Mißbrauch geschützt werden, als dies bei einer Magnetstreifenkarte der Fall ist. Sie verfügt über einen Chip mit Speicher- und Prozeßkapazitäten was weitere interessante Entwicklungen zuläßt. Werden mehrere Dienste auf einer

Karte integriert, so wird sie zu einer *Multiapplication Smard Card*. Sollte die Prozessorkarte abhanden gekommen sein, so kann sie vom PLMNO sofort gesperrt werden. Vom Dienstanbieter kann gegen Gebühr eine neue Berechtigungskarte (Ersatzkarte) mit der gleichen Rufnummer erteilt werden. Der *Plug-in*-SIM ist innerhalb des GSM-Systems standardisiert und wird in der MS (ME) semipermanent installiert.

Personal Identification Number (PIN)

Diese geheime Identifikationsnummer muß vom Teilnehmer nach dem Einlegen der SIM-Karte oder nach dem Einschalten der Mobilstation eingegeben werden, damit eine Personalisierung erfolgen kann. Zusätzlich kann für die PIN-Angabe eine Zeitspanne festgelegt werden. Die PIN ist auf der Karte als vier- bis achtstellige Zahl gespeichert und kann nach dem Einbuchungsvorgang geändert werden (MS interne Funktion). Wird die PIN-Zahl mehrmals nacheinander falsch eingegeben, so wird die SIM-Karte (durch *Personal Unblocking Key*) gesperrt, unabhängig davon, ob zwischendurch die MS abgeschaltet wurde. Nur mit einer Super-PIN kann die Karte entsperrt werden.

IMEI-Kontrolle

Das MSC fordert von der MS ihre Identifizierung (Geräte-Kennummer) an. Vom GSM-System werden prinzipiell nur zugelassene Mobilstationen akzeptiert. Die Verwaltung der IMEI-Daten erfolgt in der speziell zu diesem Zweck eingerichteten EIR-Datenbank. Weiteres dazu s. Seite 72 und *Check* IMEI (MAP-Prozedur).

8.4.2 Vertraulichkeit (*Confidentiality*)

Abhörsicherheit

Die Wahrung des Fernsprechgeheimnisses wird auf dem Funkweg durch Verschlüsselung garantiert. Dies kann später optional auf die *End-to-End*-Verbindungen (ISDN) erweitert werden. Die digitalen Daten werden einem Verschlüsselungsverfahren (*Encryption*) unterworfen. Zusätzlich wird ein SFH-Verfahren angewandt. Solche Verfahren erfordern einen großen technischen Aufwand. So muß z.B. beim HOV für die sofortige Übergabe der Verschlüsselungsdaten gesorgt werden. Chiffrierung hat man früher vor allem zur Sicherung geheimer Systeme benutzt, so z.B. für militärische Zwecke. Neben der Abhörsicherheit der Teilnehmerdaten auf den Verkehrskanälen (TCH's) werden auch die Zeichengabe-Kanäle geschützt. Die Datengeheimhaltung gilt somit für alle Kanäle, die teilnehmerspezifische Informationen tragen. Das Abhören dieser Angaben wird zusätzlich durch temporäre und lokale Parameter erschwert. Auf diese Weise wird die Anonymität der Teilnehmer garantiert. Außer der *call related* Zeichengabe werden auch die verbindungsunabhängigen Daten verschleiert.

SIEC

Signalling Information Element Confidentiality bedeutet, daß auf der U_m-Schnittstelle die

Signalisierungsinformationen geschützt werden. Insbesondere werden IMEI, IMSI, sonstige Teilnehmeridentität, Rufnummer des Anrufers (beim MTC) und die Rufnummer des Gerufenen (beim MOC) vertraulich behandelt. Dies betrifft sowohl den CO- wie auch den CL-Modus. Innerhalb von SIEC unterscheidet man:

Subscriber Identity Confidentiality

Hierbei geht es um die vertrauliche Behandlung der Mobilteilnehmernummer (IMSI-Kennung) auf dem Radiokanal. Außer *Ciphering* und FH wird, um die Identifizierung des Teilnehmers durch das Abhören zu verhindern, die TMSI benutzt. TMSI wird im VLR vergeben (s. Seite 84).

Location Confidentiality

Dieser Punkt bezieht sich auf die vertrauliche Behandlung der Information zum Aufenthaltsort des MF-Teilnehmers. Außer *Ciphering* und FH wird eine PLMN-intern vergebene TMSI benutzt, um die Lokalisierung und/oder Verfolgung einer bestimmten Person durch das Abhören zu verhindern.

Verschlüsselungs- und Chiffrierungsprozeß

Der Verschlüsselungsprozeß (*Encryption*) bildet die Grundlage sowohl für die Authentizitätsprüfung (s. A3-Algorithmus) als auch für den Chiffrierungsvorgang (*Ciphering*). Folgend werden weitere technische Einzelheiten erläutert:

Encryption

Dieser Verschlüsselungsprozeß ist grafisch in Abbildung 8.19 dargestellt. Die ankommenden Daten werden in einem *Encryptions*-Modul mit Hilfe eines Schlüssels verändert.

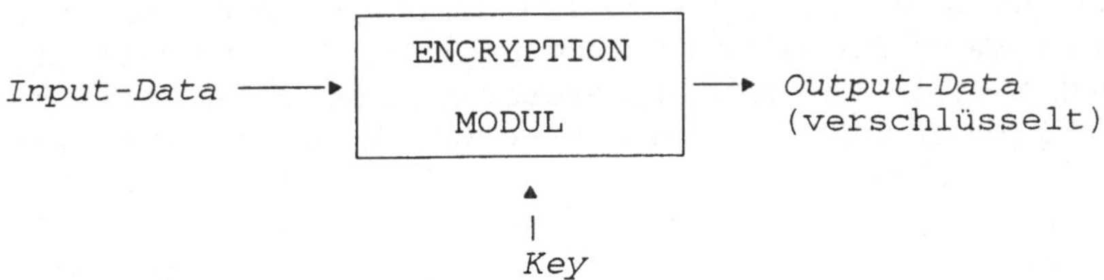

Bild 8.19: *Encryption*

Ciphering

Die Chiffrierung der zu übertragenden Signalisierungs- und Teilnehmerdaten wird zwischen der MS und dem BSS benutzt. Zu diesem Zweck werden *Encryptions*-Parameter (Kc: *Ciphering Key*) vom VLR zum BSS und dann mit CIPHER MODE COMMAND zur Mobilstation geschickt. Auf der anderen Seite (MS) wird der Kc-Schlüssel im SIM generiert. Die Chiffrierung wird vom Netzwerk (zuerst als MAP-Prozedur: *Set Ciphering Mode*, VLR→MSC) mit dem CIPHERING MODE SETTING-Kommando initiiert, um zu signalisieren, daß mit *Ciphering* auf TCH und DCCH angefangen werden soll. Mit CIPHERING MODE COMPLETE der MS erfolgt die Bestätigung und zugleich die Synchronisationsmöglichkeit für die MS (s. Bild 8.7/8.8). *Ciphering* kann auch mit dem ersten chiffrierten Rahmen bestätigt werden. Die Chiffrierungseinheit verwendet den A5-Algorithmus und ist zwischen dem Modulator und der *Interleaving*-Einheit (s. *Encryptor* - Bild 4.5) lokalisiert. Die Einbettung der Chiffrierung im *Call-Flow* ist in den Abbildungen 8.7 und 8.8 zu sehen.

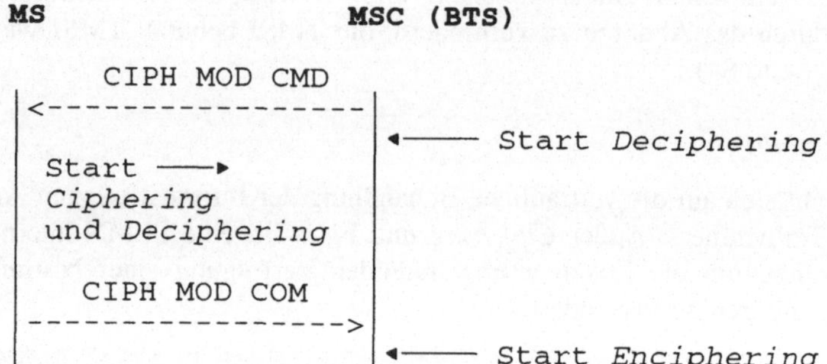

Bild 8.20: Setzen des *Ciphering*-Modus (s. z.B MOC oder MTC)

Deciphering ist der inverse Vorgang zu *Ciphering*.

8.4.3 Sicherheitsalgorithmen

Im GSM-PLMN sind für die Systemsicherung mehrere Kryptoalgorithmen (A3, A5 und A8) festgelegt. Ihre genaue Spezifikation, insbesondere für A5, ist nach Anfrage bei MoU erhältlich. A3 und A8 sind PLMN-spezifisch, d.h. es sind verschiedene Betreiberrealisierungen zulässig, fest sind die Randbedingungen: *Input/Output* und die maximale Prozeßzeit. A5 ist - um Kompatibilitätsprobleme auszuschließen - für alle PLMN's gleich. Zukünftig soll diese Einschränkung teilweise wegfallen. Andere Algorithmen, wie z.B. A2 und A4, sollten entsprechend für Ki-De- und -Chiffrierung (s. Bild 8.21) verwendet werden. Sie wurden bisher nicht spezifiziert und haben daher lediglich eine Platzhalter-Funktion.

A3 - *Authentication*

Die Authentizitätsüberprüfung ist ein Einweg-Algorithmus, der im VLR begonnen und ausgeführt wird, um die Benutzung gestohlener SIM-Karten auszuschließen. Diese Berechtigungsprüfung kann praktisch beliebig oft, z.B. bei jedem Netz-Zugriffsversuch, angewendet werden. In den folgenden Fällen wird sie benutzt:

- Aufenthaltsregistrierung (LR);
- *Call Setup* (für beide Richtungen: MO und MT);

- verbindungslose Aktivierung der Zusatzdienste;
- Kurznachrichtendienst;
- LUP beim VLR-*Area*-Wechsel.

Der Nachrichtenfluß für *Authentication*-Zwecke (zwischen VLR und MS) kann den Abbildungen 8.7 und 8.8 entnommen werden. Die Berechtigungsprüfung (Beglaubigung) wird als "*Challenge and Response*"-Verfahren aufgebaut. Der Teilnehmer erhält in der AUTHENTICATION REQUEST-Nachricht eine Zufallszahl ("*Challenge*"= RAND) vom RNG (*Random Number Generator*), die in der MS verschlüsselt wird (*Encryption* mit dem geheimen Ki-Schlüssel). Danach wird die codierte Zahl ("*Response*"= SRES) mit AUTHENTICATION RESPONSE zum Netz geschickt und mit dem zu erwartenden SRES-Parameter (gekennzeichnete Antwort), der im AUC ermittelt wurde, verglichen. Auf diese Weise wird der individuelle Ki-Schlüssel auf seine Echtheit überprüft (verifiziert), ohne das er auf die Leitung (Funkweg) geschickt wird. Die zulässige Prozeßdauer liegt unter 500 ms. Mit AUTHENTICATION REFUSED kann der unberechtigte Teilnehmer abgewiesen werden. Ki und A3 sind nur im AUC und SIM bekannt. Bei einer Autentifizierung im besuchten PLMN werden die erforderlichen Daten (SRES und Kc für Chiffrierung) vom Heimatnetz zugeschickt.

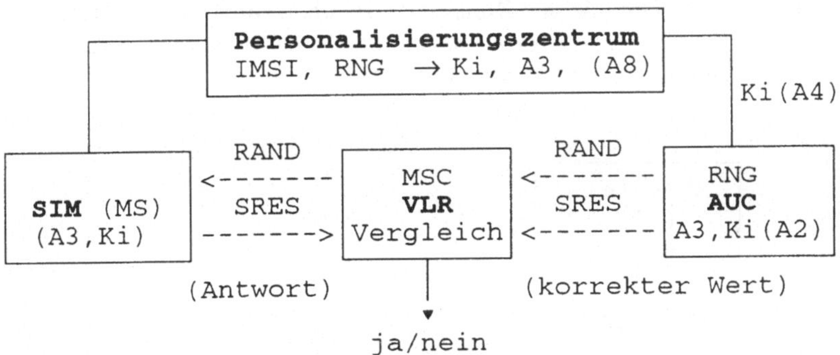

Bild 8.21: Authentizitätsprüfung (mit *Authentication-Data*)

A5 - *Ciphering/Deciphering*

Der A5-Algorithmus wird für den Schutz der Teilnehmer- und Signalisierungsdaten (L1-Schicht) benutzt. Es wird in jeder MS (ME) und BTS implementiert. Für die Chiffrierung wird der Kc-Schlüssel beim *Encryption*-Prozeß benötigt. *Kc-Key-Setting* wird so oft eingeleitet, wie der Netzwerk-Operator es wünscht, so z.B. während jeder Authentizitätsprüfung. Mit Kc wird auf beiden Seiten (BTS/ME) der gleiche Chiffrierungs-Modus gesetzt. Beim Chiffrieren wird alle 4.615 ms ein 114 Bit-*Cipher Block* produziert und im Normalburst abgeschickt. Die weltweite Globalisierung des GSM-Marktes erfordert eine Erweiterung (A5X) des *Ciphering*-Algorithmus. Es sind für die Zukunft (Phase 2) mehr als nur ein A5-Algorithmus (A5, A5/2) vorgesehen - dies kann gegebenenfalls mit *Classmark Information* mitgeteilt werden.

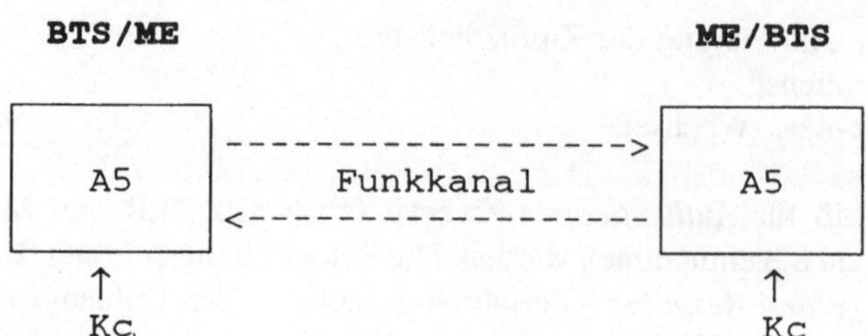

Kc: Chiffrierungsschlüssel

Bild 8.22: Chiffrierung auf der Luftschnittstelle

A8 - *Cipher-Key-Generator*

Im AUC und SIM wird der spezielle Kc-Schlüssel (*Cipher Key*) generiert, der für *Enciphering/Deciphering* benötigt wird. Die Erzeugung von Berechtigungsparametern im SIM und in den Sicherheitsboxen des AUCs ist in Bild 8.23 dargestellt. Zu diesem Zweck wird der Ki-Schlüssel verwendet. Während der *Authentication*-Prozedur wird aus RAND der zugehörige Kc produziert (s. auch Bild 8.21). Die Tripletsätze können im AUC für eine Verbesserung der Antwortzeit (sonst zu langsame Echtzeit-Generierung) auf Vorrat erzeugt werden. Um die Kc-Konsistenz zu überprüfen, wird parallel zu RAND eine CKSN (*Cipher Key Sequence Number*) zur Mobilstation geschickt und ihr Abbild im VLR zurückempfangen und kontrolliert.

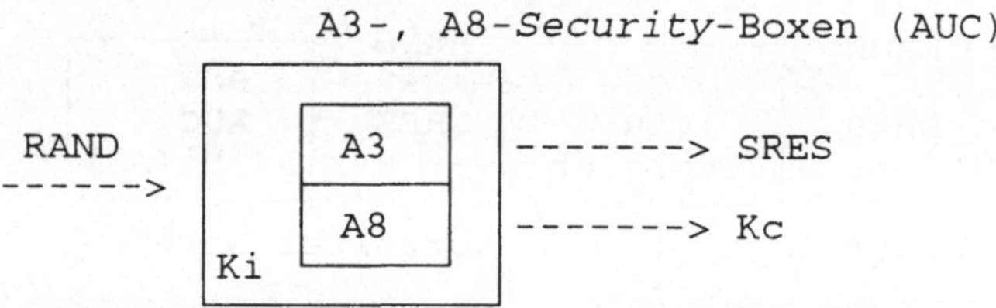

RAND = Zufallszahl
SRES = Antwort
Kc = *(En-/De-) Cipher Key*

Bild 8.23: AUC- und SIM-Funktion (Triplet-Erzeugung)

8.4.4 Security Related Information

In diesem Abschnitt werden die Systemdaten zusammengetragen, die dem hohen Sicherheitsniveau in GSM-PLMN-Netzen dienen. Zuerst wird kurz auf die garantierte Teilnehmer-Anonymität eingegangen. Die oft benutzte Authentizitätskontrolle könnte dazu führen, daß die benutzten Teilnehmerdaten durch Unbefugte z.B. an der U_m-Schnittstelle leicht abgehört und analysiert werden könnten. Dies würde gegen die angestrebte Vertraulichkeit verstoßen. Die Lösung des Problems liegt in der vom

System, z.B. nach jeder Authentizitätsprüfung, temporär und zufällig gewählten und in chiffrierter Form lokal verteilten TMSI. Hat sich das LA des Teilnehmers geändert, so kann, z.B. über die alte TMSI (und LAI), der Benutzer identifiziert und ihm wieder zeitweilig eine neue TMSI zugeordnet werden (s. LUP/LR und *Forward new* TMSI). Sollte es vorkommen, daß die benutzte TMSI im VLR unbekannt ist, wird die *Open Identification* mit *Provide* IMSI (s. MAP-Prozeduren) aufgerufen bzw. IDENTITY REQUEST zum BSS geschickt. Die IMSI-Nutzung soll sich nur auf die Fälle beschränken, bei denen die MS keine gültige TMSI besitzt oder die LUP-Prozedur fehlerhaft abläuft.

***Key Management* Funktionen**

Um eine hohe Sicherheit in GSM-Netzen zu gewährleisten, werden *Key Management*-Funktionen implementiert. Sie dienen der Erzeugung, Verteilung, Abspeicherung und Verwendung von kryptographischen Schlüsseln (*Keys*).

***Authentication* und *Encryption* Triplet**

Das *Authentication* (und *Encryption*) *Set* kann einfach als Wertetripel bezeichnet werden. Dieser Dreiersatz ist ein Vektor mit den folgenden Komponenten (Berechtigungsparametern):

RAND (128 Bit),
SRES (32 Bit) und
Kc (64 Bit).

Die SRES- und Kc-Werte sind über den individuellen *Secret-Key* teilnehmerspezifisch.

Authentication-Data

Zu den Authentizitätsdaten gehören: RAND (als *Challenge*), SRES (korrekter Wert) des AUCs und SRES (*Response*) als Antwort des SIM-Moduls. Diese transienten Daten werden nur vom O&M-Personal verwaltet.

Die Informationen, die der Systemsicherheit dienen, sind in folgender Weise zwischen den *Network Entities* verteilt:

HLR	: *Sets of* RAND/SRES/Kc, LMSI, IMSI, MSRN, *Network Password*;
VLR	: *Sets of* RAND/SRES/Kc, CKSN, LMSI, IMSI, TMSI, LAI, MSRN;
MSC/BSS	: A5, temporär TMSI, IMSI, Kc;
AUC	: IMSI, RAND, SRES, Kc, A3, A8, Ki;
EIR	: IMEI;
ME	: A5, IMEI;
SIM	: IMSI, Ki, A3, A8, PIN, Super-PIN/*Personal Unblocking Key* (PUK), RAND, SRES, Kc, CKSN, TMSI, LAI, SIM-Status, *Access Class* (ACC).

Viele der Teilnehmerdaten werden aus strategischen und auch aus Sicherheitsüberlegungen, z.B. damit sie nicht verloren gehen, an mehreren Stellen im Netz gespeichert.

GSM ist im Vergleich zu anderen öffentlichen Mobilfunksystemen ein sicheres Netz. Es sollte jedoch darauf hingewiesen werden, daß die besprochenen Sicherheitsvorkehrungen von der Vorstellung vollkommener Sicherheit bzw. Vertraulichkeit noch relativ weit entfernt sind. Schließlich kann eine absolute Sicherheit in der Regel nicht erreicht werden. Auf die persönliche Daten und Kryptoalgorithmen im GSM-PLMN können verhältnismäßig viele Personen Zugriff bekommen. So sind theoretisch die PLMNO's in der Lage, vertrauliche Informationen (aus Übereifer) zu verfolgen. Auch die Chiffrierung erfolgt zunächst nur auf der U_m-Funkstrecke.

Es gibt Verfahren, in denen die Identifizierer oder Geheimschlüssel nur dem Teilnehmer bekannt sind. Auch die Ausweitung der Verschlüsselungstechnik auf *End-to-End*-Verbindungen wird bereits in ISDN-Netzen realisiert und könnte evtl. zu einem späteren Zeitpunkt übernommen werden. Man kann aus gutem Grunde hoffen, daß der vorgeschriebene Sicherheitsgrad, der z.B. das C-Netz bei weitem übertrifft, im weitesten Sinne ausreichend ist. Ansonsten wären zusätzliche Überlegungen und nachträgliche Änderungsimplementierungen nötig.

9 CCS7-Signalisierung

Der Zeichengabe im Telefonnetz kommt eine fundamentale Bedeutung zu. Ihre genaue Kenntnis bedeutet heutzutage so viel wie Verständnis des Gesamtsystems. Die weltweite Einführung des CCS7 war ein Kulminationspunkt der fortschreitenden Entwicklung der computergesteuerten, digitalen Vermittlungstechnik und kann aus der Zeitperspektive als ein revolutionärer Schritt bezeichnet werden. Die Evolution in der Telekommunikation wäre ohne CCS7 nicht denkbar. Dieses System wird seit einigen Jahren von allen bedeutenden Herstellern der Telekommunikationstechnik sehr intensiv implementiert. Es ist inzwischen zum integralen Bestandteil aller modernen Vermittlungssysteme geworden und prägt sowohl das SW- als auch das HW-Design in sehr starkem Masse. Es bildet die Grundlage für PSTN, ISDN, IN und wird in vielen anderen Netzen wie im GSM-PLMN zu finden sein. Es stellt einen international anerkannten Standard als Ausgangsbasis für zukünftige, innovative Entwicklungen dar.

CCS7

Das *Common Channel Signalling System No.* 7 existiert in zwei Varianten: als ANSI-Standard (SS7) und CCITT-Version (SS#7)[1]. Das CCS7 wurde von CCITT im Jahre 1980 (Gelbbuch) vor allem für ISDN definiert. CCS7 ist das zentrale Zeichengabesystem für den Einsatz in digitalen Netzen (ursprünglich nur zwischen Vermittlungsstellen) in Verbindung mit gespeicherten Steuerungsprogrammen. Es ist für verschiedene Aufgaben und Operationen mit einer Basis-Übertragungsrate von 64 kbit/s optimiert, kann aber auch bei geringeren/höheren Raten verwendet werden. Das CCS7 übernimmt den Nachrichtenaustausch vor allem zwecks Steuerung und Überwachung von Verbindungen (*Call Control*) sowie zum Betreiben seines eigenen Netzwerkes. Ein ZZK (ZZK: Zentraler Zeichengabe-Kanal) kann ein ganzes Sprechkreisbündel bedienen und ist ständig aktiv, auch wenn kein Signalisierungsverkehr nötig ist. Das CCS7 kann sowohl in öffentlichen als auch in privaten Netzen verwendet werden. Es wird fortlaufend entwickelt und kann inzwischen Datenbank-Dienste sowie Services in LEC-Netzen (LEC: *Local Exchange Carrier*) unterstützen.

Die Vorzüge des CCS7 im Vergleich zu den früheren Systemen sind Universalität, Leistungsfähigkeit und Zuverlässigkeit. Dieses System wurde zum Synonym für moderne, bessere, schnellere und günstigere Telekommunikations-Lösungen. Die wichtigsten *Features* lassen sich stichwortartig folgendermaßen auflisten:

1. erstmals Elemente der OSI-Strukturierung in der Signalisierung (international genormt);
2. optimale Ausnutzung der 64 kbit/s Leitungen der PCM-Übertragung (im Gegensatz zu CCS6);

---

[1] In diesem Buch wird vorrangig die CCITT-Version betrachtet.

3. kurze Verbindungsaufbauzeiten;
4. hohe Signalisierungskapazität - dadurch in großen Systemen und Vermittlungsstellen einsetzbar;
5. an verschiedene Transportmedien (Funkstrecken usw.) anpaßbar;
6. heterogene, modulare Struktur mit verschiedenen Protokollen, dadurch auf zukünftige und vielfältige Dienste erweiterbar (variable Message-Länge, OSI-Einteilung mit serviceunabhängigen Prozeduren);
7. Möglichkeit unterschiedlicher Fehlerkorrekturverfahren durch Wiederholung (2 Sequenznummern und 2 Indikationsbit für Fehlererkennung und -korrektur);
8. Erhaltung der Reihenfolge der Meldungen;
9. Fehlertoleranz;
10. Redundanzkonzept (Nachrichten, Leitungen, Baugruppen, Netzkomponenten);
11. geringere HW-Kosten durch direkte Vermittlungsstellen-Verbindung;
12. Signalisierung unabhängig von der physikalischen Verbindungsleitung;
13. leitungsbezogene / nicht leitungsbezogene Dienste;
14. verbindungslose / verbindungsorientierte Services;
15. flexible und effektive *Routing*-Funktionen (z.B. mit *Global Title* über nationale Netzgrenzen hinaus);
16. ausbaufähige Datenflußüberwachung;
17. gute Stabilität auch bei hoher Verkehrslast;
18. wirksame Netzmanagementfunktionen (sehr hohe Zuverlässigkeit);
19. Rekonfigurierbarkeit;
20. eingebaute Selbstüberwachungsprozeduren und - tests auf unterschiedlichen Protokollebenen.

CCS7 hat sich das Konzept der Paketvermittlung zu eigen gemacht. Dies steigert die Flexibilität, vereinfacht die IWF's und verkürzt die Operationsdauer. Dadurch können neben diversen Sprachvermittlungs-Diensten auch andere Services angeboten werden.

Das CCS7 muß in bezug auf die offene IN-Architektur und die Spezifik zellularer Netze noch weiteren, höheren Anforderungen genügen:

- Unterstützung unterschiedlicher, auch verteilter Netzarchitekturen;
- Sehr hoher Anteil an Echtzeit-Prozeßkapazität;
- Steigende Bedeutung von Datenbankoperationen für verschiedene Dienste;
- Der Signalisierungsverkehr aufwendiger Dienstarten muß zu Spitzenzeiten (Hauptverkehrszeit) die typische PSTN-Zeichengabe um mehrere Größenordnungen übersteigen können. Dabei ist pro Teilnehmer im Schnitt mit einer zehnfachen Zeichengabelaststeigerung zu rechnen.

Um den hohen Anforderungen des Telekommarktes gerecht zu werden, müssen verstärkt Rechnersteuerung sowie - in absehbarer Zukunft - digitale Breitband-Einrichtungen verwendet werden. Der CCS7-Standard wird für den Einsatz im B-ISDN vorbereitet. Dabei werden sowohl Anpassungen für die Nachrichtenübertragung auf den unteren Ebenen (NSP) notwendig (ATM-Modus) als auch neue Anwenderteile entwickelt.

Betriebsweise des CCS7-Systems

Es gibt drei Betriebsarten (*Signalling Modes*) zur Führung der Zeichengabestrecken:

1. assoziierte Betriebsweise (*Associated Mode*): parallele Leitung zum Nutzkanalbündel, z.B. auf PCM30-Strecken,
2. quasiassoziierte Betriebsweise (*Quasi-Associated Mode*): zum Teil unterschiedliche Wegführung für Signalisierung und Nutzkanäle (s. Bild 9.1) und
3. nichtassoziierte Betriebsweise (*Non-Associated Mode*) mit getrennter Zeichengabeführung - sie wird in CCS7-Netzen, um z.B. eine Nachrichten-Überholung zu vermeiden, kaum benutzt.

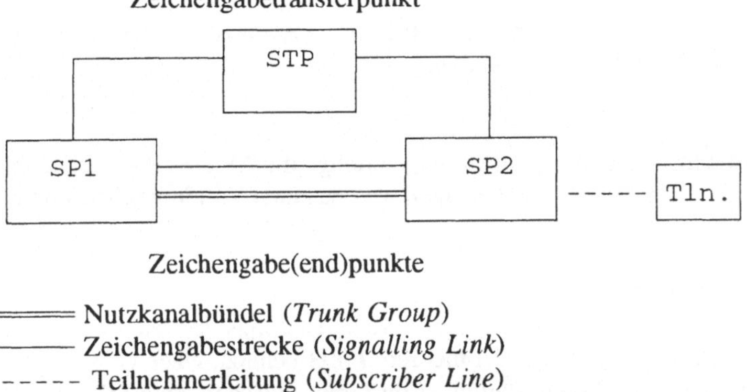

═══ Nutzkanalbündel (*Trunk Group*)
——— Zeichengabestrecke (*Signalling Link*)
- - - - - Teilnehmerleitung (*Subscriber Line*)

Bild 9.1: Zeichengabenetz mit quasiassoziierter und assoziierter Betriebsweise

Zeichengabenetz

Der schematische Aufbau eines CCS7-Netzes ist im Bild 9.1 dargestellt. Es besteht aus Signalisierungspunkten (SP's: *Signalling Points*), die redundant über Zeichengabestrekken (SL's: *Signalling Links*) miteinander verbunden sind. In der Netzstruktur unterscheidet man Zeichengabe(end)punkte (SSP's, SCP's, ..) und Transferpunkte (STP's). Für große CCS7-Systeme sind die STP's von besonderer Bedeutung (s. IN) - erst sie ermöglichen einen funktionsfähigen Netzaufbau. So muß die Signalisierung nicht über alle Strecken geführt werden. Das CCS7 ist ein *Overlay*-Netz zu dem der Nutzkanäle und arbeitet intern im CL-Modus. Im CCS7-Netz werden vorwiegend die beiden ersten, oben erwähnten Betriebsweisen benutzt. Jeder Vermittlungsstelle, aber auch anderen Netzeinrichtungen wie BSC oder SC, ist ein SP zugeordnet. Im CCS7-Netz kann neben der sprechkreisbezogenen zugleich die nicht sprechkreisbezogene Zeichengabe geführt werden. Alle Zeichengabepunkte im Netz sind im Rahmen eines Numerierungsplans durch verschiedene *Codes* (SP1, SP2, ..) gekennzeichnet und können auf diese Weise gezielt adressiert werden. Ein Signalisierungsnetz wird, weil es sich in der Regel um große Systeme handelt, in zwei unabhängige Bereiche eingeteilt: in eine internationale Ebene mit nur einem Netz und in eine nationale Ebene mit mehreren nationalen Netzen.

Dementsprechend wird die SP-Numerierung für jedes Netzwerk eigenständig vergeben (s. *Numbering Plan* und SCCP-*Routing*). Bei einem SP kann es sich somit um einen nationalen, internationalen oder universellen (beides zugleich) Zeichengabepunkt handeln. Für die Signalisierung #7 sind diverse Netzwerkstrukturen möglich. Die unterschiedliche Redundanz wird durch abweichende Netzkonfigurationen je nach Ausfallwahrscheinlichkeit (Nichtverfügbarkeit) der benutzten Übertragungsmittel und der HW-Einrichtungen in den Zeichengabeknoten erreicht. Sie ist sowohl im Normalbetrieb als auch bei nichtausschließbaren Ausfällen wie Katastrophensituationen (Erdbeben usw.) wichtig. Die vielfältigen Netzkonfigurationen unterscheiden sich in der Redundanz und in der Möglichkeit der Lastaufteilung.

Zeichengabe-Netzelemente

Um die Signalisierungsprozeduren auf MTP/SCCP-Ebene besser zu verstehen, ist die Unterscheidung folgender Netzelemente nützlich:

- ***Signalling Link***

Ein *Signalling Link* ist eine direkte Signalisierungsleitung, die SP's/STP's verbindet. Diese Zeichengabestrecke besteht aus zwei Kanälen, welche einen Vollduplexbetrieb mit 64 kbit/s ermöglichen.

- ***Signalling Linkset*** (CSC-Bündel)

Um eine hohe Redundanz bei der Verbindung von Signalisierungspunkten zu erzielen und mehr Last zu bewältigen, werden parallel mehrere *Links* benutzt. Nach CCITT sind höchstens 16 *Link* pro Bündel (s. SLS) möglich. Alle *Links* zwischen zwei SP's bezeichnet man als Zeichengabebündel (*Signalling Linkset*). Das Zeichengabebündel wird vor allem für die Lastverteilung (*Load Sharing*) benutzt.

- ***Signalling Link Group***

Eine *Signalling Link Group* ist ein Satz von unterschiedlichen *Linksets*. Dieser Satz wird für die Lastverteilung und hohe Übertragungssicherheit als kombiniertes *Linkset* (*Combined Link Set*) bezeichnet.

- ***Signalling Route***

Unter einer *Signalling Route* versteht man einen festgelegten Signalisierungsweg in einer *EtE*-Verbindung im Zeichengabenetz. Der Signalisierungsverkehr zwischen je einem OPC (*Originating Point Code*) und einem DPC (*Destination Point Code*) muß redundant sein und kann auf verschiedene Routen verteilt werden.

- ***Signalling Route Set***

Ein *Signalling Route Set* (Zeichengabewegliste) bezeichnet alle *Signalling Routes* zwischen zwei Zeichengabeendpunkten (SP's).

Zu den Signalisierungs-Protokollen

CCS7 beinhaltet mehrere Signalisierungs-Protokolle (*Parts*), die im Zeichengabenetz unterschiedliche Funktionen erfüllen. Damit werden eine Reihe von Applikationen und Administrationsfunktionen unterstützt. Zu den wichtigsten Einsatzbereichen gehören:

- Fernsprechnetz;
- ISDN;
- Intelligente Netze;
- GSM-System.

Signalisierungs-Protokolle dienen vor allem dem Transport von Steuerinformationen und der Abwicklung von Verbindungen. Als Zeichengabe-Protokolle werden in diesem Buch nicht nur die *Peer-to-Peer* Anteile, sondern auch die ganzen Signalisierungs-*Parts* inkl. der Dienstprimitiven-Darstellung bezeichnet. Der Signalisierungs-Protokoll-*Stack* ist für ausgewählte MF-Protokolle in den Abbildungen 7.2 und 9.2 aufgeführt. Die ursprüngliche Struktur des CCS7-Systems basiert auf der Level-Einteilung. MTP ist ein benutzerunabhängiges Protokoll bis zur Ebene 3. Hier orientieren sich die Hersteller strikt an den CCITT-Vorgaben. In der Ebene 4 werden je nach Anwendung und Eigenart des Netzes verschiedene Benutzer-Protokolle (UP's: *User Parts*) eingesetzt, z.B. für Fernsprech- oder Datendienste. In dem nun folgenden Abschnitt wird die CCS7-Signalisierung mit MTP, SCCP und TCAP ausführlich behandelt. Diese Beschreibung lehnt sich an das Blaubuch [2/Q] an und ist sowohl für den MF als auch für andere Anwendungen, wie z.B. ISDN oder IN-Applikationen, gültig. Der Protokoll-*Stack* der CCS7-Zeichengabe, die in diesem Buch behandelt wird, ist im Bild 9.2 schematisch dargestellt. Die Abbildung entspricht in guter Näherung der OSI-Struktur des Referenz-Modells. Auf die vorhandenen Abweichungen wird kurz eingegangen.

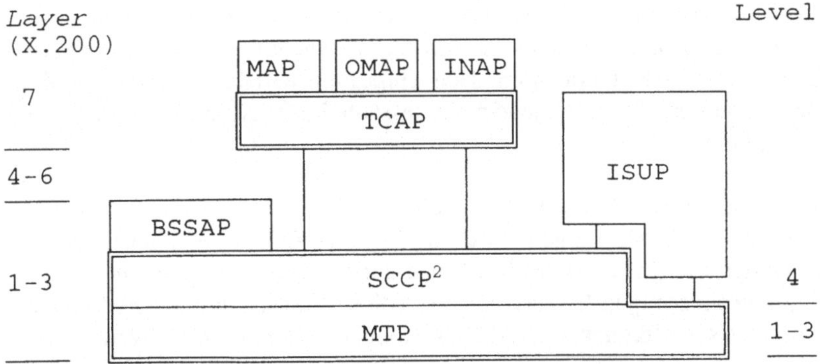

Bild 9.2: Protokollstapel mit MTP und wichtigsten Benutzerprotokollen

[2] s. Abschnitt Level-*Layer* Unterschied

Die Zeichengabe aller CCS7-Netze baut auf MTP auf. In der Ebene 4 folgen aufgabenspezifische Benutzer-Protokolle. Für viele Anwendungen wird SCCP an MTP anschließen. Es gibt durchaus altbekannte Fälle (ISDN, PSTN), in denen die auf MTP aufsetzende Ebene 4 andere *Parts* (ISUP/TUP s. Glossar) beinhaltet. Vor allem auf dem Level 4 innerhalb des *Call-Processings* existieren für ISUP und TUP mehrere abweichende Varianten, die eine bessere Anpassung an die nationale Netze bieten. Die MTP-SCCP-Protokollfolge entspricht der vollen Funktionalität der Netzwerkebene mit verschiedenen Verbindungs- und Informationstransfer-Möglichkeiten. Eine besondere Stellung kommt hier der flexiblen Nachrichtenlenkung (*Routing*) zu. Sie kann anhand neuester Informationen der Netzwerkdatenbasis erfolgen und läßt Situationen zu, in denen z.B. (beim Service 130) der Anrufer die Zieladresse nicht kennt. Die Netzmanagement- und Überlastabwehr-Funktionen werden in erster Linie im Netzdienstteil (MTP + SCCP) realisiert. Sie gehören neben *Routing* zu den wichtigsten Aufgaben des CCS7-Netzes und sorgen für eine überragende Systemzuverlässigkeit. Die Elemente der Stauabwehr (*Congestion Control*) sind außer im MTP bzw. SCCP z.B. auch beim ACG-Service (ACG: *Automatic Call Gapping*) vertreten. Auf OMAP und seine *Routing*-Überprüfungsfähigkeiten im CCS7-Netz wird im Abschnitt Netzmanagement (Kapitel 14) kurz eingegangen.

In diesem Abschnitt werden drei Protokollteile beschrieben, die u.a. für die ISDN, IN- und MF-Anwendungen implementiert wurden/werden. Es handelt sich dabei um MTP-, SCCP- und TCAP-Protokolle. Anschließend wird MAP als die wichtigste GSM-Applikation dargestellt.

Im Kapitel 11 werden dann alle Besonderheiten der A-Schnittstelle in bezug auf CCS7 erwähnt. Sie führen zu Abweichungen in den unteren Ebenen (Netzdiensteteil). Die BSS-Variante der MTP/SCCP-Protokolle unterscheidet sich von der Blau- bzw. Weißbuch-Spezifikation, so daß für die A-*Interface*-Inplementierung gewisse Zeichengabe-IWF's und -vereinfachungen notwendig sind. Auf die Abweichungen der ANSI-Spezifikationen wird in dieser Arbeit nur sporadisch eingegangen. Diese Version wird in Europa kaum implementiert. Sie bietet jedoch interessante Lösungen und Vergleiche, die beachtet werden sollten.

Monitoring & Measurements (nach Q.791) definiert die *Link-*, *Point-* und *Traffic*-Parameter für *Performance*-Messungen im CCS7-Netz. In Q.752 (Weißbuch) werden Messungen der Fehler, des SS#7-*Traffic Loads* und der *Performance* sowie die dynamischen Konfigurationsänderungen beschrieben. Auf diese Empfehlung als auch auf die SCCP und TCAP Testspezifikationen (Q.78X, Weißbuch) kann hier nicht weiter eingegangen werden.

Level - *Layer* Unterschied

An dieser Stelle bietet es sich an, auf den Unterschied zwischen der Level- und *Layer*-Bezeichnung in der Protokoll-Beschreibung und die Stapel-Zuordnung der Protokolle nach OSI-RM (RM: *Reference Model*, s. Glossar) einzugehen. Die OSI-Terminologie ist in der Computerkommunikation weit verbreitet. Diese internationale Festlegung ist für viele Systeme vorteilhaft und ermöglicht u.a. relativ einfache Änderungsverfahren. Die ersten Ansätze zur CCS7-Spezifikation wurden schon 1976 gestartet, d.h. vor der Aufstellung des ISO-OSI-Modells. Aus dieser Zeit stammt die 4-Level-Einteilung der Zeichengabe in einen Nachrichtentransferteil auf den ersten drei Ebenen und der Benutzerteile. Wie man Bild 9.2 entnehmen kann, ist die in der heutigen Vermittlungstechnik (immer noch) verbreitete Level-Einteilung nicht sehr aufschlußreich - alle (bis auf MTP) auch sehr unterschiedlichen Protokoll-*Parts* gehören dem gleichen Level 4 an. Seit der Einführung des CCS7 und seit dem verstärkten Einzug der Informationsverarbeitung in die vermittlungstechnischen Abläufe (z.B. IN-Konzept) ist die modulare OSI-RM-Darstellung adäquater. Die Zweckmäßigkeit des Schichten-Modells wird ebenfalls in den Kapiteln über die Kurznachrichtendienste und Netzmanagement-Protokolle deutlich. In den späteren SS#7-Spezifikationen wurde versucht, dem RM gerecht zu werden. Trotz einer geringen Abweichung von dieser Darstellung setzt sich die *Layer*-Nomenklatur und -Einteilung vor allem in den neuen Systemen immer mehr durch.

Im folgenden werden kurz die relevanten Level-*Layer*-Unterschiede der CCS7-Basisprotokolle, MTP und SCCP, aufgelistet. Die Eins-zu-Eins-Korrespondenz beschränkt sich auf die ersten zwei Ebenen/Schichten im MTP. Die wichtigsten Abweichungen sind, daß

1. ein Teil der MTP-Level-3-Funktionen (*Signalling Network Management* Anteil) sollte prinzipiell dem *Data Link Layer* zugeordnet werden,

2. die, als Netzwerk-*Layer*-Funktionen deklariert, verschiedenen SCCP-Services sind mehr für die Transport-Schicht (*Layer* 4) charakteristisch und

3. die einzelnen Informationsfelder der MTP-Zeicheneinheiten werden (je nach Feld) von mehreren Protokoll-Ebenen benutzt. Dies ist eine Verletzung der Grundprinzipien des OSI-RMs.

Zukünftige CCS7-Entwicklung

Die Trends der CCS7-Entwicklung für die nächsten Jahre lassen sich folgendermaßen skizzieren. Durch die Änderung des Verkehrsprofils in modernen CCS7-Netzen (GSM, IN) müssen weitere *Congestion Control* Mechanismen, so z.B. für SCCP und andere Anwenderprotokolle, überlegt werden. Des weiteren wird eine Trennung der Protokollfunktionen in *Call Control* und *Connection Control* vorgenommen. Diese Unterscheidung ist für PMC-Dienste wichtig und soll eine deutliche Differenzierung zwischen dem *Call*, d.h. der logischen Verbindung, und dem z.B. sich während des bestehenden Anrufs ändernden, physikalischen Kanal ermöglichen. Die Vermittlungsvorgänge werden durch eine umfangreiche Datenverarbeitung ergänzt. Als nächstes sind die Aktivitäten in Verbindung mit IN und Euro-ISDN erwähnenswert, die in neue Spezifikationen resultieren werden.

Des weiteren sind die AIN- und B-ISDN-Entwicklungen wichtig. Die CCS7-Zeichengabe für Breitband-ISDN muß einer gründlichen Modifikation unterzogen werden. Neben der bereits angelaufenen ISUP-Änderung zum ISCP (ISDN *Signalling Control Part*) müssen die Transportfunktionen zum Teil neu definiert werden. Diese Evolution hat, je nach Wahl des Übertragungsmodus und weiterer Einzelheiten, alternative Wege zur Auswahl und wird vor allem die MTP-Ebenen betreffen. Generell läßt sich bereits jetzt festhalten, daß die Level eins und zwei durch die physikalische und die ATM-Schicht ersetzt werden. Es wird wahrscheinlich nur noch die assoziierte Betriebsweise verwendet. Zu den MTP-Level-3- und SCCP-Funktionen können im Augenblick noch keine fundierten Aussagen gemacht werden (Stand: 1993). Eine Abtrennung der *Bearer Control* Funktionen soll der Forderung nach vielfältigen Dienstmöglichkeiten im Breitband-ISDN gerecht werden.

9.1 MTP

Message Transfer Part (Nachrichtenübertragungsteil); Dieses Signalisierungs-Protokoll ist bereits im CCITT-Rotbuch spezifiziert. Als Grundlage dieser Beschreibung werden jedoch die Empfehlungen der Q-Serie des Blaubuches betrachtet. Der MTP ermöglicht einen schnellen, zuverlässigen und anwendungsunabhängigen Transport vor allem der Zeichengabenachrichten im Netz, inklusive Registrierung und Behebung von System- und Netzwerkfehlern. Vom MTP werden nur verbindungslose Dienste und diese mit eingeschränkter Adressierungsfähigkeit angeboten. Dieses Protokoll bildet das gemeinsame Transportsystem für Nachrichten verschiedener *User-Parts* (Es sind die anschließenden Level 4-Signalisierungsteile). MTP dient vor allem der Verbindungssteuerung und der leitungsvermittelten Datenübertragung (*Circuit Switched Data Transmission Service*). Vom MTP wird auch das CCS7-Netz überwacht und gesteuert. Im MTP werden Netzwerkfunktionen bis zum *Layer* 3 (Vermittlungsschicht) behandelt. Der Level 2-MTP orientiert sich stark an dem HDLC-Protokoll und bildet eine geeignete Grundlage für einen *Datagramm*-Service. Die Protokollimplementierung sollte es zulassen, daß die Parametersetzung pro *Linkset* geändert werden kann. Die MTP-Funktionen teilen sich in drei Niveaus (Funktionsebenen, s. Bild 9.5) auf:
Signalling Data Link (Level 1);
Signalling Link (Level 2);
Signalling Network Functions (Level 3).

9.1.1 MTP Level 1 (Q.702)

Level 1 entspricht vollständig der physikalischen Schicht. Diese Ebene (*Signalling Data Link*) definiert die physikalischen, elektrischen und funktionalen Eigenschaften einer Zeichengabeübertragungsstrecke sowie der Zugangseinrichtungen. Auf diesem Level werden auch die Probleme der elektrischen Anpassung der Netzeinrichtungen an das

Übertragungsmedium behandelt. Um Signalisierungspunkte, *Signalling Transfer* bzw. *Signalling Points*, im CCS7-Netz zu verbinden, werden digitale vollduplex 64 kbit/s Leitungen (z.B. als V.35-Anschluß) benutzt. Die CCS7-Verbindungen können auch im Richtfunk, z.B. als Satellitenstrecken, eingesetzt werden. Beim Einrichten einer Zeichengabestrecke, z.B. im PCM30-System, wird für den Zeichengabe-Bitstrom ein Zeitschlitz belegt (dies ist üblicherweise der Zeitschlitz 16). Der gewählte Kanal kann als feste Verbindung, die sogenannte Langzeitverbindung (NUC: *Nailed-Up-Connection*), eingerichtet werden. Die Level 1-Funktionen sind nicht CCS7-spezifisch.

9.1.2 MTP Level 2 (Q.703)

Auf dem Level 2 werden *Message-Transfer*-Funktionen für eine einzelne Zeichengabestrecke (*Signalling Link*) behandelt. Hier erfolgt die Inbetriebnahme und Überwachung eines CSCs (CCS: *Common Signalling Channel*). Es werden typische *Layer* 2-Operationen wie Flußkontrolle (*Message-Flow-Control*) und Nachrichtensicherung (Fehlererkennung und -behebung) ausgeführt. Die beiden Levels ermöglichen eine Signalisierungsverbindung zwischen zwei Netzpunkten (SP's), die über *Signal Units* (SU's) abgewickelt wird. Die Zeicheneinheiten - es sind drei SU-Sorten - entsprechen den Rahmen der Schicht 2-Protokolle. Sie beinhalten folgende Elemente:

- *Flags* (F) - , um den Beginn und das Ende der SU's zu markieren;
- *Checkbit* (CK) - Prüfbit für Fehlerdetektion;
- Folgenummern (*For-* und *Backward Sequence Number* (FSN und BSN)) und
- Indikatorbit (*For-* und *Backward* IB) für die Fehlerkorrektur;
- Längenkennung (LI: *Length Indicator*) - als Anzeige für die folgenden Oktetts (sie können höchstens bis 63 gezählt werden) und damit als Anzeige der SU-Sorte.

Zu den weiteren Funktionen der Ebene 2 gehören:

- Abtrennung überzähliger *Flags* (sie können bei Überlastung einer Signalisierungsstrecke hintereinander gesendet werden);
- Fehlerratenüberwachung auf der Zeichengabeübertragungsstrecke;
- Wiederherstellen des fehlerfreien Betriebs nach Störungen (s. z.B. Synchronisation).

Aus den oben erwähnten L2-Elementen, deren Reihenfolge fest vorgegeben ist, werden alle MTP-Datenformate aufgebaut, so z.B. *Fill-In*-SU's (FISU - Füllzeicheneinheit). Eine *Link Status*-SU (LSSU - CCS-Zustandszeicheneinheit) enthält außerdem ein Zustandsfeld (SF: *Status Feld* auf Level 3) und die Message-SU (MSU - Nachrichtenzeicheneinheit), ein Signalisierungs-Informationsfeld (SIF) für die zu transportierenden Informationen sowie ein Service-Informations-Oktett (SIO).

FISU's - werden auf den CSC's gesendet, wenn keine Benutzerdaten zur Übertragung vorliegen. Dies soll einer schnellen Fehlerbehebung des *Alignment*-Verlustes auf einem *Link* dienen.

LSSU's - liefern CSC-Statusinformationen und ermöglichen die Zustandssteuerung.

SU's - werden für den eigentlichen Nachrichtenaustausch eingesetzt.

Die SU-Formate (s. Abbildung 9.3 mit MSU) werden aus vollständigen Oktetts gebildet (im CCS6 wurde noch ein 28-Bit-Format verwendet).

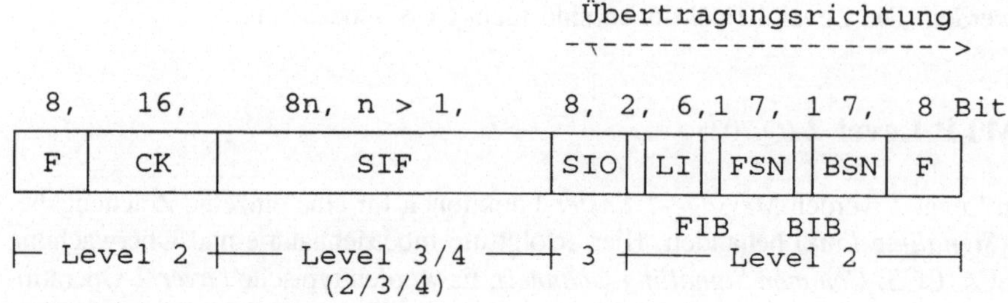

Bild 9.3: MTP-SU-Format (MSU)

Feldbezeichnungen:

SIF - Zeichengabeinformationsfeld beinhaltet bis zu 272 Oktetts für die Nachrichtenübertragung mit MTP-*Routing-Label* am Anfang - seine Länge ist variabel. Je nach *User-Part* gibt es verschiedene Label-Typen - von A bis D. Für SCCP (Typ D) sind es 4 Oktetts = SLS (4 Bit) + OPC (14 Bit) + DPC (14 Bit). Diese Angaben beziehen sich nicht auf die ANSI-Version (US-Markt). Mit Hilfe des Codes der Zeichengabepunkte kann die einfache Nachrichtenlenkung erfolgen.

SIO - Dienstinformationsoktett wird benutzt, um den Anwenderteil (*User-Part* z.B. SCCP oder ISUP) und die Version zu spezifizieren. Dadurch läßt sich die Priorität der Zeicheneinheit bzw. der Nachricht festlegen. Dieses Feld gehört der Ebene 3 an, wird jedoch von insgesamt drei Ebenen benutzt.

Die FISU's und LSSU's dienen den internen MTP-Funktionen, so daß sie kein SIF-Feld beinhalten. Die FISU ist reine Level 2 Zeicheneinheit.

SF - *Status Field* tritt nur in LSSU auf und wird für die Aktivierung und Wiederherstellung einer *Link*-Verbindung und die Sicherung der *Link-Alignment* verwendet.

Beim MTP werden Segmentierungs- (*Reassembling*) Funktionen aktiviert, wenn die Message-Länge (SIF) größer als zugelassen ist. In der Schicht 2 ist CCS7 vom Aufbau und Funktionsweise her den bit-orientierten *Link*-Protokollen (wie HDLC, SDLC, LAP B) sehr ähnlich. So sind sowohl im MTP als auch im HDLC folgende Elemente vertreten: *Flags*, Fehlerkorrekturelemente (CK, FIB, BIB, FSN, BSN), variable Länge (als Vielfaches von 8-Bit), drei SU-Typen usw. Andererseits ist die Funktionseinteilung der SU's im Netz anders als der HDLC-*Frames*.

A) Fehlerkorrektur

Für die Fehlererkennung bei einer Übertragung werden die *Flag*-Erkennung und (wie bereits angedeutet) die letzten 16 CK-Bit der SU's verwendet. Bei dem CK-Feld handelt es sich um eine 16-Bit CRC-Prüffolge, die aus dem *Cyclic Redundancy Check*- Verfahren gewonnen wird. CRC ist eine Polynom-Auswertungsmethode (nach CCITT V.41, s. z.B. [27]) in der ein Generalpolynom - hier: $x^{16} + x^{12} + x^5 + 1$ - als Modulo 2-Dividierer verwendet wird. Es sind zwei Fehlerkorrekturverfahren möglich: BEC (*Basic Error Correction*) und PCR (*Preventive Cyclic Retransmission*), s. z.B. [19]. In beiden werden die FSN und BSN (Forwärts-, Rückwärtsfolgenummer) und in BEC zusätzlich FIB und BIB für die Steuerung der Fehlerkorrektur verwendet. Bei der Korrektur muß darauf geachtet werden, daß die SU's nicht verlorengehen oder nicht verdoppelt werden und ihre Reihenfolge erhalten bleibt. Mit den beiden Methoden können MSU's und LSSU's korrigiert werden. Die FISU's-Fehler werden lediglich detektiert.

Basic Error Correction (BEC)

In der *Basic Error Correction*-Methode werden die fehlerhaften MSU's von der Empfangsseite zur Wiederholung aufgefordert. Um eine korrekte Reihenfolge aufrechtzuerhalten, werden auch alle folgenden *Message Signalling Units* geschickt. Die Sequenznummern und Indizierungsbit einer MSU sind für Vorwärts- und Rückwärtsrichtung voneinander unabhängig. Eine Korrelation ist für MSU's entgegengesetzter Richtung zu erwarten.

Preventive Cyclic Retransmission (PCR)

Preventive Cyclic Retransmission ist eine FEC-Methode mit positiver Bestätigung. In dieser alternativen Fehlerkorrektur wird jede MSU am Ursprung bis zur Empfangsbestätigung behalten und solange wiederholt gesendet. Die neu zu sendenden SU's haben im Normalfall höhere Priorität als die Wiederholer. Ist das Limit des *Retransmission-Buffers* erreicht, so werden alle dort befindlichen MSU's und FISU's der Reihe nach abgearbeitet. Dieses Fehlerkorrekturverfahren wird vor allem für Zeichengabestrekken mit längerer Signallaufzeit (Satellitenstrecken) verwendet.

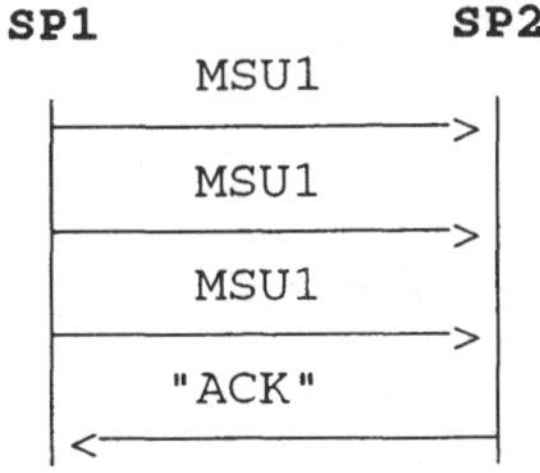

Bild 9.4: PCR-Schema

B) Synchronisation

Die CCS7-Synchronisation der Endeinrichtungen (SP's) wird auf dem Level 3 initiiert, sie läuft jedoch in der Ebene 2 ab. Sie kann von beiden Seiten aus mit LSSU's (*Frame-Alignment*) gestartet werden. Zum Abschluß der Anfangssynchronisation werden FISU's ausgetauscht, danach können MSU's gesendet werden. In der Anlaufzeit wird die Fehlerrate der *Link*-Verbindung beobachtet. Die Erhaltung der Synchronisation ist durch 01111110-Bit-Muster der SU-*Flags* (F's) für jede Zeicheneinheit möglich.

9.1.3 MTP Level 3 (Q.704)

Auf diesem Level (es ist die Netzebene) werden Signalisierungs-Netzwerk-Funktionen definiert. Sie sind für das Zusammenwirken der einzelnen *Signalling Links*, also für die Wegsteuerung (*Routing*), verantwortlich und teilen sich in Nachrichtenlenkung (*Signalling-Message-Handling*) und Zeichengabe-Netzmanagementfunktionen (*Signalling Network Managemenet*) auf.

Network Management	*Message Handling*	Level 3
Link Funktionen		Level 2
Data *Link*		Level 1

Bild 9.5: Signalisierungsstruktur der MTP-Funktionen

9.1.3.1 *Signalling Message Handling*

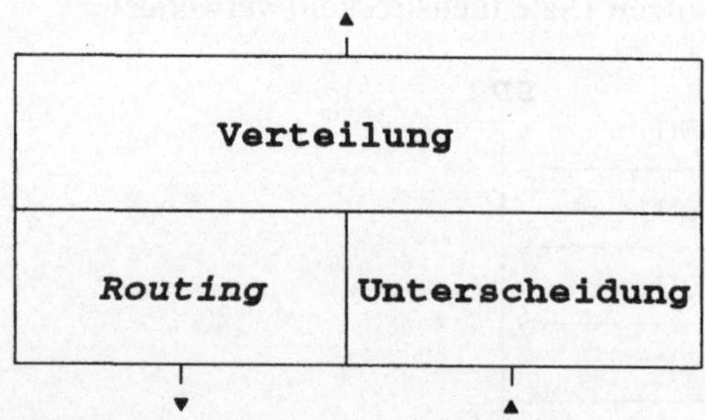

Bild 9.6: SMH-Funktionen

Der vom MTP angebotene Transportdienst ist dem in paketschaltenden Netzen sehr ähnlich. Die Nachrichten werden vom Netz anhand des MTP-*Routing-Labels* und SIO-

Elements (mit Service- und Netzwerk-Indikator) individuell behandelt. Die Messages mit gleichen MTP-*Routing-Labels* folgen im Normalfall dem gleichen Weg, was die richtige Sequenzierung vereinfacht. Es kann aber auch ein *Datagramm*-Service benutzt werden. Weitere *Routing*-Prozeduren werden auf SCCP-Ebene implementiert. *Signalling Message Handling*-Funktionen (SMH) haben folgende Aufgaben zu bewältigen:

• **Nachrichtenunterscheidung und Zielbestimmung**: Es muß eine Nachrichtenunterscheidung vorgenommen werden, um festzustellen, welchem Netzknoten die übertragene Information zugeteilt werden soll. Eine Message wird an jedem Signalisierungspunkt über den Zielpunktcode (DPC: *Destination Point Code*) abgetastet und, je nach Fall, entweder zu den Wegsteuerungs- oder Verteilungsfunktionen geleitet.

• **Wegsteuerung**: Für MTP-*Routing* sind die DPC's und SLS's wichtig. Die Wegsteuerung wird anhand des *Message-Labels* (SLS und DPC im SIF) und der *Routing*-Daten am Signalisierungspunkt durchgeführt. Die für eine Nachrichtenlenkung gewählten Routen sind - auch im Falle eines voraussagbaren Fehlers - fixiert, sie können sich jedoch für verschiedene Anwender (Protokolle über dem MTP) unterscheiden. Dies soll den Nachrichtenstrom gleichmäßig und gezielt aufteilen. Weiteres zu *Message-Routing* s. SCCP-Wegsteuerung.

• **Verteilung**: In diesem Prozeß am Zielknoten wird die empfangene Zeicheneinheit anhand des Service-Indikators (im SIO) weiteren Funktionen eines Anwenderprotokolls (*User-Part*) zugeteilt. Im Falle von STP kann die MSU zum SCCP-*Relaying*-Prozeß (GTT: *Global Title Translation*) geschickt werden.

9.1.3.2 Signalling Network Management

Das Zeichengabe-Netzmanagement dient der Verwaltung und Steuerung (Rekonfiguration) der Signalisierungskanäle des CCS7-Netzes und besteht aus: *Link-Management*, *Route-Management* und *Traffic-Management*. Seine Hauptaufgabe ist das Aufrechterhalten des Betriebs im Zeichengabenetz - auch beim Ausfall einzelner ZZK's oder SP's. Dazu gehört auch das Informieren der Anwenderteile in den jeweiligen Zeichengabeknoten über den Zustand der Signalisierungsbeziehung. Folgend werden kurz die drei Management-Module beschrieben:

STM (*Traffic*)
SRM (*Route*)
SLM (*Link*)

Bild 9.7: *Signalling Network Management*

Signallink Link-Management (SLM): Das Zeichengabestrecken-Management führt die

Kontrolle und Betreuung der lokal angeschlossenen *Linksets* durch. Es erfolgt hier die Verwaltung der Level 2-Aktivitäten. Um die OSI-Prinzipien zu bewahren, sollten die SLM-Funktionen der Schicht 2 zugeordnet werden. Aufgrund von CSC-Fehler oder mit MML-Kommandos wird die In- und Außerbetriebnahme (Aktivierung, Deaktivierung und Wiederherstellung) von Zeichengabeverbindungen durchgeführt.

Signalling Route Management (SRM): Das Zeichengabeweg-Management wird im quasiassozierten Modus benutzt und beschäftigt sich mit dem Informationsaustausch (Status-Informationen) zwischen den Signalisierungspunkten (SP's) für die Wegsteuerungsfunktionen. Die Signalisierungswege werden je nach Netzzustand blockiert oder freigegeben. Für *Routing*-Zwecke können sogenannten *look-up tables* für priorisierte Wegführung zum Ziel-SP verwendet werden.

Signalling Traffic Management (STM): Die Zeichengabeverkehrs-Managementfunktionen modifizieren die Wegsteuerung (Umlenken) der Zeicheneinheiten und kontrollieren den Zeichengabeverkehr. Die unten beschriebenen MTP-Prozeduren betreffen vor allem das Zeichengabeverkehrs-Management. Sie können je nach Inhalt und Modus als *Broadcast* Nachrichten oder im Dialog (z.B. im *Response Mode*) verwendet werden.

Signalling Network Management Messages

Signalling Network Management Messages gehören mit *Test & Maintenance Messages* zu den Nachrichten, die innerhalb des MTP-Protokolls benutzt werden. Es sind *Routing-* und *Congestion Control-Messages*:

CHM: CANGOVER (ORDER/ACK) - COO/COA und CHANGEBACK (DECLARATION/ACK) - CBD/CBA MESSAGES,
ECM: EMERGENCY-CHANGEOVER (ORDER/ACK) - ECO/ECA MESSAGE,
FCM: SIGNALLING-TRAFFIC-FLOW-CONTROL MESSAGES,
TFM: TRANSFER-PROHIBITED, TRANSFER-ALLOWED, TRANSFER-CONTROLLED, TRANSFER-RESTRICTED (TFP/TFA/TFC/TFR) MESSAGES,
RSM: SIGNALLING-ROUTE-SET-(CONGESTION-) TEST (RST/RCT) MESSAGE,
MIM: MANAGEMENT INHIBIT MESSAGES,
TRM: TRAFFIC-RESTART-ALLOWED (TRA) MESSAGE,
DLM: SIGNALLING-DATA-LINK-CONNECTION-ORDER MESSAGE,
UFC: USER PART FLOW CONTROL MESSAGES und
SIB: STATUS INDICATION BUSY.

9.1.4 MTP-Dienstprimitiven

Für die MTP-UP-Protokoll-Schnittstelle (UP: *User Part*) werden MTP-Dienstprimitiven benötigt. Es gibt folgende MTP *Indication-Primitives*: MTP-PAUSE, MTP-RESUME, MTP-STATUS, MTP-RESTART und auch als *Request* MTP-TRANSFER. Sie zeigen für Transport-Zwecke die möglichen Aktivitäten oder Zustände an.

9.1.5 MTP-Prozeduren

In diesem Abschnitt werden ausgewählte MTP-Prozeduren erwähnt. Viele von ihnen betreffen die Flußregelung. Für eine Lastverteilung im Zeichengabebündel spielt das SLS (*Signalling Link Selection*) die Schlüsselrolle. In der ANSI-Spezifikation ist der SLS-Parameter 5 Bit lang. Um die Lastverteilung (*Load Sharing*) zu realisieren, können *randomising* Techniken wie z.B. Bit-Rotation verwendet werden. Die wichtigsten Zeichengabe-Netzmanagement Prozeduren sind:

Changeover (Verkehrsumschaltung)

Changeover ist die Lastübernahme zwischen den *Links* eines Zeichengabebündels. Beim Ausfall einer Signalisierungsstrecke (SLS) schaltet das Zeichengabeverkehrs-Management den Zeichengabeverkehr auf einen fehlerfreien Signalisierungskanal (anderes SLS) um. Zu diesem Zweck werden zwischen betroffenen SP's oft über Umwege (STP's) COO- und COA-Nachrichten geschickt. Bei dieser Umschaltprozedur wird auf die Vollständigkeit der Nachrichtenübertragung geachtet. Für die kritische Übergangszeit werden die Nachrichten zwischengespeichert und zurückgehalten. Wichtig dabei ist die Beachtung der Sicherheitsanforderungen bezüglich der entstehenden Übertragungsverzögerungen.

Changeback (Verkehrszurückschaltung)

Die *Changeback*-Prozedur ist invers zu *Changeover*. Der ursprüngliche *Signalling-Link* ist wieder betriebsbereit und soll so schnell wie möglich und ohne Übertragungsfehler eingesetzt werden (Lastzurückschaltung).

Rerouting

Die Verkehrsumlenkung muß dann eingesetzt werden, wenn ein Zeichengabezielpunkt auf üblichem Weg nicht mehr zu erreichen ist (→*Forced Rerouting*). Ein kontrolliertes *Rerouting* (*Controlled Rerouting*) wird benutzt, um den Signalisierungs-Verkehr zu optimieren (z.B. über *Load Sharing Logic*). Die *Rerouting*-Prozeduren leiten den Verkehr über gewählten *Link* (*Linkset*) oder vorbestimmte Ausweichstrecken (Routen) um.

Management Inhibiting

Mit der *Management Inhibiting*-Prozedur soll der Anwenderverkehr durch Blockieren bestimmter SLS verhindert werden. Der Zeichenkanal bleibt dabei aktiv.

Signalling Point Restart

Diese Prozedur wird gestartet wenn der ausgefallene SP wieder aktiv wird. Mit TRAFFIC-RESTART-ALLOWED wird der *Routing*-Status aktualisiert. Diese Prozedur wurde im Weißbuch überarbeitet, um die Ausfallwahrscheinlichkeit im Netz zu minimieren.

Congestion Control (Überlastabwehr)

Die *Congestion Control* gehört zu den wichtigsten Maßnahmen der Verkehrssteuerung (*Traffic Control*). Die Flußsteuerungsprozeduren werden aktiv, wenn ein Überlast-Anzeichen (*Congestion*) auf der Empfangsseite festgestellt wurde. Die Überlastabwehrsteuerung ist implementierungsabhängig und kann sehr aufwendig gestaltet werden. Sie wird beim Überschreiten der, für nationale und internationale Netze unterschiedlich gesetzten Grenzwerte (*thresholds*) aktiv. Für internationale CCS7-Zeichengabenetze werden zwei vordefinierte Schwellenwerte und mehrere *Timer* benutzt. Nach Bedarf können Überlastabwehrnachrichten zur Partner-Endeinrichtung geschickt werden. Dauert der Überlastzustand zu lange (3-6 s), so fällt der *Link* aus und der Signalisierungsverkehr muß umgeleitet werden. In der CCITT-Version des CCS7 müssen die Nachrichten am Ursprung reduziert werden. In der US-Version sind drei Überlaststufen definiert, und die Messages können prioritätsabhängig verworfen werden. Diese Vorgehensweise setzt sich auch im europäischen Standard durch. Die *Congestion Control*-Mechanismen wurden ursprünglich für den vermittlungstechnischen Verkehr vorbereitet und sollten an die neuen Verkehrsprofile, z.B. der *Mobility*-Dienste, angepaßt werden.

9.1.6 MTP-Performance

Die Nachrichten verschiedener *User-Parts* werden vom MTP auf Basis der Zeiteinteilung behandelt. Die MTP-*Performance* kann sich je nach Benutzer und für verschiedene Übertragungsmoden unterscheiden. Sie kann für diverse *Linkloads*, z.B. für eine fehlerfreie Übertragung, relativ einfach ausgerechnet werden. Die zeitlichen Verzögerungen am STP liegen je nach Netzbelastung zwischen 10 und 100 ms. Für die *Performance* sind verschiedene Parametergruppen von Interesse: protokollspezifische Elemente (wie zulässige Nachrichten-Verzögerungen, Fehlerschutz usw.) und netzspezifische *Features*, wie der Einfluß des Übertragungsmediums (z.B. beim Richtfunk) oder des Zeichengabeverkehrs-Profils.

9.1.7 Test and Maintenance (T&M)

Um die geforderte MTP-*Performance* zu erreichen sind zusätzliche *Maintenance*-Prozeduren notwendig. So werden z.B. Testfunktionen an den *Link*-Enden (SP's) implementiert, um die Korrektheit der Bitübertragung (*Layer* 1) und der Übermittlung (*Layer* 2) der CSC's zu untersuchen. Die T&M-Prozedur-Ausführung wird über *Test & Maintenance* Messages realisiert.

***Test & Maintenance*-Nachrichten**

Die T&M-Messages haben ähnliche Struktur wie die des *Network Managements*. Vom MTP werden für T&M-Zwecke zwei MSU's verwendet: SIGNALLING LINK TEST MESSAGE (SLTM) und SIGNALLING LINK TEST ACK (SLTA).

9.2 SCCP

Signalling Connection Control Part: Das Transportfunktionsteil, wird manchmal auch als Signalisierverbindungs-Steuerteil oder Steuerteil für Signalisierungstransaktionen übersetzt. Es wird hier die Blaubuch-Version Q.711 bis Q.716 des SCCP-Protokolls betrachtet. Sie wurde für IN-Implementierungen verwendet sowie nach geringfügigen Vereinfachungen für das GSM-System übernommen. SCCP liefert Zusatzfunktionen zu dem MTP, um sowohl die verbindungslosen als auch die verbindungsorientierten Dienste der CCS7 anbieten zu können. Die klassische *call-related*-Signalisierung benötigt keinen SCCP-Service. Durch das SCCP-Protokoll konnten die Adressierungsfähigkeiten des CCS7 erweitert und globalisiert werden. Mit SCCP kann ein Nachrichtenaustausch zwischen zwei SP's auf verschiedenen Verbindungswegen und anhand unterschiedlicher *Routing*-Informationen ablaufen. Der Transportfunktionsteil dient dem Transfer von leitungsgebundenen (*circuit related*) und nicht leitungsgebundenen *Signalling Data Units* (SDU's). Mit SCCP werden auch andere Nachrichten, so z.B. für Management- und Maintenance-Zwecke, verschickt.

MTP und SCCP werden zusammen als Netzdiensteteil (NSP: *Network Service Part*) bezeichnet. Sie erfüllen die Anforderungen der *Layer* 3-Funktionalität nach dem OSI-RM von CCITT (X.200). Diese Tatsache erlaubt, daß auf dem NSP höhere Protokolle im Sinne des OSI-RM aufsetzen können. Dies ermöglicht eine vielfache Verwendbarkeit dieser Protokolle, die weit über die reinen sprechkreisbezogenen Funktionen hinausgehen kann. SCCP stellt folgende Grundmittel zur Verfügung:

- logische CCS7-Verbindungen;
- Transport-Fähigkeit für SDU's sowohl bei einer vorhandenen als auch bei einer nicht vorhandenen logischen Verbindung.

Im SCCP unterscheidet man vier Service-Klassen - sie werden auch als Protokollklassen bezeichnet. Es sind:

0: *Basic Connectionless* (CL)
1: *Sequenced* CL (MTP)
2: *Basic Connection-Oriented* (CO)
3: *Flow Control* CO

Diese Einteilung weist in bezug auf die verfügbare Übertragungsqualität (QOS: *Quality Of Service*) eine starke Analogie zu den Protokollklassen der Transport-Schicht (*Layer* 4) auf. Die Servicegüte wächst mit der gewählten Protokollklasse. Die CL-Klasse eignet sich gut für eine schnelle Übertragung kurzer Informationen. Es werden einzelne Zeichengabenachrichten ohne einen Verbindungsaufbau geschickt. Für das Protokoll der Klasse 0 sind die Nachrichten voneinander unabhängig. Die Service-Klasse 1 ist ein erweitertes CL-Protokoll. Die Messages werden als eine Sequenz (mit gleichem SLS) behandelt und auf dem gleichen Weg transportiert. Diese Service-Klasse eignet sich besonders gut (hohe QOS) zum Transport geteilter (sequentialisierter) Nachrichten. Auch die gesetzte *Return Option* kann die QOS positiv beeinflussen.

Tabelle 9.1: Vergleich der SCCP-Protokoll-Klassen

	Kl.0	Kl.1	Kl.2	Kl.3
Signalisierungs-Verbindung notwendig	-	-	X	X
Überholen erlaubt	X	-	-	-
Anwenderaufteilung der Nachrichten	X	X	X	-
Verhandeln bzgl. der Prot.-Klasse	-	-	X	X
Verhandeln bzgl. *Flow Controls*	-	-	-	X

Der CL-Service wird im MF auf der A-Schnittstelle für die Abwicklung globaler Informationen - sogenannter *Non Subscriber Related Data Exchange* (wie *Trunk Blocking/Unblocking*, BTS-*Reset*, usw.) - und auf den TCAP/MAP-Schnittstellen vor allem als Service-Klasse 0 verwendet. Die Segmentierung von *Connectionless*-Nachrichten kann z.B. für den Kurznachrichtendienst benutzt werden. Diese Erweiterung ist im Weißbuch spezifiziert.

Für einen verbindungsorientierten (CO) Service werden temporäre und permanente Signalisierungs-Verbindungen genutzt. Die Referenznummern werden für die Zuordnung der Nachricht zu einem logischen Kommunikationskanal benutzt. Die temporären Verbindungen (*Virtual Circuits*) werden vom SCCP aufgebaut, kontrolliert und aufgelöst. Dabei kann der Datentransfer in abstrakter OSI-Beschreibung mit NPCI + NSDU-Messages (*Network Protocol Control Information + Network Service Data Unit*) dargestellt werden. Die permanenten Verbindungen werden vom O&M (Betrieb und Unterhalt) verwaltet. Das Protokoll der Klasse 2 entspricht dem einfachen CO-Netzwerk-Service. Für anstehende Transaktionen wird eine SCCP-Verbindung aufgebaut. In der Protokollklasse 3 dagegen werden zusätzlich sowohl Flußsteuerung (in der CCITT-Version Begrenzung der Message-Anzahl am Ursprung) als auch die richtige Sequenzierung (am Ziel) berücksichtigt. So werden Nachrichtenverlust oder -überholen zum höheren *Layer* gemeldet und automatisch korrigiert. Im CO-Service können Verhandlungs-Prozeduren (*Negotiations*) bezüglich der Protokollklasse und Fenstergröße (für *Flow Control*) verwendet werden (s. Tabelle 9.1). Die Klassen 2 und 3 unterstützen auch weitere Verbindungen auf der gleichen Leitung sowie die Service-Klassen 0 und 1. In der Protokoll-Klasse 3 kann der Nachrichtentransfer priorisiert werden. Der CO-Service wird im MF auf der A-Schnittstelle für *Subscriber Related Data Exchange* (solcher Prozesse wie LUP, MOC, MTC, oder HOV) verwendet. Es sind Prozeduren, die teilnehmerspezifische Informationen im *End-to-End*-Modus verschicken. In der ANSI-Version des SCCPs existiert eine weitere Protokoll-Klasse (4) - sie wird hier nicht weiter betrachtet, es kann an dieser Stelle z.B. auf [27] verwiesen werden.

9.2.1 SCCP-Nachrichten

SCCP-Nachrichten werden innerhalb des SIF-Feldes der MSU-Einheit übertragen. Eine SCCP-Message einschließlich des MTP-*Routing Labels* sieht folgendermaßen aus:

		MTP-*Routing Label*		
EOP	SCCP-*Data*	SLS	OPC	DPC

SLS : *Signalling Link Selection*
OPC : *Originating Point Code*
DPC : *Destination Point Code*
EOP : *End of Optional Parameter*
s. auch MTP-MSU

Bild 9.8: SCCP-Message mit Level 3/4-Feldbezeichnern (*Label Type* D)

Innerhalb des SCCP-Datenfeldes unterscheidet man weitere Bereiche: Nachrichtentyp, verbindliche Felder fester und variabler Länge sowie eventuell einen optionalen Teil. Das Nachrichtenformat hängt von der benutzten Service-Klasse (CO/CL) ab.

Die verschiedenen SCCP-Messages können folgendermaßen den vier oben erwähnten Protokollklassen zugeordnet werden:

Klasse 0 und 1 : UNITDATA (UDT) und UNITDATA SERVICE (UDTS);
Klasse 2 und 3 : CONNECTION REQUEST (CR), CONNECTION CONFIRM (CC), CONNECTION REFUSED (CREF), RELEASED (RLSD), RELEASE COMPLETE (RLC), PROTOCOL DATA UNIT ERROR (ERR) und INACTIVITY TEST (IT);
Klasse 2 : DATA FORM 1 (DT1);
Klasse 3 : DATA FORM 2 (DT2), DATA ACKNOWLEDGEMENT (AK), EXPEDITED DATA (ED), EXPEDITED DATA ACKNOWLEDGEMENT (EA), RESET REQUEST (RSR) und RESET CONFIRM (RSC).

9.2.1.1 Nachrichten für CL-Service

Der Nachrichtentransport ohne eine Zeichengabeverbindung unterscheidet zwei Message-Sorten: UDT und UDTS. Die UDT-Nachrichten dienen der Informations-Übertragung und dem SCCP-Management (SCMG). Mit einer UDTS-Message wird im Fehlerfall der Gegenseite mitgeteilt (falls gewünscht), daß eine UDT-Nachricht nicht ans Ziel geleitet werden konnte. Eine detaillierte Darstellung beider Nachrichten ist in Tabelle 9.4 (Abschnitt SCCP-Parameter) enthalten.

9.2.1.2 SCCP-Management Nachrichten

Die SCMG-Nachrichten (SCMG: SCCP Management) werden mit CL-Service (Protokollklasse 0) ohne Bestätigung (mit *Discard Message on Error*-Option) übertragen. Die SCMG-Information wird mit UDT (6 Oktetts User Data inkl. EOP) transportiert. Die eigentliche SCMG-Nachricht (es sind fünf an der Zahl) beinhaltet vier Parameter-Felder. Ihre Bezeichner sind in der Tabelle 9.2 aufgeführt. Die Parameter spezifizieren den Inhalt und die Bestimmung der SCMG-Nachricht.

Tabelle 9.2: SCMG-Message und mögliche *Format Identifiers* (je 1 Oktett)

a)

SCMG *Format Identifier*
Affected SSN
Affected PC (*Point Code*) (2 Oktetts)
Subsyst. Multipl. Ind.

b)

SCMG-*Format Identifiers*
SSA: SUBSYSTEM ALLOWED
SSP: SUBSYSTEM PROHIBITED
SST: SUBSYSTEM STATUS TEST
SOR: SUBS. OUT-OF-SERV. REQ.
SOG: SUBS. OUT-OF-SERV. GRANT

SCMG-Nachrichten werden in bestimmten Prozeduren (s. SCCP-Management) im *PtM*-Modus verschickt.

9.2.1.3 Nachrichten für CO-Service

Die CO-Messages werden für Nachrichtentransport mit einer virtuellen Verbindung benutzt. Die schematische Darstellung einer CO-SCCP-Nachricht ist im Bild 9.9 zu sehen.

Data	*Dest.* LRN	*Segm./Reassembl.*	*Message Type*

LRN: *Local Reference Number*

Bild 9.9: CO-SCCP-Nachrichtenformat

Die CO-Messages können anhand unterschiedlicher Verbindungsphasen folgendermaßen unterteilt werden:

a) Verbindungsaufbau

CR: Mit CONNECTION REQUEST wird der anderen SCCP-Seite (Kommunikationspartner) die Initiierung der Signalisierungs-Verbindung angezeigt. Diese Nachricht enthält u.a. die lokale Referenznummer (LRN) als Identifizierung, die Protokollklasse (2/3) und die *Called Party Address.*

CC: CONNECTION CONFIRM dient als Bestätigung des Verbindungsaufbaus von der Partnerseite aus. Sie enthält die beiden lokalen Referenznummern (*Originating/Destination* LRN) sowie die übernommene Protokollklasse.

CREF: CONNECTION REFUSE dient der Partnerseite als Absage des Verbindungsaufbau-Versuchs. Diese Nachricht enthält eine lokale Ziel-Referenznummer und den Absagegrund.

b) Transportphase

Für die Übertragungsphase werden folgende SCCP-Messages verwendet:

DT1: DATA FORM 1 wird von beiden SCCP-Seiten als Transport-Medium der Protokollklasse 2 für höhere Schichten benutzt.

DT2: DATA FORM 2 wird wie DT1 jedoch für Protokollklasse 3 benutzt. Sie kann gleichzeitig als eine Bestätigung innerhalb der Flußsteuerungsprozedur eingesetzt werden.

AK: DATA ACKNOWLEDGMENT dient der Flußsteuerung und Fenster-Kontrolle. Sie enthält die lokale Referenznummer, die empfangene Sequenznummer und den Kredit-Wert (als Limit).

c) Verbindungsabbau

RLSD: RELEASED Message dient als Aufforderung an den Partner, die bestehende Verbindung aufzulösen. Sie enthält die lokale Ziel/Ursprung-Referenznummer und den Auflösungsgrund.

RLC: RELEASE COMPLETE dient als Anzeige, daß RLSD empfangen wurde und daß die Verbindungs-Ressourcen freigegeben wurden. Sie enthält die beiden *Local Reference Numbers.*

Weitere Nachrichten:

ED: EXPEDITED DATA wird nur in der Klasse 3 von beiden Seiten benutzt. ED-Nachricht bietet die Möglichkeit den Flußsteuerungs-Mechanismus umzugehen.

EA: ED ACKNOWLEDGEMENT muß als Bestätigung für jede ED-Nachricht geschickt werden. Erst nach Empfang dieser Message kann die nächste ED geschickt werden.

RSR: Mit der RESET REQUEST-Nachricht kann die Reinitialisierungs-Prozedur angezeigt werden (nur für Flußsteuerung).

RSC: RESET CONFIRMATION wird nach Abschluß der Rücksetzungs-Prozedur (nur Klasse 3) geschickt, s. *Reset*-Prozedur.

ERR: PDU ERROR wird bei einem Fehler in der CO-Protokoll-Klasse geschickt. Sie enthält die Ziel-Referenznummer, den Fehlergrund und eventuell Diagnose-Information.

IT: INACTIVITY TEST dient dem CO-Service dazu festzustellen, ob die Signalisierungsverbindung aktiv ist. Die *Timer*-Werte müssen für beide Kommunikationspartner angepaßt werden.

RJ, **RTR** und **RTC** sind nur in ANSI *Recommendations* spezifiziert und FFS.

9.2.2 SCCP-Primitives

Beide CL- und CO-Services bieten den höheren Schichten Dienstprimitiven mit entsprechenden Parametern an. Für den *connection-oriented* Netzwerk-Service sind es folgende *Primitives*: N-CONNECT, N-DATA, N-EXPEDITED DATA, N-DATA ACKNOWLEDGE, N-DISCONNECT, N-RESET und eventuell N-INFORM. Für CL-Service sind es: N-UNITDATA und N-NOTICE (s. Tabelle 9.3 und Bild 9.20).

Tabelle 9.3: Aufbau der Dienstprimitiven für CL-Service

Primitives	Parameter
N-UNITDATA *Req./Ind.*	*Called Address* *Calling Address* *Sequence Control* *Return Option* *User Data*
N-NOTICE	*Called Address* *Calling Address* *Reason for Return* *User Data*

Zusätzlich zu der Blaubuch-Spezifikation wird TC/TR-NOTICE *Indication* für den Fall benutzt, daß der angeforderte Dienst nicht erfüllt werden kann (und die *Return Option* im SCCP-Teil gesetzt ist). Außerdem werden drei weitere *Primitives* vom SCCP-Management (SCMG) benutzt: N-COORD, N-STATE und N-PCSTATE. Die Nachrichten-Bildung geht von Dienstprimitiven der höheren Schicht aus, dabei werden die erhaltenen Parameter auf die zu schickende Message abgebildet.

9.2.3 SCCP-Parameter

Alle SCCP-Nachrichten werden aus einzelnen Protokoll-Parametern zusammengesetzt. In den CO-Messages können auch mehrere optionale Parameter auftreten. Die Tabelle 9.4 zeigt die UDT- und UDTS-Messages mit ihren Parameterfeldern.

Tabelle 9.4: SCCP-Nachrichten der 0 und 1 Service-Klasse

CL-Message	UDT	UDTS
Message Type	00001001	00001010
Protocol Class 0/1	$0000000/1	-
Return Cause	-	1 Oktett
Called Party Address	min. 3 Okt	min. 3 Okt
Calling Party Address	min. 2 Okt	min. 2 Okt
User Message/Data	255 Okt.	255 Okt.

$: *Return Option* (= 1 für *return message on error*)
(= 0 für *no options*; alle anderen Werte der Bitreihe 5-8 sind nicht belegt)

Die Beschreibung der *Called/Calling Party Address* ist im Abschnitt Adressierung und Wegsteuerung zu finden. Die angegebene *User Data* Länge ist ohne *Global Title* (und FFS: *For Further Study*). Die *Source* bzw. *Destination Local Reference Number* (S/D-LRN) von Nachrichten für verbindungsorientierte Dienste ermöglichen eine Zuordnung der empfangenen CO-Message zu einer bestehenden SCCP-Verbindung. Weitere CO-Parameter wie *Release-*, *Reset-* und *Refusal-Causes* werden hier nicht näher betrachtet.

9.2.4 SCCP-Strukturierung

Innerhalb des SCCP-Protokolls können, wie weiter abgebildet, vier funktionelle Blöcke unterschieden werden.

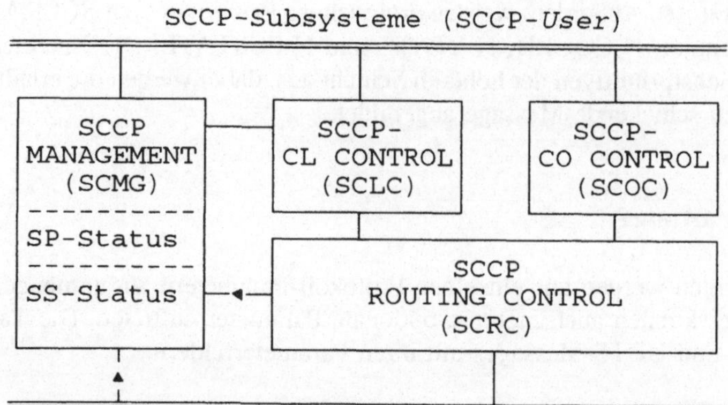

SS: *Subsystem*, SP: *Signalling Point*

Bild 9.10: Funktionelle SCCP-Struktur

SCLC: Die SCCP *Connectionless Control*-Prozeduren steuern den verbindungslosen Informationstransfer zwischen SCCP-Benutzern.

SCOC: Die SCCP *Connection Oriented Control*-Prozeduren behandeln die Signalisierungsverbindungen.

SCRC: Der SCCP *Routing Control* Block verteilt die SCCP-Nachrichten innerhalb des SPs oder leitet sie weiter zum MTP. Hier (z.B. im STP) kann eine GT-Übersetzung erfolgen.

SCMG: Das SCMG überwacht und korrigiert die Verfügbarkeit des Zeichengabenetzes durch Behandlung der Fehler- und Statuszustände. Mehr dazu im Unterkapitel SCCP-Management

9.2.5 SCCP-Prozeduren

Die oben erwähnte funktionelle Einteilung des SCCP-Protokolls spiegelt sich in der Aufteilung seiner Prozeduren wider. Es werden kurz die CL- und CO-Prozeduren beschrieben. Die unten erwähnten Mechanismen der SCCP-Stauabwehr (*Congestion Control*) sind angesichts der neuen Dienstanforderungen unzureichend spezifiziert und müssen erweitert werden.

9.2.5.1 CL-Klasse

Die CL-Klasse wird für einen kurzen Informationsaustausch benutzt: Das Fehlen der Verbindungs-Aufbau- und -Abbau-Prozeduren erlaubt eine schnellere Datenübermittlung. Die Nachrichten werden nach einer Analyse der *Called Party Address* und anderer

Parameter wie SLS oder Referenznummer zum Zielknoten geschickt. Das SCCP generiert für eine Message-Sequenz der Protokoll-Klasse 1 den gleichen SLS-Code. An den folgenden Signalisierungspunkten wird von den SCCP-Funktionen die Wegsteuerungs-Analyse durchgeführt, damit der Zielknoten erreicht werden kann. Die Segmentierungsoption für CL-Service wird beim Kurznachrichtendienst (SMS) verwendet.

CL-Prozeduren

Zu den wichtigsten CL-Prozeduren gehören:

• ***Data Transfer*-Prozedur**
Data Transfer-Prozedur wird verwendet, um Benutzer-Daten zu befördern. Zu diesem Zweck werden UNITDATA-Messages benutzt. Sie werden auch für SCCP-Management-Nachrichten eingesetzt. Neben der SCCP- werden hier MTP-*Routing*-Funktionen verwendet. Die Management-Messages werden am Zielknoten sofort zum SCMG geleitet.

• ***Message Return*-Prozedur**
Diese Prozedur wird gestartet, wenn das SCCP-*Routing* z.B. aufgrund fehlender Adressierung oder anderer Fehler, nicht imstande ist die UDT's bzw. UDTS's zum Zielknoten weiter zu transportieren (s. Bild 9.14). Im Falle einer UDT-Nachricht kann die Gegenseite (*Calling Party*) darüber mittels UDTS informiert werden falls die *Return Option* gesetzt ist, s. *Protocol Class*. Dies betrifft nicht die SCMG-Nachrichten.

• ***Congestion Control***
Congestion Control für den CL-Service, kann mit *Message Return*- und SCMG-Prozeduren realisiert werden. Eine UDT-Priorisierung kann nicht direkt angewendet werden. So ist für den Fall einer Überlastung keine selektive Filterung möglich. Zukünftig könnte sie in der höheren Schicht (z.B. TCAP) angeordnet werden.

• ***Syntax Error***
Eine fehlerhafte Nachricht wird abgewiesen.

9.2.5.2 CO-Klasse

Die CO-Klasse wird benutzt, wenn große Datenmengen transportiert werden sollen bzw. höhere Anforderungen an die Kommunikation gestellt werden. In solchen Fällen ist es sinnvoll, einen SCCP-Verbindungsaufbau anzusteuern. Beim Aufbau einer Signalisierungsbeziehung ist es nicht unbedingt erforderlich, den Zielknoten im voraus zu kennen. Hierfür können sog. temporäre Zeichengabe-Transaktionen zusätzliche Möglichkeiten bieten. Innerhalb der CO-Klasse werden folgende Verbindungsphasen unterschieden:

Verbindungsaufbau

Der Verbindungsaufbau wird mit der CONNECTION REQUEST-Message, die anhand der *Called Party*-Adresse zum Zielknoten geleitet wird, gestartet. Die Initiierung muß davor mit N-CONNECT REQUEST erfolgen. Die Bestätigung wird mit CONNECTION CONFIRM, die Absage mit CONNECTION REFUSED realisiert.

Datenübertragung (*Data Transfer*)

Der Datenaustausch wird mittels DATA FORM (DT) -Messages ausgeführt. Nachrichten, die länger als 255 Oktetts sind, werden segmentiert. Bei mehreren DT's wird ein *More-Data*-Indikator (M-Bit) benutzt. Angekommene Segmente werden anhand dieses M-Bits wieder zusammengesetzt. Eine beschränkte Informationsmenge an *User*-Daten kann auch mittels CONNECTION REQUEST, CREF oder CONNECTION RELEASE übertragen werden. Ist die Verbindung für die Service-Klasse 2 aufgebaut, so werden keine SCCP-Funktionen an den Transferpunkten benutzt. Für *Class* 3-Verbindungen wird die Flußsteuerung mit Sequenz-Numerierung (Modulo 128) und Fenstersteuerung (für beide Richtungen) verwendet.

Verbindungsabbau s. *Connection Release* Prozedur

CO-Prozeduren

Im folgenden werden ausgewählte CO-Prozeduren kurz beschrieben:

• ***Reset*-Prozedur**
Die *Reset*-Prozedur dient einer Reinitialisierung von Verbindungen. Dies wird mit RSR- und RSC-Nachrichten erfolgen und ist nur für die Protokollklasse drei möglich. Die *Reset*-Prozedur wird z.B. nach einem Message-Verlust oder Sequenz-Fehler initiiert. Der SCCP-*User* wird darüber informiert.

• ***Restart*-Prozedur**
Diese Prozedur ermöglicht einen Wiederaufbau der gestörten Zeichengabeverbindung.

• ***Connection-Refusal*-Prozedur**
Die *Connection-Refusal*-Prozedur zeigt den SCCP-*Usern* (der *Calling*-Seite) an, daß der Versuch eines Verbindungsaufbaus mißlungen ist. Der Grund dafür kann das Fehlen der notwendigen Ressourcen sein (s. auch Wegsteuerung).

• ***Connection-Release*-Prozedur**
Diese Prozedur löst die temporäre Signalisierungsverbindung zwischen zwei SCCP-Benutzern aus. Der Verbindungsabbau wird mit RELEASED-Message gestartet und von der anderen Seite mit RELEASE COMPLETE bestätigt (abgeschlossen).

• ***Flow Control*** (Flußsteuerung)
Die während des SCCP-Verbindungsaufbaus festgelegte Protokollklasse bleibt für die Übertragungszeit bestehen. Die *Flow-Control*-Fenstergröße aller betroffenen Knoten variiert und kann den aktuellen QOS-Anforderungen angepaßt werden. Weitere *Congestion Control* Elemente können durch Nachrichtentyp-abhängige Filterfunktionen eingeführt werden.

9.2.6 Adressierung und Wegsteuerung

Die Adressierung und Wegsteuerung (*Routing*) erfolgen im CCS-Netz durch Vergabe von SPC's (*Signalling Point Codes*) und bilden einen bedeutenden Anteil der *Database*-Gestaltung. Auf diese Weise werden einzelne Systemeinrichtungen (Netzknoten) für die Zeichengabe als unabhängige Netzwerkelemente identifiziert. Die mit den Zeichengabeeinheiten übertragenen Daten können verschiedene Adreßarten und -werte tragen. Einfache OPC's und DPC's sind auf der MTP-Ebene (3) im *Routing-Label* vorhanden und können zugleich auf Ebene vier verwendet werden. Zusätzlich sind für Prozeßsteuerungen in höheren Schichten weitere Adressierungsoptionen und -elemente erforderlich. Für SCCP-*Routing* über nationale Grenzen hinaus, können neben E.164 auch E.214 (z.B. GSM) oder zukünftig E.118 (z.B. für ITCC) eingesetzt werden.

Adressierung

Die Adressierung wird benötigt, damit die Wegsteuerung (Nachrichtenlenkung) ausgeführt werden kann. Mit SCCP ist es möglich, sowohl gesprächsbezogene als auch - je nach Dienst - andere Adressierungsoptionen zu benutzen. Die *Called/Calling Party Address* liefern für SCCP die notwendigen Informationen, um Ziel- und Ursprungspunkt einer Gesprächsverbindung bestimmen zu können. Im Falle von CO-Prozeduren sind das die Endpunkte der Verbindung und für den Fall einer CL-Prozedur die Ziel- und Ursprungspunkte der Nachricht. Das erste Byte so einer Adresse ist der Adreßindikator. Er informiert über die Zusammensetzung des variablen Adreßfeldes.

Reserv.	RI	Global Title Indicator	SSN Ind.	PC Ind.

Bild 9.11: Adreßindikator (8-Bitfeld)

PC *Indicator*: 1 -> Adresse beinhaltet SPC;
SSN *Indicator*: 1 -> Adresse beinhaltet SSN;
GTI: 0 -> kein GT; sonst eins der GT-Formate;
RI (*Routing Indicator*): 1 -> *Routing on* DPC + SSN,
0 -> *Routing on* GT.

Bei der Leitweglenkung (Wegsteuerung) unterscheidet man zwei grundlegende Adressierungs-Klassen, dementsprechend stehen zur Verfügung:

1. *Global Title* (GT): Diese Pseudoadresse oder virtuelle Rufnummer muß zuerst, durch verteilte oder konzentrierte Translationsfunktionen, als Globalnamenumsetzung übersetzt werden (*Global Title Translation* (GTT)). Konkret kann eine gewählte Telefonnummer (z.B. MSISDN) in eine physikalische Zielnummer umgesetzt werden. Es ist möglich, daß aus einer GTT ein neuer GT resultiert. GT wird im MF vor allem für *Roaming*-Zwecke verwendet (s. MGT).

2. DPC + Subsystem-Nummer (SSN): Diese Angaben erlauben direkte Weiterleitung.

Die möglichen Kombinationen dieser drei Elemente (Adreßtypen: GT, DPC und SSN) sind ebenfalls zulässig. Welche Adressierungsklasse benutzt wird (dies wird im RI festgehalten), hängt vom Service, der speziellen Anwendung und dem Netzwerk bzw. seinem Abschnitt ab. So sind die GTT-Funktionen nicht in allen SP's vorhanden. Der Aufbau einer SCCP-Adresse ist im Bild 9.12 dargestellt.

Feld	Länge
Address Indicator	1 Oktett
SPC	2 Oktetts (falls vorhanden)
SSN	1 Oktett (falls vorhanden)
GT	> = 2 Oktetts

Bild 9.12: *Called/Calling Party Address*

Die GT-Adressierungsklasse ist recht komplex. Für GT sind mehrere Formate möglich. Das GT-Feld kann beinhalten: Translationstyp (TT), Bezeichnung des Numerierungsplans (NP), Codierungsschema und Adresseninformationen (CC + NDC + SN). Die ersten Ziffern der *Subscriber Number* können Informationen zur Netzeinteilung (MF-*Entities*, z.B.: HLR, VLR, MSC, EIR oder AUC) enthalten. Die Teilsystemnummer (SSN: *Subsystem Number*) identifiziert bzw. adressiert die Protokoll-Benutzer-Funktion, z.B. eine IN-Anwendung. Die Adressierung der ersten IN-Dienste im Pilotprojekt der Deutschen Bundespost erfolgt über die SSN's und SPC's. Diese direkte Adressierung ermöglicht schnelle Verbindungen, sie ist jedoch den möglichen Änderungen gegenüber recht träge. Für größere IN-Netze wird GTT vorgezogen. In Verbindung mit der GSM-Implementierung sind aktuell folgende Subsysteme möglich: SCMG, ISUP, BSSAP, TCAP/OMAP sowie TCAP/MAP-HLR, -VLR, -MSC,-EIR und -AUC. Die SSN-Adressierung ist für GSM zwingend vorgeschrieben. Für die netzinterne SCCP-Verbindungen kann wahlweise GT- oder PC-*Routing* verwendet werden. Bei der *Inter*-PLMN-Adressierung muß GT benutzt werden.

Wegsteuerung

Die *Routing*-Aktivitäten des MTP beschränken sich auf den einfachen Zeichengabetransport zum Ziel-DPC und die SU's-Verteilung innerhalb eines Knotens. Die *Routing*-Aufgaben des SCRCs bestehen in der Bestimmung von Strecken im Netz, über die die gewünschten Informationen geschickt bzw. Transaktionen geführt werden sollen. Eine falsch gewählte Route kann zu Problemen in anderen Netzbereichen führen und z.B. überhöhte Verzögerungen bewirken. Für die *Routing*-Aufgaben werden vom SCRC die DPC's und SSN's oder GT's verwendet. Zusätzlich wird für eine geeignete Lastverteilung (*Load Sharing*) auf redundanten Strecken das SLS-Feld benötigt. Für die Wegsteuerung zu der Zieladresse sind die *Called Party Address*-Parameter von entscheidender Bedeutung. Der DPC aus der *Called Party*-Adresse kann im MTP-*Routing-Label* (s. Bild 9.8) für die Wegsteuerung verwendet werden. Es ist auch möglich, daß der Absender die Zieladresse nicht kennt. Sie wird anhand des GTs ermittelt und MTP-*Routing*-Funktionen zur Verfügung gestellt. Es kann sich dabei um eine netzexterne Verbindung handeln.

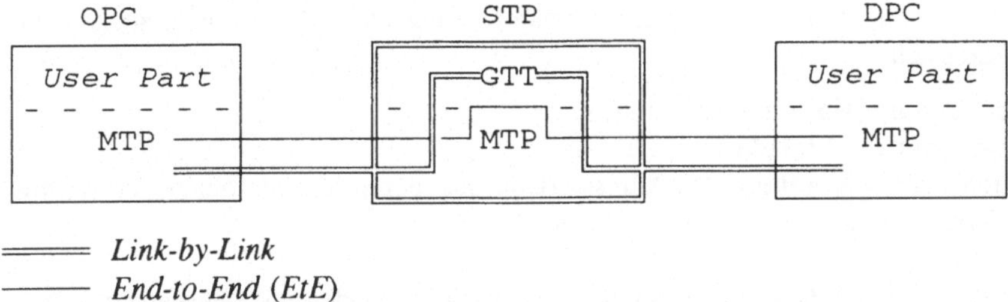

Bild 9.13: *Routing*-Möglichkeiten

Im STP werden bei einer *EtE*-Verbindung nur die SU's - auf MTP-Ebene - betrachtet. Die Zeichengabeverbindung über STP erfordert in diesem Fall keine Nachrichtenverteilung zum MTP-*User* (Abbildung 9.13). Sollen auch andere Level 4-Funktionen verwendet werden (ISUP, GTT), so hat der Transferknoten eine sogenannte integrierte Funktionalität.

Die GT-Übersetzung im MF (s. MGT) wird beim *Roaming* oder für einen Verbindungsaufbau benutzt. Eine mögliche Wegsteuerung einer MF-Nachricht durch mehrere internationale Netze ist schematisch im Bild 9.14 dargestellt.

RI = 0, NP6 TT = IMSI NA = INTNO IMSI	RI = 0, NP1 TT = 0 NA = INTNO new GT	RI = 1, NP6 SSN, SPC NI = NAT IMSI

HPLMN

——— GMSC1 ——— GMSC2 ———

PLMN ISDN

Bild 9.14: *Routing* mit GTT (GTI = 0100) für *International Roaming* (IR)

Beim *International Roaming* können die kommenden SCCP-Nachrichten im Schnellverfahren (*Relay*-Funktion) ausgewertet werden um mögliche Netzüberlastungen zu vermeiden. Ist der RI = 0, so wird im Zeichengabeknoten nur die GTT durchgeführt. Für RI = 1 muß die lokale Anwendung erfolgen, s. weiter *Routing*-Funktionen innerhalb eines Knotens. Für die *Routing*-Prozeduren sind die CCS7-Netzstruktur (inkl. *Gateway*-Verteilung), die *Performance*-Kriterien, die *Routing*-Strategie usw. wichtig. Die Wege für Nachrichtenlenkung sollten verkehrsniveauabhängige Alternativen bieten. Innerhalb eines Netzes können unterschiedliche *Routing*-Konfigurationen, z.B. je nach Verkehrsbelastung oder Zeit (→ *time-controlled Routing*), zum Tragen kommen. Die *Routing*-Prinzipien sollen der Minimierung der Stauwahrscheinlichkeit und dem Ausschluß falscher Szenarien dienen. Für die Routenbeschreibung existieren feste *Routing*- und Translationstabellen, die vom Netzwerkmanagement geändert werden können und zentral oder verteilt vorliegen. Beim CCS7 handelt es sich in der Regel um ein statisches *Routing*. Im *InterSystem* (IS-41 s. Ausblick) kommt für SS7 das Kriterium des kürzesten Weges zum Tragen. Je nach Größe des Zeichengabenetzes sind verschiedene *Routing*-Strategien möglich:

a) Zielsuche in einer sortierten Datenbasis;
b) Indizierung mit der Zieladresse;
c) abschnittsweise Auswertung der Adresse dank der hierarchischen Numerierung mit Cluster-Organisation und partiellen SPC's.

Die Datenbank eines SPs kann in der Regel aus Gründen der Speicherkapazität oder Laufzeitproblematik nicht alle Adressen für *End-to-End*-Signalisierungen beinhalten. Es ist auch vor allem in großen Netzen nicht sinnvoll, das Zeichengabe-Management mit der Aufgabe der ständigen Aktualisierung und Koordination der *Routing*-Informationen zu beschäftigen. Bei der *Link-by-Link*-Zeichengabe reicht es aus, wenn ein SP alle Nachbarn kennt. Die partiellen SPC's erlauben MTP-*Routing*-Ausführung ohne einer Datenbank-Überlastung. Andererseits kann eine unvollständige *Database* (DB) eines Knotens, z.B. bei gestörten (ausgefallenen) SP's, zu *Routing*-Problemen führen. Der lückenhafte SPC-Status kann in manchen Applikationen (ISUP-*Call Control*) Fehler oder unzulässige Verzögerungen bewirken. Beim Auftreten einer Störung werden die Netzmanagement-Prozeduren aktiv - sie sind im Abschnitt SCCP-Management beschrieben. In jedem Netzsystem muß für die Wegsteuerung ein Mittelweg gefunden werden, der auch die bevorstehende Netzevolution mitberücksichtigt.

***Routing*-Funktionen innerhalb eines Knotens**

Die SCCP-*Routing-Control* (SCRC s. Bild 9.10) behandelt die Nachrichten, die vom MTP transportiert werden oder von der SCCP-CO/CL-Steuerung kommen.

• Nachrichten vom MTP
Eine im Netzknoten angekommene Message wird mit der MTP-TRANSFER IND.-Dienstprimitive angezeigt. Alle CO-Messages (außer CR) werden sofort zum CO-*Control-Block* geschickt. Dort wird der *Routing*-Indikator überprüft, und abhängig von Wert und Adresse wird der Status des Subsystems kontrolliert, oder es wird eine der unten aufgeführten Aktivitäten gestartet.

• Nachrichten vom SCOC/SCLC
Diese Nachrichten werden entweder dem MTP übergeben oder zum SCLC bzw. SCOC zurückgeschickt. Es kann je nach Fall die *Connection-Release*-Prozedur oder eine der im folgenden beschriebenen Aktivitäten gestartet werden.

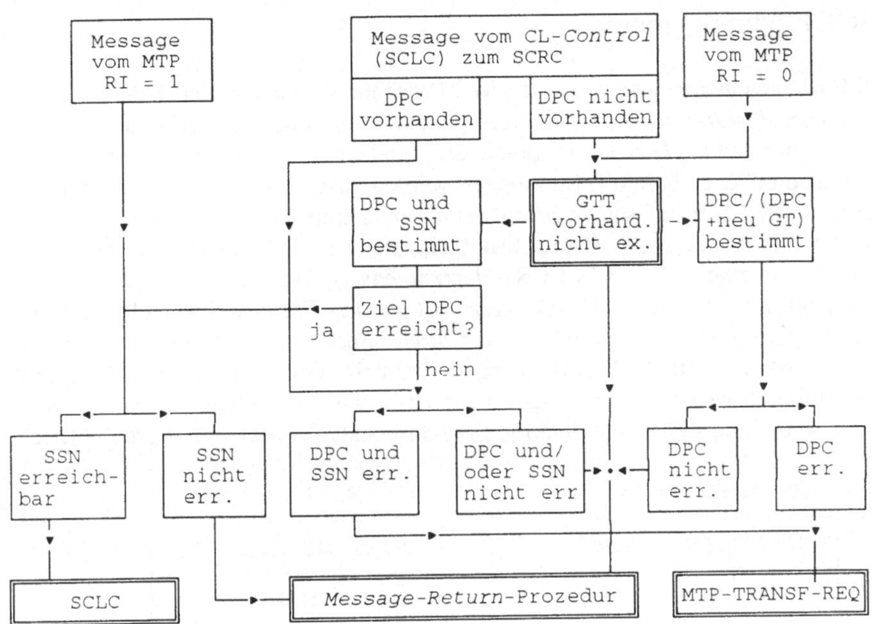

RI: *Routing*-Indikator

SSN: Subsystemnummer

DPC: *Destination Point Code*

Bild 9.15: SCCP-*Routing* für CL-Service-Klasse

• **Aktivitäten**

Abhängig von der Richtung der angekommenen Nachricht sind folgende Aktivitäten des Wegsteuerungs-Blocks möglich:

- GT-Übersetzung (globale Transkription),
- Abschicken der MTP-TRANSFER REQUEST-Dienstprimitiven,
- Initiierung der *Message Return*-Prozedur (CL-Service) oder der
- *Connection Refusal*-Prozedur (CO-Service).

Bild 9.15 veranschaulicht das SCCP-*Routing*-Prinzip für die CL-Service-Klasse. Das SCCP-*Routing* für die CO-Service-Klasse wird in analoger Weise durchgeführt. In Bild 9.15 muß die *Message-Return*- durch die *Connection-Refusal*-Prozedur und CL- durch CO-Service ersetzt werden. Zusätzlich wird im Falle einer Transaktion mit DPC bzw. mit DPC und neuem GT, falls eine Assoziation innerhalb der SCCP-Verbindung erforderlich ist, die Nachricht zum SCOC geleitet. Ist beim *Routing*-Vorgang das zuständige Subsystem nicht verfügbar (nicht erreichbar), so wird zusätzlich das SCMG darüber informiert.

9.2.7 SCCP Management

Die SCCP-Management-Prozeduren (SCMG-Prozeduren) dienen der Erhaltung der SS#7-Netzwerk-*Performance*, so daß nach einem Fehler oder Überlastzustand eine alternative Wegumleitung (*Rerouting*) durchgeführt oder der Nachrichtenverkehr gedrosselt wird (entsprechende Kontroll-Messungen werden ausgeführt). Das SCCP Management wird, um flexibler auf solche Störungsfälle reagieren zu können, in zwei Unterfunktionen, wie in Abbildung 9.10 angedeutet, eingeteilt. Im Bild 9.16 ist eine schematische Struktur von zwei SP's eines CCS7-Netzknotens gezeigt. Die Subsysteme sollen zwecks Übermittlungssicherung doppelt ausgelegt werden. Für eine Systemduplizierung können z.B. gesplittete *Entities* oder *stand-alone Backup*-Vorrichtungen eingesetzt werden. Das wirkungsvolle SCMG ist insbesondere beim mißlungenen Zugriffsversuch auf die SCP-Funktionen (IN-Anwendungen) wichtig. Die Abbildungen 9.10 und 9.16 sind für das Verständnis der recht detailliert beschriebenen SCMG-Prozeduren nützlich.

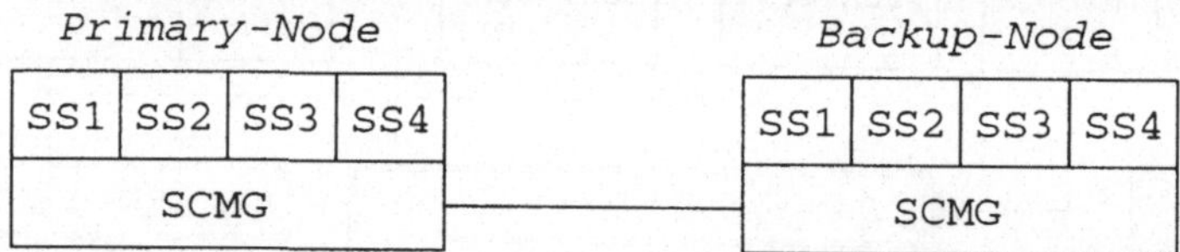

Bild 9.16: Doppel-Konfiguration eines Knotens mit zugehörigen Subsystemen (SS's)

Die wichtigsten SCMG-Nachrichten wurden in der Tabelle 9.3 dargestellt.

9.2.7.1 SP-Status Management-Prozeduren

Die SP-Status Management-Prozeduren ermöglichen eine alternative Nachrichtenlenkung (Ersatzschaltungen) beim Ausfall von Zeichengabeknoten. Der Status eines fehlerhaften oder überlasteten Zeichengabepunktes wird im SS7-Netz bekanntgegeben. Ein vom MTP geleiteter Zustandswechsel wird dem SCMG gemeldet, um entsprechende Maßnahmen ergreifen zu können.

Verbotener SP (SP *Prohibited*)

Diese Prozedur wird gestartet, nachdem das SCMG eine MTP-PAUSE-Dienstprimitive empfangen hat, indem:

1. die Translation zum *Backup*-Knoten und zu den SS's (falls vorhanden) vermerkt wird;
2. der Status des SP auf nicht zugelassen (*prohibited*) gesetzt wird;
3. *Status-Tests* für diesen SP und seine SS's unterbrochen werden;
4. und 5. s. *Local Broadcast* (mit UOS und SP *Inaccessible* für alle SS's im SP).

Zugelassener SP (SP *Allowed*)

wird gestartet, nachdem MTP-RESUME vom SCMG empfangen wird, indem:

1. der *Congestion*-Level im *Affected*-SS-Parameter zurückgesetzt wird;
2. die Translation vom *Backup-* zum *Primary-* Knoten vermerkt wird;
3. SS-Status-Tests für betroffene SS's initiiert werden;
4. *Local Broadcast* mit SP *congested* initiiert wird.

Stau im SP (SP *Congested*)

Diese Prozedur wird gestartet, nachdem MTP-STATUS vom SCMG empfangen wird, indem der SP-Status aktualisiert wird oder ein lokales *Broadcast* ausgeführt wird.

9.2.7.2 SS-Status Management Prozeduren

Ein Subsystem-Zustandswechsel innerhalb eines Knotens und in seiner Umgebung wird hier gemeldet. Bezüglich der SS-Funktionalität werden Aktivitäten vorgenommen, so werden beispielsweise ausgefallene SS's zyklisch kontrolliert (SS-Status-Test).

Verbotenes SS (SS *Prohibited*)

Message-Empfang für nicht zugelassenes SS

Empfängt der SCRC-Block eine Nachricht für ein nicht zugelassenes lokales Subsystem, so liegt ein verbotenes SS vor. Es wird, falls das ursprüngliche SS nicht lokal ist, eine SSP-Message zum Ursprung-SP geschickt (lokales SS ist FFS = *For Further Study*).

Die SCMG-Aktionen für SS-*Prohibited* sind:

1. Vermerk für die Translation des nicht zugelassenen Subsystems zum *Backup*-SS (falls dieser existiert);
2. Statusänderung des SSs auf nicht zugelassen (*prohibited*);
3. *Broadcast* von *User-Out-of-Service*;
4. Initiierung (für nicht lokales SS) der SS-Status-Test-Prozedur;
5. Aussenden von SSP zu benachbarten SP's (s. *Broadcast*)
6. Löschen von *ignore* SS-Status-Test und zugehörigem *Timer*, wenn das nicht zugelassene SS am lokalen Knoten liegt.

Diese Aktionen werden gestartet, falls:

- das SCMG die SSP-Message für zugelassenes SS empfängt;
- N-STATE-REQ mit *User-Out-of-Service* für zugelassenes SS vorliegt;
- SCMG einen Absturz (Fehler) des lokalen Subsystems detektiert.

Zugelassenes SS (SS *Allowed*)

SSA-Prozedur wird gestartet, nachdem

- SCMG eine SSA-Message über ein nicht zugelassenes SS empfängt oder
- N-STATE-REQ mit *User-in-Service* über ein nicht zugelassenes SS vorliegt, indem:

1. *translate to primary* SS, falls das SS dupliziert und zugelassen ist, oder *translate to backup* SS, falls das SS dupliziert und das Ursprungs SS nicht zugelassen ist, verordnet wird;
2. der SS-Status als erlaubt vermerkt wird;
3. *Broadcast*-Prozedur mit *User-in-Service* initiiert wird;
4. SS-Status-Test unterbrochen wird;
5. SSA-Nachrichten zu betrachteten SP's ausgesendet werden.

SS *Status-Test*

• Aktion am initialisierenden Knoten
Mit dieser Audit-Prozedur wird der Status des ausgefallenen bzw. als nicht zugelassen vermerkten SSs verifiziert. Aktionen am Ursprungs-Knoten werden nach SSP-Empfang oder wenn MTP-RESUME-IND für den nicht erreichbaren SP vorliegt gestartet, indem der *Status-Test* einschließlich *Status Information-Timer* gestartet wird. Nach dem *Timer*-Ablauf wird dieser zurückgesetzt, und es wird, im Knoten des gefallenen SSs, ein SST zum SCMG geschickt. Dies wird wiederholt und kann erst durch andere SCMG-Funktion am selben Knoten abgeschlossen werden. Der *Timer* und der Test-Vermerk werden gelöscht.

• Aktionen am Empfangs-Knoten
Wenn SCMG eine SST-Message empfängt und kein *ignore* SS-Status-Test gesetzt ist, so wird der Status des genannten SSs überprüft. Ist das Subsystem zugelassen, so wird SSA zum SCMG des testführenden Zeichengabepunktes geschickt. Ist das SS nicht zugelassen, so wird keine Antwort geschickt. Mit diesem Testschritt läßt sich die Aktivität des Nachbarknotens für bestimmten Dienst überprüfen.

• Koordinierter Zustandswechsel
Der koordinierte Zustandswechsel betrifft nur die nicht lokal duplizierten SS's (die lokalen sind FFS), und seine Prozeduren werden benutzt, um die *Performance* des Netzes zu sichern. Da die Implementierung nicht lokaler, gedoppelter Subsysteme relativ selten vorkommt, wird auf eine genauerere Beschreibung verzichtet.

***Broadcast*-Prozeduren**

Die *Broadcast*-Prozeduren teilen sich in normale und lokale und werden benutzt, um Signalisierungspunkte oder Subsysteme eines SPs (lokale Anwendung) über die Statusänderungen zu informieren.

• Lokales *Broadcast*
Es handelt sich hier um ein lokales *Broadcasting* mit *User Status* (UIS und UOS) und SP-Status-Messages. An alle zugelassenen SS's können folgende Statusinformationen geschickt werden:

User-Out-of-Service wird mit N-STATE-IND initiiert, falls

a) eine SSP-Message über das zugelassene SS empfangen wird;
b) N-STATE-REQ mit *User-Out-of-Service* für das zugelassene SS vorliegt;
c) ein lokaler SS-Fehler vom SCMG detektiert wird;
d) MTP-PAUSE-IND empfangen wird.

User-In-Service wird mit N-STATE-IND initiiert, falls

a) eine SSA-Nachricht über das nicht zugelassene (*prohibited*) SS empfangen wird;
b) N-STATE-REQ mit *User-In-Service* für das nicht zugelassene SS vorliegt.

Signalling Point Inaccessible/Accessible/Congested Information wird mit N-PCSTATE-INDICATION verteilt, falls (entsprechend) MTP-PAUSE/RESUME/STATUS empfangen wird.

• ***Broadcast***
Broadcasting wird mit SSP- und SSA-Messages realisiert. Alle SP's bis auf den informierenden Zeichengabepunkt werden über SS-Status-Änderung benachrichtigt. *Broadcasting* wird nicht ausgeführt, wenn die SPC's des *informer*-SPs und des SSs nicht übereinstimmen.

SS *Prohibited* wird mit SSP-Message initiiert, falls

a) eine SSP-Message über das zugelassene SS empfangen wird, wobei der betroffene (*affected*) SPC mit dem *informer*-SP übereinstimmt;
b) N-STATE-REQ mit *User-Out-of-Service* für das zugelassene SS vorliegt;
c) ein lokaler SS-Fehler vom SCMG detektiert wird;
d) eine SOG-Message für das auf Zuweisung wartende ("*Waiting for Grant*") SS ankommt.

SS *Allowed* wird mit SSA-Message initiiert, falls

a) eine SSA-Message über das nicht zugelassene SS empfangen wird und der mitgeteilte SPC mit dem *informer*-SP übereinstimmt;
b) N-STATE-REQ mit *User-in-Service* für das nicht zugelassene SS vorliegt.

9.2.8 SCCP-Performance

Um gute *Performance*-Werte zu garantieren, muß die *Load*-Kapazität des SCCPs auf die des MTPs abgestimmt sein. Das SCCP-Protokoll muß seinerseits die hohen Anforderungen der *User*/Anwender bezüglich der *Performance*-Werte erfüllen. Es sind zwei Parametersorten von besonderem Interesse:

- QOS der SCCP-Benutzer (*User-Parts*) und
- interne Parameter wie Verarbeitungsdauer im betrachteten SP, die ihrerseits zu der QOS beitragen.

Man unterscheidet auch drei Kategorien der *Performance*-Größen: Verfügbarkeit, Fehlerfreiheit und Verzögerungen.

Verfügbarkeit

Die SCCP *Relay Point Unavailability* ist nach Blaubuch < (kleiner als) 10^{-4}. Zum Vergleich die MTP-*Signalling-Route-Set Unavailability* ist < 1.9×10^{-5}.

Übertragungsfehler

Zu den typischen Protokoll-Übertragungsfehlern zählen Nachrichtenverlust, falsche Reihenfolge der Messages, BER oder gar verfälschte Signallisierungsoperationen.

Delays

Die Verzögerungszeiten gehören zu den sehr wichtigen Attributen der Zeichengabe. Die Transit-Zeiten unterschiedlicher SP's für verschiedene Nachrichten und Verkehrsbelastungen können ermittelt werden und liegen für die Normallast im Schnitt zwischen 30 und 300 ms. Die *Delays* sind im CCSS7-Standard (nach Blaubuch) unzureichend spezifiziert. Die aktuellen Arbeiten vom CCITT-Ausschuß setzen sich mit dieser Thematik auseinander. Die mobilfunkspezifischen Verzögerungen können deutlich höher als das CCITT-Limit für die *EtE*-Verbindungen liegen.

9.3 TCAP

Transaction Capability Application Part ist ein elegantes Anwenderprotokoll mit Transaktionsfähigkeiten (Datenbank-Operationen) innerhalb des *Layer* 7. Dieses Protokoll wurde für die ersten *Database*-Services des IN-Konzeptes entwickelt. Die ersten CCITT-Spezifikationen Q.771-Q.775 sind im Blaubuch enthalten. Für die vorliegende Beschreibung werden zusätzlich Weißbuch und ETSI/GSM 09.02-Empfehlungen verwendet. Der TCAP ist ein sehr allgemein gehaltener Signalisierungsteil, der viele verteilte Anwendungen im CCS7-Netz vor allem nicht-leitungsorientiert (*non circuit related*) ermöglicht. Es handelt sich hierbei um entfernte Operationen, die nach Aufruf in anderen Netzknoten ausgeführt werden können. TCAP wird für IN-Zwecke auf der SSP-SCP-Schnittstelle benutzt. Es wird auch im Mobilfunk innerhalb eines PLMNs auf allen MAP-Schnittstellen und eventuell auch zwischen HLR und AUC implementiert. Die hohe Prozeßkapazität in der Größenordnung von tausend Transaktionen pro Sekunde (und Interface) wird physikalisch durch leistungsfähige Rechner und mehrere PCM-Koppler erreicht. Man unterscheidet allgemein zwei Transaktions-Kategorien:

1) für Echtzeit-Anwendungen mit kurzen Nachrichten des verbindungslosen (CL) Dienstes vom SCCP (bisher ausschließlich diese Anwendung); In diesem Fall setzt TCAP direkt auf den NSP-Funktionen auf. Es kann relativ leicht ein Übergang zu echt paketvermittelnden Netzabschnitten realisiert werden.

2) TC's (*Transaction Capabilities*), basierend auf dem verbindungsorientierten Dienst (CO-Service) für größere Datenmengen (beinhaltet zusätzlich *Intermediate Service Part* in den Schichten 4 bis 7 und ist FFS)

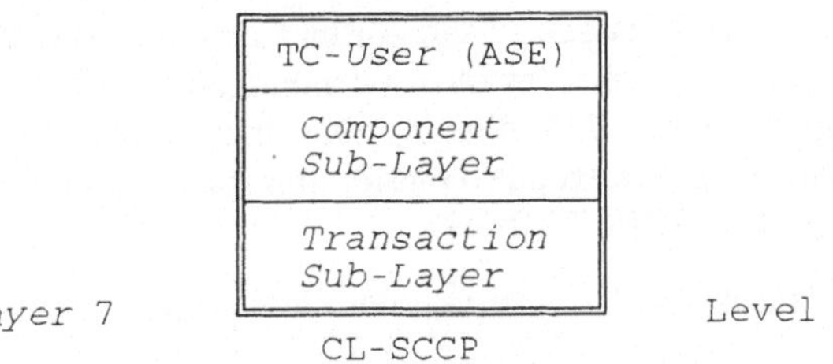

Bild 9.17: CCS7-Protokoll-*Stack*-Abschnitt mit TCAP

Der TCAP besteht aus zwei zusammengesetzten Teilen (Sub-*Layers*): Komponenten- und Transaktionen-*Sublayer*, die sich jeweils mit individuellen Aktionen (Operationen) und der Protokollsteuerung über den Nachrichtenaustausch zwischen TC-Anwendern (im MF: MAP-Entitäten) beschäftigen. Das ASE-Element (ASE: *Application Service Element*) liefert spezifische Informationen, die von einer bestimmten Applikation verlangt werden. Eine Operation verläuft zwischen betroffenen Knoten als ein (z.B. interaktiver) Dienst oder eine seiner Prozeduren.

Neben dem TCAP existieren andere Protokolle, die weitere Applikationen des CCS7 unterstützen können. Sie werden, z.B. in der X-Serie der CCITT-Empfehlungen (oder in den ISO-Spezifikationen) beschrieben. Ein weiteres transaktionsorierntiertes Anwenderprotokoll, ROSE, wird im Netzmanagement erwähnt.

9.3.1 TCAP-Nachrichten und ihre Parameter

Entsprechend der *Sublayer*-Einteilung ist eine TCAP-Message aus einem Transaktionsteil und einem Komponententeil (mit keiner, einer oder mehreren Komponenten) aufgebaut. Die Komponenten können auch als PDU's (*Protocol Data Units*) bezeichnet werden. Eine TCAP-Nachricht wird als *User-Data* in der UDT-Nachricht (s. Tabelle 9.4) eingebettet.

Komponententeil			Transaktionsteil
Comp. n	*Comp. 2*	*Comp. 1*	(*Trans. Portion*)

Bild 9.18: TCAP-Message (grob)

Der Komponententeil (*Component Portion*) liefert Informationen für den TCAP-Anwender, und der Transaktionsteil ist für den Auf- und Abbau von *End-to-End*-Beziehungen zuständig. Die Messages werden aus mehreren Informations-Elementen (IE's) aufgebaut. Ein IE enthält drei Felder, es sind der Reihe nach: Kennzeichen (*Tag*), Länge und Inhalt. Einfache IE's werden als Stammelemente (*Primitives*), die ineinander verschachtelten IE's (eins innerhalb des Inhaltsfelds des anderen) als Aufbauelemente (*Constructors*) bezeichnet. Die TCAP-Message ist ein Aufbauelement. Von den drei möglichen Längenformaten des Inhalts werden für IN-Anwendungen zwei benutzt: Kurzform (bis 127 Oktetts) und Langform (bis 255 Oktetts). Die unbestimmte Form (*indefinite form*) wird selten verwendet. Es gibt folgende Transaktions-Nachrichten: BEGIN, END, CONTINUE, ABORT und UNIDIRECTIONAL.

- BEGIN eröffnet eine Transaktion. Es wird von der Gegenseite mindestens eine Antwort erwartet.
- CONTINUE setzt eine bestehende Transaktion fort.
- END beendet eine Transaktion.
- ABORT bricht aufgrund eines Fehlers die Transaktion ab.
- Die UNIDIRECTIONAL-Nachricht ist ein *Datagramm*.

Mit den ersten vier Messages werden Transaktionen aufgebaut, die den virtuellen Verbindungen in Paketvermittlungsnetzen entsprechen. Die UNIDIRECTIONAL-Message wird nur für den unstrukturierten, einseitig gerichteten Transfer verwendet. In einem strukturierten Dialog werden die Transaktionskennungen[3] von beiden Kommunikations-Partnern (Zeichengabeknoten) eingesetzt und in der CONTINUE-Nachricht je nach Richtung vertauscht. Jede neue BEGIN-Nachricht enthält eine *Originating Transaction* ID (OTID). Im folgenden wird der Aufbau einer TCAP-Nachricht genauer dargestellt:

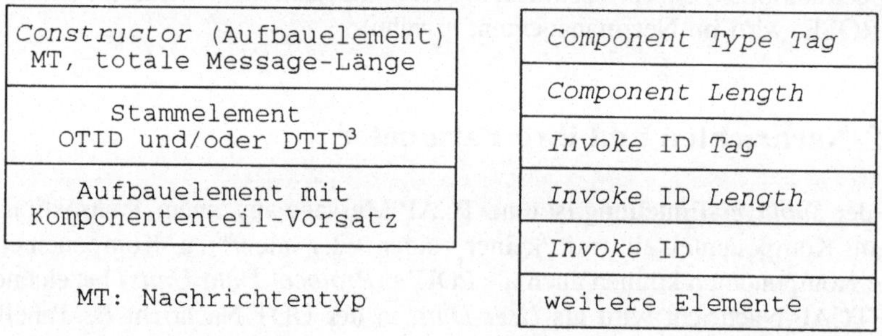

a) Transaktionsteil
Constructor (Aufbauelement) MT, totale Message-Länge
Stammelement OTID und/oder DTID[3]
Aufbauelement mit Komponententeil-Vorsatz

MT: Nachrichtentyp

a) Transaktionsteil

b) Komponenten-Struktur
Component Type Tag
Component Length
Invoke ID *Tag*
Invoke ID *Length*
Invoke ID
weitere Elemente

b) Komponenten-Struktur am Beispiel der INVOKE-Komponente

Bild 9.19: TCAP-Message-Aufbau

[3]s. Tabelle 9.5

Tabelle 9.5: TID's (*Transaction Identities*) in den verschiedenen Nachrichtentypen

Nachricht	OTID	DTID
BEGIN	x	
END		x
CONTINUE	x	x
ABORT		x
UNI		

OTID: *Originating* TID
DTID: *Destination* TID

Auf abweichende ANSI-Nachrichtentypen wird in diesem Buch nicht eingegangen.

INVOKE, RETURN RESULT, RETURN ERROR, REJECT

BEGIN/CONTINUE/END/ABORT/UNIDIRECTIONAL

Bild 9.20: TCAP-Nachrichten

Die Transaktions-Messages können eine oder mehrere Komponenten beinhalten, die Informationen für den TCAP-Anwender liefern. Jede Komponente im Komponententeil wird als eine Sequenz von IE's aufgebaut. Die immer auftretenden IE's des Komponententeils sind im Bild 9.19 b) am Beispiel der INVOKE-Komponente gezeigt. Vier Komponententypen basieren auf PDU's des ROSE-Applikation-Protokolls (X.229, s. Netzwerkmanagement), es sind: INVOKE, RETURN ERROR, REJECT und RETURN RESULT LAST (L).

- INVOKE wird zum Aufruf einer entfernten (*remote*) Operation verwendet. Sie kann eventuell eine *Linked*-ID zur Kennzeichnung von verknüpften Operationen beinhalten.
- RETURN RESULT LAST liefert ein Operationsergebnis zurück.
- RETURN ERROR zeigt den Fehlercode einer erfolglosen Operation an.
- REJECT gibt bei einem Protokollfehler den Problemcode zurück.

Die fünfte Komponente RETURN RESULT NOT LAST (NL) ist eine echte TCAP-Definition für längere Datenübergabe (mit Fortsetzung).

Die Komponenten werden zwischen den TC/TR (Transaktion)-Benutzern in einem oder mehreren Dialogen entweder strukturiert oder unstrukturiert ausgetauscht. Die Reihenfolge der Komponenten ist nicht spezifiziert und kann von den Anwendern im voraus festgelegt werden. In den meisten Fällen (z.B. IN) wird der strukturierte Dialog verwendet. Eine Operation kann nur mit einer INVOKE-Komponente initiiert werden. Der Operationscode bezeichnet die zugehörige Operation, weitere Parameter dienen ihrer genaueren Spezifikation. Alle Komponenten beinhalten neben dem Komponententyp-Kennzeichen und der Komponentenlänge (Bild 9.19 b) eine *Invoke*-Kennung (*Invoke*

ID), die als Referenznummer der Operations-Identifizierung dient. In der *Invoke*-Komponente kann zusätzlich eine *Linked* ID enthalten sein. Sie wird in komplizierteren, verknüpften Operationen zwecks Zuordnung (*Invoke*-Assoziation) eingesetzt. Für die Korrelation der Komponenten unterscheidet man vier Operationsklassen, je nach der zu erwartenden Antwort der Gegenseite.

Tabelle 9.6: TCAP-Operationsklassen

Klasse	1	2	3	4
SUCCESS	x		x	
FAILURE	x	x		

Zwischen SSP und SCP werden nur die Klassen 1 und 2 verwendet, d.h. bei einem Mißerfolg wird auf jeden Fall ein Fehler gemeldet. Die aus dieser Einteilung resultierenden vier Zustandsmaschine-Diagramme schränken die Ablaufsmöglichkeiten innerhalb des Protokolls sowie die Nachrichtenzusammensetzung ein. Die Operationsklasse wird nicht übertragen und muß durch eine Vereinbarung zwischen jedem TCAP-Anwenderpaar festgelegt werden. Vom MAP-Protokoll werden alle vier TCAP-Services genutzt.

In den *Sublayers* werden TC- und TR-*Primitives* verwendet. Die TCAP-Dienste werden den TC-Anwendern über die TC-Service-*Primitives* angeboten.

9.3.2 TCAP-Primitives

Im *Transaction Capability Application Part*-Protokoll werden Komponenten- und Transaktions-*Sublayer*-Dienstprimitiven benutzt. Die Komponenten-*Sublayer*-Dienstprimitiven (im Bild 9.21 die CHA-Seite) behandeln Komponenten für Operationen. Das TCAP-Protokoll unterstützt den unstrukturierten Dialog (mittels der TC-UNI-*Primitives*) und den strukturierten Dialog mit Verknüpfung von Dialog/Transaktionskennungen. Der QOS-Parameter tritt in allen TC/TR-INDICATION-*Primitives* auf und kann zusätzlich in TC/TR-REQUEST-Dienstprimitiven enthalten sein. TCAP *Application Protocol Data Units* werden auch im GSM-System für MAP-Anwendungen benutzt. Es werden folgende TC-*Primitives* verwendet: TC-INVOKE, TC-CONTINUE, TC-RESULT, TC-END, TC-BEGIN, TC-U-ERROR, TC-U-REJECT, TC-ABORT, TC-REJECT, TC-CANCEL und TC-NOTICE. TC-CANCEL hat keine Komponenten-Abbildung und wird nur lokal verwendet, um eine bereits initiierte Operation vorzeitig abbrechen zu können (→ anomale Komponententeil-Prozedur). Im Mobilfunk führt die TC-CANCEL-Dienstprimitive zu keinen Änderungen der Zustandsmaschine (s. TCAP-Prozeduren). Entsprechend bezeichnen die U- und P-Abkürzungen den *Service User* und *Service Provider*.

9.3.3 TCAP-Strukturierung

Die genauere Strukturierung der Unterschichten (*Sublayers*) und die zugehörige Einteilung der TCAP-Dienstprimitiven kann Bild 9.21 entnommen werden.

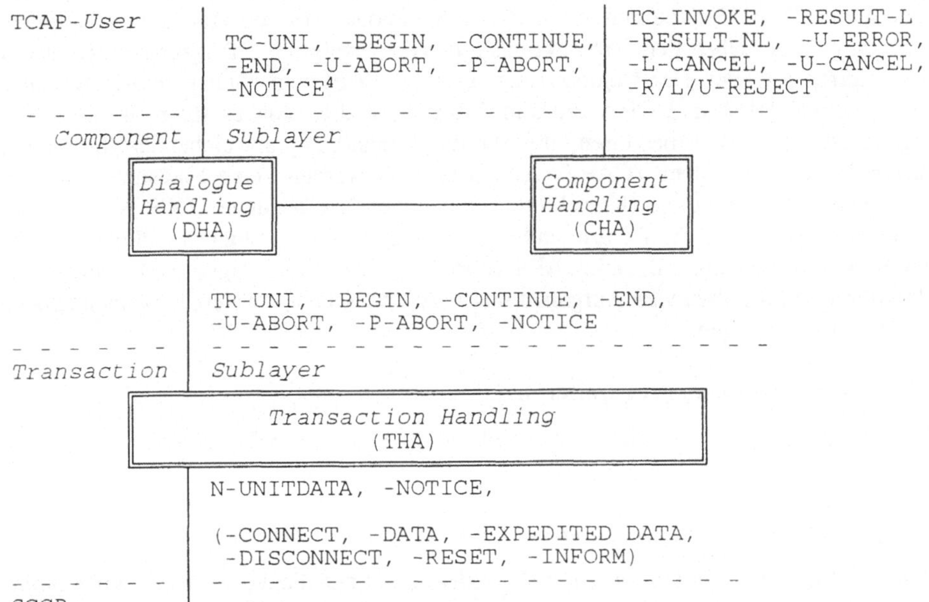

Bild 9.21: TCAP-Struktur

Der Komponententeil besteht aus zwei Funktionsblöcken DHA und CHA.

Dialog-Steuerung (DHA: *Dialogue Handling*)

Der DHA-Block dient der Dialog-Strukturierung und -Steuerung. Es können auch Parallel-Dialoge zwischen zwei TC-Anwendern ablaufen. Im DHA erfolgt die Abbildung der Dialog-ID auf die Transaktionskennung (TID).

Komponenten-Steuerung (CHA: *Component Handling*)

Im CHA werden die einzelnen Komponenten eines Dialoges behandelt. Das TCAP mit CL Netzwerk-Service schließt direkt an SCCP an. So werden auch die Adressierungsoptionen des SCCPs benutzt. Bei bestehender Transaktion bleiben die Adreßinformationen unverändert (es werden hierfür TID's verwendet). Die SCCP-Dienste werden den TCAP-Funktionen über die N-UNITDATA und N-NOTICE verfügbar gemacht.

---

[4]nicht im Blaubuch spezifiziert

9.3.4 TCAP-Prozeduren

Beim TCAP werden Prozeduren zur Verfügung gestellt, die eine effiziente Behandlung unterschiedlicher Dienstmerkmale ermöglichen. Diese Prozeduren unterstützen den Komponenten-Austausch zwischen den TC-Benutzern, sie sind jedoch anwendungsunabhängig. Die TCAP-Prozeduren teilen sich in Komponenten- und Transaktion-*Sublayer*-Prozeduren auf. Über den Transaktions-*Sublayer* erfolgt die Transaktions-Kontrolle (*Association Service*). Der Komponenten-*Sublayer* dient dem Dialog- und Komponenten-*Handling* (DHA und CHA im Bild 9.21). Zusätzlich gibt es für beide Schichten sogenannte anomale Prozeduren, die für die Behandlung abweichender Situationen zuständig sind. Auf dem TCAP-Niveau (*Layer* 7) werden keine Flußsteuerung oder Fehlerbehandlungsroutinen (Korrekturen) verwendet. Die benutzte SCCP-Adressierung sollte es zulassen, daß die *Calling* und *Called Party* Adressen unterschiedliche Strukturen aufweisen können, z.B. bei MAP-Nachrichten. Der TCAP eignet sich sehr gut für *Operation and Maintenance*-Aufgaben und wird erfolgreich für Netzwerkmanagement-Zwecke herangezogen.

9.3.4.1 Komponententeil-Prozeduren

Komponententeil-Prozeduren beziehen sich auf die in der INVOKE-Nachricht vergebene Komponenten-ID (*Invoke/Linked* ID).

Komponenten-Steuerungs-Prozedur (CHA: *Component Handling*)

Hier (s. Bild 9.21) werden die CHA-*Primitives* - bis auf die TC-*Cancel* - auf Komponenten-Typen-IE's abgebildet. Die Komponenten sind durch eine *Component*-ID gekennzeichnet und werden je nach Operationsklasse durch verschiedene Zustandsmaschinen (*State Machines*) behandelt.

Dialog-Steuerungs-Prozedur (DHA: *Dialogue Handling*)

Der DHA für den Komponenten-Transfer wird mittels folgender Stammelemente durchgeführt: TC-UNI, TC-BEGIN, TC-CONTINUE und TC-END. Die entsprechenden TR-INDICATION-*Primitives* am Empfangsknoten informieren den TC-Anwender über den Dialogzustand.

Anomale Prozeduren für Komponententeil

In einer anomalen Situation, die im Komponenten-*Sublayer* entdeckt wurde, wird die betroffene Komponente verworfen und der Anwender mit TC-NOTICE darüber informiert. Der TCAP-Dialog bleibt dabei bestehen. Zu einem Dialog-Abbruch (ABORT) kann es kommen, wenn der Transaktions-*Sublayer* oder der TC-Anwender dies veranlassen. Andere anomale Prozeduren treten im Zusammenhang mit den durch INVOKE gestarteten, entfernten Operationen (*Remote Operations*) auf. Sie werden initiiert, wenn verfälschte Komponenten z.B. aufgrund von Syntaxfehlern empfangen werden, wenn eine Komponente die Austauschregeln nicht einhält, d.h. keinen vorgesehenen Zustandsübergang (*State Transition*) hervorrufen kann, oder wenn die zu erwartende Antwort nicht rechtzeitig ankommt.

9.3.4.2 Transaktionsteil-Prozeduren

Transaktion-*Sublayer*-Prozeduren erlauben, auf Basis der Transaktionskennung eine Assoziation zwischen den TR-Anwendern herzustellen. Eine bestehende Assoziation wird als Transaktion bezeichnet. Der Dialog und die Transaktion werden im strukturierten Dialog im Verhältnis 1:1 ineinander überführt. Der Komponententeil einer TCAP-Message wird zwischen dem Komponenten- und Transaktions-*Sublayer* als *User Data* von einer TR-Dienstprimitive übernommen. Die TR-*Primitives* werden auf gleichnamige Nachrichten (s. Message-Typen) des TR-*Sublayers* abgebildet.

Transaktionssteuerungs-Prozeduren

Die Transaktionen (TR's) erfolgen über einen Nachrichtentransfer - genauer den Austausch von Transaktionsteilen. Die TR-Steuerung mit Anfang, Fortsetzung, Ende und Abbruch findet über die TR-REQUEST- und TR-INDICATION-Dienstprimitiven statt. Das TCAP-Dialog-Ende kann auf zwei Wegen erreicht werden. Man unterscheidet grundsätzliches Ende (*basic end*) und vorher vereinbartes Ende (*pre-arranged end*). Bei der "*pre-arranged*"-Methode wird zwischen den TR-*User*'n eine Konvention festgelegt, nach der nur ein TR-END-REQUEST von einem der TR-Benutzer notwendig ist, um die Transaktion abzuschließen. Diese Vorgehensweise beschleunigt den TR-Abschluß und reduziert die Nachrichtenzahl. Ein kontrollierter Transaktionsabbruch kann vom TR-Anwender ausgelöst werden.

Anomale Prozeduren zur Transaktionskontrolle

In einer anomalen Situation wird die empfangene Nachricht entweder mit DISCARD verworfen oder die Transaktion mit ABORT-Message unterbrochen.

Es wird zwischen folgenden Fällen unterschieden:

a) Fehlen einer Reaktion bei TR-Initiierung;
b) Fehlermeldung vom SCCP;
c) Transaktionsteil-Fehler.

10 TCAP-Anwender

Vom TCAP werden nicht Service-bezogene Prozeduren zur Verfügung gestellt, die eine effiziente Behandlung unterschiedlicher Dienstmerkmale und *Features* ermöglichen. Darauf können mehrere TCAP-Anwender (TC-*User*) ihre Services aufbauen. Die Prozeduren und ihre zeitliche Anforderung (*Timer*-Setzung) müssen für jede Operation individuell spezifiziert werden. Die Adressierung wird auf SCCP-Ebene entweder direkt über SPC's oder indirekt durch Pseudoadressen (GT) realisiert. Die implementierten Anwendungen werden in Europa überwiegend über SSN's festgelegt. Außer dem MAP und OMAP (s. NM) wird zur Zeit für IN ein weiteres internationales Protokoll als Anwender-Standard definiert - der *Intelligent Network Application Part* (INAP). Dieses Protokoll soll unter anderem die UPT-Dienste - also die Mobilitätsaspekte der IN-Systeme - unterstützen. Außerdem wurden von verschiedenen Herstellern Protokolle bzw. Funktionskomponenten festgelegt, die mit derzeitigen internationalen Trends und nationalen Service-Anforderungen übereinstimmten. Auf diese Protokolle kann nicht eingegangen werden, da es sich überwiegend um firmeneigene Entwicklungen handelt. Auch für die Erweiterung solcher *Radio Access*-Systeme wie CT2 oder DECT werden die existierenden *Mobility Management*-Protokolle eine sehr wichtige Ergänzung bieten. Die besten Aussichten für die Festnetzseite bietet dabei das bereits häufig implementierte und weiterentwickelte MAP-Protokoll.

10.1 Mobile Application Part (MAP)

Der *Mobile Application Part* - Anwenderteil für Mobilfunk - ist im GSM 09.02 spezifiziert. Hierbei handelt es sich um Applikationsprozesse der Teilsystemkomponenten (MSC, HLR, VLR, EIR, AUC) im CCS7-Zeichengabenetz des paneuropäischen Mobilfunksystems. In der MAP-Entwicklung werden zwei Phasen (1 und 2) unterschieden. Dieses Protokoll erlaubt klare Phasenübergänge (mit *mixed phase entities*) und eine eindeutige Phasentrennung auf den einzelnen Schnittstellen des NSSs. Auch für MAP werden *EtE-Negotiations*-Prozeduren eingesetzt, in diesem Protokoll bezüglich der zu verwendenden MAP-Version. Die Phase 1 ermöglicht - neben den Basisdiensten - viele SS's und SMS. Der Implementierungsaufwand für die MAP Phase 2 ist wesentlich höher. Es wird SCCP und TCAP nach Weißbuch, ein Applikationskontext und in den meisten Fällen Kompatibilität mit der Phase 1 gefordert. MAP gilt als Grundlage für weitere Entwicklungen, z.B. für die zwischen verschiedenen Telefonnetzen geplanten *Terminal Mobility* Dienste. Dieses Protokoll dient in erster Linie dem Informationsaustausch innerhalb der intelligenten MF-Datenbank und zwischen den MSC's, um vor allem die *Call-Processing*-Funktionen mit Daten zu versorgen. Mit Hilfe von MAP werden Informationen zwischen LR's auch von verschiedenen Netzen (z.B. für *International Roaming*) im *peer-to-peer*-Modus übertragen. MAP wird an mehreren Schnittstellen des NSSs implementiert (s. Abschnitt 7.2). Er sorgt z.B. dafür, daß Daten wie der Aufenthaltsort, die in Verbindung mit *Roaming* von Mobilstationen entstehen, an die entsprechenden Stellen (*Location Register*) in den PLMN's gelangen. Die Transaktionsraten an diesen Schnittstellen sind sehr hoch (10^3/s). Es muß damit gerechnet werden, daß die MAP-Messages während der Hauptverkehrsstunde in ms-Abständen abgeschickt werden können. Dabei müssen viele dieser Transaktionen im Echtzeit-Modus ablaufen. So spielen die Datenbankstruktur und die Zugriffszeiten auf das Speichermedium für die MAP-*Performance* eine herausragende Rolle. MAP (als TC-*User*) benutzt nur die verbindungslosen Service-Klassen 0 oder 1 des SCCPs und schließt somit direkt über den TCAP an dieses Protokoll an. Dadurch wird eine kurze Transaktionsdauer erreicht.

Die Funktionsvielfalt des MAPs ist groß. Mit MAP-Prozeduren werden Sprachdienste und Datenanwendungen (inkl. SMS) bereits in der Phase 1 unterstützt. Zu den Phase 2 *Features* gehören unter anderem die Verwaltung der Rufnummer-Anzeige (CLIR *override*), Verbesserungen für CUG-Zusatzdienste, gleichzeitige Übertragung mehrerer Kurznachrichten, Subadressierung und Mobilitätskontrolle anhand des LAs. Der MAP ist in mehrere Unterfunktionen je nach *Application Entity* (AE) eingeteilt. Jeder MAP-AE ist zwecks Adressierung einer SSN zugeordnet, und für diese sind wiederum mehrere Prozedur-Blöcke (ASE's: *Application Service Elements*) vorgesehen. Über MAP kann eine Entität simultan mit mehreren anderen kommunizieren. Die MAP-Prozeduren werden über strukturierte MAP-Dialoge abgewickelt. Zu diesem Zweck werden zwischen den Service-Benutzern fordernde (*requesting*) und ausführende (*performing*) Dienstprimitiven benutzt. In der vorliegenden MAP-Beschreibung wird keine SSN-Trennung verfolgt - es wird jedoch oft die betroffene Schnittstelle erwähnt und die Transaktionsrichtung vermerkt. Die MAP-Dienste teilen sich in gemeinsame, die für alle Service-Benutzer zugänglich sind und spezifische auf. Die sequentielle Einteilung gemeinsamer MAP-Services sieht folgende Dienste vor: *Opening, Continuing, Closing* und *Aborting*. Für das Verständnis der MAP-Abläufe ist die Kenntnis der TCAP-Strukturierung wichtig. Für MAP-Operationen werden oft einkomponentige TCAP-Nachrichten verwendet. Die MAP-Prozeduren können entsprechend der Phase 1 Beschreibung in die folgenden acht funktionellen Gruppen eingeteilt werden:

10.1.1 Access-Management

Diese Prozedur (MSC→VLR) wird angewandt, wenn die MS eine der folgenden (MO) Aktivitäten startet: Gesprächsaufbau, Zusatzdienste (SS) oder Kurznachrichten-Übertragung. In diesen Fällen sendet die MS eine CM-SERVICE-REQUEST Message an das MSC. Im Falle eines MTCs wird ein PAGING RESPONSE (s. Bild 8.8) verschickt. Vom MSC wird zum VLR ein PROCESS ACCESS REQUEST (mit der Teilnehmeridentität und dem *Access*-Typ) gestartet, und anschließend wird im VLR entschieden, welche der zusätzlichen Sicherheitsfunktionen (Identifizierung, Chiffrierung, Reallokierung von TMSI) ausgeführt werden müssen, bevor mit der Anfrage fortgefahren werden kann. Nach einem erfolgreichen Abschluß kann die *Begin Subscriber Activity* Prozedur (VLR→HLR) den Dialog fortsetzen.

10.1.2 Location-Management

Die *Location-Management*-Prozeduren dienen der Überwachung des Aufenthaltsortes. Hierzu zählen Verfahren, die eine Registrierung oder Aktualisierung der Teilnehmerdaten in bezug auf seine veränderliche Lage durchführen.

Update Location Area

(MSC→VLR): Das MSC fordert von seinem VLR (mit *Update* LA, s. Bild 8.1), die LUP-Daten (LUP: *Location Update*) zu übernehmen. Dabei werden die entsprechenden Aufenthaltsinformationen über den Mobilfunkteilnehmer übergeben. Es gibt verschiedene LUP-Varianten mit folgenden Voraussetzungen (unterschiedlicher Ausgangs-Informationsgehalt im VLR):

a) Die personalisierte MS ist im VLR samt all ihrer Parameter registriert, auch die TMSI ist vorhanden. Es ist keine Verbindung mit dem HLR notwendig.

b) Die Mobilstation ist aufgrund des *Roamings* im VLR nicht registriert, die TMSI ist jedoch vorhanden und wird für Identifizierungszwecke benutzt.

c) Die MS ist nicht registriert, die TMSI ist nicht vorhanden, aber die alte LAI ist da. Die Identifizierung wird mit IMSI durchgeführt. Es findet ein Informationsaustausch zwischen den VLR's statt.

d) Die MS ist nicht registriert, die TMSI und LAI sind nicht vorhanden. Die Identifizierung wird mit IMSI vorgenommen. Das HLR sendet AUTH-INFO ans VLR.

Update Location

(VLR→HLR): Im HLR werden die Lokalisierungsinformationen über den mobilen Teilnehmer, d.h. über VLR-Adresse, MS-*Category*, Services und Restriktionen, erneuert. Diese Prozedur wird gestartet, wenn das HLR es anzeigt (HLR *Confirmation Indicator* im VLR) und das VLR eine der Messages IMSI ATTACH, PROCESS ACCESS REQUEST oder SEARCH ACK (von der MS aus initiiert) erhält. Diese Prozedur wird auch aktiviert, wenn das VLR die MSRN neuzuordnen (reallokieren) soll.

Cancel Location

(HLR→PVLR): Das HLR verlangt vom PVLR, daß die dort registrierten Teilnehmerdaten gelöscht werden. Dies ist der Fall, nachdem sich die MS in einem anderen VLR-Bereich registriert hat. Diese Prozedur wird auch benutzt, wenn die Subskription aufgegeben werden soll. Davor werden mit MML die Teilnehmerdaten aus dem HLR/AUC entfernt. Mit der LOCATION CANCELLATION ACCEPTED Nachricht ans HLR wird der Löschvorgang bestätigt. Um das VLR zu entlasten, kann diese Prozedur für all diejenigen Teilnehmer eingesetzt werden die lange Zeit im VLR-*Area* inaktiv bleiben.

IMSI ***Attach/Detach*** (MSC→VLR): s. *Location-Management* (Kapitel 8)

Deregistrierung

(VLR→HLR): Die Deregistrierung (*Deregistration*) kann von der MS aus oder von der Teilnehmeradministrierung initiiert werden. Es wird veranlaßt, einen bestimmten PLMN-Mobilteilnehmer im HLR als deregistriert zu vermerken.

Purge **MS**

(VLR→HLR): Mit dieser Prozedur können die Teilnehmerdaten im HLR (und optional im VLR) vom O&M-Personal gelöscht werden.

10.1.3 Searching und MSC-Anfrage

Search for Mobile Subscriber

Die Suchprozedur ist dem *Paging* (s. RR-Verbindungsaufbau) sehr ähnlich. *Searching* wird gestartet, wenn sich ein VLR in der *Restoration-Phase* (Daten-Nachbildung) befindet. Da davor ein Fehler aufgetreten war, wird der Funkruf im gesamten MSC-*Area* (nicht nur im LA-Bereich) über alle BSC-SCP's der betroffenen Vermittlungsstelle erfolgen (vgl. mit LR-*Recovery*).

Retrieval **der Teilnehmerparameter während des Verbindungsaufbaus**

Diese Prozedur entspricht in ihrer Anfrage der *Provide Instruction* der IN-Dienste [17]. Das MSC verlangt nach Register-Informationen, um eine *Call*-Verbindung durchzustellen. Es handelt sich um Verkehrsführungsdaten, die mit SEND INFO für einen Verbindungsaufbau oder *Routing* angefordert werden. Das VLR kann mit folgenden Prozeduren antworten: *Complete Call* - beim MOC/MTC, *Connect to Following Address* - bei Rufumleitung oder *Process Call Waiting*.

10.1.4 MSC-MSC Handover

Die verschiedenen Varianten des HOV-Prozesses sind im Unterkapitel 8.3 aufgelistet. MAP unterstützt *Handover* zwischen verschiedenen MSC's (*Basic and Subsequent* HOV). Dabei wird das Konzept verfolgt, daß das zuerst beteiligte MSC (MSC-A der Erstumschaltung) die Kontrolle - unabhängig von dem weiteren Prozeßverlauf - übernimmt. Diese Vorgehensweise (sogenanntes Ankerprinzip, s. Glossar) soll eine komplizierte Zuständigkeitseinteilung, die bei Fehlern in der HOV-Ausführung auftreten kann, eliminieren. Bei kombinierten HOV-Fällen muß diese Asymmetrie berücksichtigt werden (s. *Note Internal Handover*). Das Ankerprinzip führt bei weiten Entfernungen von der MSC-A zu langen Verbindungswegen. Das neue MSC dient dabei als ein *Relay*-Punkt zwischen der Mobilstation und dem Anker-MSC.

HOV-Verlauf

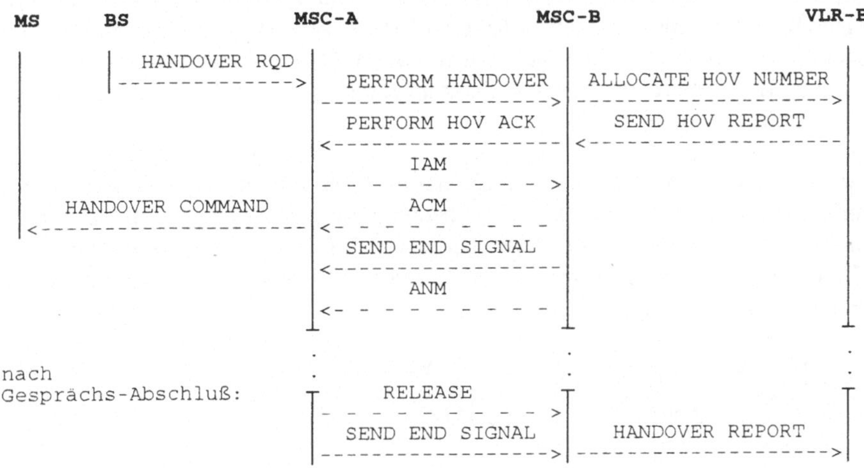

Bild 10.1: Nachrichtenfluß für *Basic* HOV

Der *Basic* HOV-Verlauf ist als *Call-Flow* im Bild 10.1 aufgeführt. Nachdem MSC-A sich entschieden hat, den HOV auszuführen (die Grundlage dafür sind vorherige Messungen auf dem Funkkanal), wird die PERFORM HANDOVER Nachricht mit Information über den zu allokierenden Radiokanal der ausgesuchten BTS zum zweiten MSC (MSC-B) geschickt. MSC-B überprüft die neue Verbindungsmöglichkeit (notwendige Verbindungsparameter wurden durchgereicht) und verlangt gegebenfalls von seinem VLR die Allokierung einer HOV-Nummer (ALLOCATE HANDOVER NUMBER), um die Verbindung zwischen den MSC's herzustellen. Als MAP-Nachrichten zwischen MSC's werden PERFORM HANDOVER und PERFORM HANDOVER ACK (ursprünglich RADIO CHANNEL ACK) benutzt. Das MSC-A kann nach Informationen vom MSC-B (RADIO CHANNEL ACKNOWLEDGE) mit INITIAL ADDRESS MESSAGE (IAM) und ADDRESS COMPLETE MESSAGE (ACM) die Verbindung zum MSC-B aufbauen. Bei IAM, ACM und ANM (ANSWER) handelt es sich um ISUP-Nachrichten des CCS7-Netzes. Sind die HOV-Bedingungen ungünstig, oder das MSC-A empfängt ein CLR REQ, so kann die Umschaltung nicht erfolgen. Die eigentliche HOV-Ausführung wird mit HANDOVER COMMAND gestartet. Mit der SEND END SIGNAL Nachricht wird angezeigt, daß die neue Verbindung über einen anderen Kanal aufgebaut ist (der alte Funkkanal wird frei).

Nach Gesprächsabschluß wird ebenfalls eine SEND END SIGNAL Nachricht (MAP-Protokoll) zwischen MSC-A und -B geschickt. Danach wird die HOV-Nummer aus dem VLR (mit REMOVE HANDOVER REPORT) entfernt und die physikalische Verbindung zwischen den MSC's aufgelöst. Die ANSWER und RELEASE Nachrichten (PSTN/ISDN) sind - wie IAM und ACM - für den Protokollablauf - hier den Verbindungsabbau - erforderlich. Die ISUP-Verbindungen werden *link-by-link* mit REL, RLSD und RLC aufgelöst.

Note Internal Handover

Nach einem *Basic* HOV behält das MSC-A die Verbindungskontrolle (Ankerprinzip). Beim folgenden HOV (innerhalb eines anderen MSC) wird, zwecks Information, eine NOTE INTERNAL HANDOVER Nachricht an das MSC-A geschickt. Für die Phase 2 werden weitere IE's spezifiziert. Die *Note Internal Handover*-Prozedur kann dem O&M-Bereich zugeordnet werden.

Es gibt noch weitere HOV-Prozeduren, dies sind *Perform Subsequent* HOV zum MSC--A, wenn ein weiterer MSC (z.B. MSC-B') beteiligt ist, und *Process/Forward Access Signalling* für das Importieren bzw. Exportieren von Informationselementen, um nach dem HOV die Signalisierungsinformationen zwischen MS und MSC-A (z.B. bei einer Verbindungsauflösung) auszutauschen.

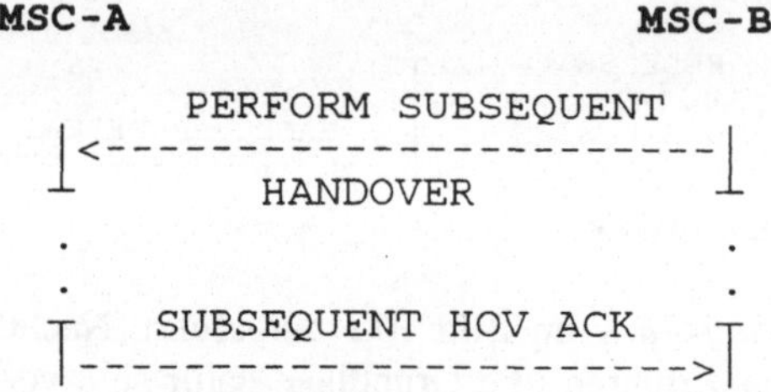

Bild 10.2: *Subsequent* HOV Prozedur

Am *Subsequent* HOV (mit drittem MSC usw.) sind zwei weitere *Entities* (MSC-x und VLR-x, x = B', ..) beteiligt. Es erfolgt ein HOV zum neuen MSC (-B', ..). In der PERFORM SUBSEQUENT HANDOVER Message sind die Ziel BTS- und MSC-ID's enthalten. Danach werden Nachrichten analog wie im Bild 10.1 ausgetauscht. Mit der SUBSEQUENT HANDOVER ACKNOWLEDGE Nachricht wird dem betroffenen MSC der neue TCH mitgeteilt.

10.1.5 Sicherheitsaspekte

Im Sicherheitsbereich gibt es mehrere Vorkehrungen, die sich auch als MAP-Prozeduren niederschlagen. Es geht hierbei um den Transport von sicherheitsbezogenen Teilnehmer- bzw. Gerätedaten. Alle Sicherheitsaspekte wie der Identifizierungsprozeß wurden im Abschnitt über die Sicherheitsmaßnahmen (Kapitel 8) beschrieben. Zusätzliche MM-Prozeduren sind im Abschnitt A-Schnittstelle zu finden.

***Check* IMEI**

Vom MSC aus kann mit CHECK IMEI eine Gerätenummer-Überprüfung vorgenommen werden. Der IMEI-Wert der MS wird chiffriert übertragen. Der erhaltene Wert wird mit dem Eintrag im EIR (IMEI-*Database*) verglichen. MAP-Realisierung auf dem F-*Interface*:

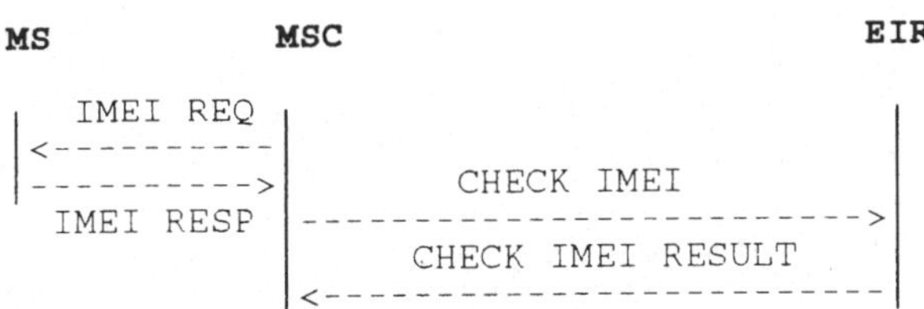

Bild 10.3: MAP-Anteil der *Check* IMEI-Prozedur

Der CHECK IMEI RESULT zeigt an, ob die IMEI-Kennung sich in einer der (weiß/grau/schwarz) Register-Listen befindet oder vielleicht unbekannt ist.

Authentication

(VLR→MSC): Die Authentzitätsüberprüfungs-Prozedur wird vom VLR mit einer AUTHENTICATE-Message (die RAND beinhaltet) in der TC-INVOKE REQUEST-Dienstprimitive gestartet (s. MM oder MOC/MTC).

Authentication Parameter Transfer

(VLR↔HLR): Diese Prozedur wird gebraucht, um vom HLR bzw. AUC die *Authentication-Set*-Daten (RAND/SRES/Kc) zu holen. Das VLR fordert vom HLR die Zusendung von fünf Triplets. Die Zahl der geschickten Triplets hängt von der Länge der benutzten MAP-Nachricht ab. Diese Übertragung ist beim VLR-*Area*-Wechsel mit IMSI-Identifizierung (s. *Update Location Area*) notwendig. Erfolgt die Identifizierung über TMSI und LAI, so werden die verbleibenden Berechtigungsparameter vom PVLR geschickt.

```
VLR                                        HLR

|  SEND PARAMETERS (Authentication)        |
|----------------------------------------->|
|      AUTHENTICATION PARAMETERS           |
|<-----------------------------------------|
```

Bild 10.4: Transfer der Authentizitätsparameter

Set Ciphering Mode

(VLR→MSC): Mit der SET CIPHERING MODE Anforderung werden Verschlüsselungsfunktionen initiiert. In der MAP-Prozedur wird vom VLR der *Ciphering*-Modus gesetzt. An das MSC wird eine Message, die den Kc (*Cipher Key*) und den Algorithmus-Identifizierer enthält, geschickt. Sie wird weiter (s. *Ciphering* und Bild 8.20) an BSS und MS geleitet (s. auch Bild 8.7/8.8).

Provide IMSI

(VLR→MSC): Der Teilnehmer soll sich über IMSI ausweisen (identifizieren). Diese Abfrage tritt ein, wenn die von der MS benutzte TMSI (z.B. aufgrund eines Fehlers oder einer TMSI-Allokierung-Abschaltung) im VLR unbekannt ist.

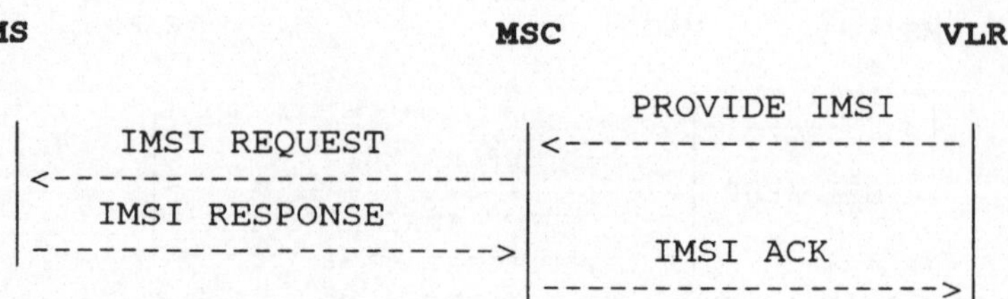

Bild 10.5: *Provide* IMSI-Prozedur

***Forward new* TMSI**

(VLR→MSC): Diese Operation wird vom VLR benutzt, um eine neue TMSI für den mobilen Teilnehmer zu allokieren und zum MSC (s. Bild 8.7) zu leiten.

10.1.6 Operation and Maintenance (O&M)

Es gibt mehrere MAP-Prozeduren, die den O&M-Aufgaben zugeordnet werden können und folgende Bereiche betreffen:

***Charging*-Informationen**

Nach einem MOC kann die *Register Charging Information* Prozedur gestartet werden, um Vergebührungsdaten zum HLR zu transferieren, siehe auch Netzmanagement. Diese Prozedur wird in den PLMN-Netzen selten bzw. gar nicht implementiert.

Call Tracing

Die *Call Tracing*-Prozeduren werden bei laufenden Gesprächen benötigt, um die Teilnehmerdaten und bestimmte Vorgänge, vor allem in den LR's und MSC's, zu verfolgen. Dies kann z.B. helfen, auftretende Fehler zu identifizieren. Die *Trace-Type*-Sätze sind/werden in der 12-er Serie der GSM-Empfehlungen definiert.

Management der Teilnehmerparameter

Die Teilnehmerdaten werden beim LUP vom HLR zum VLR geschickt (s. *Location Management*). Für die LR's besteht zusätzlich die Möglichkeit, die Teilnehmerparameter über folgende Prozeduren zu ändern: *Insert/Delete Subscriber Data* (HLR→VLR), *Send Parameter* (VLR→HLR, VLR→PVLR) und IMSI *Response* (PVLR→VLR). Siehe z.B. LUP-Prozedur im Kapitel 8.

LR-*Recovery*

Bei LR-*Recovery* handelt es sich um die Wiedergewinnung (*Retrieval*) der Teilnehmerdaten, dies entweder im VLR oder HLR. Um ein LR-*Recovery* erfolgreich durchführen zu können, werden die Registerdaten (auch die *Supplementary Service*-Parameter) periodisch als *Backup*-Datei aktualisiert, und innerhalb längerer Sendepausen wird die MS aufgefordert, fehlende Informationen zu liefern. Nach einem Systemfehler wird ein Hochlauf des DB-Registers gestartet und die Wiederherstellungs-Prozedur mit einer Nachricht an betroffene Netzeinheiten (Bild 10.6) gemeldet. VLR-*Recovery* wird zwischen den Registern unter der Berücksichtigung des MSCs ausgeführt. Um den VLR-Fehler zu beheben, wird die VLR-DB über den Funkweg aufgebaut. Die Datenstruktur (z.B. TMSI) sollte eine Duplizierung ausschließen. Da die VLR-Entitäten in den MSC's realisiert werden, koppelt die VLR-*Recovery*-Prozedur an die vermittlungstechnischen Konzepte der temporären Datensicherung an. Für eine HLR-Wiederherstellung kann eine RESET-Meldung an alle (!) VLR's, in deren Bereichen sich die MS's zuletzt befanden, geschickt werden. Alle betroffenen MS's werden mit "*not confirmed by* HLR" (*Confirmation Indicator*) vermerkt. HLR-*Restoration* wird über *Update Location* Prozeduren der VLR's und zusätzliche SS-*Checks* bewerkstelligt. Der HLR-Wiederherstellungsvorgang muß wegen der Überlastgefahr über mehrere Stufen erfolgen.

a) VLR-Wiederherstellung

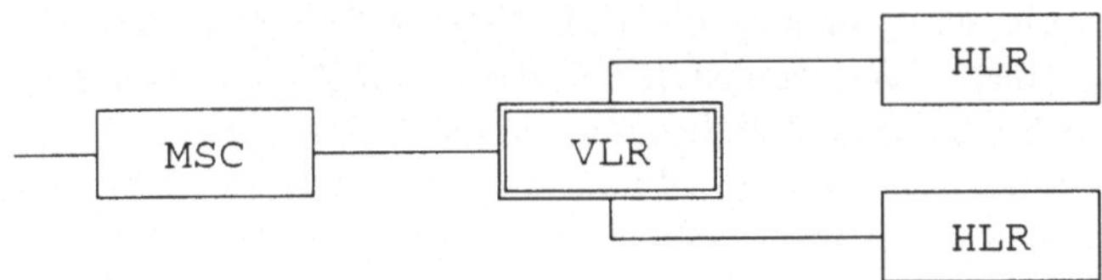

b) HLR-Wiederherstellung

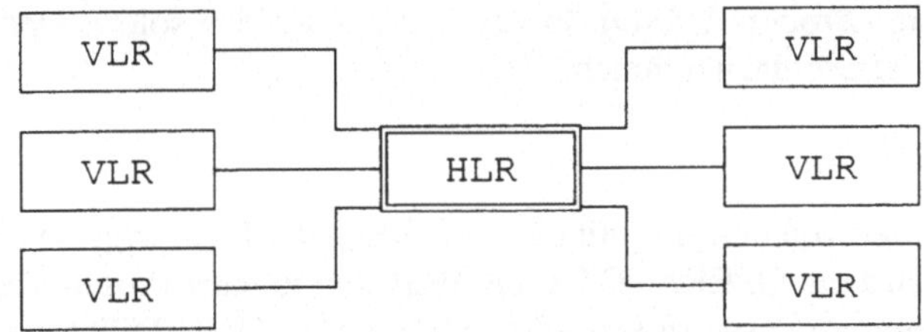

Bild 10.6: LR-*Recovery* (Daten-Regenerierung) nach a) VLR- und b) HLR-Ausfall

10.1.7 Short Message Service (SMS)

Das PLMN-Netz unterstützt den *up-* und *downlink* Transport von Kurznachrichten (s. Kapitel 6). Innerhalb des MAP-Protokolls sind folgende Prozeduren zu erwähnen:

Send Routing Information for Short Message

(GMSC→HLR): Damit eine SM-Nachricht vom SC an die MS weitergeleitet werden kann, werden Wegsteuerungsinformationen angefordert. Danach kann mit dem *Paging* fortgefahren werden. Sollte die Message, z.B. aufgrund einer niedrigeren Priorität im

Vergleich zu den anderen Transaktionen, nicht zugestellt werden, so folgt die Aktivierung der MWD-Prozeduren.

***Forward* SM**

(MSC→MSC): Mit dieser Prozedur schickt ein MSC die SM-Nachricht zum Ziel-MSC.

MWD-Prozeduren

Set Message Waiting Data, *Note* MS *Present* und *Alert* SC sind Prozeduren, mit denen die *Message Waiting Data* (MWD) Option gesetzt oder aufgehoben werden kann. Dies ist erforderlich, falls die SMS-Nachrichten nicht sofort zugestellt werden können. Siehe hierzu SMS-Protokolle im Kapitel 13.

10.1.8 Supplementary Services (SS's)

Die MSC-HLR-Schnittstelle wird intensiv bei *Call Related Supplementary Services* genutzt. Die SS-Einträge des HLRs werden für *Call Control*-Zwecke benötigt. Der mobile Teilnehmer hat auch die direkte Möglichkeit, die im HLR gespeicherte Daten zu den Zusatzdiensten zu beeinflussen und die SS-Prozeduren zu aktivieren. Es handelt sich hierbei um die MS-HLR-Interaktion. MAP unterstützt die transparente Übertragung der SS's. Dies soll dem PLMN Operator (PLMNO) die Möglichkeit geben, weitere Dienste auch im Ausland anzubieten. Zu den Zusatzdienst-Prozeduren zählen: Aktivierung/-Deaktivierung, Registrierung/Deregistrierung, SS-*Interrogation*, *Invocation* und die unstrukturierten SS-Dienste (*Process* USSD). In der Phase 2 werden solche Operationen wie *Get Digit* oder *Get String* dazukommen.

Prozedurablauf

Alle SS-Prozeduren werden von der MS, mit einer SS-REQUEST Message an das MSC, initiiert. Des weiteren wird ein OPERATE SS ans VLR und je nach Prozedur eventuell auch ans HLR weitergeleitet (*Forward* Prozedur, SEND ROUTING INFO usw.). Zum Abschluß wird die Antwort SS-ACKNOWLEDGE (bzw. ROUTING INFO ACK) zum MSC geschickt, welches die Prozedur anschließend mit SS-CONFIRMATION beendet. Es kann vorkommen, daß eine NOTIFICATION Message an die Mobilstation geschickt wird, um einen Konflikt der Zusatzdienste zu vermeiden. Manche der Zusatzdienste, wie Sperren (*Barring*), erfordern zusätzliche Sicherheitsmaßnahmen in Form einer vorherigen Berechtigungs-Überprüfung, die durch eine Paßwort-Abfrage realisiert wird. In ähnlicher Weise wie oben beschrieben kann das neue Paßwort mit einer *Register Password* Prozedur modifiziert werden. Dabei wird die *Get Password* Prozedur mehrmals zwischen dem VLR und dem HLR wiederholt. Das neue Paßwort muß zur Sicherheit vom Teilnehmer zweimal hintereinander angegeben werden. Für die GSM Phase 2 ist hier eine weitere *Try Again*-Option vorgesehen.

11 BSS-MSC-Schnittstelle

Der Referenzpunkt für die Zeichengabe zwischen BSS und MSC ist die A-Schnittstelle mit einer Übertragungsrate von 64 kbit/s. Da der Verkehr an dieser Schnittstelle sehr hoch ist, wird die Verbindung je nach Versorgungsstruktur mit mehreren PCM30-Systemen realisiert. Die A-Schnittstelle unterstützt alle Dienste, die den MF-Teilnehmern angeboten werden können. Bei einer weiteren Entwicklung von Mobilfunksystemen (Integration in ein universales und globales Netz) ist eventuell mit neuen Spezifikationen bezüglich dieser Schnittstelle zu rechnen.

11.1 MTP-SCCP Signalisierung

Zuerst werden diejenigen Aspekte der MTP- und SCCP-Protokolle hervorgehoben, die die spezifischen Lösungen (Vereinfachungen) der A-Schnittstelle beinhalten und somit von der allgemeinen CCITT Beschreibung [2/Q] abweichen. Die MTP- und SCCP-Implementierung bildet eine Untermenge der vollständigen Blau- bzw. Weißbuch-Version. Sie ist jedoch mit [2/Q] voll kompatibel. Die folgende kurze Übersicht basiert auf der CCS7-Beschreibung des Kapitels 9.

MTP

Es wurden auf der A-Schnittstelle folgende Festlegungen bzw. Vereinfachungen bezüglich der MTP-Zeichengabe vereinbart:

- **Level 1**
Die vollständige Digitalisierung, die *Transcoder*-Funktionen auf der BSS-Seite und die standardmäßige Übertragungsrate von 64 kbit/s der PCM30-Strecke erübrigt alle weiteren Anpassungsprobleme. Für die A-Schnittstelle können auch Richtfunkverbindungen verwendet werden. Als nationale Option sollen auch analoge *Links* mit geringeren Übertragungsraten und Modem-Einsatz zugelassen werden.

- **Level 2**
Die Übertragungsverzögerungen im MF werden durch den Netzzugriff und andere *Delays* im System verursacht und sind relativ groß. Da für die A-Schnittstelle keine interkontinentalen oder Satellitenleitungen eingesetzt werden, liegt die reine Ausbreitungsverzögerung (*Propagation Delay*) immer noch unterhalb von 15 ms. So wird im MTP nur das *Basic Error Correction* Verfahren verwendet und die *Alignment*-Prozeduren konnten vereinfacht werden.

- **Level 3**
Es wird nur ein *Linkset* mit Zeichengabe-Lastverteilung benutzt. Auf diese Weise konnte das SLM vereinfacht werden (kein *Changeover/-back* zwischen Zeichengabebündeln). Die BSC's sind (bislang) nicht als Transferpunkte des CCS7 implementiert

(es sind die Endpunkte der MTP-SCCP Signalisierung). Dieses hat zur Folge, daß die STP-Funktionen mit *Signalling Route Management* nicht unterstützt werden. Zusätzlich (und dadurch) konnten die Message-Unterscheidung (nur ein NAT0 Netz), das *Routing* (nur zum MSC bzw. BSC) und die Nachrichten-Verteilung (nur SCCP als *User*) vereinfacht werden. Außerdem werden *Management Inhibiting* sowie *Test and Maintenance* (Quittieren ist möglich) nicht realisiert.

SCCP

Auf der A-Schnittstelle kommen folgende SCCP-Funktionen nicht zum Einsatz: Fehlerdetektion, Empfangsbestätigung und Flußsteuerung. Für eine direkte Verbindung (*PtP*) zwischen MSC und BSS wird kein GT verwendet. Die Nachrichtenlenkung kann über SPC und SSN erfolgen. Die SSN unterscheidet an der A-Schnittstelle zwei SCCP-Benutzer: BSSAP- und O&M-Protokoll. Die Verteilungsfunktion (*Distribution Function*) hat die Aufgabe, zwischen transparenten und nicht transparenten Nachrichten zu unterscheiden. Folgende Messages, *Primitives* und Parameter werden im BSS nicht benutzt:

Messages:	UDTS, AK, DT2, ED, EA, ERR, RSC, RSR, SOG und SOR;
Dienstprimitiven:	N-EXPEDITED DATA, N-DATA ACKNOWLEDGE, N-RESET und N-NOTICE;
Parameter:	*Receive Sequence Number* (P(R)), *Sequencing/Segmenting, Credit, Reset Cause, Error Cause, Confirmation Request* (in N-DATA), *Return Option* (in N-UNIT DATA), *Responding Address, Receipt Confirmation Selection* und *Expedited Data Selection* (die drei letzten in N-CONNECT).

Auf der A-Schnittstelle werden außerdem die Service-Klassen 1 und 3 nicht verwendet - es sind nur *Basic-Services* (0 und 2) ohne Sequenzierung/Flußsteuerung vorgesehen. Es wird sowohl der CO- wie auch der CL-Service benutzt. In der CO-Protokollklasse gibt es für MS-Transaktionen folgende Fälle des Verbindungsaufbaus bzw. -abbaus:

- **Verbindungsaufbau**

  1) eingeleitet vom BSS für eine neue Transaktion und
  2) eingeleitet vom MSC für einen externen HOV.

- **Verbindungsabbau** wird immer vom MSC eingeleitet, die möglichen Fälle sind:

  1) Ende einer Transaktion (*Call*, LUP),
  2) Verbindungsabbau mit dem alten BSS am Ende eines externen HOVs,
  3) anomale Fälle - es sind z.B. RR-Verbindungsfehler, fehlerhafte Nachricht oder *Response-Timer*-Ablauf.

Mit dem CO-Service kann ein sogenanntes *Piggybacking* bestimmter BSSAP-Nachrichten realisiert werden (vgl. $LAPD_m$).

11.2 BSSAP

Der *Base Station System Application Part* ist eine spezielle ETSI/GSM-Protokoll-Entwicklung, die in den GSM-Unterlagen (vor allem 04.08 und 08.08) definiert ist. BSSAP, auch als *Radio Subsystem Application Part* bezeichnet, teilt sich in DTAP und BSSMAP auf:

11.2.1 BSSMAP

Der *Base Station System Management Application Part* ist das eigentliche Protokoll zwischen BSS und MSC. Alle Messages des BSSMAPs befassen sich mit RR-Management (BSSMAP↔RR Interaktion im BSS). Auch Nachrichten für den HOV-Prozeß werden hier behandelt. Beim *Handover* handelt es sich um einen Kanalwechsel während bestehender Verbindung (mehr dazu siehe Signalisierungsprozesse im GSM-System). BSSMAP-Prozeduren lassen sich in globale, die die ganze Zelle bzw. BSS betreffen, und in solche, die einzelne Transaktionen (individuelle *Calls*) behandeln, teilen. Sie werden entsprechend mit verbindungslosem (CL) oder verbindungsorientiertem (CO) Service des SCCPs transportiert. Zu den BSSMAP-Funktionen gehören: Zuweisung/-Sperren (*Assignment/Blocking*) von Nutzkanälen, Rücksetzen/Freigabe (*Reset/Release*), HOV Betriebsmittelanzeige (*Resource Indication*), *Paging*, Flußsteuerung, Verschlüsselung, Funkzellenkennung und Aktualisierung der Ursprungskennung. Dem BSSMAP wurden formal, in der Tat sind es keine *Layer* 3 Messages, auch die SMSCB-Nachrichten zugeordnet.

11.2.2 DTAP

Das *Direct Transfer Application Part* (DTAP) Protokoll ist für den Nachrichtenaustausch zwischen dem Mobilvermittlungssystem (MSC) und der Mobilstation konzipiert. Hiermit werden erstens die *Call Control* (CC-) und zweitens die *Mobility Management* (MM-) Nachrichten von und zu der MS - transparent für das BSS - übertragen. Die überwiegende Mehrheit der Radio-Messages der A-Schnittstelle werden mit DTAP geleitet. Auch die Verwaltung der SS- und *Point-to-Point* SMS-Nachrichten wurde dem DTAP-Protokoll zugeordnet. Für DTAP wird der CO-SCCP-*Service* benutzt. Jeder aktiven MS ist zwischen BSC und MSC eine *End-to-End*-Signalisierungsverbindung zugeordnet. Eine Ausnahme bilden die RR-Messages. Sie werden an die RR-Prozeduren des BSSMAPs im BSC weitergeleitet. Beim Rufaufbau werden je nach *Call*-Initiierungsseite, in bezug auf die MS, zwei verschiedene Verbindungstypen unterschieden: *Mobile Originating Call* (MOC) und *Mobile Terminating Call* (MTC). Da ein Rufaufbau sich über das ganze Netz erstreckt, d.h. über mehr als nur einen MS-MSC-Weg abgewickelt wird - wurde er bereits im Abschnitt über Zeichengabe-Prozesse detailliert beschrieben.

11.2.3 DTAP- und BSSMAP-Nachrichten

In diesem Abschnitt werden die A-Schnittstelle-Nachrichten (BSSAP) und ihr Aufbau dargestellt.

a) **DTAP**

<table>
<tr><td>8</td><td>7</td><td>6</td><td>5</td><td>4</td><td>3</td><td>2</td><td>1</td></tr>
<tr><td>0</td><td>0</td><td>0</td><td>0</td><td>0</td><td>0</td><td>0</td><td>1</td></tr>
<tr><td colspan="2">RCI</td><td>0</td><td>0</td><td>0</td><td colspan="3">SAPI</td></tr>
<tr><td colspan="8">Length</td></tr>
<tr><td colspan="4">TI</td><td colspan="4">PD</td></tr>
<tr><td>0</td><td>N</td><td colspan="6">MT</td></tr>
<tr><td colspan="8">andere IE's</td></tr>
</table>

b) **BSSMAP**

<table>
<tr><td>8</td><td>7</td><td>6</td><td>5</td><td>4</td><td>3</td><td>2</td><td>1</td></tr>
<tr><td>0</td><td>0</td><td>0</td><td>0</td><td>0</td><td>0</td><td>0</td><td>0</td></tr>
<tr><td colspan="8">Length</td></tr>
<tr><td>0</td><td colspan="7">MT</td></tr>
<tr><td colspan="8">andere IE's</td></tr>
<tr><td colspan="8">...</td></tr>
</table>

DLCI ist das 2-te Oktett in der DTAP-Message und beinhaltet die

RCI: *Radio Channel Identification*: 00 für FACCH/SDCCH, 01 für SACCH sowie SAPI-Wert (s. U_m- und A_{bis}-Schnittstelle);
TI: *Transaction Identifier* teilt sich in TIF (TI *Flag*, 1 Bit) und TIV (TI Value, 3 Bit) auf.
MT: *Message Type*;
PD: *Protocol Discriminator*;
N: N(SD) - *Send Sequence Number*;
IE: Informationselement;

Bild 11.1: Schematischer Aufbau einer a) DTAP- und b) BSSMAP-Message

Die *Send Sequence Number* Variable der DTAP-Nachricht bezieht sich auf den aktuell behandelten Teilnehmer.

Complete Layer 3 Message

Eine *Complete Layer 3 Message* (s. Bild 11.2) ist eine BSSMAP-Message mit DTAP-Fortsetzung (DTAP in BSSMAP eingebettet). Sie wird vom RSS zum MSC geschickt und kann eine der folgenden Nachrichten beinhalten:

- PAGING RESPONSE (RR);
- LOCATION UPDATE REQUEST (MM);
- CM RE-ESTABLISHMENT REQUEST (MM);
- CM SERVICE REQUEST (MM);
- IMSI DETACH INDICATION (MM).

<table>
<tr><td>0</td><td>0</td><td>0</td><td>0</td><td>0</td><td>0</td><td>0</td><td>0</td></tr>
<tr><td colspan="8">Length</td></tr>
<tr><td>0</td><td colspan="7">MT</td></tr>
<tr><td colspan="8">IEI Cell Identifier</td></tr>
<tr><td colspan="8">andere Cell Identifier IE's</td></tr>
<tr><td colspan="8">IEI Layer 3 Information</td></tr>
<tr><td colspan="8">Length of CIE Layer 3 Info.</td></tr>
<tr><td colspan="4">TI</td><td colspan="4">PD</td></tr>
<tr><td>0</td><td>N</td><td colspan="6">MT</td></tr>
<tr><td colspan="8">andere DTAP IE's</td></tr>
</table>

IEI: IE *Identifier*
CIE: *Content of an* IE

Bild 11.2: *Complete Layer* 3 *Message*

11.2.4 BSSAP-Parameter

Message Type (MT)

Der Message-Typ ist ein Informationselement, anhand dessen die Funktion einer Nachricht erkannt werden kann.

Protocol Discriminator (PD)

Neben dem als Oktett 1 für DTAP und BSSMAP unterschiedlich gesetzten Diskriminator (s. Bild 11.1) gibt es in der DTAP-Nachricht einen PD. Der Protokoll-Diskriminator erlaubt, die Unterscheidung zwischen den DTAP-Unterprotokollen zu treffen. Mögliche Belegung:

0011: CC und *call-related* SS-Nachrichten;
0101: MM;
0110: RR Management;
1001: SMS;
1011: *non-call-related* SS-Nachrichten;
1111: reserviert für Test-Nachrichten;

Transaction Identifier (TI)

Der *Transaction Identifier* erlaubt, zwischen parallelen Aktivitäten (Transaktionen) einer MS zu unterscheiden. Der TI beinhaltet einen TI-Wert und einen TI-*Flag*. Beide sind im TI-Feld der DTAP-Message lokalisiert, vergleiche auch mit dem TCAP-Protokoll.

11.2.5 Elementare und strukturierte Prozeduren

Die strukturierten Prozeduren setzen sich, je nach Aufgabe, aus verschiedenen elementaren Prozeduren zusammen. Die wichtigsten elementaren Prozeduren sind unten beschrieben. In diesem Abschnitt wurde die Beschreibung der Prozeduren zwischen MSC und MS zusammenhängend vorgenommen. Diese Vorgehensweise ist berechtigt, da das BSSAP sich, bis auf die später beschriebenen Unterschiede, zum Teil unverändert auf die höheren Protokolle des RSSs abbilden läßt. In jedem der drei behandelten Unterprotokolle RR, MM und CC werden Verbindungsaufbau, -unterhalt und -abbau betrachtet. Die meisten RR- und MM-Prozeduren sind für den Zellularbetrieb bezeichnend. Es werden hier manche der zusammengesetzten Prozeduren, wie *Call Re-establishment* oder Modifizierung der Dienstart die über den Umfang der festnetzüblichen Verbindungssteuerung hinausgehen, erwähnt. In dieser Darstellung wurde noch keine saubere Trennung zwischen *Call* und *Connection Control* vorgenommen. Auf die Prozedurstrukturierung und die Unterscheidung zwischen unabhängigen Prozeduren und *Parent-Child*-Beziehungen wird in diesem Buch nicht eingegangen.

11.2.5.1 Resource-Management (Betriebsmittelverwaltung)

Channel-Management führt die Verteilung von Übertragungswegen durch. Es teilt sich in terrestrisches und RR-Kanal-Management auf. Die Aufgabe des RR-Managements besteht darin die knappen Mitteln der Funkübertragung optimal zu nutzen und dies auch unter ständig wechselnden Bedingungen, z.B aufgrund der MS-Bewegung. Die meisten dieser Funktionen werden vom BSC, MS und zum Teil auch vom MSC ausgeführt. An dieser Stelle werden Prozeduren beschrieben, die sowohl in BSSMAP- wie auch im RR-Protokoll verwendet werden. Die Unterscheidung wird durch getrennte Auflistung der hier als BSSMAP (nur die A-Schnittstelle) und RR/BSSMAP bezeichneten Prozeduren unterstrichen. Zu den RR/BSSMAP-Prozeduren gehören:

- System-Information;
- Service-Anfrage;
- Zufallszugriff und *Immediate Assignment* (beim MOC);
- *Paging* und *Immediate Assignment* (beim MTC);
- *Measurement Reporting*;
- *Assignment*;
- *Handover* (Betriebsmittelzuteilung, Anzeige, Ausführung);
- Umdefinieren (*Redefinition*) der Frequenzen;
- Übertragungsmode-Änderung;

- Chiffrierungssetzung und ihre Aktualisierung (s. Kapitel 8);
- Kanalfreigabe (sowie partielle Freigabe);
- *Classmark*-Änderung (s. Kapitel 8);
- *Radio-Link*-Fehler.

Zu den BSSMAP-Prozeduren gehören:

- Sperren von TCH's;
- Betriebsmittelanzeige (*Resource Request/Indication*);
- Zurücksetzung (*Reset*) vom BSS/MSC;
- *Handover Candidate Enquiry* (HOV-Anfrage);
- *Trace Invocation*;
- Flußsteuerung (*Flow Control*);
- *Data-Link-Control* (für SAPI ungleich 0);
- Warteschlange (*Queuing*).

Kanalzuweisungs-Prozeduren (*Channel Assignment*)

Die Kanalzuweisungs-Prozeduren müssen schnell erfolgen. Es werden bezüglich der Funkschnittstelle folgende Kanalzuweisungs-Prozeduren unterschieden: die *Channel Assignment-, Immediate Assignment-, Dedicated Channel Assignment-* und die *Additional Assignment*-Prozedur. Eine dynamische Kanalzuweisung kann nur anhand aktueller (wechselnder) Informationen erfolgen. Es können verkehrsvolumenabhängige Ausweich-Prozeduren mit Nachbarzellen-Unterstützung implementiert werden.

Behandlung der RR und der terrestrischen Ressourcen

Die Freigabe (*Release*) der Funk- und/oder der terrestrischen Ressourcen findet statt:

- nach Abschluß einer Transaktion;
- aufgrund der BSS-Anforderung;
- nach einem HOV.

Im folgenden werden terrestrisches und RR-Management getrennt beschrieben.

I. Terrestrisches Management

Das MSC wählt einen *Trunk*, der den erforderlichen *Traffic*-Typ leiten soll. Das BSS hat die Möglichkeit diese Leitung zu sperren:

- ***Blocking/Unblocking***

  BLOCK/UNBLOCK-Messages werden für das Sperren/Freigabe von Nutzkanälen benutzt. Mit BLOCK zeigt das BSS dem MSC an, daß eine bestimmte Sprechleitung (mit CIC gekennzeichnet) nicht zu benutzen ist; es soll kein Verkehr auf diesem Kanal stattfinden. Folgende Ursachen können dafür verantwortlich sein: O&M-Aktivitäten, Systemfehler, nicht Verfügbarkeit von RR's.

• **Leitung-Zurücksetzung** (*Reset Circuit*)

Die Leitung-Zurücksetzung ist ein Vorgang, bei dem der davon betroffene *Circuit/Trunk*, z.B. nach einem Fehler, wie Verlust von Transaktions-Referenzen, in den *Idle*-Status gesetzt wird. Die Gegenseite (BSS oder MSC) wird davon unterrichtet. Durch ein globales *Reset* werden alle Verbindungen aufgelöst.

II. Funkressourcen-Verwaltung (RR-Management)

Das RR-Management übernimmt alle Aufgaben der Frequenzverwaltung. Die RR-Prozeduren sorgen vor allem für den Auf- und Abbau sowie den Unterhalt von RR-Verbindungen, die eine Kommunikation zwischen der MS und dem Netzwerk erlauben. Die Funkressourcen-Verwaltung betrifft auch die Aktivierung, Deaktivierung, Konfiguration und Dekonfiguration der RR-Kanäle. Das RR-Management (RR-*Handling*) wird auf der Netzseite vom BSS geführt (s. Tabelle 5.2), die Ressourcen werden, z.B. nach Anfrage vom MSC, zugeteilt. Da normalerweise die RR den Engpaß der Systemkapazität bilden, ist es sehr wichtig, diese optimal zu nutzen. Es werden deswegen solche Funktionen wie OACSU oder RR-Beobachtung verwendet, und solche Prozeduren wie dynamische Kanalzuweisung eingesetzt.

• ***System Information***

Es gibt sechs Typen von SYSTEM INFORMATION-Nachrichten - sie sind globaler Natur und werden *downlink* auf dem BCCH (hier die ersten vier) oder SACCH's (Typ 5 und 6) geschickt:

Typ 1 - Beschreibung des Zellen-Kanals und der RACH-Parameter;
Typ 2 - Beschreibung der Nachbarzellen (BCCH) und des RACHs;
Typ 3 - Kanalbeschreibung, LAI, CI und andere Zellen-Informationen;
Typ 4 - Kanalbeschreibung (RACH, CBCH), LAI und andere Informationen;
Typ 5 - BCCH-Allokierung in den Nachbarzellen;
Typ 6 - LAI, CI und andere Informationen.

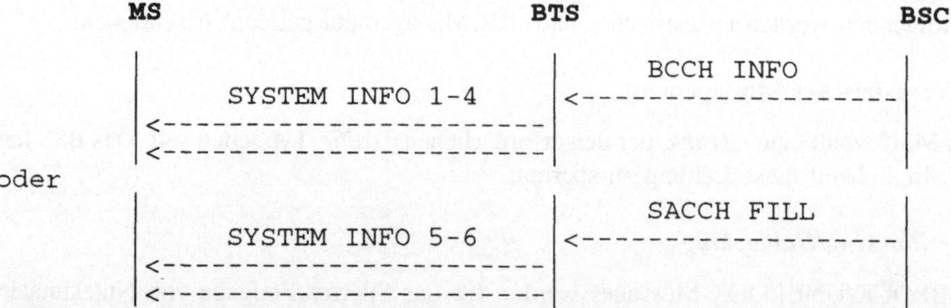

Bild 11.3: *System Information* (Darstellung einschließlich der A_{bis}-Schnittstelle)

Anhand der empfangenen SYSTEM INFORMATION-Messages werden von den MS's BA-Listen (BA: BCCH *Allocation*) erstellt, die für die Funkzellen-Auswahl (*Cell*

Selection) von Bedeutung sind. Die ersten Informationstypen werden von der MS im *Idle*-Modus abgehört. Die SYSTEM INFO 1 wird im Falle der vorhandenen FH-Fähigkeit gesendet (FH *Sequence Number*). Zusätzlich können, falls die SYSTEM INFO 4 nicht alle Informationen für eine Zellenauswahl enthält, SYSTEM INFORMATION's vom Typ 5 und 6 geschickt werden.

Die Funkzellen-Auswahl (*Cell Selection*) seitens der MS erfolgt mit der *Idle-Mode-Activity*-Prozedur.

• ***Data-Link-Control***

Data-Link-Control für SAPI (*Service Access Point Identifier*) ungleich null (SAPI = 3 für SMS) erfolgt mit Hilfe spezieller DTAP-Nachrichten. Nutzleitungen mit SAPI ungleich null können mit SAPI n CLEAR COMPLETE/COMMAND (BSSMAP Message) freigegeben werden.

RR-Verbindungsaufbau

Der RR-Verbindungsaufbau wird vom Netz aus mit der *Paging*- und von der MS aus mit der *Random Access*-Prozedur initiiert. In beiden Fällen (MOC- und MTC-Prozesse) wird *Channel Assignment* (s. A_{bis}-Schnittstelle) verwendet.

• ***Paging*** (Funkruf)
Diese Prozedur wird vom Netzwerk benutzt, um einen bestimmten Mobilfunkteilnehmer in einer der in Frage kommenden Funkzellen zu finden (s. MTC). Da diese Prozedur rufunabhängig realisiert werden kann, sollte sie eher den MM-Funktionen zugeordnet werden. Das MSC sucht (dies wird vom VLR aus gestartet: VLR → MSC) im vorgegebenen LA-Bereich (mehrere BTS's beziehungsweise Funkzellen) nach dem Teilnehmer, zu dem eine Verbindung aufgebaut werden soll. In der PLMN-Datenbasis befinden sich die BSC-SPC's, CI's sowie die MS-Nummern (TMSI bzw. IMSI), so daß eine selektive Adressierung erfolgen kann. *Paging* kann auch für VLR-*Restoration* initiiert werden (s. *Search* Prozedur im Kapitel 10). Es wird vom BSS eine PAGING REQUEST Message (es existieren drei Typen davon) *downlink* auf dem *Paging*-Subkanal (PCH) einschließlich TMSI (eventuell IMSI) geschickt. Die taktgesteuerten Funkrufe an die Mobilstationen einer Zelle werden in Gruppen (*Paging Groups*) eingeteilt, so daß die ankommende PAGING REQUEST Nachricht bis zu vier MS's beinhalten kann. Eine *Paging Group* wird, entsprechend der MS-Zugehörigkeit zu einem der *Common Control*-Subkanäle, zusammengestellt (vgl. DRX-Technik). Die gesuchte MS antwortet mit der *Immediate Assignment* Prozedur (s. unten) und anschließend mit der *Access Management* Prozedur (s. MAP), wo sie ihren Aufenthalt in der PAGING RESPONSE Nachricht innerhalb des SABM-Rahmens auf der U_m-Schnittstelle sowie in der CR-Nachricht auf der A-Schnittstelle, mitteilt. *Paging* ist die erste Prozedur, die vom Netzwerk zur MS initiiert wird, wenn ein Kommunikationsversuch vom Festnetz aus gestartet wird. Sie ermöglicht für diesen Fall eine aktuelle Lokalisierung der Mobilstation.

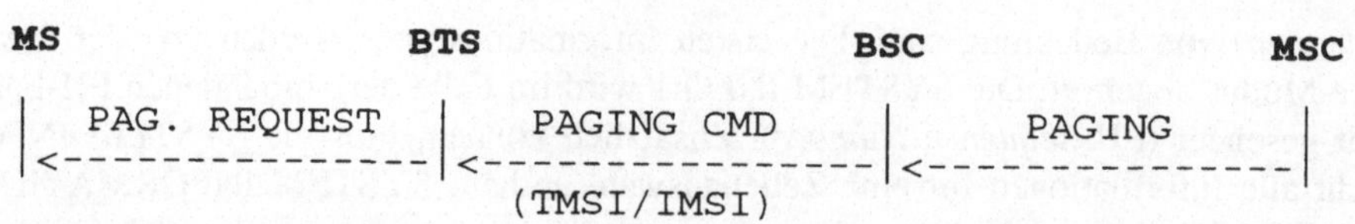

Bild 11.4: *Paging*-Prozedur

• ***Random Access and Immediate Assignment***
Hierbei handelt es sich um eine Zuweisungsprozedur, die von der MS aus mit dem *Random Access* (CHANNEL REQUEST Message auf dem RACH) initiiert wird, um eine Funkverbindung aufzubauen. Es muß der Grund für diese Anfrage angegeben werden, damit das Netzwerk die Prioritäten festlegen kann. *Initial Assignment* wird beim LUP, bei MO-Prozessen und als Antwort auf *Paging* getriggert. Die CHANNEL REQUEST Nachricht wird innerhalb eines *Random Access Bursts* übertragen und enthält eine Zufallszahl und Schlitznummer (*Slot Number*) für die MS-Adressierung. Eine *Burst*-Kollision wird zur Wiederholung des Zugriffsversuchs führen. Der BSC antwortet im positiven Fall (auf dem AGCH) mit einer IMMEDIATE ASSIGNMENT Message. Diese Nachricht enthält beim MT-Prozeß eine ausführliche Kanalbeschreibung (MSL auf SDCCH/FACCH sowie SACCH mit *Timing Advance* usw.), so daß die MS den vorgegebenen DCCH besetzen kann. Siehe auch Nachrichtenfluß auf der A_{bis}-Schnittstelle (Bild 12.7 und 12.8).

• ***Service Request***
Eine Service-Anfrage kann mit SABM-Rahmen (einschließlich L3-Nachricht) zum Netz gestartet werden. Auf der A-Schnittstelle wird eine *Complete Layer* 3 *Message* (CM SERVICE REQUEST) zum MSC geschickt.

• ***Queueing*** (Warteschlangenbetrieb)
Die Warteschlangensteuerung dient der Bewältigung des Spitzenverkehrs im BTS-Funkbereich. Es ist eine sehr effiziente, durch Prioritätsanforderungen modifizierte *Call*-Behandlungsmethode. *Queueing* gehört im GSM-Netz zu den optionalen Funktionen - auch eine genaue Lokalisierung ist hierfür nicht vorgeschrieben. Sie kann für beide Richtungen (MOC, MTC) getrennt realisiert werden. Die Warteschlange wird im BSS aktiv, wenn die - vom MSC mit ASSIGNMENT REQUEST (s. *Call Setup*) - angeforderte TCH Kapazität von der BTS nicht bereitgestellt werden kann (keine sofortige Allokierung möglich). BSS schickt an das MSC eine QUEUEING INDICATION, falls die RR nicht sofort zugeteilt werden können (s. auch Kanalzuweisungs-Prozedur), und die Ressource-Anfrage wird in die Warteschlange geschickt. Die mögliche Verzögerung (*Queueing Delay*) wird von *Timer*'n, die vom OMC gesetzt werden, überwacht, danach muß die Entscheidung bezüglich der RR-Zuteilung getroffen sein. Beim MOC wirkt sich für die MS die *Queueing*-Prozedur wie eine Verzögerung aus. Die Allokierung von TCH's wird unter Berücksichtigung der *Priority Levels* und der Reihenfolge der Anfrage (FIFO-Prinzip) vorgenommen. Beim MTC wird *Queueing* nicht verwendet, falls das Ursprungsnetz dem PLMN unbekannt ist. QUEUEING IND (mit abschließendem

HANDOVER FAILURE) kann auch für den Fall, daß der angeforderte TCH nicht verfügbar ist, als Antwort auf HANDOVER REQUEST erfolgen.

• ***Off-Air Call SetUp*** (OACSU)
(OACSU) Verkehrskanalfreier Rufaufbau: Das OACSU-Verfahren verkleinert die Last der BTS und soll damit der Verbesserung der Frequenzökonomie dienen. TCH's werden effizienter benutzt, indem sie erst nach erfolgreichem *Call Setup*, d.h. nachdem die Gegenseite sich gemeldet hat, zugeteilt werden (→ verzögerte Zuweisung). Für den gerufenen Teilnehmer wird für die Zwischenzeit, d.h. solange noch kein *Idle*-TCH vorhanden ist, eine Ansage geschaltet. Die OACSU-Prozeduren können auf optionaler Basis implementiert werden, s. hierzu MOC- und MTC-Beschreibung im Abschnitt Zeichengabe-Prozesse im GSM-System. Für die OACSU-Benutzung gibt es folgende Einschränkungen bzw. Fälle, wo es nicht eingesetzt wird:

- internationale Anrufe;
- Datenübertragung;
- Notruf.

OACSU ist ein dynamischer Prozeß, der nur dann verwendet wird, wenn nicht genügend freie Kanäle zu Verfügung stehen (*Queueing* → OACSU). Der Warteschlangenbetrieb und OACSU wurden schon in früheren Funksystemen (z.B. im C-Netz) eingesetzt.

Funkverbindung-Übertragungsphase

• **Funkverbindungszustand**
In diesem Modus sind der MS mindestens zwei DCCH's zugeteilt, einer davon ist der SACCH. Im Funkverbindungszustand erfolgen Messungen auf den Nachbarkanälen, und es kann ein *Handover* ausgeführt werden. Ein HOV in bezug auf RR-Management-Funktionen bewirkt:

- Abbau der Signalisierungs- und anderer *Link*-Verbindungen durch Freigabe;
- Abbau (Freigabe) der TCH's;
- Abbau und Deaktivierung von früher zugeteilten Kanälen;
- Aktivierung und Verbindungsaufbau auf den Verkehrskanälen;
- Triggern des Verbindungsaufbaus auf *Data-Link*-Verbindungen für SAPI = 0 auf neuen Kanälen.

• ***Call Re-establishment***
Das *Call Re-establishment* bedeutet, daß während einer bestehenden Verbindung der gestörte (bzw. verlorene) Verkehrskanal wieder hergestellt wird. Zu dieser Situation kann es durch eine abrupte Unterbrechung bzw. unkontrollierte Verschlechterung der RR-Übertragung kommen, z.B. durch eine kurzzeitige Abschirmung (Tunnelfahrt, Funkloch), oder wenn HOV nicht rechtzeitig abgeschlossen werden kann. Die Verbindungsunterbrechung beträgt typischerweise vier bis acht Sekunden. Auf der RR-Ebene übernimmt die MS die Initiative in Form einer modifizierten *Access*-Prozedur. Nach dem *Link*-Fehler wird von der MS ein Algorithmus ausgeführt, um eine neue Funkzelle für

das *Call Re-establishment* zu finden. Zuerst wird jedoch versucht, die Verbindung über die alte Zelle herzustellen. Anderenfalls wird eine neue Zelle (z.B. *Overlay*-Zelle) mit dem stärksten Signalträger (BCCH) belegt. Auf den höheren Ebenen (s. MM- und CC-Prozeduren) wird versucht, die Verbindung aufrechtzuerhalten. *Call Re-establishment* kann als eine ergänzende Prozedur zu *Handover* betrachtet werden.

• *Dedicated Channel Assignment*
Dedicated Channel Assignment wird beim HOV-Prozeß verwendet. Das MSC führt die notwendige Analyse der CC-Informationen durch und fordert das gewählte BSS auf (mit ASSIGNMENT REQUEST), entsprechend vorgesehene Ressourcen (DCCH) zuzuteilen. Anschließend wird dies mit ASSIGNMENT COMMAND an die MS erfolgen (s. auch Bild 12.8). Die Mobilstation führt folgende Aktionen durch:

- lokale Auflösung der *Link-Layer*-Verbindung;
- Freigabe des Nutzkanals (TCH);
- Zuschalten vom zugeteilten Kanal;
- Aktivierung der Verbindung.

Nach diesen Aktivitäten wird abschließend, unter Berücksichtigung des Prioritäts-Levels, was implementierungsabhängig ist, eine ASSIGNMENT COMPLETE Message ans MSC geschickt. Eine negative Antwort im Falle nicht vorhandener Ressourcen ist (über eine ASSIGNMENT FAILURE Meldung) auch möglich.

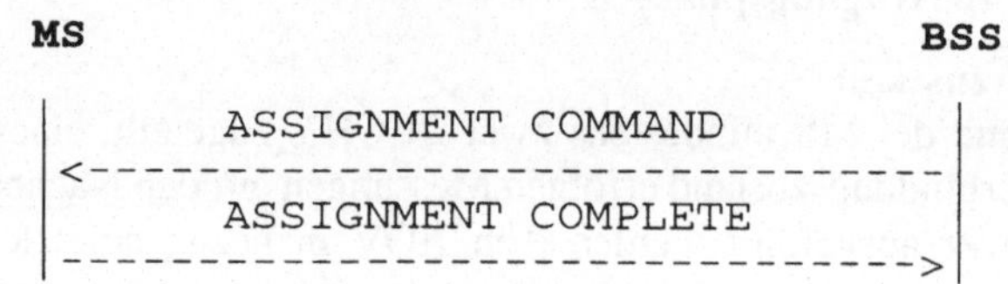

Bild 11.5: *Dedicated Channel Assignment*

• *Additional Assignment*
Eine zusätzliche Zuweisung wird vom Netzwerk aus mit einer ADDITIONAL ASSIGNMENT Message gestartet, um einen zusätzlichen DCCH (*Dedicated Control Channel*) zu allokieren. Diese Prozedur wird mit der Einführung von *halfrate* TCH's zum Einsatz kommen.

• *Measurement Reporting*
Die Kenntnis der aktuellen Kanaleigenschaften ist für eine ökonomische Frequenznutzung wichtig. Im GSM-System werden die Radiokanäle in beiden Richtungen gemessen. Das umgebende Funkfeld wird von der MS beobachtet, und es werden bis zu sechs der benachbarten, und stärksten Basisstationssender registriert. Es werden Messungen der physikalischen Kanäle ausgeführt und periodisch (alle 0.48 s) auf dem SACCH Kanal als MEASURE-MENT REPORT Nachrichten (ohne Bestätigung) zum Netz geschickt. Die Meßergebnisse (RXLEV, RXQUAL) belegen 16 Oktetts an L3-Information. Physi-

kalisch werden sie in vier hintereinander gesendeten *Multiframes* (SACCH-*Bursts* s. Bild 3.13) übertragen. Diese *Radio Link Measurements* werden außer für HOV-Zwecke auch für RF-Leistungssteuerung benutzt. Bevor die Messungen das BSC erreichen, können sie in der BTS zusammengefaßt werden (→ Lastminderung am A_{bis}-*Interface*).

• ***Radio-Link-Control***
Sowohl die MS wie auch die BTS führen *Radio-Link-Control* Messungen der Signalstärke und -qualität durch. Als Kriterien werden jeweils folgende Parameter aufgenommen:

- *Receive Signal Input Level* (RXLEV) als Signalstärke;
- *Radio Link Quality* (RXQUAL) als Signalqualität (BER-Angabe);
- MS-BTS Entfernung (BTS-Messung);
- *Idle-Channel-Level.*

Die Empfangs- und Qualitätsinformationen werden vom BSC gesammelt. Sie werden für die HOV-Entscheidung benötigt (sog. *Locating* Prozedur) und können zusätzlich als Statusberichte an die Überwachungszentrale (OMC) weitergeleitet werden.

• **Umdefinieren der Frequenzen**
Diese Redefinitions-Prozedur wird vom Netzwerk (BSS mit SFH) benutzt, um Frequenzen und die Frequenzsprungfolge (*Hopping Sequence*) zu ändern. Mit einer FREQUENCY REDEFINITION Message vom BSC an die MS können während einer bestehenden Telefonverbindung die neuen Parameter und die Startzeit (Anfangs-Zeitschlitz) festgelegt werden. Frequenzsprungverfahren s. Codiertechnik. Das Umdefinieren der Frequenzen soll in Verbindung mit solchen Prozeduren wie *Channel Assignment* und *Handover* noch genauer spezifiziert werden.

• **Übertragungsmode-Änderung**
Eine Übertragungsmode-Änderung kann vom Netzwerk für einen Kanal mit CHANNEL MODE MODIFY angeordnet werden. Diese Änderung wird von der MS (mit CHANNEL MODE MOD ACK) bestätigt, dabei sind folgende Moden möglich: Signalisierung, Sprache F/H, Daten F/H, 2.4/4.8. Der einzig bekannte Fall ist die Verwendungsmöglichkeit im Zusammenhang mit ASSIGNMENT REQUEST.

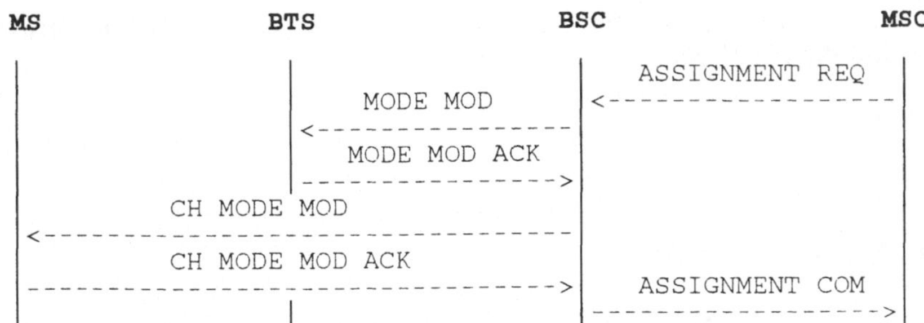

Bild 11.6: *Transmission-Mode*-Änderung

• **Partielle Kanalfreigabe**
Mit der *Partial Release*-Prozedur können Teile des DCCH's gezielt deaktiviert werden. Diese Kanalfreigabe hängt wie im Falle der Übertragungsmode-Änderung mit *halfrate* TCH's zusammen und wird erst in der Zukunft (ab 1994) zum Einsatz kommen.

Funkverbindungsabbau

Ein sicherer und schneller RR-Verbindungsabbau ist für eine zuverlässige Funktionsweise des Systems wichtig.

• **Normale Kanalfreigabe** (*Channel Release*)
Die Deaktivierung von Funkkanälen (TCH oder DCCH) kann auf höheren Protokollschichten mit CHANNEL RELEASE Nachricht vom Netzwerk aus angefordert werden. Nach der Kanalfreigabe geht die MS in den *Idle*-Zustand über. Es wird eine Funkzellen-Reselektion vorgenommen, damit ein neuer Verbindungsversuch sofort gestartet werden kann. Die normale Freigabe wird entweder am Ende einer Verbindung erfolgen, oder sie kann z.B. *Maintenance*-Ursachen haben.

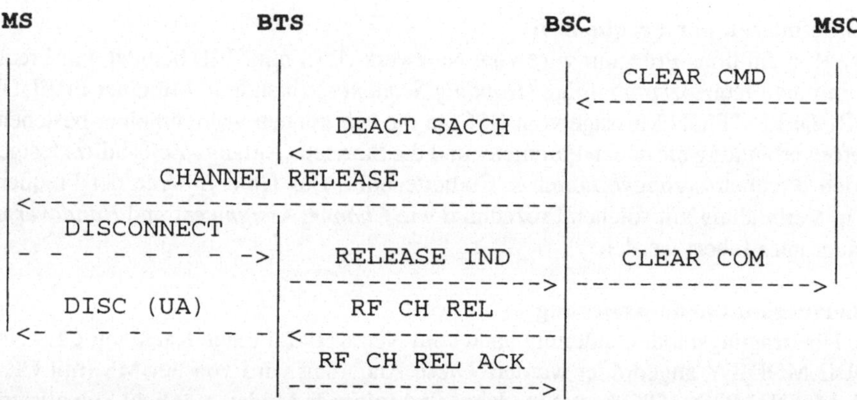

Bild 11.7: Kanalfreigabe (Normalfall)

• **Fehlerfall**
Tritt der *Radio-Link*-Fehler auf der *Mobile*-Seite auf (z.B. die Mobilstation antwortet nicht), so wird die RR-Verbindung sofort abgebrochen.

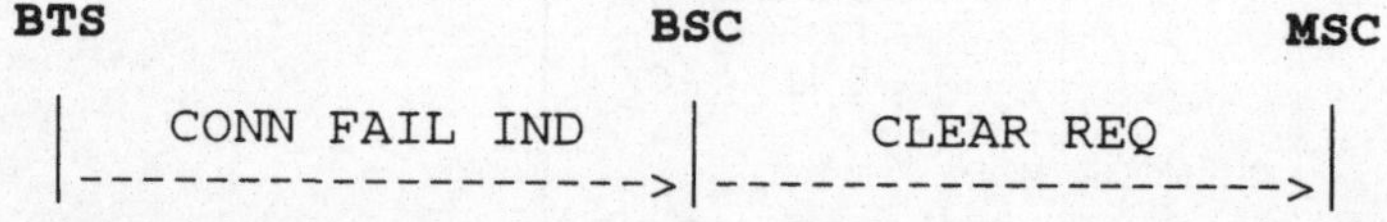

Bild 11.8: *Radio-Link-Failure*

Handelt es sich um einen Netzwerkfehler, so ist durch Zeitverzögerung ein *Call Re-establishment* möglich. Danach wird die Deaktivierung der Kanäle erfolgen.

• ***Resource Indication***
BSS informiert MSC über den RR-Zustand der noch verfügbaren Kanäle. Dies geschieht getrennt für *half-* und *fullrate* TCH's nach einer Anfrage mit RESOURCE REQUEST. Eine Information zum Interferenz-Level der freien Radiokanäle wird ebenfalls (mit RESOURCE INDICATION) durchgereicht, s. weiter unten.

• ***Idle Channel Observation***
Die Qualität freier Kanäle (*Idle*-Interferenzlevel) wird von der BTS gemessen und zum BSC gereicht. Das Ergebnis kann in komprimierter Weise an MSC übertragen werden.

• ***Trace Invocation***
Mit dem TRACE INVOCATION-Kommando kann das BSS oder MSC (nach OMC-Aufforderung) eine Anfrage bezüglich bestimmter ablaufender Transaktionen starten, um die *Tracing-Records* zu produzieren. Diese Prozedur wird nicht bestätigt und kann dem SMAP (s. Netzmanagement) zugeordnet werden.

• ***Flow Control***
Zwischen MSC und BSS kann im Falle einer Überlastung die OVERLOAD Nachricht geschickt werden. Die Methoden zur Reduzierung des Nachrichtenflusses sind weitgehend netzwerk- bzw. komponentenspezifisch, s. *Traffic Management* im Kapitel 14 und im Glossar (Seite 345).

11.2.5.2 Mobility-Management (MM)

MM-Prozeduren werden zwischen MS (SIM-Karte) und MSC bzw. den *Location*-Registern abgewickelt und unterstützen die Mobilität der Teilnehmer in PLMN-Netzen (*Roaming*). Die *Mobility*-Merkmale müssen für weitere Kommunikationssysteme und -dienste im Rahmen eines übergreifenden Mobilitätskonzeptes (UMTS, UPT) überarbeitet werden. Das MM wird bis auf *Paging*, welches vom BSS ausgeführt wird, über DTAP-Transaktionen gesteuert (BSS-Transparenz). Die MM-Prozeduren behandeln die aktuelle Adressierung und Lokalisierung sowie die Wegwahl beim Verbindungsaufbau, die Identifizierung und die Vertraulichkeit der Teilnehmerdaten, die HOV-Entscheidung und den CM-Service. Sie setzen die RR-Verbindung voraus oder müssen eine solche initialisieren. MM-Prozeduren werden aufgeteilt in:

1. allgemeine - die die RR-Verbindung voraussetzen;
2. spezifische - die nicht parallel ablaufen können;
3. MM-CM - hier können mehrere MM-Verbindungen gleichzeitig aktiv sein.

Die Intensität des MM-Verkehrs läßt sich zum Teil durch eine Optimierung der Netzkonfiguration (verteilte Datenbanken, LA's usw.) reduzieren.

IMSI *Attach/Detach*, *Classmark*/Änderung/*Update* und LUP s. *Location-Management*

TMSI-Reallokierung

Um die Vertraulichkeit der Teilnehmeridentität (IMSI) zu sichern, wird für jede MS im LA eine lokale, temporäre Identität - TMSI eingeführt. Die Reallokierungs-Prozedur kann vom VLR während einer bestehenden Transaktion angeordnet werden (FORWARD NEW TMSI, s. z.B. MOC Bild 8.7), oder z.B. beim LA-Wechsel, um die TMSI zu aktualisieren. Die neue TMSI wird auf der SIM-Karte gespeichert und eine Bestätigung an das VLR zurückgeschickt, so daß eine Beziehung zwischen TMSI und IMSI hergestellt werden kann. Die Gültigkeitsdauer einer TMSI kann im VLR festgelegt werden.

Identifizierung

Die Identifizierung wird vom Netzwerk mit der IDENTITY REQUEST Message gestartet, um die MS nach der Identität (IMSI, IMEI, TMSI) zu fragen. Der *Mobile Identity* Parameter wird in der IDENTITY RESPONSE Nachricht zugeschickt. Die Identifizierung kann z.B. beim Notruf verwendet werden, s. auch Sicherheitsmaßnahmen.

Authentication

Die Authentizität der Teilnehmeridentität wird vom Netzwerk mit AUTHENTICATE vom VLR und dann mit der AUTHENTICATION REQUEST Message vom MSC bei solchen Prozessen wie LUP, Rufaufbau (MOC/MTC), SS, SMS initiiert. Der Authentizitätsüberprüfungsvorgang wird vor der CH-*Encryption* (Chiffrierung) durchgeführt. Ist die Authentizitätskontrolle nicht positiv ausgegangen, so wird zwischen TMSI und IMSI Identifizierung unterschieden. Wurde TMSI verwendet, so kann nochmals ein Identifizierungsversuch durchgeführt werden. Sonst erfolgt ein AUTHENTICATION REJECT (VLR → MS) - dem Teilnehmer wird der Netzzugriff verweigert, und die MS geht in den *Idle*-Zustand über, s. auch Sicherheitsalgorithmen.

MM-Verbindungsaufbau

Der Verbindungsaufbau für die Mobilitätsverwaltung kann gestartet werden, wenn nicht gerade eine spezifische MM-Prozedur abläuft. Die MM-Verbindungsaufbau-Prozedur wird in den GSM-Empfehlungen für beide Richtungen getrennt betrachtet. Nach der CM-Aufforderung wird zuerst die Funkverbindung aufgebaut, falls sie nicht schon vorhanden ist. Danach wird die CM-SERVICE REQUEST Message verschickt, wodurch auf der anderen Seite, je nachdem welche Parameter übergeben wurden, die allgemeinen MM-Prozeduren gestartet werden können (dies kann auch die Authentizitätsprüfung sein, im Falle der Verbindungs-Initiierung von der MS aus, oder *Ciphering-Mode*-Setzung, falls vom Netz aus gestartet wird). Je nach Ausgang (Erfolg/Mißerfolg) ist ein CM-SERVICE ACCEPT/REJECT möglich.

• ***Call Re-establishment*** (Verbindungswiederaufbau)
Diese Wiederherstellungs-Prozedur erlaubt der MS, die durch einen Fehler in einer unteren Protokoll-Schicht unterbrochene *Call*-Verbindung wieder aufzunehmen. Dabei

bleibt die MM-Verbindung aktiv. Die Vorgehensweise ist dem MM-Verbindungsaufbau gleich, lediglich CM-SERVICE REQUEST wird durch CM-REESTABLISHMENT REQUEST ersetzt. Vgl. auch *Call Re-establishment* als CC-Prozedur.

• **Notruf**
Ein Notruf ist in jedem MM-Zustand zulässig, es kann jedoch netz- bzw. implementierungsabhängige Abweichungen in der Ausführung geben, wenn z.B. IMSI im VLR nicht bekannt ist oder wenn eine IMEI-Überprüfung negativ ausfällt; mehr zum Notruf im Kapitel 6 (GSM-Dienste).

MM-Verbindungs-Aufrechterhaltung

In dieser MM-Verbindungs-Phase können CM-Informationen übertragen werden. Jede CM-Entität nutzt dabei ihre eigene MM-Verbindung, was in dem Protokoll-Diskriminator (PD) und Transaktions-Identifizierer (TI) vermerkt wird.

MM-Verbindungsabbau

Die Auflösung einer MM-Verbindung geschieht lokal, d.h. es werden keine MM-Nachrichten verschickt. Die Mobilstation wartet auf die RR-Freigabe, erfolgt sie nicht innerhalb einer festgelegten Zeit, so wird die RR-Verbindung von der MS selbst abgebrochen (→ *Idle-Mode*).

11.2.5.3 Call Control (CC)

Das *Connection Management* (CM) als Protokollteil über dem MM nutzt die MM-Verbindung aus, um Informationen auszutauschen. Zum CM gehören Aspekte der Verbindungssteuerung für paket- und leitungsgeschaltete Dienste. Beide können von den Teilnehmern angefordert werden. Das CC-Protokoll steuert die verbindungsorientierten Services. Die Kommunikationsformen, Zusatz- und Kurznachrichtendienste, sind an anderen Stellen beschrieben.

CC-Zustände

Sowohl für die MS als auch für das Netzwerk unterscheidet man eine ganze Reihe von definierten CC-Zuständen, die in einer genauen Analyse betrachtet werden müssen - im Rahmen dieses Buches können sie nicht weiter behandelt werden.

CC-Prozeduren

Im folgenden werden die wichtigen Prozeduren der Verbindungssteuerung (CC) aufgeführt. Es handelt sich hierbei um *Call Control*-Prozeduren auf leitungsgeschalteten Verbindungen.

Rufaufbau

Es wird vorausgesetzt, daß über IMSI oder TMSI + LAI die Teilnehmeridentifizierung vorgenommen wurde, s. MAP-Prozeduren. Weitgehend vollständige MOC- und MTC-Varianten des Rufaufbaus sind im Abschnitt 9.2 (*Call Setup*) beschrieben.

Aktiv-Zustand

• ***Notification***
Im Aktiv-Zustand ist es möglich, Meldungen, die Informationen zu den mit der Verbindung zusammenhängenden Ereignissen liefern, an die Gegenseite (mit NOTIFY) zu senden.

In-Call-Modification und DTMF-Signalisierung, während einer bestehenden CC-Verbindung, wurden im Abschnitt GSM-Dienste erwähnt.

Rufabbau

Der Rufabbau, wie im Bild 11.9 gezeigt, wird von zwei *Timer*'n überwacht und sieht für beide in Frage kommende, auflösende Seiten symmetrisch aus. Erst bei Spezialfällen, wie Tonzeichen, Anzeigen (*Displays*) und Ansagen (*Announcements*) treten Unterschiede auf. Die *Announcements* werden im MSC und die *Tones & Displays* in der MS geschaltet. Die darauffolgende *Channel Release* Prozedur wurde im Bild 11.7 dargestellt. Durch einen *Call Release* werden im System alle bezüglich dieser Verbindung zuvor aktivierten Prozeduren (wie z.B. *Call Setup*) abgebrochen und verworfen. Auch die Notrufverbindung kann von beiden Seiten (A- und B-Teilnehmer) aufgelöst werden.

MS/Netz **Netz/MS**

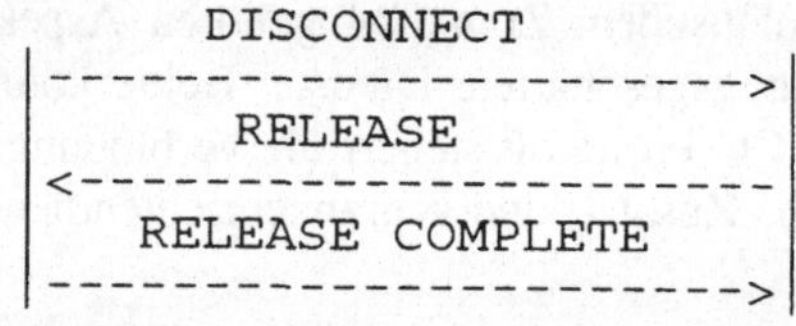

MM-Freigabe MM-Freigabe

Bild 11.9: Rufabbau

• **Sonderfälle**
Sonderfälle der CC-Verbindungbehandlung treten auf, wenn ein *Call* direkt nach dem SETUP mit RELEASE COMPLETE (RLC) abgewiesen wird. Das Netzwerk kann eine Verbindung (mit RELEASE) aus verschiedenen Gründen abbrechen (so z.B. im *Recovery*-Fall).

• ***Clear Collision***
Eine Kollision bestimmter Vorgänge kann auftreten, wenn parallel von der Mobilstation und vom Netz aus die gleichen Nachrichten (z.B. DISCONNECT oder RELEASE) geschickt werden, die sich auf dieselbe Zelle beziehen. Die Lösung dieses Problems wird über die *Clear Collision* Prozedur erreicht. Andere Kollisionen im GSM-System

(wie die des MOC- oder MTC-Prozesses) wurden als nicht relevant eingestuft, s. auch Glossar.

Weitere CC-Prozeduren

• **Statusabfrage**
Die Statusabfrage wird benutzt, um Informationen über den MS-BS-Verbindungszustand einzuholen. Diese Abfrage erfolgt über die STATUS ENQUIRY Nachricht und kann z.B. beim Verbindungsabbruch sinnvoll eingesetzt werden.

• ***Call Re-establishment***
Es ist möglich, nach abgebrochener MM-Verbindung den Zustand mit *Call Re-establishment* zu korrigieren. Dieser wiederholte Rufaufbau kann, falls sich das Gespräch in der Aktiv-Phase befindet, von der CC-Schicht mit CM REESTABLISHMENT REQUEST angeordnet werden. Das Ergebnis dieser Korrektur wird ans CC gemeldet.

• ***Changeover***
Die Umschaltung einer bestehenden Verbindung (Sprache, Daten, *Recorded Announcements*) durch einen Kanalwechsel wird als ein HOV-Prozeß und die Umschaltung des Zeichengabekanals (SDCCH) wird mit *Changeover* bezeichnet. *Changeover* ist ein Kanalwechsel für den sich im Wartezustand oder in der Phase des Verbindungsaufbaus befindlichen Mobilteilnehmer (vgl. auch MTP). Ein spezielles *Changeover* kann auch vom Mobilteilnehmer - für eine Umschaltung des *Call*-Modus - initiiert werden (s. GSM-Dienste).

12 BTS und zugehörige Schnittstellen

Die Schnittstellen im BTS sind: U_m zur MS und A_{bis} zum BSC. Die Zeichengabe-Protokolle haben für beide (vor allem auf den höheren Ebenen) recht ähnliche Struktur. Der gravierende Unterschied ist vor allem die physikalische Schicht. Auch die Transportschicht mit abweichenden LAPD-Varianten wird hier betrachtet. Die mobilspezifische Behandlung des Nachrichtentransportes ist in den Protokollen der Schicht 3 deutlich zu erkennen. Die funktionellen Aufgaben der Radio-Seite wurden bereits (z.B. im Kapitel 5) beschrieben. In diesem Abschnitt werden die Zeichengabeaspekte und die Schnittstellenbesonderheiten verdeutlicht.

12.1 MS-BTS-Schnittstelle

Die Funkübertragungsstrecke (U_m) verbindet die MS's mit der *Base Transceiver Station*. Das MS-BTS-*Interface* wird auch Funk-Schnittstelle genannt. Die Beschreibung der Radio- und insbesondere der Steuerkanäle wurde im Kapitel 3 vorgenommen. Zuerst wird eine detaillierte *Layer* 1 Strukturierung verfolgt.

Zeitschlitz im MF

Im MF hat der Zeitschlitz innerhalb des FDMA-TDMA-Rahmens eine Zeitdauer von 15/26 ms ≈ 0,577 ms. In dieser Zeitmaske wird ein folgendermaßen aufgebautes Bitmuster, ein Normalburst (NB: *Normal Burst*), übertragen:

26 Bit Trainingssequenz in der Mitte des Rahmens (Präambel, die beiden Seiten bekannt ist) - sie dient einer Momentanaufnahme (Kanalimpulsantwort) der Übertragungsbedingungen im HF-Kanal und beinhaltet den BCC;

2 x 57 Bit Nutzinformation (verschlüsselt) symmetrisch an Testsequenz anschließend;

2 x 1 *Headerbit* als Anzeige für die folgende Signalisierung oder Verkehrsdaten;

2 x 3 Tailbits (TB): als Abschluß- bzw. Startbit;

8.25 Bit (Leitbit) sendefreie Schutzzeit (GP: *Guard Period* ≈ 30.46 µs) symmetrisch aufgeteilt.

TB	Nutzinformation		Train.-seq.		Nutzinformation	TB	GP
		C		C			

C: *Control bit*

Bild 12.1: Normalburst-Struktur

Normalburst wird zum Transport von TCH- oder CCH-Daten bis auf RACH benutzt. Er beinhaltet 116 chiffrierte Datenbit (inkl. zwei *Stealing-Flags* als *Headerbit*). Außer dem NB können auch andere *Burst*-Typen der gleichen Länge (156.25 Bit) geschickt werden:

Frequency Correction Burst (FB), *Synchronisation Burst* (SB), *Access Burst* (AB) und *Dummy Burst* (DB). Die limitierte Datenbitlänge führt auf der Funkschnittstelle zwangsläufig zu einer Segmentierung und der darauffolgenden Zusammensetzung der übertragenen Informationen. Ein Synchronisationsburst (SB) wird für die Synchronisation der MS benutzt. Er beinhaltet eine mehr als doppelt so lange (im Vgl. zu dem NB) Trainingsfolge (64 Bit), außerdem beinhaltet er eine Rahmennummer (FN: *Frame Number*) und den Kennungscode der Basisstation (BSIC). Der SB wird zusammen mit dem FB geschickt. Der Frequenzkorrekturburst dient der Frequenzsynchronisation von Mobilstationen. FB wird zusammen mit BCCH ausgestrahlt (*broadcastet*). Der Zugriffsburst (AB) wird für das Zufallszugriffsverfahren (*Random Access*) verwendet. Er zeichnet sich durch eine vergrößerte Schutzzeit (68.25 Bit) aus, was mögliche Kollisionen durch Laufzeitunterschiede bis zu einer Entfernung von

$$0.5 \times 68.25 \times 3.692\ \mu s \times 3 \times 10^8\ m/s \approx 37.8\ km$$

eliminiert (sog. *Sloted Aloha*-Zeitraster). Außer auf dem RACH wird dieser *Burst* für HOV (→ *Handover-Burst*) eingesetzt. Ausnahmefälle für r > 35 km. Der Füll-*Burst* hat die gleiche Struktur wie ein NB und wird im Fall leerer Nachrichten-Warteschlangen verwendet.

RSS-Synchronisation

Die Synchronisation im GSM-System wurde kurz im Abschnitt "Systemtechnik" beschrieben. Auf dem BCCH-Kanal werden für Synchronisationszwecke FB und SB gesendet. Für die MS-BTS-Synchronisation werden folgende Zähler benutzt:

QN: *Quarter Bit Number* (0-624)
BN: *Bit Number* (0-156)
TN: *Timeslot Number* (0-7)
FN: *Frame Number* (0-2715647)

• **Rahmensynchronisation** (*Frame Alignment*)

Auf der Funkschnittstelle des GSM-Systems wird eine adaptive Rahmensynchronisation eingesetzt. Dieser adaptive Nachregelungs-Mechanismus des Sendezeitpunktes ist notwendig, da die sendefreie Schutzzeit (GP) eines *Bursts* nicht ausreicht, um mögliche Verzögerungen abzufangen. Die Rahmensynchronisation wird vom BSS gesteuert. Anhand der Zeitverschiebung der empfangenen *Bursts* kann die Entfernung der sendenden MS berechnet werden. Beim MS-Zugriff wird zuerst *Initial Alignment* benutzt. Im weiteren Verlauf werden aufgrund der MS-Beweglichkeit alle *downlink* gerichteten TDMA-Rahmen von der BTS dynamisch synchronisiert und mit 3-Zeitschlitz-Verzögerung abgeschickt. Diese Verzögerung ergibt nach Abzug des maximalen Laufzeitunterschieds (bei r ≈ 35 km) etwa 1.5 ms für die Übergabe der erhaltenen Kompensationszeit (TA: *Timing Advance*) sowie für die Transceiver-Einstellung (*Tuning & Switching*). Die Überschreitung des TA-Grenzwertes (TA-Limit: 63 Bitperioden) führt auf eine Alarmsituation und soll innerhalb des versorgten PLMN-Bereichs durch HOV aufgefangen werden.

- **MS-Frequenzsynchronisation**

Die Synchronisierung der MS-Frequenz mit dem BS-Träger wird erreicht, indem die Referenzfrequenz der MS korrigiert wird. Dies wird auf dem gültigen (stärksten) BCCH-Kanal anhand der Zeit-Parameter vom Synchronisationsburst (SB) durchgeführt. Die Dopplerverschiebung

$$\Delta f = f_{v=0} \times v / c$$

im GSM 900 System (bei einer Geschwindigkeit von 250 km/h beträgt sie 200 Hz) und andere Frequenzabweichungen können von der MS in bestimmten Grenzen (bis zu 500 Hz) direkt kompensiert werden (s. Entzerrer/Viterbi-Equalizer).

12.1.1 Codierung der Steuerkanäle

Die Codierung von CCH's ist dem im Kapitel 4 beschriebenen TCH-Codierverfahren ähnlich. Es werden folgende Steuerkanäle übertragen: BCCH, CCCH (AGCH, PCH und RACH) sowie DCCH (SDCCH, SACCH/C und FACCH). Fehlervorwärtskorrektur (FEC) wird für alle Signalisierungsdaten bis auf die des RACH's angewandt. Die *Layer* 2 Rahmen (184 Bit s. LAPDm) werden zuerst mittels eines zyklischen FIRE *Codes* geschützt. Es entstehen 40 zusätzliche *Parity*-Bit, die durch 4 weitere *Tailbit* (Vgl. Codierung von TCH's) ergänzt werden. Die *Tailbits* haben die Aufgabe, den Faltungscode-Generator auf einen definierten Zustand zurückzubringen. Nach der Faltungscodierung des ganzen Rahmens (mit der Rate 0.5 und *Constraint*-Länge 5) entsteht ein *Frame* mit 456 Bit. Der so codierte Rahmen wird in 4 Blöcken (*Interleaving*-Grad 4: 4 × 6 × 19) übertragen.

12.1.2 Zeichengabe der U_m-Schnittstelle

Der Protokoll-*Stack* für Signalisierung auf der U_m-Schnittstelle kann dem Bild 7.2 entnommen werden. Es wird weiter auf die einzelnen Zeichengabe-Ebenen eingegangen. Über den D_m-Kanal werden auch die Kurznachrichten übertragen.

12.1.2.1 Layer 1

Für die L1-Signalisierung wird ein *Data Link* SAPI = 0 benutzt. Es handelt sich dabei um eine physikalische, bidirektionale Punkt-zu-Punkt Verbindung im *Multiframe-Mode*. Die genaue Einteilung der Steuerkanäle ist im Kapitel "Organisation des GSM-Systems" beschrieben. Die Chiffrierung wird auf CCH und DCCH durchgeführt. Die *Broadcast*-Kanäle werden nicht geschützt. Auf die logischen Kanäle greifen die *Layer*-2-Funktionen zu. Die physikalische Schicht bietet dem *Layer* 2 entsprechende logische Kanäle an, durch die Nutzung folgender Funktionen:

- *Burst*-Übertragung;
- Abbildung der physikalischen und logischen Kanäle aufeinander;
- Fehlerschutz und -erkennung;
- Beobachtung der RR (RSS *Link Control*).

Die Schicht 1 kommuniziert direkt mit der Schicht 3 bezüglich des Kanal-Managements und Messungssteuerung (*Measurement Control*). Die Messungen werden von der physikalischen Schicht ausgeführt und vom RR-*Sublayer* kontrolliert.

12.1.2.2 Layer 2 ($LAPD_m$)

Die logischen Kanäle und die darauf aufbauenden Strukturen (s. 3.4.3) werden in der Schicht 2 benutzt. Das LAPDm - *Link Access Procedures on the Dm (Data mobile)-Channel* ist ein *Layer*-2-Protokoll der U_m-Funkstrecke. LAPDm wird für alle Steuerkanäle, ausgenommen SCH und FCCH, sowie für Nutzdaten verwendet. Der DCCH wird als Haupt-*Signalling-Link* (MSL) bezeichnet. Für jeden Kanal wurde eine eigene Protokollinstanz (SAP) festgelegt. Der *Random Access*-Zugriff auf RACH kann zusätzlich als eine LAPDm-Funktion betrachtet werden. LAPDm und LAPD sind sich sehr ähnlich, es gibt jedoch Unterschiede, die aus der Spezifik des Funkweges resultieren: So weichen z.B. die *Frame Delimination* (Rahmen-Abgrenzung) und Transparenzmechanismen voneinander ab. Der Beginn und das Ende eines *Layer*-2-Rahmens (Nachrichten-Einheit) der Funkschnittstelle ergeben sich aus dem Modulations- und TDMA-Verfahren. Das LAPDm-Protokoll wurde an die hohen Fehlerraten des Funkkanals angepaßt und ist von der Bitrate unabhängig. Es berücksichtigt zugleich die möglichen Funkkanaländerungen während bestehender Zeichengabe-Transaktionen. Es werden zwei Operationsmoden benutzt - mit und ohne Bestätigung - die unabhängig sind und damit getrennt implementiert werden können.

Rahmenformate

Die Rahmenformate für LAPDm (U-, I- und S-*Frames*) basieren auf denjenigen vom LAPD.

a) A- und B-Format (A ohne Informationsfeld)

Fill bits	Info Field	LI Field	Contr. Field	Addr. Field

23 Oktetts

Bild 12.2 a: LAPDm-Rahmenformate

b) A- und B-bis Format (A-bis ohne Informationsfeld)

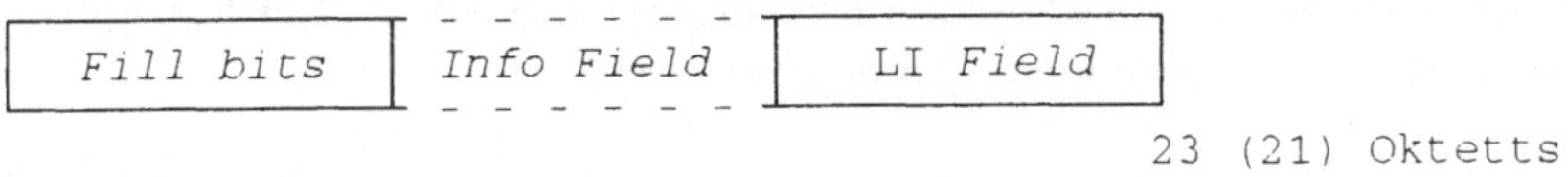

Fill bits	Info Field	LI Field

23 (21) Oktetts

Bild 12.2 b: LAPDm-Rahmenformate

Beschreibung der Felder

Alle Felder der dargestellten Rahmen sind für Steuerkanäle (bis auf Füllbits und Informationsfelder) jeweils 1 Oktett lang. Die A- und B-Rahmen werden auf dem DCCH benutzt. Für BCH's, PCH und AGCH wird, da es sich um reine *downlink* Kanäle handelt, keine Bestätigung angewandt (s. Bild 3.10). Für diese Kanäle wird das Bis-Rahmen-Format (UI: *Unnumbered Information*) verwendet. Auch CCCH wird ohne Bestätigung übertragen (Simplex-Kanäle). In den Informationsfeldern wird die eigentliche Signalisierungsinformation übertragen. Die Größe dieser Felder ist für verschiedene Kanäle unterschiedlich:

SACCH - höchstens 18 Oktetts;
FACCH, SDCCH - höchstens 20 Oktetts;
BCCH, AGCH, PCH - höchstens 22 Oktetts.

Die Differenz bis zur maximalen Größe dieser Felder wird mit Füllbits (lauter binären Einsen) aufgefüllt. Auf diese Weise sind die *Layer* 2 Rahmen entweder 23 oder 21 (SACCH) Oktetts lang. Zu dem SACCH Rahmen werden für Codierungszwecke die 16 Bit der Schicht 1 dazugenommen. Da die Signalisierungsnachrichten im Festnetz wesentlich länger sind, müssen Segmentierungsfunktionen verwendet werden. Die Anzahl der zu transportierenden Oktetts wird im LI (*Length Indicator*)-Feld festgehalten, hier ist auch ein *More-Data-Bit* (M-bit) vorhanden, das die Segmentierung anzeigt. Das Adressenfeld enthält u.a. den LPD (*Link Protocol Discriminator*) und SAPI-Wert (0 für die Signalisierung oder 3 für Kurznachrichten). s. hierzu auch BTS-BSC-Schnittstelle
Das Kontrollfeld unterscheidet drei Formate: I (*Information Transfer*), S (*Supervisory*) und U (*Unnumbered*); I und S enthalten Zähler (*Sequence Number*) und Bit, mit denen der I-Rahmen-Empfang bestätigt werden kann.

Die Endpunkte der Punkt-zu-Punkt *Data-Link*-Verbindungen müssen Zustandsvariable (V's) enthalten, die zusammen mit den Kontrollfeldern dieser Rahmen den korrekten Empfang der I's erlauben.

Für jeden Kanaltyp wird je ein *Timer* (für Wiederholungsdauer) und ein Zähler (für die Zahl der Wiederholungen) benutzt. Ihre Nominalwerte sind je nach Kanal unterschiedlich und können für *Performance*-Zwecke variiert werden.

Befehle und Antworten

Die Schicht-2-Rahmen werden in bezug auf den Informationsfluß in zwei Kategorien, Befehle (Kommandos) und Antworten (Quittungen), eingeteilt.

Tabelle 12.1: Zusammenstellung der LAPDm-Rahmen

Format	I	S			U				
Commands	I	RR	RNR'	REJ	SABM		UI	DISC	
Responses		RR	RNR'	REJ		DM			UA

RNR': RNR s. weitere Beschreibung

Die Zusammenstellung in der Tabelle 12.1 berücksichtigt drei mögliche LAPDm-Formate: I-, S- und U-Rahmen. Die Funktion der Rahmen wird wie folgt definiert:

I - Information

Mit diesem Kommando werden die sequenziell numerierten Rahmen mit Informationsfeldern für die *Layer* 3 Nachrichten abgeschickt.

RR - *Receive Ready*

Ein RR-Rahmen wird als Anzeige, daß ein I-Rahmen empfangen werden kann, als Bestätigung für einen davor empfangenen I-Frame oder zur Beendigung des nicht empfangsbereiten Zustandes (der mit RNR von der gleichen Seite gesetzt wurde) benutzt.

RNR - *Receive Not Ready*

Mit *Receive Not Ready* wird der nicht empfangsbereite Zustand für I-Rahmen angezeigt. Erst ein RR oder REJ lassen einen weiteren Transport zu (*Flow Control*). Mit RNR kann auch der Zustand der Gegenseite abgefragt werden. Damit das Protokoll in der MS möglichst einfach gestaltet werden kann, muß der RNR-Zustand durch eine hohe Prozeß-Kapazität von BTS's und MSC weitgehend vermieden werden.

REJ - *Reject*

Dieser S-Rahmen wird zur Wiederholung der I-Rahmen (der Gegenseite) bei Folgefehlern benutzt. Der mit REJ initiierte Zustand wird mit dem Empfang des fehlenden Rahmens beendet. REJ wird auch als Zustandsindikator/-abfrage verwendet.

SABM - *Set Asynchronous Balanced Mode*

Mit SABM wird der Verbindungsaufbau eingeleitet. Die Zustandsvariablen (V's) werden auf 0 gesetzt. Die Gegenseite schickt mit UA eine Bestätigung. Mit SABM wird z.B. die PAGING RESPONSE Nachricht zum Netz übertragen. Durch ein SABM wird auch ein *Data-Link-Layer*-Zustand z.B. nach Fehlern auf "*clear*" gesetzt. Mit diesem Befehl kann keine segmentierte Message abgeschickt werden.

DM - *Disconnect Mode*

DM-Antwort dient als Anzeige, daß die *Multiple-Frame*-Operation nicht ausgeführt werden kann.

UI - *Unnumbered Information*

UI's werden benutzt, um Informationen zu schicken, wenn ein L3-Info-Transfer ohne Bestätigung ablaufen soll. Da die UI's keine Sequenz-Nummern tragen, werden die V's der *Multiple-Frame*-Operation nicht beeinflußt und für L3 während eines Ausnahmezustandes (Fehler) unbemerkbar bleiben. UI's mit der Informationsfeldlänge Null können auch, wenn keine anderen Rahmen zu Übertragung vorliegen, als Füllrahmen geschickt werden.

DISC - *Disconnect*

Damit kann jede L2-Verbindung, z.B. mit der Verwerfung unbestätigter I-Rahmen abgebrochen werden. DISC-Kommando enthält kein Info-Feld und wird mit UA quittiert. Der Abbruch von *Multiple-Frame*-Operationen kann auch mit DM als Bestätigung erfolgen. Im *Multiple-Frame*-Verfahren können mehrere, nacheinander gesendete Rahmen gemeinsam quittiert werden.

UA - *Unnumbered Acknowledge*

Jedes SABM oder DISC muß mit UA-Rahmen quittiert werden. Dabei kann auch das Informationsfeld des SABM's durch dessen Zurücksenden (im UA) bestätigt werden. Dieses *Piggybacking* wird z.B. beim PAGING RESPONSE verwendet. Mit UA kann auch der nicht empfangsbereite Zustand durch RNR von der gleichen Seite aus aufgehoben werden.

Dienstprimitiven

Es werden 3 Typen von *Primitives* benutzt:

DL - für *Data Link Layer*;
MDL - für administrative Funktionen;
PH - für physikalische Schicht.

Es folgt die Auflistung aller vom LAPDm verwendeten Dienstprimitiven:

DL-ESTABLISH (REQUEST/INDICATION/CONFIRM);
DL-RELEASE (REQUEST/INDICATION/CONFIRM);
DL-DATA (REQUEST/INDICATION);

DL-UNIT DATA (REQUEST/INDICATION);
DL-SUSPEND (REQUEST/CONFIRM);
DL-RESUME (REQUEST/CONFIRM);
DL-RANDOM ACCESS (REQUEST/INDICATION/CONFIRM);
DL-RECONNECT;

MDL-RELEASE-REQUEST;
MDL-ERROR-INDICATION;

PH-DATA (REQUEST/INDICATION);
PH-RANDOM ACCESS (REQUEST/INDICATION/CONFIRM);
PH-CONNECT-INDICATION.

Zusätzlich werden READY-TO-SEND und EMPTY-FRAME verwendet.

Prozeduren

Die *Layer* 2 Funktionen der U_m-Schnittstelle werden mittels LAPDm-Prozeduren ausgeführt. Die *Peer-to-Peer* Prozeduren auf dem *Data-Link Layer* beziehen sich auf Informationstransfer mit und ohne Bestätigung (DL-UNIT-DATA) und auf die *Random Access*-Funktion (vom DL-RANDOM-ACCESS kontrolliert).

Zu den wichtigsten LAPDm-Funktionen können folgende gezählt werden:

- Kanal-De/Multiplexen;
- Behandlung (Aufbau/Abbau) von *Layer*-2-Verbindungen;
- Fehlerkorrektur durch Wiederholung;
- Flußkontrolle.

Das besondere im LAPDm sind die im Vergleich zu LAPD (nach CCITT) benutzten Vereinfachungen (sogenanntes *simplified* LAPD):

- die Fenstergröße für Signalisierung ist k = 1[1];
- der RNR-Rahmen kann vom Receiver ignoriert werden;
- das gleiche gilt für das RR-Kommando;
- der LAPDm-Verbindungsaufbau für die *Multiple-Frame* Signalisierung wird immer von der MS aus durchgeführt;
- *Contention Resolution* kann bei *Immediate Assignment* für SAPI = 0 benutzt werden.

Die *Busy Condition*-Situation wird normalerweise von RR, REJ und RNR behandelt. In dieser Realisierung wird sie jedoch ohne Funktionalitätseinbußen ignoriert.

[1]Für Datenübertragung können bis zu 7 unquitierte Pakete toleriert werden.

Contention Control

Der geordnete Netzzugriff der MS's erfolgt mit der *Sloted Aloha Random Access* Technik (Netzzugriffstechnik s. Glossar). *Contention Resolution* ist eine Prozedur für geordneten Zugriff, in der die MS eine *Data-Link*-Verbindung einrichtet (SABM mit *Contention Resolution* IE), obwohl sie eine *Access*-Prozedur auf dem RACH gestartet hat. Diese Vorgehensweise soll eine effiziente Kanalnutzung mit kurzen Zugriffszeiten ermöglichen. Die Spiegelung des UA-Rahmeninhalts (*Piggybacking*) schließt einen gleichzeitigen Zugriff mehrerer MS's auf denselben Kanal aus.

Tabelle 12.2: Summarische Darstellung von LAPDm-Prozeduren

Dienste	mit Empfangsbestätigung	ohne Empfangsbestätigung
Bestimmung von *Data-Link*-Verbindungen zwischen L3-*Entities*	X	X
Identifizierung der Endpunkte einer *Data-Link*-Verbindung	X	X
Integrität der Sequenzierung von Nachrichten-Einheiten	X	-
Fehlermeldung an die Gegenseite oder ans MM	X	-
Keine L2-Überprüfung das Nachrichten-Empfangs	-	X
Priorisierung	X	X
Segmentierung und *Concatenation*	X	-

Auf der U_m-Schnittstelle wird die Segmentierung und die Zusammensetzung (*Concatenation*, Verkettung) benutzt, wenn die *Layer* 3-Nachricht mehr als 18/22-Oktetts enthält. Die geteilten Abschnitte müssen jeweils mit RR bestätigt werden.

12.1.2.3 Layer 3

Von der Zeichengabe der Schicht 3 werden vor allem Funktionen bereitgestellt, die für Erstellung, Unterhalt und Abbau von leitungsvermittelten Verbindungen im PLMN notwendig sind. Diese *Layer*-3-Signalisierung ist (wie unten abgebildet) in die drei Unterprotokolle RR, MM und CM eingeteilt. Dazwischen können folgende Typen von Dienstprimitiven benutzt werden: MMR, RR, MNXX, MMXX (wobei XX für CC, SS oder SMS steht). Die Beschreibung der wichtigsten L3-Prozeduren ist im Abschnitt A-Schnittstelle (DTAP) zu finden und wird hier nur noch kurz skizziert.

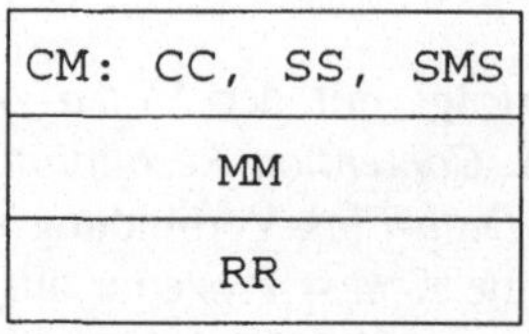

CM: CC, SS, SMS
MM
RR

Bild 12.3: *Layer*-3-Einteilung der U_m-Schnittstelle

1. **RR-Management**

Das RR-*Sublayer*-Protokoll betrifft die U_m-Schnittstelle. Viele der RR-Nachrichten werden jedoch im BSC auf BSSMAP abgebildet. So werden sie auch dort beschrieben. RR-Management-Prozeduren werden für die Verwaltung der Radiokanäle benötigt. Es sind Kanal-Management-Funktionen wie Zuweisung/Freigabe, *Re-establishment*, RR-Verbindung,-Unterhalt, -Umschaltung und Verschlüsselung. Die RR-Funktionen werden über CCCH- und DCCH-Kanäle abgewickelt, dabei sind die Steuerungsverbindungen nur auf dedizierten Kanälen möglich. Eine genauere Beschreibung dieser Prozeduren sollte beide Richtungen (MO, MT) berücksichtigen. Zusätzlich werden solche Funktionen wie Kanal-*Multiplexing* definiert, die im Fall paralleler Transaktionen notwendig sind. Die Kontrolle der SAP's wird auf der U_m-Schnittstelle vom RR-Management vorgenommen - sonst ist der *Layer* 2 dafür zuständig.

2. **MM** (*Mobility Management*)

Die MM- und CM-*Sublayers* verlaufen transparent zwischen MS ↔ MSC und beeinflussen das BSS nicht, so daß keine Besonderheiten im Vergleich zu der A-Schnittstellen-Beschreibung zu beachten sind. MM-Funktionen sind notwendig, um die Bewegung der Teilnehmer bzw. der MS's abzufangen. Die Lokalisierung wird dem Netz (LR-Datenbank) mitgeteilt, falls sich die MS im aktiven Zustand befindet (oder deaktiviert wird). Hier werden auch die Sicherheitsaspekte der Funkschnittstelle berücksichtigt. Die wichtigsten Prozeduren sind:

- LUP;
- Registrierung (s. IMSI *Attach/Detach*);
- *Authentication.*

3. ***Connection Management*** (CM)

CM beinhaltet drei unabhängige Teile, die für verschiedene Dienste vorgesehen sind:

- CC für die Verbindungssteuerung: Rufaufbau (MTC, MOC und Notruf), -unterhalt und -auflösung;
- *Short Message Service* (s. Beschreibung des Kurznachrichtendienstes);
- Zusatzdienste mit verbindungsorientierter und nicht verbindungsorientierter Unterstützung (s. Beschreibung der SS's). Nach der SS-Aktivierung wird ein entsprechen des IE im Informationsfeld des D-Kanal-Protokolls gesetzt.

• **Daten-Paketierung**
Eine L3-Message der Funkschnittstelle besteht höchstens aus 249 Oktetts. Nachrichten, die länger sind, können, falls sie für Operationen mit Bestätigung vorgesehen sind, segmentiert werden. Entsprechende Prozeduren werden vom LAPDm zur Verfügung gestellt. Die 249 Oktetts werden auf *Layer* 2 aufgeteilt und dem *Layer* 1 als 184 Bit-Segmente übergeben.

• **Priorität**
Nachrichten der Schicht 3 können nach dem FIFO-Prinzip oder priorisiert vom *Layer* 2 behandelt werden. Es muß die SAPI-Priorisierung beachtet werden.

12.2 BTS-BSC-Schnittstelle

Die A_{bis}-Schnittstelle zwischen BTS und BSC (BCE) kommt zur Anwendung, wenn BTS und BSC nicht als Einheit zusammenfallen - dies ist z.B. der Fall, wenn mehr als eine BTS im BSS benutzt wird. Aufgrund der wachsenden Dichte der Basisstationen gewinnt die A_{bis}-Schnittstelle erheblich an Bedeutung. Die Transmissionsverbindungen und die Arten ihrer Realisierung bilden einen wichtigen Kostenfaktor im gesamten Netzkonzept. Aktuell werden sowohl Standleitungen als auch Richtfunkstrecken (KRS: Kurzstrecken-Richtfunksystem) verwendet. In der weiteren Entwicklung können sogar MAN's zum Einsatz kommen. Die A_{bis}-Schnittstelle (16 oder 64 kbit/s Signalisierung zwischen BSC und BTS) kann drei verschiedene Konfigurationen unterscheiden - sie werden jeweils von einer BCF kontrolliert (s. dazu Bild 5.3):

- mit einem *Transceiver* (TRX);
- mit mehreren TRX's, bedient über eine A_{bis}-Strecke;
- mit mehreren TRX's, bedient von entsprechend vielen A_{bis}-Leitungen und einer Leitung für die BCF.

Es werden zwei Sorten von Kommunikations-Kanälen benutzt: Traffic- (TCH) und Signalisierungs- (SCH) Kanäle. Die Beschreibung der BSS-Prozeduren, die auch die A_{bis}-Schnittstelle betreffen (z.B. TRAU- oder CCU-Funktionen), können im Abschnitt GSM-Komponenten (BTS, BSC) oder A-Schnittstelle nachgelesen werden.

12.2.1 Zeichengabe der A_{bis}-Schnittstelle

Auf der A_{bis}-Schnittstelle wird nur die Punkt-zu-Punkt Signalisierung verwendet. Es wird zunehmend die 16 kbit/s Zeichengabe eingesetzt. Folgender Protokoll-*Stack* wird benutzt, falls die A_{bis}-Schnittstelle existiert:

CC, SS, SMS
MM
RR, TRAU BTS-*Management*[2]
LAPD
Signalling-Layer 1

Bild 12.4: Zeichengabe der A_{bis}-Schnittstelle

12.2.1.1 Layer 1

Der digitale 16 kbit/s-Übertragungsweg entspricht der Bitübertragungsschicht des ISDN-Basisanschlusses. Die vier D-Kanal-Bit werden innerhalb eines 250 µs-Pulsrahmens (48 Bit) übertragen. Durch die Reduktion auf einen B-Kanal ist keine Kollision paralleler Dienste möglich.

12.2.1.2 Layer 2 (LAPD)

Link Access Procedure auf dem D-Kanal wurde von CEPT für den ISDN D-Kanal (*User-Network Interface*) entwickelt. Dieses Protokoll ist bis auf zusätzliche Elemente dem HDLC-Standard sehr ähnlich. LAPD ist eine Verbindungszugangsprozedur der Sicherungsschicht in paketvermittelten Netzen und wird in den CCITT-Empfehlungen Q.920 und Q.921 beschrieben. Das vollständige LAPD ermöglicht:

- mehrere Schicht-2-Verbindungen am Basisanschluß;
- eine transparente Übertragung von Schicht-3-Informationen;
- eine Rahmensequenzierung;
- Fehlererkennung und -korrektur;
- die Flußsteuerung,
- Managementfunktionen für die Schicht 2.

Diese Spezifikation ist umfangreicher als die CEPT T/S 46-20 Empfehlung, die für die A_{bis}-Schnittstelle benutzt wird. LAPD auf der A_{bis}-Schnittstelle sorgt für eine gesicherte und fehlerfreie Übertragung von *Layer*-3-Informationen (Zeichengabe, SMS und Daten). Es werden zwei Übertragungsmoden verwendet mit und ohne Bestätigung (Quittierung). Die letzte Möglichkeit wird nur bei *Measurement Report* Daten verwendet. Im SAP sind drei Zuweisungsmöglichkeiten eines logischen *Link* für einen *Terminal Endpoint Identifier* (TEI) definiert.

[2] Ein Teil des RR-Protokolls der U_m-Schnittstelle wird in der *Base Transceiver Station* auf BTSM abgebildet.

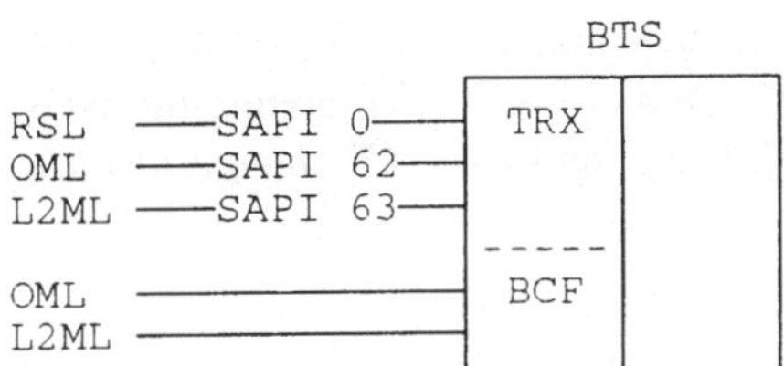

Bild 12.5: Logische *Layer*-2-Verbindungen der A_{bis}-Schnittstelle

RSL - *Radio Signalling Link* (ein pro TRX) für *Traffic*-Management;
OML - O&M Link (ein pro TRX und BCF) für Netzmanagement;
L2ML - *Layer 2 Management Link* (TEI-Verwaltung einmal pro TRX und BCF) für Schicht-2-Management.

LAPD-Rahmen

Die LAPD-Rahmenformate sind denen des HDLC-Protokolls ähnlich. Es gibt zwei Rahmenstrukturen: mit oder ohne Informationsfeld. Im LAPD werden drei Rahmenformate verwendet:

I: *Information Transfer*;
S: *Supervisory*;
U: *Unnumbered*.

Die durchnumerierten I-Rahmen übertragen die höheren Protokoll-Nachrichten (*Layer* 3 Information). Mit S-Rahmen erfolgt die *Layer*-2-Steuerung. Damit können auch I-*Frames* quittiert werden. Die Fenstergröße beträgt 1 für OML- und 2 für RSL-Übertragung. Die U-Rahmen sorgen für den Auf- und Abbau von *Layer*-2-Verbindungen. Mit UI-Rahmen können Informationen ohne Quittierung gesendet werden. Ein LAPD-Rahmen ist folgendermassen strukturiert:

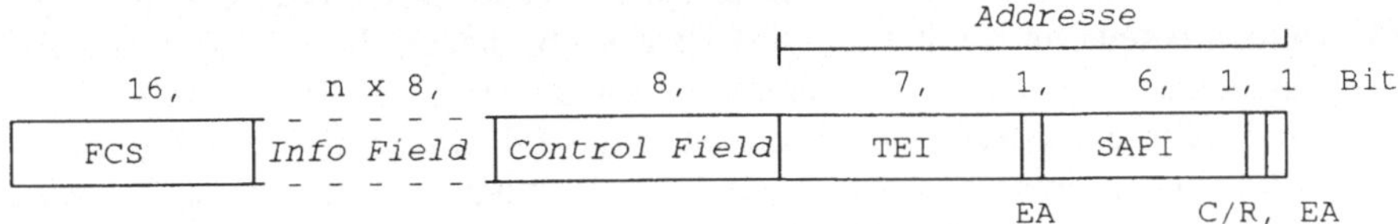

EA: *Address Field Extension Bit* (Adreßfeld-Erweiterungsbit)
C/R: *Command/Response Bit*
FCS: *Frame Checking Sequence* (Rahmen-Prüfsequenz)
Control Field: Steuerfeld (1 oder 2 Oktetts mit N(S)-, N(R)-Zähler und *Finalbit*)

Bild 12.6: LAPD-Rahmen (ohne *Flags*) für RSL- oder OML-Nachrichten

Um Transparenz zu erhalten, werden die LAPDm-Rahmen an beiden Enden mit *Flags* (*Frame Delimination*) abgeschlossen und eventuell mit *Bit-Stuffing* (s. Glossar) versorgt.

Die möglichen Befehle und Quittungen können Tabelle 12.1 ($LAPD_m$) entnommen werden. In der vollständigen LAPD-Version werden zusätzlich für die Verbindungsverwaltung FRMR- (*Frame Reject*) Quittung und XID- (*Exchange Identification*) Rahmen verwendet.

Beschreibung der Felder

Der LAPD-Rahmen enthält mehrere Felder und seine Länge kann bis 260 Oktetts betragen. Das Adreßfeld besteht aus zwei Oktetts und dient der Kennzeichnung einer *Layer*-2-Verbindung (s. Bild 12.6). Das C/R-Bit zeigt an, ob es sich um ein Befehl oder eine Antwort handelt. Das SAPI-Feld (SAPI: SAP *Identifier*, s. Seite 92) bezeichnet die Übertragungsklasse. Die Adressierung (für TRX und BCF) wird mit TEI geführt. Das TEI-Feld bezieht sich auf die Endeinrichtung. Mit TEI = 127 werden global alle "Endgeräte" (für *Broadcasting*) adressiert. Die *Link Identifier* unterstützen die Verteilung auf den logischen Verbindungskanälen der Funkschnittstelle (vgl. mit DLCI der A-Schnittstelle). Das Rahmen-Prüfsequenzfeld enthält zwei Oktetts für die Erkennung von Übertragungsfehlern (CRC). Für LAPD sind Modulo-128-Operationen möglich. Wie im HDLC wird ein Steuerfeld zwecks Unterscheidung der Rahmensorte verwendet. Dieses Feld enthält auch die Sequenznummern (bei I- und S-Format) für lückenlose und fehlerfreie Rahmenübertragung.

Compelled Error Control

Das Fehlerkorrekturverfahren basiert auf dem des HDLCs. Jede übertragene Nachricht muß als korrekt bestätigt werden, bevor eine weitere Übertragung erfolgen kann.

12.2.1.3 Layer 3

Die eigentliche Signalisierungsinformation wird in der Schicht 3 übertragen. Die *Layer*-3-Funktionen betreffen in erster Linie die Verbindungssteuerung (Aufbau, Aufrechterhaltung und Abbau) sowie die aktuellen Statusberichte zum Verbindungszustand. Die Vermittlungsschicht wird auch für Kurznachrichten und Zusatzdienste verwendet. SS und SMS wurden bereits im Kapitel 6 (GSM-Dienste) behandelt. Im BTS werden TEI-Zuordnungsprozeduren für die A_{bis}-Schnittstelle benutzt. Es sind: Zuweisungs-, Überprüfungs- und Entfernprozeduren. Die Nachrichten des DTAP-Protokolls (RR + MM + CC) werden transparent zwischen den A- und A_{bis}-Schnittstellen geleitet und wurden deshalb im Abschnitt über die A-Schnittstelle (Kapitel 11) beschrieben.

BTS-Management (BTSM) übernimmt die Level 4 Aktivitäten, die der SCCP-Kontrolle auf der A-Schnittstelle äquivalent sind. In diesem Zusammenhang werden 5 RR-Messages von der Basisstation interpretiert, es sind: MEASUREMENT REPORT von der MS; CIPHERING MODE COMMAND, PAGING REQUEST vom MSC sowie IMMEDIATE ASSIGNMENT und SYSTEM INFORMATION vom BSC. Sie bilden den nichttransparenten Teil des RR-Protokolls (RR'). Auf der A_{bis}-Schnittstelle können u.a. folgende Nachrichten verschickt werden: ESTABLISHMENT/RELEASE/ERROR INDICATION. Insgesamt gibt es hier 23 Messages. Das *Channel Number* Element wird verteilt, um die relevanten Funkkanäle (*Time Slots*) zu adressieren. *Traffic-, Network-* und *L2-Management-Messages* gehören zum *Layer* 3. Sie werden alle bis auf MEASUREMENT RESULT (die mit UI-Rahmen) mit dem I-Format des LAPD-Protokolls befördert. Die *Traffic-Management-Messages* teilen sich in transparente und nicht-transparente auf, wobei nur die transparenten (RR, MM und CM) ohne eine Interpretation oder Änderung weitergeleitet werden.

Die nicht-transparenten *Layer 3 Traffic-Management*-Prozeduren des *Radio Signalling Link* wurden in vier Gruppen eingeteilt:

- *Radio Link Layer Management* - zum Aufbau, Unterhalt und Abbau von L2-Funk-Verbindungen. Alle BTS-transparenten Nachrichten werden auf die *Primitives* der Funkschnittstelle abgebildet.

- *Dedicated Channel Management* - zur Benutzung der DCCH's u.a. für: Kanal-Aktivierung, HOV-Erkennung, Start der Chiffrierung, Sendeleistungsteuerung;

- *Common Channel Management* - zur Benutzung der CCCH's für Zufallszugriff (nach CHANNEL REQUEST von der MS), *Immediate Assignment*, *Paging* oder *Broadcast*;

- TRX *Management* - für einen Informationsaustausch zwischen dem TRX-Prozessor und der Basisstationsteuerung. Auf diese Weise wird z.B die Flußkontrolle gesteuert und die *System Information* auf SACCH angestoßen.

Messages der oben erwähnten Gruppen beinhalten: den Message Diskriminator (MD), den Nachrichtentyp (MT) und die IE's mit den nachrichtentypabhängigen zu übertragenden Informationen. Die drei ersten Gruppen enthalten auch eine Kanalnummer.

Der Nachrichtenaustausch für die Übertragungsmode-Änderung und Prozeduren wie *Measurement Reporting, Resource Indication* ist im Abschnitt RR-Management beschrieben. An dieser Stelle werden Elemente des RR-Protokolls mit Kanalzuweisungsprozeduren unter Berücksichtigung des Nachrichtenflusses (Bild 12.7 und 12.8) auf der A_{bis}-Schnittstelle aufgezeigt. Sie können als Ergänzung der *Call-Flows* für MOC (Bild 8.7) und MTC (Bild 8.8) betrachtet werden.

Channel Assignment

Die Kanalzuweisungs-Prozedur erfolgt über AGCH und wird in die DCCH- und TCH-Zuweisung eingeteilt.

• **DCCH**: Die Kanalanforderung auf dem RACH an den BSC kann positiv beantwortet werden wenn DCCH-Kanal verfügbar ist. Nach der Kanalaktivierung kann mit der *Immediate Assignment* Prozedur (s. A-Schnittstelle) fortgefahren werden. Dieses *Channel Assignment* wird auch beim LUP verwendet.

• **TCH**: TCH-*Assignment* ist für *Call Access* wichtig. Mit *Channel Assignment* Prozedur kann die vom MSC geforderte Kanalallokierung initiiert werden. Ist ein Verkehrskanal verfügbar so wird die Aktivierungsprozedur in der BTS ausgeführt. Ein ASSIGNMENT COMMAND zur Mobilstation wird durch einen *Timer* (T3107) überwacht der anschließend mit ASSIGNMENT COMPLETE im BSC gestoppt wird. Folglich wird der DCCH freigegeben und die Verbindung kann aufgebaut werden.

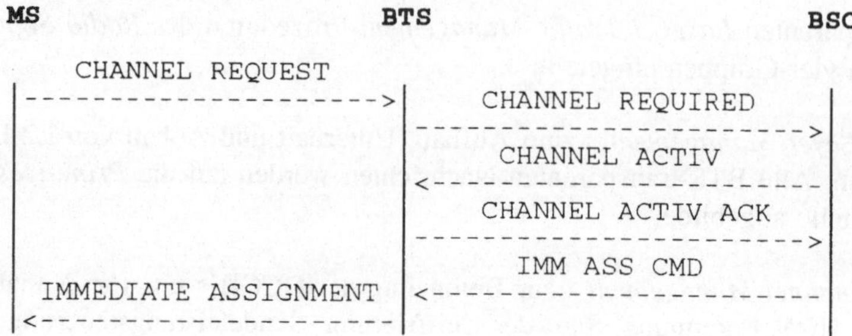

Bild 12.7: *Random Access* mit *Immediate Assignment*

Die im Bild 12.8 dargestellte Kanal-Allokierung kann z.B. für ein *Intracell*-HOV verwendet werden.

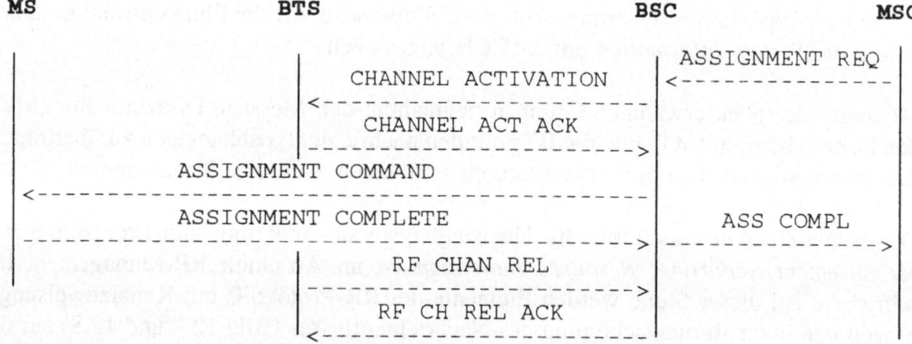

Bild 12.8: Ressourcen-Allokierung mit TCH-*Assignment*

12.2.1.4 O&M Signalisierung

Die A_{bis}-Schnittstelle unterstützt die Übertragung von Netzmanagement-Nachrichten durch Verwendung der O&M-*Link*-Verbindung. Als Transport-Mechanismus wird ebenfalls LAPD benutzt. Es können folgende *Layer* 3 Message-Kategorien des Netzmanagements transportiert werden:

- formatierte O&M-Messages,
- MMI-Transfer- Messages und
- TRAU-O&M-Messages.

Die formatierten O&M-Messages übertragen Kommandos, Antworten, Berichte (*Reports*) und *Files* (mit Segmentierung). Die O&M- und MMI-*Transfer-Messages* haben folgendes Format:

Data Field	LI	Sequence No	Placement Ind	MD

MD: *Message Discriminator*

Bild 12.9: O&M- und MMI-Message-Format

Alle Felder bis auf *Data Field* haben die Länge eines Oktetts. Der Message-Diskriminator (MD) erlaubt, alle drei O&M-Message-Kategorien auseinander zu halten. *Placement Indicator* und Sequenznummer dienen der Segmentierung. Der Längenindikator (LI) beschreibt die Datenfeld-Länge, sie kann höchstens 255 Oktetts haben. Das Datenfeld (*Data Field*) enthält entsprechend O&M- oder MMI-Informationen.

Die *Transcoder and Rate Adapter Units* (TRAU-Messages) dienen der BTS/TCE-Steuerung (s. GSM-Komponenten). Wenn die CCU-Einheit vom TRAU einen O&M-Rahmen empfängt, wird ein identischer Rahmen als Bestätigung zurückgeschickt (*Piggybacking*). Passiert dies während einer bestehenden Verbindung, so wird in den übertragenen LAPDm-Rahmen (U_m-Schnittstelle) der FACCH-*Flag* gesetzt.

TRAU O&M	Repetition Ind.	Channel No	MD

Bild 12.10: TRAU O&M-Message-Format

Das TRAU O&M Informations-Feld hat eine Länge von 33 Oktetts. Die GSM-Spezifikationen bezüglich der A_{bis}-O&M-Schnittstelle sind bei weitem nicht abgeschlossen und wurden mittlerweile dem Netzmanagement (GSM 12.xx) zugeordnet. Die *Equipment* Hersteller nutzen an dieser Stelle inzwischen eigene Lösungen und Konzepte (sog. Q-Schnittstellen, s. Kapitel 14). Neben der TRAU-Einrichtung können mithilfe der O&M-Nachrichten zugleich die *Submultiplexer* kontrolliert werden.

13 SMS-Protokolle

In diesem Kapitel wird auf die Protokolle des *Short Message Services* eingegangen. Es wird die MS-MSC-Strecke und die Abbildung der SMS-Protokolle im MSC betrachtet. Die SMS-Prozeduren innerhalb des NSSs wurden im Kapitel 10 (MAP) kurz erwähnt. Zwischen dem SM *Service Center* (SC) und dem SMS-*Gateway* (s. Seite 68) kann X.25 oder ein ähnliches Protokoll eingesetzt werden. Hierfür gibt es keine GSM-Vorlage. Vielfältige Möglichkeiten bietet an dieser Stelle SS#7 mit MAP.

Steuerkanäle für SMS

Die SM-Nachrichten werden über das Signalisierungsnetz geschickt. Für den Kurznachrichtendienst auf der Funkschnittstelle wird ein "eigener" CBCH verwendet. Es ist der SDCCH oder SACCH je nach Verfügbarkeit des TCHs (s. Tabelle 13.1). Die SAPI 3 Verbindungen vom *Layer* 2 werden vom RR-Management gesteuert.

Tabelle 13.1: Steuerkanal-Benutzung für SM-Transfer

TCH-Abhängigkeit	benutzter CCH-Kanal
TCH nicht allokiert	SDCCH
TCH wird während der SM-Transaktion allokiert	SDCCH → SACCH
TCH allokiert	SACCH
TCH-Allokierung wird während der SM-Transaktion aufgegeben	SACCH → SDCCH/SACCH

Protokolle für SMS

Die Protokollstruktur des Kurznachrichten-Dienstes zwischen MS und MSC kann der Abbildung 13.1 entnommen werden. Der Kurznachrichtendienst basiert auf MM-Prozeduren, die im Kapitel 11 beschrieben sind. Die *Peer-to-Peer* Protokolle im CM-*Sublayer* und SM-RL sind entsprechend: SM-*Control Protocol* (SM-CP) und SM-*Relay Protocol* (SM-RP). Die Nachrichtenlenkungsfunktionen für SMS gehören zu den obligatorischen Netzfunktionen. Die anwendungsorientierten Schichten (L4-L7) haben eine *EtE*-Bedeutung zwischen den Endeinrichtungen. Der CM-*Sublayer* stellt dem SM-*Relay-Layer* (SM-RL), welcher auch das oberste Protokoll auf der NSS-Seite ist, Dienste zur Verfügung. In der MS werden damit dem SM-*Transfer-Layer* (SM-TL) Dienste angeboten. Das SM Transportprotokoll übernimmt den eigentlichen *Short Message Service* von und zur MS. Das oberste Applikationsprotokoll wird vom Netzoperator bzw. vom Hersteller definiert. Jede gesendete SMS-Nachricht muß, bevor die nächste geschickt werden kann, bestätigt werden.

Layer:

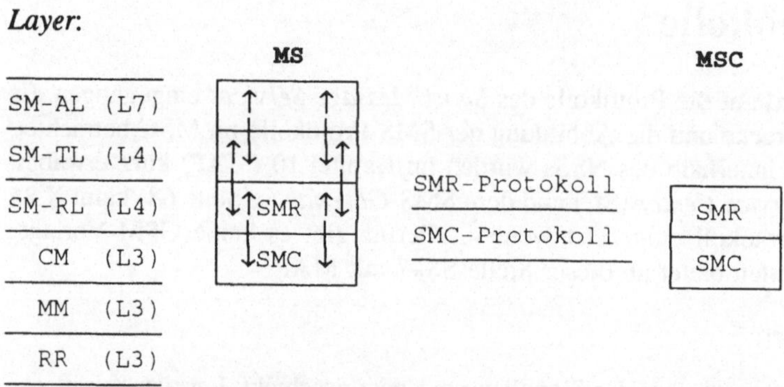

SM-AL: SM *Application Layer*
TL: *Transfer Layer*
RL: *Relay Layer*

Bild 13.1: Protokolle für den *Short Message Service*

CM-*Layer*

Hier werden Dienste erwähnt, die von der CM-Schicht bereitgestellt werden. Die SMC *Entities* müssen zweifach ausgelegt werden, so daß ein gleichzeitiger Informationstransfer in beide Richtungen (MS ↔ MSC) erfolgen kann. Für das *Control Protocol* sind drei unkorrelierte Messages definiert: CP-DATA, CP-ACK und CP-ERROR. Weitere Informationen bezüglich der Nachrichteninhalte sind in der Tabelle 13.2 zu finden. Auf beiden Seiten werden folgende Dienstprimitiven (auf der CM-Verbindung definiert) benutzt: MNSMS-ABORT-REQ, MNSMS-DATA-REQ/IND, MNSMS-EST-REQ/IND, MNSMS-ERROR-IND und MNSMS-REL-REQ. Auf der Netzwerkseite werden zusätzlich MNSMS-RES-REQ und MNSMS-SSP-REQ verwendet.

- **CM-Prozeduren**

Für SMS werden folgende Prozeduren verwendet: MM-Verbindungsaufbau, *Initiating* SM *Transfer*, *Terminating* SM *Transfer*, *Suspend* CM-*Connection*, *Release* MM-*Connection* und *Abnormal Cases*. Bei der Implementierung der Kurznachrichtendienste muß darauf geachtet werden, daß die Ausführung des SMS-Dienstes andere GSM-Prozesse wie HOV oder TMSI-Reallokierung nicht stört.

SM-*Relay Layer*

Hier werden Dienste erwähnt, die vom RL-Protokoll (RP) bereit gestellt werden. Es sind, wie für die CM-Schicht, drei Messages definiert: RP-DATA, RP-ACK und RP-ERROR. Diese Nachrichten sind untereinander korreliert und werden im MSC auf MAP abgebildet (s. Bild 13.2). Auf beiden Seiten werden SM-RL-DATA-REQ/IND und SM-RL-REPORT-IND als Service-*Primitives* verwendet. Auf der Netzwerkseite ist auch ein SM-RL-REPORT-REQ möglich. Wegen weiterer Einzelheiten wird auf die Tabelle 13.2 verwiesen.

• **Message Formate**

Tabelle 13.2: Aufbau der CP- und RP-Messages für SMS

	Control Protocol (CP)					*Relay Protocol* (RP)						
	Rich-tung	Aufbau/Länge				Rich-tung	Aufbau/Länge					
CP/RP		X1	MT	TI	PD		X2	DA	OA	MR	PI	MTI
-DATA	↔	256	1	1	1	↔ MS ← MS →	239	 - 2-14	 2-14 -	 1 -	1b	3b
-ACK	↔	-	1	1	1	↔	-	-	-	1	-	3
-ERROR	MS ←	1	1	1	1	↔	2-3	-	-	1		3

b: für Angaben in Bit (sonst in Oktetts)

PD: *Protocol Discriminator*
TI: *Transaction Identifier*
MT: *Message Type*
X1: steht in CP-DATA-Message für CP-*User-Data* (bis 256 Oktetts)
X1: steht in CP-ERROR für CP-*Cause*
PI: *Priority Indicator*
MR: *Message Reference*
OA: *Originator Address*
DA: *Destination Address*
X2: steht in RP-DATA für RP-*User-Data*
X2: steht in RP-ERROR für RP-*Cause*
MTI: MT *Indicator*

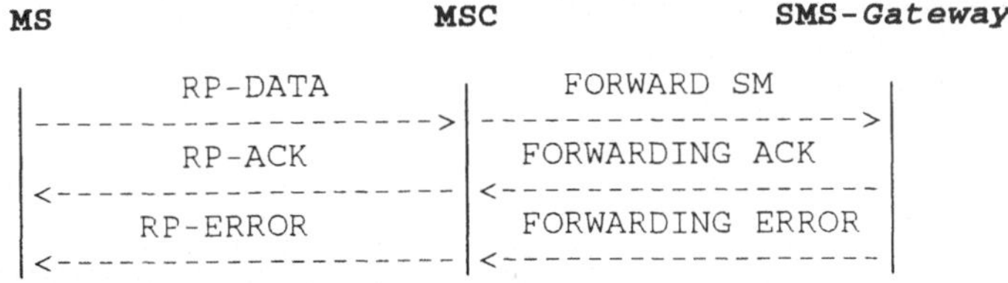

Bild 13.2: SMS-Protokollabbildung im MSC

• **SM-RL-Prozeduren**
Die Voraussetzung für SM-RL-Prozeduren ist eine stehende CM-Verbindung. Einen wichtigen Anteil bilden diejenigen Prozeduren, die eine Zwischenspeicherung der Kurznachrichten ermöglichen. Es gibt folgende Prozeduren:

- *Initiate* SM *Relaying*, um eine SM-Verbindung aufzubauen;
- *Terminate* SM *Relaying*, um den SM-Transfer zu beenden;
- *Suspend* CM-*Connection*, um die CM-Verbindung einzustellen;
- *Resume* CM-*Connection*, um die eingestellte CM-Verbindung wieder aufzunehmen;
- SM-*Reception*, um die RP-DATA Message zu empfangen und ihre Parameter zu überprüfen. Sie wird weiter zu SM-RL/TL geleitet.

Folgend werden manche der SMS-Prozeduren kurz skizziert:

• ***Broadcast***
Short Message Service - Cell Broadcast wird auf dem CBCH-Kanal zur MS geschickt. Es handelt sich hierbei um Informationen niedrigerer Priorität, wie Verkehrsnachrichten oder Wetterprognosen. Die Messages bestehen aus 22 Oktetts mit Informationen und einem Nachrichtentyp-Oktett vorweg.

• ***Message Waiting Data*** (MWD)
Die *Message Waiting Data* werden im HLR für den abwesenden MSISDN-Teilnehmer gespeichert und dienen der Unterstützung des Kurznachrichten-Services. Sie beinhalten die Adressen der SMS-Dienstzentren (SC's), die Nachrichten an die MS's absetzen wollen (s. auch MAP-Prozeduren). Die Nachrichtenspeicherung ist für den *PtP*-Dienst obligatorisch. Sollte der Teilnehmer sein *Mobile* wieder aktivieren, so wird die ALERT SC *Message* vom HLR zum SC gesendet.

• ***Message Waiting Flag***
Über den im VLR abgespeicherten *Message Waiting Flag* wird angezeigt, ob im SC SMS-Nachrichten für die Übertragung zur MS existieren.

• **Anomale Fälle**
Zu den *Abnormal Cases* gehören: *Timer*-Ablauf, SMC-Fehleranzeige und Formatfehler.

In der GSM Phase 2 sind weitere Prozeduren definiert. Sie lassen interessante Kombinationsmöglichkeiten mit anderen Diensten, z.B. mit verschiedenen *Mailbox*-Optionen, zu. Für die *Voice-Mail Notification* werden solche Prozeduren wie *Immediate Display*, *Replace* SM oder *Zero-Message* eingesetzt.

14 Netzmanagement (NM)

"Das führende Ziel des Netzmanagements ist das Erreichen und Erhalten eines Höchstmaßes an Dienstequalität."
Dr. E. Bernardi

Die Betrachtung der Netzmanagement-Funktionen gehört üblicherweise zu den abschließenden Aktivitäten der Systemplanung. Diese Domäne entzog sich lange Zeit einer durchgreifend einheitlichen Standardisierung und internationalen Definition wichtigster Merkmale. Dabei stehen die Netzbetreiber beim Netzausbau und -betrieb sowie bei der Einführung neuer Dienste vor immer komplexeren Aufgaben. Neben der Sicherstellung des Netzbetriebs gehören hierzu die Verwaltungs- und Wartungsaufgaben. Die Forderung nach leistungsfähigen neuen Verfahren des Telekommunikations-Managements führt auf offene Systeme, die auf globaler Basis verwaltet werden können. Idealerweise sollte jedes Netzelement von jedem Betriebs- und Wartungsterminal aus erreicht werden können. Das Netzmanagement großer moderner Telekommunikationssysteme erfordert eine sehr komplexe, verteilte Informationsverarbeitung einschließlich der *Multivendor*-Betriebsmöglichkeit. NM für das GSM-System (GSM-Empfehlungen 12.xx) basiert hauptsächlich auf den Definitionen des ISO System Managements und auf den CCITT Empfehlungen M.30 und M.60. Die Grundlage für die Realisierung von NM-Systemen bilden die prozessorgesteuerten Netzeinrichtungen mit digitalem Betrieb und standardisierten, leistungsfähigen Protokollen. Die Managementinformationen sollen über ein logisch separates TMN (*Telekommunication Management Network*) transportiert werden. Die benutzte TMN-Standardisierung ist recht allgemein, so daß genug Raum für individuelle, PLMN-interne, z.B herstellerspezifische oder aus anderen Systemversionen übernommene Lösungen und Erweiterungen (mit Berücksichtigung der zukünftigen Pläne) verbleibt. Die dienstunabhängige Technik dieser Standardisierung führt zu Vereinheitlichung der Betriebs- und Wartungsaufgaben. Die NM-Thematik wird - nicht MF-spezifisch - in vielen Büchern behandelt. Das allgemeine, theoretische CCITT-Modell des Fernmeldeführungsnetzes (TMN) unterscheidet folgende Netzfunktionen:

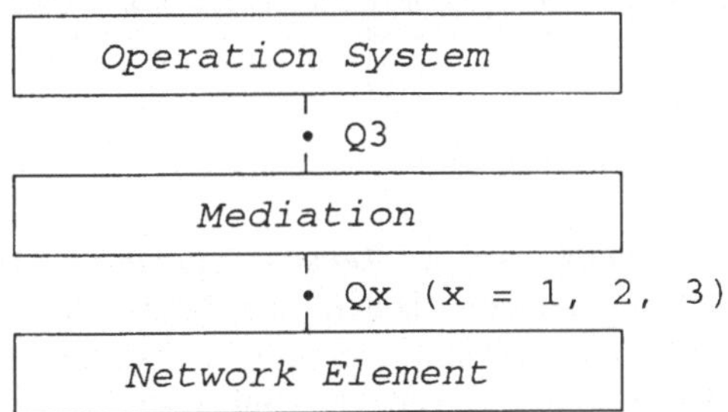

Bild 14.1: Funktionsaufteilung für NM

Die beiden oberen OS- und *Mediation*-Funktionsschichten bilden Bestandteile des NMs.

Die Betriebssystemfunktionen (OSF: *Operation System Functions*) beschäftigen sich mit der Verarbeitung von NM-Informationen und der Implementierung entsprechender Prozeduren. Die Mediatisierungs- oder Vermittlerfunktionen (Informationsverarbeitung mit Protokollumsetzung) führen anhand der erhaltenen Netzwerkinformationen verschiedene Aktivitäten aus, die von den überregionalen Betreiberzentralen angefordert werden. Die untere NEF-Schicht (*Network Element Function*) mit ihren Netzelementen kommuniziert mit TMN für Steuerungsaufgaben und Beobachtungszwecke. Diese Schicht wird von PLMN-Elementen (EIR, HLR, AUC, MSC, VLR, BSC, BTS, TCE) gebildet. Die Netzelemente sollen mit der TMN-Plattform (Netzbetreiberzentralen) über die nach OSI strukturierten CCITT-Q-Schnittstellen (Bild 14.1 und 14.3) verbunden werden. Das OSI-Konzept für NM umfaßt alle Schichten des ISO-OSI-Referenzmodells. Es wurden von ISO folgende Funktionsbereiche unterschieden:

- *Configuration-Management* (CM);
- *Fault-Management* (FM);
- *Security-Management* (SM);
- *Performance-Management* (PM);
- *Accounting-Management* (AM).

Innerhalb dieser Strukturierung gibt es zwischen den einzelnen Bereichen gegenseitige Wechselwirkungen. Zu den typischen Aufgaben des NMs gehören: Antwortzeiten-Überwachung, Umschalten auf *Backup*-Komponenten, Wartung des Systems, Statistikführung usw. Diese Funktionen werden im weiteren Verlauf dieses Kapitels genauer beschrieben.

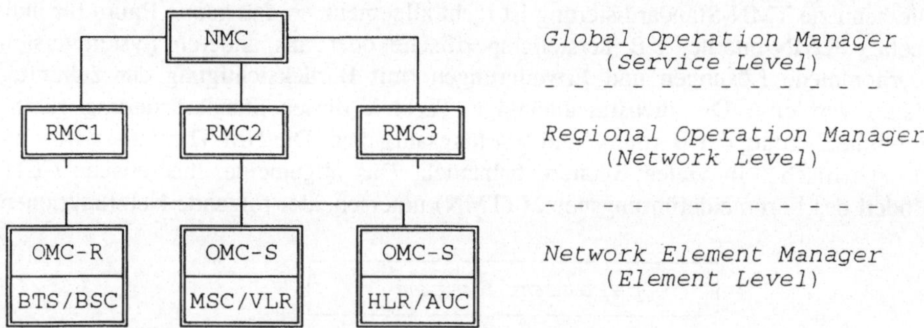

Bild 14.2: Hierarchische Netzwerkmanagement-Struktur

Das Konzept der Netzverwaltung wird im *Telecommunications Management Centre* (TMC) realisiert. In der TMN-Hierarchie (höhere Schichten) bildet das *Network Management Centre* (NMC) den zentralen Punkt: die OMC's sind ihm untergeordnet. Durch diese Zentralisierung soll eine globale Übersicht - mit Datenbanken für NM-relevante Informationen - für das ganze GSM-PLMN-System (inkl. angeschlossener Fremdnetzleitungen, Crossconnectoren usw.) erreicht werden. Auf der regionalen Ebene ist noch eine herstellerspezifische Gruppierung der Netzelemente wichtig. Dies ermöglicht effektive Eingriffs- und Auswerteverfahren. Eine detaillierte Information über das System, wie der aktuelle Netzzustand, die Funktionalität einzelner Komponenten, Sprechkanäle usw., sollte zentral verfügbar sein. Die TMN-Plattform für Netzbetriebs- und Netzmanagementsysteme kann hierfür Anwendungsprogramme für Teilnehmer, Netzwerk und Verkehrsmanagement sowie für die Wartung der Teilsysteme liefern. Ein wichtiges Problem stellt die Verwaltung und Gestaltung der Datenbanken mit Systeminformationen und Auswertemethoden dar. Sie soll die Aufrechterhaltung von Serviceleistungen und ihre Optimierung garantieren. Im fortgeschrittenen Stadium des NM-Konzepts kann dies nur über ein leistungsfähiges, einheitliches O&M-Netzwerk unter strenger Beachtung der Zugriffsrechte erreicht werden. Die Auswertung von *Performance*-Daten - als Hilfsmittel zur Unterstützung der Trendanalyse und einer dynamischen Netzplanung - wird erlauben, nach neuen Lösungen für zukünftige Netzentwicklungen zu suchen.

Welche der NM-Funktionen oder Protokolle implementiert werden, hängt vom Betreiber, der von ihm gewählten Netzwerk-Konfiguration, der Größe der Subsysteme und ihrer Komponenten (*Equipment*-Sorte, Anzahl der Leitungen usw.), gewählten Anwendungen, Datenbank-Organisation, Nachbarschaft anderer Netze und anderen Faktoren wie organisatorische und strategische Entscheidungen in der Netzwerkplanung ab, so z.B. bei einem Übergang zu der offenen Systemarchitektur. Das wesentliche Ziel des zentralisierten NMs soll der Abbau von personalintensiver Betreuung einzelner Netzkomponenten und globalisierte Systemübersicht sein. Die Leistungsfähigkeit und Flexibilität in bezug auf die Markterfordernisse sollen die immer wichtiger werdende Wettbewerbsvorteile sichern. Die NM-Einführung und ihre Entwicklung in Richtung eines vollständigen TMNs muß dabei schrittweise und nach flexibler Strategie erfolgen.

Die fünf Funktionsbereiche des NM treten auf allen drei Ebenen (*Service, Network* und *Element Level*) des NM-Systems auf. Das Verwaltungssystem für GSM-PLMN kann vom NMC aus gesteuert werden. Die NMC-Operationen der globalen Betriebsschicht im GSM-Netz sind:

- Koordinierung und Überwachung der Zusammenarbeit der Netze;
- Konfiguration des Netzes einschließlich seiner Funkzellen;
- Dienstgüteverwaltung als *Performance Management*;
- Netzwerk-Verkehrssteuerung mit *Routing* und dynamischer Zuordnung der Funkkanäle je nach lokaler Belastung (hier ist auch eine flexible Umgestaltung der Frequenz-Planung vorgesehen);
- Administration und Abrechnungssystem mit Gebührendatenverarbeitung.

Die internationale Kompatibilität des Mobilfunkmarktes stellt hohe Anforderungen an die OMC's. Je nach Realisierung und Organisation (Betreiber-Konzept) kann die Anzahl und Lokalisierung der O&M-Bereiche (O&M-Teilsysteme) unterschiedlich sein. In der ersten Phase sind die OMC's regional voneinander unabhängig. Ein übergeordnetes O&M *Center* (OMS mit Verwaltungsfähigkeit) kann die NMC-Funktionen übernehmen. Diese Entwicklung ist für spätere Phasen (Endausbaustufe, Vollversorgung) entscheidend, wenn die Beziehungen zwischen den Netzabschnitten, Regionen, den PLMN's und die globale Vorgehensweise stärker ausgebaut werden sollen.

Die Kooperation zwischen den Netzbetreibern erfolgt über bilaterale Abkommen (*Agreements*). Ein automatischer Datenaustausch, z.B. für *Routing*-Zwecke (Adressierung und Numerierung), *Accounting, Trouble Reporting, Performance*-Tests, muß im GSM-*Area* zum täglichen Geschäft werden. Diese Zusammenarbeit ist insbesondere im Bereich der Frequenzplanung wichtig. Es müssen u.a. folgende Punkte beachtet werden:

- Frequenzen und benutztes Spektrum;
- BTS-Lokalisierung und BSIC-Vergabe;
- Ausgestrahlte Leistung (*Output Power*).

Selbstverständlich müssen solche Aufgaben auch netzintern, z.B. zwischen den benachbarten Regionen und zugehörigen OMC's, abgestimmt werden.

Eine zunehmend wichtigere Rolle spielt die Bedieneroberfläche des NM-Systems. Für die graphische Darstellung sowie für komfortable Aufbereitungs- und Präsentationsmöglichkeiten können verschiedene Standard-*Tools* und diverse kommerzielle SW-Pakete eingesetzt werden. Damit lassen sich die Zellenstruktur des Netzes, die Verkehrsbelastung, die Zeichengabeverbindungen usw. geordnet abbilden. Als Basis für die Gestaltung der Bedieneroberfläche werden solche Standards für grafikorientierte Fenstersysteme wie X-*Windows* und OSF/*Motif* verwendet. Die Voraussetzung dafür ist der Einsatz von Standardbetriebssystemen wie z.B. UNIX. Dem Bedienungspersonal kann eine objektorientierte Benutzerschnittstelle geboten werden.

GSM-TMN-Schnittstellen

NM-Informationen sollen je nach Bedarf mit allen Netz-Entitäten ausgetauscht werden können. Auf den GSM-internen Schnittstellen kann dieses über das CCS7-Netz erfolgen (z.B. durch O&M-Unterstützung auf der A-Schnittstelle) oder durch externe *Data-Link*-Verbindungen (z.B. 64 kbit/s mit X.25) realisiert sein. Die Verbindung der TMN-Komponenten erfolgt über Q-Schnittstellen (Q.1, Q.2, Q.3). Dabei sind die Q1- und Q2-*Interfaces* oft noch herstellerspezifisch. Das Schichtenmodell der Q.3-Protokolle basiert auf X.25 bzw. CCS7 und wird mit der Reihe X.200 fortgesetzt. Diese TMN-Schnittstelle kann z.B. durch die Nutzung von PSPDN unterstützt werden. Im MSC müssen, für den Fall paralleler Nutzung der MTP/SCCP- und X.25-Protokolle, IWF's vorhanden sein. Die gesamte Q3-Schnittstelle ist bis jetzt nicht vollständig definiert. Ein Protokoll-*Stack* für GSM-OMC ist in Abbildung 14.3 dargestellt.

G- und F-Schnittstellen

G- und F-Schnittstellen dienen den Betreibern und Betreiber-Endgeräten als Zugang zum TMN. In der ersten Phase der GSM-Implementierung handelt es sich um lokale Schnittstellen. Das G-*Interface* ist die Bedienerschnittstelle für die Durchführung von Routineoperationen. Die Mensch-Maschine-Kommunikation kann durch ein Mehr-Schichten-System repräsentiert sein. Für einzelne PLMN-Komponenten wird MML benutzt. Auch weitere benutzerfreundlichere Implementierungen mit globalem Überblick über das Netz sind hier möglich. Die erweiterte MML-Sprache soll zusätzlich eine graphische Oberfläche bieten. Die Betreiberschnittstelle kann auch als NM-Expertensystem angeboten werden. MMI-*Interface* hat mehrere Aufgaben zu erfüllen, zu den wichtigsten gehören:

- Netzstatus in Echtzeit;
- Schnittstellendarstellung;
- Kommandoangaben (s. MML);
- Adressierung;
- Dateienverwaltung;
- Hilfsfunktionen.

MML Sprache (*Man Machine Language*)

Die MML-Spezifikation ist in den CCITT-Empfehlungen der Z- (*Specification Description Language and Man Machine Interface*) und M-Serie (*General Maintenance Principles*) zu finden. Die Hersteller-Definitionen und -Konzepte zu diesem Thema weichen sehr stark voneinander ab und sind weitgehend inkompatibel. Mit MML können Betriebs- und Wartungskommandos an das GSM-System und seine Teilbereiche (MSC, BSC usw.) abgesetzt werden. Dadurch ist ein Informationsaustausch und eine gezielte Beeinflußung des Netzes möglich. Die MML-Kommandos (MMC) erlauben, das System und die MF-Komponenten SW-mäßig zu konfigurieren und funktional im Rahmen der existierenden Implementierung zu ändern. Bevor die Kommandos ausgeführt werden können, sollte - aus Sicherheitsgründen - eine Überprüfung der Autorisierung vorgenommen werden. Typische Administrierungsbefehle, die benutzt werden, sind *Create* (Erzeugen), *Delete* (Löschen), *Modify* (Ändern) und *Display/Show/Interrogate* (Anzeigen). Mit MML-Kommandos lassen sich auch die Mobilfunkteilnehmerdaten einrichten, erweitern, modifizieren, lesen oder löschen (OCI: *Operator Controlled Input*). Innerhalb der MML-Technik können für verschiedene Komponenten (MSC, HLR, BSC usw.) spezielle *Syntax Checker* der MML-Angaben zur Verfügung gestellt werden. Dies kann in vielen Fällen fehlerhafte und in der Auswirkung verheerende Angaben verhindern. Die MML-Sprache einzelner Hersteller ist historisch gewachsen und trotz Bemühungen wenig benutzerfreundlich. Nur in seltenen Fällen wird eine Bedienerunterstützung durch *On-line* Hilfsfunktionen und Menues angeboten. Es wird zunehmend an neuen und besseren Oberflächen (EMML: *Extended* MML) für die Systemeingaben über Menues und Presentationsfenster gearbeitet. Dies kann durch eine Anlehnung an das OSI-RM und durch intensivierte Verfahren moderner Programmiertechniken erreicht werden.

14.1 Netzmanagement-Protokolle

Vom NM werden anwendungsorientierte Bedienungs- und Instandhaltungsaufgaben bearbeitet. Zu diesem Zweck muß ein Protokoll-*Stack* für den GSM *System Management Application Process* (GSM-SMAP) gewählt werden. Die Wahl oder sogar die Konstruktion eingesetzter Protokolle hängt von mehreren Faktoren wie Anwendung, Sicherheit, Priorität, Abhängigkeiten, Messageaufbau-Anforderungen usw. ab. Für die Transport-Protokolle kommen - wie schon angedeutet - entweder MTP/SCCP oder X.25

in Frage. Das SS#7-Netz stellt schon innerhalb der Transportprotokolle (MTP, SCCP, ISUP) verschiedene NM-Prozeduren zur Verfügung. Für die höheren *Layer* können z.B. die CCITT REC X.224 - X.229 sowie CMISE und FTAM (beide nach ISO) benutzt werden. Für den Austausch von O&M-Informationen zwischen BSS und OMC ist von GSM folgender Protokoll-*Stack* als Rahmensystem spezifiziert.

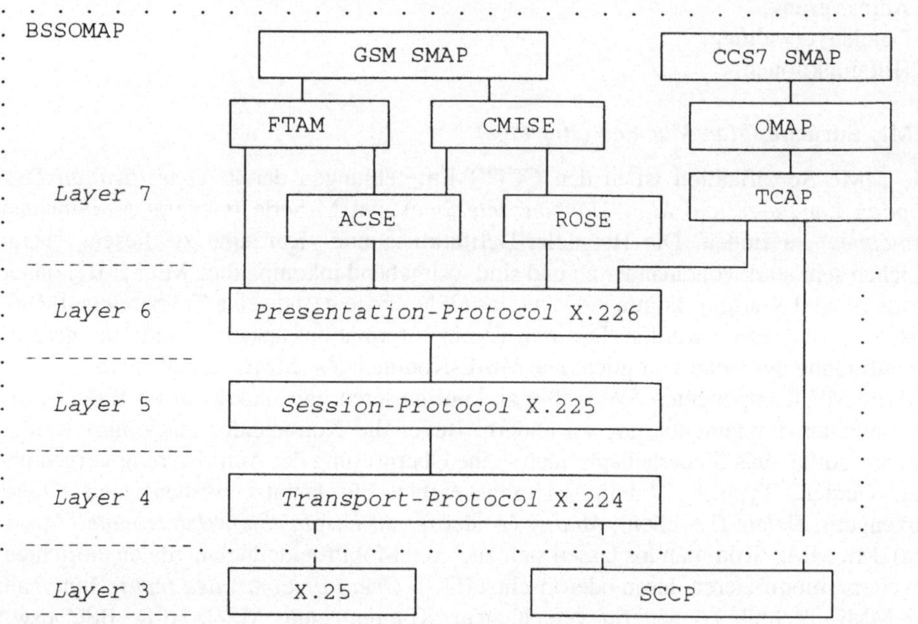

Bild 14.3: Q3-Protokoll-*Stack* für GSM-Netzmanagement

Die einzelnen *Layer*-7-Protokolle für Netzmanagement werden nun kurz erläutert:

ROSE: Das *Remote Operation Service Element* (X.229, ISO 9072) ist ein transaktionsorientiertes Protokoll, das Dienste für entfernte Operationen ermöglicht. Hier wird die Anwendungsinstanz (SMAP) interaktiv durch *remote* Operationen unterstützt. ROSE und TCAP haben eine recht ähnliche Struktur, was z.B. durch einen Vergleich ihrer Komponenten deutlich wird (s. TCAP-Beschreibung).

ACSE: Das *Application Control Service Element* (CCITT X.227, ISO 8650), auch ACSE-Kontrollelemnet genannt, steuert die Anwendungsverbindungen zwischen den Applikations-Elementen (Aufbau, Abbau, Auflösung).

CMIS: *Common Management Information Services* (nach ISO DP 9595/2 und 9596/2) werden vom CMIP (CMI *Protocol*) übertragen. CMIS sind Dienste zum Austausch von Kommandos und Informationen im Rahmen des Systemmanagements. CMIS wird von den Anwendungsprozessen angefordert und z.B. für die Teilnehmeradministrierung oder die Alarmüberwachung verwendet. Für CMIS kann - abhängig von der Netzkonfiguration - eine Mediatisierung bestimmter MML-Angaben realisiert werden. Mit diesem Service ist ein Dialog-Betrieb möglich. Es wird folgende Gliederung der CMIS-Dienstprimitiven verwendet: *Event Report, Get, Set, Create*. Das CMISE (CMISE: CMIS *Element*) verlangt nach Diensten des ROSE-Protokolls (ISO 0571).

FTAM: *File Transfer Access and Management* (ISO 8571) ist für einen intensiven *EtE*-Datenaustausch mit Zugriffsmöglichkeiten auf verschiedene Systemkomponenten bestimmt. Für den FTAM-Einsatz werden tieferliegende Protokolle, X.225 bis X.227 (*Session, Presentation* und ACSE), gefordert. Für das GSM-System wird die Filetransferklasse benutzt. Der minimale Satz von funktionellen FTAM-Einheiten, der für eine Datenübertragung benötigt wird, besteht aus: U1: *Kernel* (Grundklasse), U2: *Read* und U7: *Grouping* (Zusammenfassen von Dateien). In der FTAM-Kommunikation kann die (*Master-Slave-*) Asymmetrie der Zugriffsfunktionen als *Initiator-* und *Responder*-Rolle, vor allem in der anfänglichen Implementierung, zum Einsatz kommen.

OMAP: Der *Operation, Maintenance and Administration Part* (nach Q.791) beinhaltet Applikationen und Prozeduren zur Beobachtung, Koordinierung und Steuerung von Netzwerkressourcen, die eine Kommunikation im CCS7 und anderen leitungsvermittelten Netzen ermöglichen. Der OMAP gehört zu den CCS7-Protokollen und nutzt die operativen Fähigkeiten des TCAPs aus. OMAP beinhaltet zwei *Application Service* Elemente (ASE): MTP *Routing Verification Test* (MRVT) und SCCP *Routing Verification Test* (SRVT). Diese Prozeduren erlauben, die Integrität des Netzes auf MTP- bzw. SCCP-Ebene zu testen und Fehler zu identifizieren. Um die NM-Fähigkeit zu optimieren wird bei ETSI an ASE-Erweiterungen bzw. Verbesserungen gearbeitet.

BSSOMAP: *Base Station System Operation and Maintenance Application Part* wird auf der A-Schnittstelle (BSS-OMC-Verbindung via MSC) eingesetzt. BSSOMAP nutzt für Transportzwecke die SCCP-Nachrichten aus (s. Bild 14.3). Die O&M-Operationen können sowohl mit dem CO- als auch mit dem CL-Service transportiert werden. Das OMC führt aus der Entfernung die Netzwerk-Management-Funktionen aus.

SMAP: *System Management Application Process*; Die Sammlung aller Monitor-, Steuerungs- und Koordinierungsfunktionen über der Applikationsschicht ist als SMAP bekannt. Für SS#7 *dedicated* SMAP wird MTP/SCCP/TCAP/OMAP-*Stack* benutzt (der andere Zweig ist FFS). Auf SMAP-Prozeduren wird im Abschnitt Sicherheits-Management eingegangen (s. auch *Trace Invocation*).

14.2 Netzmanagement-Funktionen

Das Netzmanagement ist für verschiedene Funktionsbereiche (*Functional Areas*) zuständig. In Anlehnung an die bereits erwähnte NM-Aufgabenverteilung werden unter Einbezug der MF-Aspekte folgende Funktionen angesprochen:

- Konfigurations-Änderung und -Kontrolle;
- Fehlerbehandlung;
- Sicherheit;
- Betrieb und *Performance*;
- Administration einschließlich *Accounting* und Vergebührung.

Diese Anwendungsbereiche (mit Applikations-SW) werden in Analogie zu anderen Netzen als *Operation and Maintenance-* (O&M) oder OA&M-Funktionen (*Operation, Administration & Maintenance*-Funktionen) bezeichnet. Für all diese Bereiche werden verschiedene Datensätze gesammelt, aufbereitet und ausgewertet. Die einzelnen NM-Aufgaben werden weiter unten genauer beschrieben.

14.2.1 Konfigurations-Management (CM: *Configuration-Management*)

Das Konfigurations-Management führt die Konfigurationskontrolle durch. Es werden Bestandsaufzeichnungen, Statusinformationen sowie die Änderungen der Netz- und Knotenkonfiguration (*System Change Control*) aufgenommen. Der Redundanzgrad des Systems und seiner Komponenten ist sowohl vom Hersteller bzw. Betreiber abhängig als auch netzwerkspezifisch. Viele der Netzkomponenten oder *Link*-Verbindungen (Zeichengabenetz) können mehrfach ausgelegt sein. Vom Konfigurations-Management wird der Einfluß aller Änderungen auf die Netz-Stabilität,-Integrität und die IW-Fähigkeit untersucht. Alle Änderungs- und Installationsprozesse von SW, FW und HW (*Release Management*) werden unter Beibehaltung der Integrität und Erhaltung/Steigerung der Leistungsfähigkeit ausgeführt. Man unterscheidet folgende Systemänderungen:

- Parameter-Modifizierung;
- *Update* (SW-Korrekturen);
- *Upgrade* (Einführung neuer *Features*);
- Rekonfiguration (System-Optimierung);
- Erweiterungen.

Die neuen SW-Versionen, SW-Korrekturen usw. können zentral vom abgesetzten NMC geladen, aktiviert und überprüft werden. Auch die Konfigurationsparameter sollen zentral verwaltet werden können. Nach durchgeführten Modifikationen müssen Funktions- und IW-Tests der neuinstallierten Hardware-Elemente und Software-Pakete erfolgen. Die vorgenommenen Änderungen müssen dem Reversibilitäts-Kriterium nachkommen. Der alte Zustand (inkl. Datenbasis) wird archiviert, um notfalls den Ausgangszustand wieder herstellen zu können (Rückfall). Es werden alle wichtigen Abläufe und Kommandos auf ihre Gültigkeit, Verifizierbarkeit etc., auch unter vermittlungstechnischer Last, überprüft.

Verwalten der Netzressourcen (*Resource-Handling*)

Bezüglich der Betriebsmittelverwaltung sind verschiedene Aktivitäten zu erwähnen:

- **Warteschlangenbetrieb**
Der Warteschlangenbetrieb kann administriert werden, indem die Verzögerungszeiten sowie die einzelnen Ebenen (Prioritätsstufen) der Warteschlange verändert werden.

- **Nutzkanal-Sperrung/Freigabe** kann für *Maintenance*-Zwecke vom PLMNO über BLOCK/UNBLOCK veranlaßt werden. Der Operator hat die Möglichkeit, die *Circuits* und Routen umzudisponieren. Es können RR-Mittel aus dem Service genommen werden, auch unter Abbruch eines Gesprächs. Für das *Maintenance* des CCS7-Systems ist das NSS mit seinen Zeichengabepunkten und seiner Systemsoftware zuständig.

- **Interferenz-Level-Beeinflussung**
Die Häufigkeit der Interferenz-Level-Messungen auf *idle* Kanälen kann vom OMC aus verändert werden (s. *Resource Indication* Prozedur). Die fünf abzugrenzenden Frequenzbänder, in denen *full-* und *halfrate* Kanäle allokiert werden, können vom O&M gesetzt werden.

- **Channel Assignment**
Der Kanalanschluß im BSS kann durch eine dynamische Zuweisung erfolgen, um eine bessere Ressourcenauslastung zu erreichen. Es werden Reallokierungs- und Rekonfigurations-Prozeduren der Kanäle eingesetzt. Diese Maßnahmen sind wichtig, um Überlastungen zu vermeiden und mehr Effizienz zu sichern. So können z.B. Umschalteprozesse (*forced* HOV) oder Sprungsequenzänderungen angeordnet werden. Der Frequenzsprung-Modus kann per Kommando aus- oder eingeschaltet werden. Der FH-Algorithmus kann vom BSS-OMC umkonfiguriert werden.

14.2.2 Verkehrs-Management

Das *Traffic Management* dient der Optimierung des Verkehrsflusses innerhalb des MF-Netzes. Es werden Verkehrsmessungen der Netzbelastung durchgeführt und solche Ereignisse wie Kanal- und Netzblockierung aufgenommen. Auf die Verkehrsmessungen wird auch im Abschnitt "*Performance*-Management" eingegangen. Das Verkehrs-Management hat unter anderem die Aufgabe der Beeinflussung der Verkehrslenkung, z.B. durch die Bereitstellung alternativer Wege bei einem Ausfall oder Überlastung. Im CCS7-Netz sollte die Nichtlinearität der Verkehrsverteilung und speziell für GSM und IN ihre überproportionale Zunahme berücksichtigt werden. Die alternative Weglenkung wird durch die komplexe Vermaschung moderner Systeme immer komplizierter und erfordert einen hohen technischen Aufwand (Unterstützung durch Expertensysteme).

Monitoring (Überwachung)

Vom *Network Control Center* aus, werden Aufzeichnungen bestimmter Vorgänge zwecks Überwachung vorgenommen, um z.B. die Überlastungen oder Ausfälle im Netz zu registrieren und die daraus resultierenden Folgen zu minimieren. Neben zentralisierten Vorrichtungen können lokal LMT's z.B. als *Laptops* zugeschaltet werden.

Statistikführung

Die Durchführung von Statistikmessungen während des normalen Netzbetriebs gehört zu den schwierigeren Aufgaben des *Traffic*-Managements. Die Erfassung und Aufbereitung von anfallenden Daten muß jedoch erfolgen, um Verkehrsvolumen (*Network-Traffic*) und die Dienstgüte auszuwerten und eventuell neue Maßnahmen wie eine richtige Dimensionierung der Netzkomponenten und Leitungen einzuführen sowie neue Entscheidungen zu treffen. Die aufeinander abgestimmten Netzelemente arbeiten unter normalen Lastbedingungen wirtschaftlich und leistungsfähig. Bei Übertragungsproblemen oder einer Überlastung sinkt der Durchsatz erheblich. Über Statistikmessungen und eine geschickte statistische Auswertung lassen sich Systemstörungen frühzeitig erkennen. Die automatische Flußsteuerung wird in verschiedenen Netzabschnitten benutzt, um Systemüberlastungen zu verhindern.

Netz-Überlastung

Overload (Überlast) kann an verschiedenen Stellen im System auftreten. Solche lokalen Stellen der Verkehrsüberlastung werden als sogenannte *Bottlenecks* - Engpässe bezeichnet. Das Problem des *Overload-Handlings* liegt darin, eine *Congestion* oder Überlastsituation rechtzeitig zu erkennen, die möglichen Folgen, die nach Überschreitung der Schwellenwerte auftreten könnten, wie z.B. Systemabsturz, zu vermeiden und entsprechende Gegenmaßnahmen zu ergreifen. Solche Maßnahmen hängen vom Dienst, vom *Congestion-Level* (lokal, global), vom Verkehrsprofil, der Systemarchitektur, vom benutzten Standard usw. ab und sind netzelementspezifisch und implementierungsabhängig. Sie können letztendlich einen Austausch der Netzkomponenten oder/und eine Erweiterung des Mobilfunknetzes erforderlich machen. Das Ziel der Überlastabwehr besteht darin, den Leistungsgrad (GOS) im Netz aufrechtzuerhalten, d.h. prozentuell möglichst wenig gestörte bzw. abgebrochene Gespräche/Dienste zuzulassen. Zu den wichtigen Systementlastungsmaßnahmen im GSM gehören der Warteschlangenbetrieb und OACSU.

Überlastabwehrmechanismen (*Congestion Control*)

Der Überlastschutz kann durch *Flow* und *Overload Control* sowie *Rerouting*-Funktionen erfolgen. Im Falle einer Überlastsituation, die durch zu viele Anrufe verursacht wird, kann (falls vorhanden) eine automatische Anrufbegrenzung (Anrufdrosselung) aktiviert werden. Zu den möglichen Reaktionen des Systems im *Congestion*-Fall gehören unter anderem:

- Informieren des Partners (z.B. auf der A-Schnittstelle für MO-Verkehr);
- Ignorieren neuer Anrufe (nach CCITT Q.764 für MT-Verkehr);
- Aktivierung von ACG (*Automatic Call Gapping*);
- stufenweise Reduzierung bzw. Anhalten des Nachrichtenflusses.

Mit einer PROCESSOR OVERLOAD Meldung wird auf der A-Schnittstelle der Gegenseite signalisiert, daß der Verkehr um einen Schritt gedrosselt werden soll (Lastminderung). Gestartete *Timer* regulieren den weiteren Verlauf. Die Anzahl der Schritte und die weitere Vorgehensweise ist implementierungsabhängig und muß bei verschiedenen Netzkomponenten aufeinander abgestimmt werden. Für den MAP-Verkehr können einzelne Operationen prioritätsabhängig ignoriert und dadurch verzögert oder sogar verworfen werden, s. auch *Congestion Control* im SS#7 (*Load Sharing*) und Glossar.

Access Control

In schwierigen Situationen bei Netzüberlastung ist es wichtig, den Verkehr in kontrollierter Weise einzuschränken. So werden manche Teilnehmer priorisiert behandelt (z.B. öffentliche Einrichtungen, PLMNO's, Notrufe u.ä.). Anderen Teilnehmergruppen kann für die kritische Zeit vom Netzzugriff abgeraten werden. Dadurch können sonst unnötige Wartezeiten vermieden werden (s. Teilnehmerverhältnis). Unter *Access Control* können auch die Authorisierungsrechte des OMC-Personals verstanden werden.

14.2.3 Betrieb und Performance

Die Netzbetriebsbedingungen im GSM-System ändern sich kontinuierlich. Dies ist u.a. durch wachsende Teilnehmerzahlen sowie Erweiterungsforderungen bezüglich neuer Dienstmerkmale bedingt. Betriebs- und *Performance*-Aufgaben sind sehr wichtig, um den mobilen Teilnehmern ständig die optimalen Nutzungsbedingungen zu gewährleisten. Sie müssen von Anfang an mit vollem Einsatz verfolgt werden. Diese O&M-Aufgaben koppeln an die Ergebnisse der Verkehrsverwaltung. Alle Dienste und deren Güte werden während des Normalbetriebs überprüft und überwacht. Sie und die zugehörigen Betriebsmittel können umdisponiert, neukonfiguriert und initialisiert werden. Je nach Implementierung ist es möglich, die NM Operationen lokal oder vom abgesetzten Rechner im *Remote-Mode* auszuführen. In den modernen Netzmanagement-Systemen wird es immer wichtiger, einen Gesamtüberblick über das System zu bekommen und die Möglichkeit zu haben, es zentral und flexibel ansteuern und verwalten zu können.

Betrieb

Zu den wichtigen Betriebsaufgaben zählen die operativen Eingriffe, die Entstörungsmaßnahmen, die Netzknoten- und Leitungsprüfung (*Links/Trunks*) sowie die Instandhaltung/Bedienung und Erfassung des gesamten Netzzustandes. Die meisten Wartungs- und Überwachungsaufgaben lassen sich automatisieren bzw. weitgehend rationalisieren. Insbesondere im RSS-Bereich ist ein übersichtiches *Handling* der BSS-Parameter und BSS-Daten, z.B. für Radiokanäle und Antennen, wichtig. Zu den schönsten (aber nicht gerade billigsten) Lösungen gehören großflächige Monitore, die eine übergreifende und doch detaillierte Systemübersicht ermöglichen.

14.2.3.1 Performance-Management (Leistungsmanagement)

Das Leistungsverhalten- und Dienstgüte-Management beschäftigt sich mit der Überwachung (über Monitore) des Verkehrsaufkommens, der Qualitätssicherung der Dienste, der Netz-*Performance* (Verfügbarkeit des Systems) und gegebenenfalls mit der Initiierung und Durchführung erforderlicher Maßnahmen. Über Zähler und *Timer* werden Statistiken für Beobachtungszwecke, Optimierung und Konfiguration des Systems geführt. Die anfallenden *Performance*-Daten werden im Netz an verschiedenen Stellen gesammelt. Die statistische Auswertung dieser Daten wird sowohl für aktuelle Situationen (*Short-Term Traffic-Monitoring*) wie auch für Langzeitbeobachtungen (*Long-Term Observations*) erfolgen. In großen Netzen sind mehrere Monitoring-Punkte und verschiedene Analysemethoden notwendig. Die Leistungsbeobachtungen tragen dazu bei, die Qualität der Dienste und die Lebensdauer des PLMNs zu erhöhen.

Performance-Messungen

Leistungsfähigkeitsmessungen teilen sich (nach CCITT) in zwei Kategorien auf: QOS-(*Quality Of Service*) und *Network-Performance-Measurements*. Um die *Performance* korrekt zu erfassen, sollte man auch auf die Korrelation der Ergebnisse beider Meßkategorien achten (z.B. Verbindungsqualität zu Durchsatz/*Traffic-Load*).

Im MF werden Leistungsdaten und -kennwerte verschiedener Netzelemente wie BSC, MSC, VLR und HLR gesammelt, um die PLMN-Effizienz zu sichern und zu verbessern (Optimierung, z.B. durch Aufhebung der *Performance*-Engpässe). Die Auswertung kann als graphische Darstellung der Meßwerte erfolgen:

GOS (*Grade Of Service*)	gegen Verkehrslast (*Traffic-Load*),
Durchsatz (*Throughput*)	gegen die Antwort-Zeit,
Verzugszeit (*Delay*)	gegen Wahrscheinlichkeitsverteilung.

Zusätzlich werden solche Netz-*Performance*-Parameter wie Besetztzustand (*Occupancy*), *Channel Availability*, Blockierungs- und Übertragungsrate, *Recoveries*, *Cause Codes* usw. aufgenommen. Bei GOS wird der Anteil von Anrufen, die z.B. durch Überlast abgebrochen wurden, registriert. Eine geeignete Datenauswertung und -darstellung kann die Effizienz der Problemlokalisierung deutlich erhöhen.

Verkehrsmessungen

Die Menge der beim Netzbetrieb anfallenden Informationen ist sehr hoch. Die Verkehrsmessungen werden vor allem in der Hauptverkehrsstunde durchgeführt. Es sind *Traffic-Measurements* mit Aufzeichnungen von Verkehrsparametern, die einer wirkungsvollen Vermittlungssteuerung und der Planung weiterer Netzentwicklungen dienen sollen. Dazu gehören vor allem Messungen verschiedener Kanäle an der Funkschnittstelle, weil sie am stärksten verkehrsempfindlich ist. Es werden unter anderem folgende Messungen vorgenommen:

- *on/of Outgoing-Circuits*;
- *on/of Destination*;
- BER bei der Funkübertragung; Die BER hängt unter anderem vom verkehrsabhängigen Interferenz-Level der Kanäle und von der Sendeleistung (*Power Control*) ab.
- Fehlerraten auf unterschiedlichen Protokollebenen;
- Auslastung der Funkkanäle (SDCCH, TCH) und des Systems für diverse Prozesse wie Einbuchung (LUP), MOC, MTC, HOV usw.

Vom OMC wird das Aktualisieren von Messungen, die für bestimmte Prozesse wichtig sind, so z.B. für verschiedene HOV-Arten kontrolliert. Außerdem werden *Traffic*-Daten z.B. über die Leistungsfähigkeitsmessungen der DB-Register gesammelt.

- **im HLR**
  Administrations-Daten: Anzahl der Teilnehmer und Neuzugänge, Anzahl der subskribierten Basisdienste, Anzahl der SS's, SCI's sowie Daten zum *Call-Processing* wie Anzahl der MTC's, LUP's usw.;

- **im VLR**
  Anzahl von registrierten/abgehenden Teilnehmern, Anzahl der MAP-Transaktionen mit Unterteilung: Typ, Erfolg/Mißerfolg, Subsystem und Netzelement. Es können auch Daten zur EIR- und AUC-*Performance* memorisiert werden, so z.B. Anzahl der nicht/erfolgreichen Transaktionen.

Quality Of Service (QOS)

Die Dienstgüte-Überwachung und -Überprüfung wurde von CCITT definiert. QOS ist eine Ansammlung der zu messenden Parametern, die für den Teilnehmer und seine Zufriedenheit bezüglich benutzter Dienste von Bedeutung sein können (Dienstequalität s. auch Glossar). Dabei handelt es sich um technische Parameter, die für die Qualität der *End-to-End*-Dienste (Endbenutzerservicegrad) entscheidend sind. Solche Messungen können automatisch geführt werden. Es werden auch Benutzeranmerkungen, z.B. Störberichte und Beschwerden, miteinbezogen. Zu den wichtigsten Dienstgüte-Parameter gehören: Dauer des Rufaufbaus, Verbindungsqualität und -verlauf, Anzahl der Anrufversuche, *Support of Services* (Diensteunterstützung, um alle Teilnehmer zufriedenzustellen, z.B. Wartezeiten, Beschwerden usw.), Korrektheit der Gebührenaufnahme u.a. Es sind Merkmale, wie eine einheitliche Dienstgüte (z.B. die Lautstärke und Echoerscheinungen) im gesamten System und für verschiedene Dienstekombinationen (Sprache, Anrufbeantworter, Ansagen, *Mailbox* usw.) zu berücksichtigen. Es können ebenfalls die Verfügbarkeit, Zuverlässigkeit und Antwortzeiten des Systems untersucht und registriert werden. Auch der Einfluß angeschlossener Netze sollte dabei berücksichtigt werden.

Netzwerk-*Performance*

Das *Performance*-Management wird für beide Subsysteme des Netzes (Radio-Seite und Festnetz) geführt. Die möglichen Optimierungsaufgaben werden grob in zwei Kategorien eingeteilt: expansive und restriktive Aktionen. Sie dienen u.a. dazu, Überlastungen zu verhindern. Dabei werden solche Maßnahmen priorisiert, die zu einer Entlastung des Systems führen. Mit den expansiven Aktionen wird (falls es erforderlich ist) versucht, alle möglichen Ressourcen und Kapazitäten des Netzes auszureizen. Die restriktiven Aktionen haben die Aufgabe, den überbelasteten Netzzustand (keine expansiven Maßnahmen mehr möglich) abzubauen. So werden z.B. *Calls* - wenn möglich - schon am Ursprung abgewiesen.

- Beispiele für Maßnahmen im Festnetz:

  Temporary Alternative Re-routing (TAR) ist eine Umleitung des Verkehrs (expansive Aktion) über sonst nicht übliche Wege (Netzknoten). Eine restriktive Aktion ist z.B. die Einschaltung von speziellen Ansagen (*Special Recorded Announcements*). Dazu gehört auch das Verschicken von speziellen Kurznachrichten. Mit O&M-Befehlen können *Timer*-Werte für verschiedene Prozesse verändert werden.

- Maßnahmen auf der Radio-Seite:

  expansive Aktionen:
  - Vergrößerung der Funkzelle durch Steigerung der Sendeleistung (TXPWR) und Verkleinerung der HOV-*Threshold*- und der RXLEV_ACCESS_MIN-Parameter;
  - dynamische Allokierung zusätzlicher Kanäle;
  - Erhöhung des RADIO_LINK_TIMEOUT-Parameters.

  restriktive Aktionen:
  - Verkleinerung der Funkzelle (dies muß von benachbarten Zellen kompensiert werden). Die Vorgehensweise ist umgekehrt zur Vergrößerung. Zu diesem Zweck kann die HOV *Candidate Enquiry*-Abfrage ausgenutzt werden (s. HOV-Ablauf).

Als weitere denkbare Verbesserungsmaßnahmen kommen z.B. die Änderungen der Antennen-Orientierung und -Positionierung (Justierarbeiten und *Tuning*), Leistungsänderung oder sogar Frequenzumdisponierung in Frage.

14.2.3.2 Status-Informationen

Status-Informationen können durch das Verwenden der MML-Kommandos, sogar im Echtzeit-Betrieb, gewonnen werden. Man kann den Status z.B. aller Netzwerk-Elemente wie: Leitungen (*Linksets/Trunkgroups*), Knoten, Prozessoren, MF-*Entities*, Subsysteme, Funkzellen, *Location Areas* usw. abfragen. Solche Informationen werden vom OMC u.a. nach Konfigurationsänderungen oder Alarmsituationen verlangt.

Trace-Operationen

Um die Teilnehmer-Aktivitäten (über IMSI, IMEI oder auch TMSI) beobachten zu können, ist es möglich Daten sowohl lokal für einzelne Netzwerk-Elemente als auch global vom OMC aus aufzuzeichnen. Die lokalen Informationen werden zum OMC gereicht. *Tracing* wird auch für Fehler-Identifizierung eingesetzt. Die *Trace*-Operationen werden vom BSSMAP, MAP/E und MAP/D unterstützt. Zur Zeit sind laut GSM keine *Trace*-Aufnahmen im RSS möglich.

14.2.4 Fehler-Management (FM: *Fault-Management*)

Die Eliminierung aller Fehler im System ist so gut wie unmöglich. Manche werden noch im Netzbetrieb entdeckt. Deshalb ist es besonders wichtig, die möglichen Fehlerauswirkungen zu minimieren. Die Fehlerverwaltung befaßt sich innerhalb des Netzes mit der Verfolgung abnormaler Zustände aller Art. Hier werden Maßnahmen für das Erkennen (Detektion), die Diagnose und die Korrektur von Fehlern eingesetzt. Es gibt z.B. Routineuntersuchungen (präventive Vorsorgemaßnahme) bezüglich aller PLMN-Funktionen. Die Fehlersuche und Behebung des Betriebsfehlverhaltens kann an allen Stellen im GSM-Netz erfolgen und erfordert gute Systemkenntnisse.

Schema der Fehlerbehandlung:

- **Erkennung**

  Dem Netzbetreiber (Bedienungspersonal) werden Informationen über Problemzonen sowie über besondere Vorkommnisse wie der aktuelle Status von Alarmen, Fehlerfällen und Störungsmeldungen automatisch zur Verfügung gestellt. Die Fehlersituationen können auch absichtlich provoziert werden, z.B. durch Generierung von, vom Standard abweichenden, Angaben oder periodischen Routineprüfungen für Testzwecke. Fehler können auch durch Analyse der Ereignisse (*Event Reporting*), der Statistikdaten und der Testergebnisse erkannt werden, oder sie werden durch Verfolgung von Systemmeldungen (Alarm-*Handling*) bekannt. Es können sogenannte *Zoom*-Funktionen implementiert werden, um die Fehlerursachen leichter einzugrenzen bzw. zu lokalisieren.

- **Aktion**

  Soweit es möglich ist, werden unterstützende Programme mit Selbstheilungsmechanismen zur Sicherung der SW, laufender Prozesse und Datenbanken des Systems zur Verfügung gestellt. Außer den erkannten Fehlern werden dem O&M-Bedienungspersonal auch die vom System aus eingeleiteten automatischen Korrekturmaßnahmen und z.B. die Statusänderungen angezeigt. Es können innerhalb des Systems je nach Dringlichkeitsstufe und Ausmaß der Störung grob folgende Aktionsstufen unterschieden werden:

  - Audits (Programme zur Konsistenzüberprüfung von Daten);
  - *Rerouting*, Rekonfiguration (bei Überlast);
  - *Restart*, Neuinitialisierung, *Reload*;
  - Zurückziehen aus dem Service (Zuschaltung von *Spare Units*);
  - System-*Recovery*.

Recovery **(Wiederanlaufmaßnahme)**

Recovery ist das Hochfahren der Netzknoten des Systems oder seiner Komponenten (z.B. einer Prozessor-Gruppe) nach schwerwiegenden Fehlern. Ein *Recovery*-Prozeß erfolgt in der Regel automatisch. Auf der A-Schnittstelle kann mit der RESET-Nachricht die Partnerkomponente informiert werden. Oft unterscheidet man mehrere Rücksetzungsstufen, die sich zwischen *Restart* (einfache Reinitialisierung) und *Reload* ("Kaltstart" mit HW-Anlauf) bewegen können. Beim Hochlauf einer Komponente werden immer neue Module der FW/SW dazugeladen - bis zur vollständigen, einwandfreien Funktionalität. Die wichtigsten Kriterien sind der Erfolg, die kurze Dauer (keine *Rolling Recoveries*) und eine möglichst weitgehende Aufrechterhaltung der Funktionalität und der Datenbasiskonsistenz, z.B. der nicht betroffenen Subsysteme, Bereiche oder Transaktionen. Ist die gewählte *Recovery*-Stufe nicht ausreichend (Wiederholung des gleichen Fehlers), so wird eine höhere Stufe aktiviert (sogenannte Eskalation). Durch eine Aktivitätsprüfung können die Partnerknoten feststellen, ob die betroffene Einrichtung wieder betriebsbereit ist.

- **Diagnose**

  Es erfolgt die Fehlerlokalisierung (*Diagnostic Tests*), und es wird die Information über Fehlerursache (*Fault analysis*) bereitgestellt. Im Bereich des *Trouble-* und *Fault-Reportings* werden in ausgereiften Systemen sogenannte Expertensysteme eingesetzt, die eine schnelle und wirkungsvolle Diagnose ermöglichen.

- **Behebung**

  Hier erfolgt die Fehlerkorrektur. Falls erforderlich, werden die verdächtigten und fehlerbehafteten Komponenten wie HW-Module (Baugruppen) oder SW-Programme blockiert und ersetzt bzw. korrigiert (z.B. durch *Patche* oder Modul-Änderungen). Es können alternative *Routing*-Wege, Konfigurationen oder Parameterbelegungen festgelegt werden. Die Effektivität der Fehlerbehebungsmaßnahmen muß sofort überprüft werden. Die lokalen Betriebssystemfunktionen (OSF: *Operation System Functions*) sind herstellerspezifisch und werden mit MML-Kommandos ausgeführt.

Testvorrichtungen

Es gibt spezielle *Tools* und Werkzeuggruppen (z.B. verschiedene interne *Tracer* oder Simulatoren), um Informationen zum Verhalten verschiedener Netzwerkelemente oder ihrer Komponenten zu gewinnen. Beim Installieren und Erweitern von SW, FW und HW oder bei einer Verifikation auftretender Fehler können z.B. verschiedene Monitore (*Monitoring Facilities*) eingesetzt werden. Auf die *Troubleshooting*-Problematik wird, mithilfe externer Vorrichtungen wie flexible Protokolltester, zunehmend eingegangen. Als Hilfsmittel können außerdem regelmäßige *Test-* bzw. *Supervisory-Calls* und Funktionstests (Regressionslisten) in allen möglichen Kombinationen ausgeführt werden. Mehr hierzu s. Kapitel 15 (Tests).

14.2.5 Sicherheits-Management (SM: *Security-Management*)

Das *Security Management* ist für die Sicherheitsstrategie und -kontrolle des Netzwerks, seiner Benutzer und Teilnehmer zuständig. Die Sicherheitsmaßnahmen bezüglich der Teilnehmer (wie Authorisierung oder Authentizitätsprüfung) und der Endgeräte wurden im Kapitel 8 vorgestellt. Falls erforderlich, können vom PLMNO bestimmte Teilnehmer gesperrt werden. Vom Sicherheits-Management werden unterschiedliche Authorisierungsklassen für das Bedienungspersonal festgelegt. Für Protokolle des NM können außer den standardisierten, auch system- und netzspezifische Verschlüsselungs-Routinen verwendet werden. Dies bezieht sich insbesondere auf das AUC-OMC-*Interface*.

a) SM für Teilnehmer

Die Sicherheitsgarantie für die Teilnehmer- und PLMN-Daten wird im SM verfolgt. So werden nach Bedarf das *Key*- und *Encryption*-Management aktiviert. Es können Änderungen der Kryptoalgorithmen (inkl. Aktualisierung der Register-Daten) z.B. für die Sprachverschlüsselung ausgeführt werden (s. hierzu Sicherheitsmaßnahmen).

b) SM für das Netzwerk

Zu den Sicherheitsfunktionen im GSM-System gehören: Berechtigungsprüfung der Mobilstationen und SIM-Karten, Überwachung der Betriebsmittel, Beobachtung aller sicherheitsrelevanten Aspekte im Netz mit Aufzeichnung (*Logging*) aller Aktivitäten, Kontrolle und Administrierung der Zugriffsrechte, Überprüfung relevanter Vorrichtungen inkl. der Übertragungswege usw.

c) *Common Security Management*

Auch innerhalb der TMN-Verwaltung sind bezüglich der System- und Teilnehmerdaten Sicherheitsvorkehrungen zu treffen. Das PLMN *& Data Security Management* wirken Fehlern und Datenmißbrauch, z.B. durch Erkennung von *attempted missue*, entgegen. Als Beispiel der SM-Vorkehrungen können SMAP-Prozeduren (Bild 14.4) erwähnt werden. Der Datenaustausch zwischen AUC und HLR kann mit dem SMAP-Protokoll realisiert werden. Die Nachrichten, die ausgetauscht werden, beinhalten IMSI und *Authentication-Sets*.

Sicherheitsmittel-Verwaltung

Es werden Schlüssel und Berechtigungen verwaltet und auch neu vergeben. Der Zugriff auf die AUC-Datenbasis kann nur über speziell entworfene Mechanismen des Personalisierungszentrums (s. Bild 8.21) erfolgen.

Sicherheitskontrolle

Zur Sicherheitskontrolle gehört das Überwachen der Zugriffe auf das System durch die Authorisierung und Zugangskontrolle. Insbesondere müssen die Übergänge und Überlappungen der Systeme (Standard- und Speziallösungen) sauber definiert und gesichert werden.

a) Wiederherstellung von *Authentication-Sets*

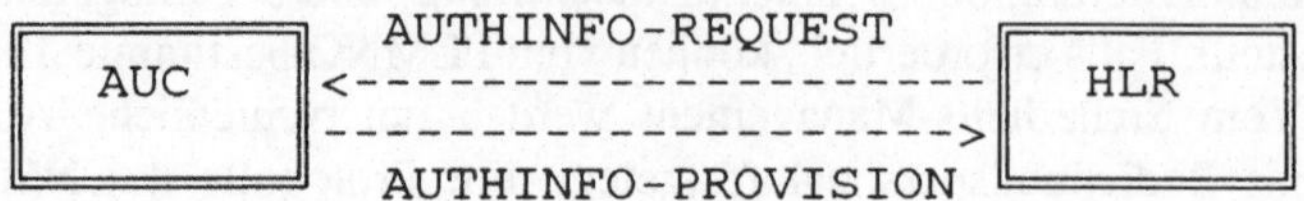

b) Ersetzung von *Authentication-Sets*

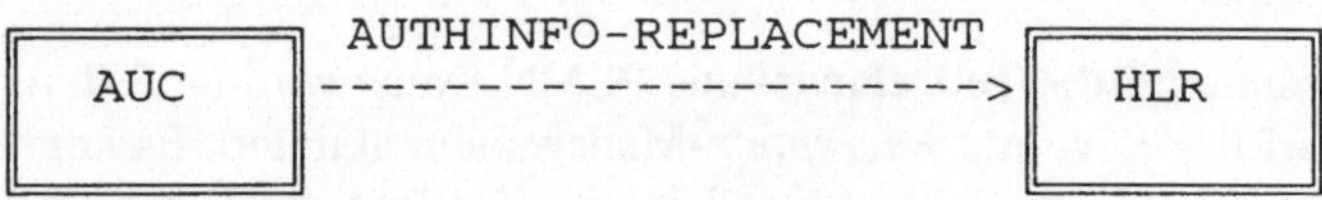

Bild 14.4: SMAP-Prozeduren für *Security-Management*

14.2.6 Administration (Teilnehmerverwaltung)

Von der Administration wird die O&M-Datenbasis, d.h. die Teilnehmerdaten, Gruppendaten, *Call-* und Gebührendaten, Speicherinhalte usw., verwaltet und gesteuert. Die Administration ist z.B. auch für Zugänge und Änderungen bei Verwaltung der Teilnehmer und Teilnehmergruppen (z.B. Nebenstellenanlagen) verantwortlich. Hierfür werden solche Operationen wie Registrierung oder Löschen (*Erasure*) vorgenommen. Die Nachrichtenübertragung vom *Administration Center* (ADC) zum HLR oder EIR muß in der Regel bestätigt werden. Die Sicherheitsverwaltungsfunktionen wurden bereits im Sicherheitsmanagement erwähnt. Zu dem Bereich der Teilnehmerverwaltung gehören außer LR-Datenbanken das Personalisierungszentrum und AUC. Für Administrationszwecke kann der Teilnehmer oder sogar die Mobilstation blockiert bzw. gesperrt werden. Andererseits können optional bestimmte Teilnehmer-Zugriffsoperationen sogar im ADC zugelassen werden. Die Administrationsaufgaben können logisch von der eigentlichen Systemtechnik weitgehend abgekoppelt werden.

Abrechnungs-Management (AM: *Accounting-Management*)

Das *Accounting-Management* führt die Berechnung und Verteilung der erbrachten Dienstleistungen und Kosten (Gebührenzuordnung) für Übergangsleitungen durch. Dies kann als detaillierte Statistik pro *Trunk/Route*/PCM-Strecke oder/und pro Ereignis erfolgen. Es kann aber auch extern realisiert bzw. übernommen werden.

Gebührenerfassung (*Charging*)
In der Gebührenberechnung unterscheidet man Verwaltungsgebühren und nutzungsabhängige Gebühren. Hier werden kurz nur die nutzungsabhängigen Gebühren betrach-

tet, da nur sie über spezifische Netz-Signalisierungs-Funktionen und Datensätze berechnet werden. Je nach benutztem Dienst und initiierten Prozessen werden die Datensätze (*Event/Call Data*) an verschiedenen Stellen im NSS entstehen. Die *Call Records* werden aus entsprechenden Datensätzen über die SEF (*Support Entity Function*) der VLR, HLR und MSC, z.B. bei den folgenden Prozessen, erzeugt: MOC, MTC, LUP, SS, SMS und HLR-*Interrogation*. Die zukünftige Abtrennung der *Connection Control*- und *Call Control*-Funktionen soll unter anderem helfen die Gebühren besser zu ermitteln. In den E- und D-Netzen wird aktuell für *Roaming*, HOV, *Changeover* usw. kein Entgelt verrechnet. Da jedoch der Signalisierungsverkehr durch weitere Dienste noch stärker zunehmen wird ist nicht auszuschließen, daß dieses in der Zukunft nutzungsabhängig verrechnet wird. Zu diesem Zweck werden wahrscheinlich auf der unteren Protokollebene (MTP) spezielle Zähler implementiert. Die Vergebührungsdaten (*Call Records*) entstehen im MSC auf Einzelanrufbasis und beinhalten u.a. die A- und B-Rufnummern. Es werden stets mehrere standardisierte optionale und vorgeschriebene Parameter-*Sets* als Detailinformationen benutzt, die für Statistikzwecke und Gebührenberechnung dienen. Die HLR's können als Sammelstellen für die *Billing*-Daten verwendet werden. Für die Gebührenberechnung werden solche Informationen wie Verbindungsdauer, -zeitpunkt, Servicetyp, Gebühreneinheit, Zusatzgebühren (z.B. für SS), Ursprungszelle, *Route*, *Classmark* usw. benutzt. Beim Abbau der Verbindung oder danach werden die *Records* zum Verarbeitungszentrum (zwecks Verrechnung) geschickt - dies entweder direkt über ein spezielles Netz (X.25/FTAM) oder mittels Magnetbändern. In den meisten *Billing*-Systemen wird eine automatische Gebührenberechnung (*Billing via* AMA, AMA: *Automatic Message Accounting*) verwendet. Ein einfacher Anruf kann in der Regel mit einem einzigen Datensatz fakturiert werden.

Gebührenerfassung ist eine Sache des Netzbetreibers und Dienstanbieters. Für die Gebührenerfassungsstelle im MF müssen ähnlich wie für IN-Dienste verschiedene Prozeduren ausgearbeitet werden um die zum Teil recht verzwickte Abrechnung (z.B. zwischen mehreren Betreibern) durchzuführen. Hier bietet sich, wegen der möglichen Vielfalt der Dienste oder PNA-Struktur (s. PCN) und der wünschenswerten Flexibilität, der Einsatz von *Billing Centers* (IP-Einrichtungen s. IN) an. Zukünftig sollen in den flexiblen Vergebührungssystemen auch die Anrufgewohnheiten der Teilnehmer besser berücksichtigt werden. Die Dienstanbieter können eine individuelle, kundenwunschangepaßte Gebührenabrechnung einführen.

Im D- und E-Netz ist die Vergebührung entfernungsunabhängig und deutlich unterhalb des früheren C-Netz-Niveaus. Auch dem B-Teilnehmer werden je nach Service und Aufenthaltsland (z.B. bei Rufweiterleitung) anteilig Gebühren berechnet. Beim MTC werden dem Fremdnetzanrufer die entstandenen Gebühren laut dem geltenden DBP-Tarif (Telekom) in Rechnung gestellt. Für den Austausch von Netzbenutzungsgebühren zwischen den PLMN's gibt es entsprechende Vorschriften. Die Spezifizierungsarbeiten für die internationale, interadministrative Gebührenabrechnung (IARA: *Interadministrative Revenue Accounting*) müssen durch zusätzliche Netzbetreiber-Abkommen z.B. bezüglich des *Optimised Routings* oder der Häufigkeit des Datenaustausches (zur Zeit über

Bänder) ergänzt werden. Diese Themen werden auch in den Standardisierungsgremien behandelt.

Im weiteren werden die unterschiedlichen Tarife der jeweiligen Netzbetreiber aufgelistet. Die diversen Tarife der Service-Anbieter werden an dieser Stelle nur zum Teil berücksichtigt. Besonders interessant sind die günstigen Gebühren für MMC im E-Netz.

Tabelle 14.1: Gebührenstand 11/1994 in D-Netzen:

D-Netzgebühren (in DM)	D1	D2
Haupttarif für Inlandsgespräche je Minute in der Zeit von 7 bis 20 Uhr:	1,38	1,39
Nebentarif je Minute ab 20 Uhr:	0,56	0,56
Anschlußpreis inkl. D-Karte:	74,75	78,20
monatliche Grundgebühr Telefonie, Sprach-Speicherdienst	80,50 inkl. SMS	78,20
Kartenpreis:	40,25	29,90
Einzelentgeltnachweis:	5,00 je Kunde/Monat	5,06 je Nachweis
Taktzeit:	11,5s/28,2s	15s

Tabelle 14.2: Tarife im E-Plus-Netz.

E-Netzgebühren (in DM)	Preisspanne je nach Dienstanbieter
Hauptzeit (Mo.-Fr. 7-20 Uhr) E-Plus in andere Netze je Minute:	0,99-1,97
Hauptzeit E-Plus zu E-Plus je Minute:	0,59-0,71
Billigtarif (übrige Zeit) E-Plus in andere Netze je Minute:	0,44-0,59
Billigtarif E-Plus zu E-Plus je Minute:	0,25-0,35
Anschlußpreis inkl. E-Plus-Karte:	74,75-78,20
monatliche Grundgebühr Telefonie, Sprach-Speicherdienst	39,--77,- inkl. SMS
Ersatzkarte:	30,-
Einzelentgeldnachweis (monatlich):	5,-
Taktzeit:	5-30s

15 Tests

"Testen ist der Prozeß, ein Programm mit der Absicht auszuführen, Fehler zu finden."

Die Steigerung der Komplexität der Netze sowie neue Generationen von Netzkomponenten, die in immer kürzeren Zeitabständen entwickelt werden, machen die Systemintegration und die Testvorgänge zu einem bedeutenden Arbeitsfeld. In diesem Abschnitt werden die gängigen Testmethoden, die in der Systementwicklung und -integration von Kommunikationsnetzen eine wichtige Rolle spielen, erwähnt. Dieses Thema wird in Büchern selten systematisch behandelt. Dabei gehört das Testgeschäft zu den unentbehrlichen Elementen der Systementwicklung, und das schon in ihrem Anfangsstadium. Das ausführliche Testen sowohl einzelner Komponenten als auch des gesamten Systems hat zum Ziel, teure und zeitaufwendige Fehlentwicklungen auszuschließen bzw. zu minimieren. Die verschiedensten Tests müssen sowohl von dem Netzkomponenten-Hersteller als auch vom Netzbetreiber durchgeführt werden. Sie sind für die Qualitätssicherung des Produkts von vorrangiger Bedeutung und gehören zu den dynamischen Kontrollmaßnahmen.

In der fortschrittlichen SW-Entwicklungsmethodik sollte dem Testsgeschehen deutlich mehr Zeitaufwand als der Systemimplementierung eingeräumt werden. Die Tests sind (ab der Codierung) auf allen Stufen der Systementwicklung und Integration wichtig. Mit der Steigerung der Komplexität des Testlings ändern sich auch die Vorgehensweisen und Untersuchungstechniken. Der heutige Trend des Telekommunikationsmarktes ist die Bereitstellung flexibler Testsysteme und Methoden, die in verschiedenen Kommunikationsnetzen erfolgreich eingesetzt werden können.

In diesem Kapitel wird kurz auf das Testgeschehen eingegangen, das vor allem für die Integration großer Systeme wie GSM wichtig ist. Es wird auch das GSM *Mobile Station Test System* für die Typzulassungstests erwähnt. Es wird nicht auf die Testmethoden der Programmierunterstützung (z.B. für Modultests) sowie diverse programmiersprach- und netzkomponentenspezifische Tools, wie spezielle SW/HW-*Tracer*, Selbsttest-Einrichtungen und *Debbuging-Facilities*, eingegangen. Bevor die gängigsten Testsysteme beschrieben werden, sollten unterschiedliche Testarten und -methoden erwähnt werden.

Testarten

Man unterscheidet zunächst zwischen passiven und aktiven Testarten. Die passiven *online* Tests werden durch den Einsatz sogenannter Monitoring-Funktionen realisiert. Damit kann der Verkehrsfluß an verschiedenen Stellen im Netz beobachtet und aufgezeichnet werden. In den aktiven Tests wird in das Systemgeschehen eingegriffen. Die Abläufe werden absichtlich manipuliert und beeinflußt, indem spezielle Testszenarien wie abgeänderte oder verfälschte *Call-Flows* zum Ablauf gebracht werden. Die aktiven Tests sind insbesondere für Simulationen und Lasterzeugung wichtig.

Testmethoden

Für eine erste Einteilung der Testmethoden kann die verfügbare bzw. angestrebte Technik ins Gewicht fallen. Die Testmethoden können in solche eingeteilt werden, die

1. ohne zusätzliche SW, HW (Tests nach vollständiger Systemintegration),
2. mit spezieller SW (meistens innerhalb einer Netzkomponente, z.B. einer Vermittlungsstelle) und
3. mit zusätzlicher HW und SW arbeiten.

Für einen konkreten Einsatz wird zwischen lokalen und externen (verteilt, koordiniert, *remote*) Testmethoden unterschieden. Die lokalen Methoden sind sehr wirksam, jedoch implementierungsabhängig. Die entfernten und koordinierten Methoden erfordern keine Test-Software innerhalb der IUT (*Implementation Under Test*). Sie beziehen sich auf definierte Protokoll-Schnittstellen. Die modernen Testvorrichtungen tendieren in Richtung zentralisierter Systeme - mit übergreifender Rechnerunterstützung - die eine weitgehende Automatisierung des Testprozesses ermöglichen sollen. So werden die einzelnen Testgeräte an verschiedenen Schnittstellen eingesetzt und extern angesteuert. Auf diese Weise kann schneller und effektiver getestet werden. Beim Testen sollten die Unabhängigkeit der Systemabläufe von der speziellen Testumgebung, die Reproduzierbarkeit und die objektive bzw. sinnvolle Auswertemöglichkeit der Ergebnisse als Ziel gelten. Die Bestrebung ist, die Testfälle und die Testlistenumsetzung weitgehend zu standardisieren (z.B. TTCN) und hierfür eine gemeinsame Plattform zu erstellen. Es sollte zum Schluß bemerkt werden, daß es in der Praxis so gut wie kein allumfassendes Testsystem geben kann. Die Komplexität moderner Systeme zwingt dazu, die Testverfahren gezielt und flexibel einzusetzen sowie den speziellen Bedingungen anzupassen.

Teststrategie

Es gibt ganze Reihe an verschiedenen Test-Möglichkeiten. In der Entwicklungsphase eines offenen GSM-Produkts können folgende Teststufen unterschieden werden:

- *Offline* Tests einzelner Module/Komponenten;
- Verbundtest mit Überprüfung der Basisfunktionen;
- Systemtests aller Funktionen;
- Qualifikationstests einschließlich aller Leistungs- und Dienstmerkmale;
- Last- und Streßtests;
- *Conformity* Tests;
- Kompatibilitätstests (*Interoperability* und Netzintegration);
- Installationstests (*Commissioning, First Office Application, Field Acceptance*);
- Typabnahme- und Erprobungstests (*Type, Operational and System Acceptance*);
- Qualitätssicherungs- und Wartungstests (einschließlich *Troubleshooting*).

Stand alone Komponententests, Integrationstests (Schnittstellen- und Protokolltests) und Systemtests (*EtE*-Tests, Funktionstests) knüpfen an die unterschiedlichen Entwicklungsphasen eines Telekommunikationsystems an. Bei den Systemtests wird das GSM-System als ganzes in allen Funktionen untersucht. Die Verhaltenstests werden als Komponenten- oder Systemtests (z.B. für *Recovery*, Stabilität, *Performance*, *Overload Control*) unter Echtzeitbedingungen ausgeführt. Auch Tests für Netzknoten und Übertragungswege werden während des Betriebs erfolgen. Die Netzkomponenten unterschiedlicher Hersteller müssen miteinander effektiv kommunizieren können und dürfen sich nicht gegenseitig aus dem Betrieb nehmen. Alle diese Tests dienen der Untersuchung der QOS unter den unterschiedlichsten Bedingungen. Im folgenden werden die geläufigsten Tests erläutert.

• **Funktionstest**
Das Ziel dieser Tests ist es, Unstimmigkeiten zwischen der realisierten Implementierung und zugehörigen Spezifikationen zu finden. Diese Tests enthalten eine Fülle diverser Möglichkeiten, abhängig vom Netz, *Feature* und der Systemauslegung.

• **Applikationstest**
Die Applikationstests bedeuten eine große Herausforderung für das zu überprüfende System. Hierzu gehören Operationstests, *Conformity*-Tests, *Gateway*-Abschirmung (*Routing* zu den Fremdnetzen) usw.

• ***Conformity*-Test**
Es wird das Protokollverhalten einer Netzkomponente gegenüber dem Standard oder der Empfehlung getestet, um den Grad der Konformität (Übereinstimmung) zu überprüfen. Es wird das Profil der Implementierung, einschließlich solcher Anforderungen wie Konsistenz, Reproduzierbarkeit und Objektivität, getestet. Diese Tests sind wichtig für offene Systeme und international definierte Schnittstellen. Ein Standard für *Conformance Testing* wurde von ISO (9646) veröffentlicht und von CCITT (X.290) adoptiert. Solche Testsvorhaben werden auch als Expertisen (Gutachten) von unabhängigen Laboratorien (*independent third-party*) durchgeführt. Für den europäischen Markt sind hierfür das *European Committe for* IT (*Information Technology*) *Certification* (ECITC) und die SPAG (*Standards Promotion and Application Group*) zuständig. Die GSM-Tests können an die TTCN (*Tree and Tabular Combined Notation*) angelehnt werden. Diese Definitionssprache erlaubt eine Spezifizierung von simulatorunabhängigen Testfällen, die später in die spezielle Testumgebung konvertiert werden können. Mit dieser Thematik setzt sich ETSI auseinander.

• ***Database*-Test**
Diese Tests hängen eng mit der Systemarchitektur zusammen. Die Verteilung der Datenbasis, ihre Struktur und die DB-Prozesse spezifizieren die Testschritte. Zu den Elementen, die überprüft werden können, gehören: *Database*-Änderungen/Erweiterungen (neue SW, MML-Kommandos), Regenerierung, Konsistenzaspekte, Umrouten im CCS7, GT-Verhalten usw. Mit den DB-Tests kann die Korrektheit der Datenbasis-Funktionen und -Inhalte überprüft werden. Im PLMN sind die Systemdaten in mehreren Netzkomponenten wie MSC, HLR, VLR, AUC, EIR verteilt. Die DB-Restaurierung im PLMN befaßt sich nach GSM Empfehlungen mit den VLR- und HLR-Datenbanken.

- **Integrationstest**

Mit den Integrationstests wird die korrekte Zusammenarbeit aller Module, Subsysteme und Komponenten überprüft. Die einzelnen Elemente des Systems werden schrittweise integriert und das erweiterte Subsystem überprüft, bis das Gesamtsystem vollständig getestet ist. *Interoperability* und *Interconnect Approval Testing* überprüft die Kompatibilität von Netzkomponenten z.B. verschiedener Hersteller. Die ersten IW-Tests einschließlich der *Desk-checks* werden als Schnittstellen-Harmonisierung bezeichnet.

- **Systemtest**

In den Systemtests wird das Verhalten des Gesamtsystems gegenüber den Leistungsmerkmalsbeschreibungen und den Kundenerwartungen getestet. In diversen Tests sind mehrere Systemeigenschaften wie Vollständigkeit, Stabilität, Sicherheit, Streßverhalten zu überprüfen.

- **Simulationstest**

Simulationen werden als flexible und kostengünstige Methoden benötigt, um bestimmte Eigenschaften eines komplexen Systems nachzubilden. Simuliert werden die sonst nicht so leicht/schnell verfügbaren Netzelemente, z.B. noch nicht lieferbare Komponenten oder Zustände, die sich sonst nicht so einfach manipulieren (/einstellen) lassen bzw. in der Erstellung einfach zu teuer sind. Sie werden vor allem zur Durchführung von Integrations- und Systemtests eingesetzt.

- **Dauertest**

Es handelt sich um Stabilitätstests, wobei jeder einzelne mehrere Tage dauern kann. Der kontinuierliche Betrieb über eine längere Zeitperiode ermöglicht eine zuverlässige und aussagekräftige Prüfung. Es ist in der Regel schwierig, die Ursache auftretender Fehler festzulegen.

- **Regressionstest** (Wiederholungstest)

Ein Regressionstest ist das Aneinanderreihen von Testabschnitten (→ Regressionsliste), die ein längeres Ablauf-Szenario der Systemfunktionalität ermöglichen. Dabei sind sukzessive Vergleiche, wie Soll-Ist-Vergleich von mehreren Testläufen, wichtig, um die Systemstabilität und die Auswirkung angebrachter Änderungen (*Upgrades*) zu kontrollieren. Die Regressionstests werden für die Überprüfung der erwarteten Qualitätsmerkmale und Funktionen eingesetzt.

- ***Performance*-Test**

Bei den *Performance*-Tests werden Parameter untersucht (verifiziert), die die Protokoll- und System-*Performance* beschreiben. Anhand dieser Tests soll die Service-Qualität unter reellen Verkehrsbedingungen untersucht und verbessert werden.

- **Lasttest**

Mit den Lasttests können die Belastbarkeit des Systems geprüft und die Überlastkennwerte (Verkehrs-Grundlast, -Spitzenlast, BHCA) festgelegt werden. Der Lasttest dient der Stabilisierung des Systemverhaltens unter erschwerten Betriebsbediengungen. Es können speziell verschiedene Transportfunktionen wie *Changeover, Rerouting, Congestion and Flow Control* überprüft werden. Hier sollen auch die *EtE*-Tests unter Berücksichtigung des Verkehrsprofils erfolgen. Dieses Profil - mit prozentueller Einteilung in LUP's, MOC's, MMC's, MTC's usw. und unter Berücksichtigung von nichterfolgreichen Anrufversuchen - kann sich für Mobilfunknetze mit der Zeit, dem Grad der Flächendeckung und dem Service-Angebot ändern. In manchen Testfällen ist es sinnvoll, die vorhandenen Netzressourcen zu reduzieren, um die Überlastsituation im Testfeld erreichen zu können. Die Steigerung der Lasttests ist der **Streßtest** - hier werden die *Performance*-Grenzen als Reaktion auf Streßsituationen ausgelotet. Es können solche Merkmale wie Robustheit und Fehlertoleranz bei extremer Überlast (~ 10^6 und mehr BHCA) untersucht werden.

• Tests beim Kunden
In bestimmten Fällen können abschließende Tests direkt bei "freundlichen Kunden" als Feldversuche und Testbetrieb durchgeführt werden. In dieser Phase sollte bereits eine gute Systemstabilität erreicht sein. Diese praktischen Tests geben u.a. einen Aufschluß über die Nützlichkeit und Akzeptanz neu eingeführter Dienste.

Testszenarien

Innerhalb jeder Teststufe je nach Teststrategie können elementare Testschritte festgelegt werden. Die Testszenarien sind speziell vorbereitete Testabläufe, die verschiedenen Untersuchungen dienen. Damit lassen sich normale oder abweichende bis verfälschte Situationen hervorrufen. Die Vielfalt möglicher Testszenarien ist sehr groß. Zu den obligatorischen Tests im GSM-System gehören die Funktions- und Protokolltests. Die Protokolltests mit Implantierung von Fehlern sind vor allem für die Funkschnittstelle wichtig. Das Vortäuschen eines Fehlverhaltens (inkl. des Absturzes einzelner *Entities*) ist auch für Festnetzkomponenten relevant.

• Implantierung von Fehlern
Es werden z.B. falsche Nachrichten implantiert, um das Systemverhalten (Verwerfen, Ignorieren usw.) zu untersuchen und solche Effekte wie "Aufhänger" oder gar Aufschaukeln und Absturz des Systems auszuschließen. Solche vorgetäuschten, eingeblendeten Fehler können bei der Übermittlung sowohl im Festnetz als auch auf dem Funkweg entstehen. Die möglichen Fehlerklassen können in drei Kategorien klassifiziert werden:

1. **Syntaxfehler** - können z.B. durch Hex-Editierung von Nachrichten herbeigeführt werden.
2. **logische Fehler** - können durch Abändern der Reihenfolge von Ereignissen und unerwartete Aktionen erzwungen werden.
3. **Übertragungsfehler** - treten bei Überschreitung der Reaktionszeit oder Fehlen einer Nachricht auf.

Außer der Verfälschung einzelner Nachrichten können ganze *Call-Flows* abgeändert werden, um z.B. die Auswirkung des Komponentenfehlverhaltens auf das Netz zu untersuchen. Es können auch im Test Subsystem-Abstürze (z.B durch ein Abtrennen von *Link*-Bündeln und *Trunk-Groups*) vorprogrammiert werden, um das Systemverhalten zu studieren und die Wahrscheinlichkeit eines totalen Netzausfalls zu minimieren.

Alle Tests können unter normalen oder extremen Bedingungen erfolgen. Beide Vorgehensweisen sind wichtig. Zu den extremen Bedingungen können große Temperaturschwankungen, Vibrationen usw. gezählt werden. Solche Tests werden überwiegend von den Komponenten-Herstellern ausgeführt.

15.1 Musterfälle der GSM-Funktionalität

Die wichtigsten Testfälle für die Basisdienste des GSM-System sind: *Roaming* mit LUP, MOC (2×[1]), Notruf (2×), MTC (2×), MMC (2×), verschiedene HOV's, *Call-Re-establishment*, Rufweiterleitung, TMSI-Allokierung, IMEI-*Check*, DTMF-*Protocol-Control*, SCI/OCI, *Unsuccessful Cases*. Außerdem werden verschiedene Services wie alternierende Dienste, Kurznachrichten, Telefax sowie Daten-, Zusatz- und Mehrwertdienste je nach Einführungsphase getestet. Einen weiteren Teil bilden Tests von Netzstandardfunktionen, die nur MF-spezifisch anzupassen sind, z.B. Echokompensation, Ansagen und Töne, *Billing* oder Administrationsaufgaben. Viele der erwähnten Testfälle können nur in den wichtigsten bzw. denkbar auftretenden Abläufen untersucht werden. Wegen der Komplexität und des variablen Einsatzes (mehrere optionale Elemente, die zu unzähligen Ablaufvarianten führen können) ist die Überprüfung aller möglichen Fälle physikalisch und im abgesteckten Zeitraum kaum realisierbar. Hier sind außer geeignet gewählten Regressionstests und neuen Testszenarien zuverlässige statistische Auswerteverfahren mit korrekter Prioritätssetzung von Bedeutung. Einen wichtigen Anteil der Tests bilden die Komponententests vor allen im Bereich des RSSs.

Typzulassungstests der Mobilstation

An jedem GSM-Telefontyp müssen hunderte von Testfällen durchgeführt werden. Diese Testreihen erfolgen mit GSM-System-Simulatoren. Es müssen funkmeßtechnische Aspekte betrachtet werden, und die Messungen müssen auf allen Ebenen der Signalisierung möglich sein. Die hohe Integration der IC-Bauelemente in der MS macht diese Meßaufgaben nicht gerade leicht. Analog dem GSM-Systemsimulator werden ähnliche PCN-Geräte entwickelt. Wie die Untersuchungsergebnisse zeigen, liefern die Typzulassungstests kein vollständiges Bild des Implementierungzustands im *Mobile*. Viele Dienste (wie SS's, Datendienste oder Fax) sowie bestimmte Fälle des Fehlverhaltens können erst später bei der Typabnahme oder im Testbetrieb entdeckt werden.

---

[1]2× - bedeutet zwei möglichen Fälle der Verbindungsauflösung: Gesprächsbeendigung vom A- bzw. B-Teilnehmer.

Messungen mit MSTS

1. Transceivermessung: Mit dieser Messung wird die Nebenaussendung der MS untersucht. Dazu wird die Mobilstation durch entsprechende Signalisierung veranlaßt, definierte Aktivitäten vorzunehmen, die dann im breiten Frequenzspektrum mit Spektrum-*Analyzer* auf Störleistungsabgabe untersucht werden.

2. Sendermessungen: Der MS-Sender muß auch bei Funkstörungen in der Lage sein, sich an die BTS synchronisieren zu können. Dies wird durch Simulation der gestörten und durch Superposition überlagerten Funksignale untersucht. Es wird die adaptive Anpassung der MS unter erschwerten Bedingungen betrachtet.

3. Empfängermessungen: Es wird die Auswirkung der Nachbarkanalsignale auf das Empfänger- und Decoderverhalten betrachtet. Es werden auch die Unterdrückungsmaßnahmen der Signal-Rückkopplung (sog. Echodämpfung) in der MS untersucht.

4. Signalisierung: Es müssen vor allem verschiedene Verbindungsphasen unter Störung des Funkkanals überprüft werden. Für *Layer* 2 werden Nachrichten verfälscht und die Empfangszeiten usw. verändert. Für *Layer* 3 Tests werden verschiedene Netz- und Empfangsbedingungen simuliert, um das MS-Verhalten in solchen Prozessen wie *Measurement Reporting* und HOV zu beobachten.

Tabelle 15.1: Messungen der Funkkomponenten-*Features*

Empfänger	Sender
Empfindlichkeit	Modulationsgenauigkeit
Trennschärfe	Frequenzgenauigkeit
Zeitverhalten	Leistung
HF-Kanal	Pulsmaske
Rauschen	Ausgangsspektrum
Interferenzen	Störleistung
Schwund	Intermodulationsverzerrung
Laufzeit	*Power Control*
Dämpfung	DTX-Technik
Mehrwegausbreitung	VAD
DRX-Technik	*Comfort Noise*
Echokompensation	Stabilität

15.2 Testgeräte

Es existiert eine ganze Reihe von Meßgeräten, Analysatoren, Simulatoren und anderen Testvorrichtungen. Es werden kurz diejenigen erwähnt, die für die GSM-Systementwicklung und den -Betrieb von Bedeutung sind. Zuerst werden GSM-Empfehlungen zu diesem Thema betrachtet:

Mobile Station Test System **(MSTS)**

MSTS ist ein GSM-Testsystem für das Zulassungsverfahren, mit spezifischen Audiomessungen und der Fähigkeit u.a. folgende Funktionen zu testen: Frequenzverhalten, Codierung, Chiffrierung, FH, GMSK-Modulation/Demodulation, TDMA-Struktur usw. Der Meßzugang für die Digitalsignale erfolgt über die DAI-Schnittstelle (DAI: *Digital Audio Interface*). Für die *downlink* Richtung kann ein *Fading*-Simulator in den Signalzweig vorgeschaltet werden, um die Funkfeldeigenschaften gezielt zu simulieren und sie der Mobilstation anzubieten. Auf diese Weise werden alle möglichen Zustände (*States*) der Mobilfunkstation getestet.

BSS *Test Equipment* (BSSTE)

BSSTE (nach GSM 11.20) ist eine allgemein spezifizierte funktionelle Einheit, die für *Acceptance*-Tests des BSS benutzt werden soll. Für sie wurden Testsfälle aller drei Schnittstellen (U_m, A_{bis} und A) vorgesehen. Für alle wichtigen GSM-Prozeduren wurden standardisierte Akzeptanz-Testszenarien vorgeschlagen. So werden alle RF der BSS-Konfiguration und alle Kanaltypen der U_m-Schnittstelle getestet. Es können die SFH, Sendeleistung usw. über die ganze Frequenzbreite untersucht werden. Die *Layer* 2 Tests (LAPD) der A_{bis}-Schnittstelle basieren auf NET3-Anforderungen (NET: *Norme Europeenne de Telecommunications*) für den Basis-ISDN-Anschluß.

GSM *Field Measurement Tool*

GSM *Field Measurement Tool* ist eine Testvorrichtung für Freilandmessungen. Damit lassen sich Netz-Design, Deckungsgrad der Versorgung sowie *Performance*-Analyse und -Auswertung zwecks Systemoptimierung während des normalen Netzbetriebs durchführen. Zu dieser Testvorrichtung gehört als ein Bestandteil auch das GPS (*Global Positioning System*), das über ein Satellitennetz die genaue Lokalisierung vornehmen kann.

Testgeräte auf dem Markt

Entsprechend den Testarten gibt es Testvorrichtungen mit passiven und aktiven Funktionen. In vielen Fällen werden in einem Testgerät verschiedene Testfunktionen wie Simulation, Emulation und *Monitoring* integriert. Die Testgeräte werden an diversen Schnittstellen eingesetzt und können in der Regel beide Richtungen - also verschiedene Netzelemente - untersuchen oder auch nachbilden. Je nach Ausführung können verschiedene Funktionen, Verhaltensweisen, Abläufe oder Stabilität der SW im ganzen System oder für einzelne Netzkomponenten getestet werden.

Mit den Testgeräten können protokollgerechte Abläufe - je nach Flexibilität, Geschwindigkeit, SW-Version und Stabilität des Test-*Equipments* besser oder schlechter - untersucht werden. Dabei können die Anforderungen an Benutzer-Kenntnisse unterschiedlich ausfallen (Betriebssystem, Menü-Hilfen usw.). Testgeräte mit vergleichbaren Leistungsmerkmalen für dieselben Schnittstellen und Protokolle können gravierend unterschiedlich konzipiert sein. Dieses Konzept, nach dem sie entwickelt wurden, ist von entscheidender Bedeutung für die möglichen Testszenarien und die Wahl der Testfälle. So legen solche Punkte, wie zulässige Abläufe von Testschritten, Triggermechanismen, Abfragemöglichkeiten (interne Logik), Automatisierbarkeit, Geschwindigkeit, Lastfähigkeit, Spiegelung bzw. Parameter-Anpassung (z.B. Übernahme von *Transaction Identities*) und Verfälschungsfähigkeit, die Testmöglichkeiten fest. Bei den Geräten mit aktiven Testsoptionen sind solche *Features* wie der Aufbau von *State-Event-Handler*-Strukturen für Protokoll-Tests wichtig. Für Monitoring und brauchbares *Handling* sind verschiedene Darstellungsebenen (*Zoom*) mit sofortiger Anhaltemöglichkeit (*Freeze*) von Bedeutung. Für den Mobilfunk-Einsatz ist zusätzlich eine Unterscheidung der Testgeräte in bezug auf den Einsatz an der U_m-Funkschnittstelle und anderen *Interfaces* wichtig.

- **Protokollmeßgerät**

Für die Funkschnittstelle werden spezielle Protokollmeßgeräte benutzt. Sie unterscheiden sich von den herkömmlichen Protokolltestern durch den Einsatz komplizierter HF- und Digitalmeßtechnik. Für den TDMA-Zugriff ist insbesondere eine korrekte Synchronisation wichtig. An diese Geräte werden extreme Meßanforderungen gestellt und Echtzeit-Fähigkeit gefordert. Für eine vollständige Überprüfung der Luftschnittstelle müssen die Messungen sowohl an Basisstationen als auch an Mobilfunkgeräten durchgeführt werden. Im GSM werden auch sogenannte Test-Mobilstationen verwendet. Diese Testgeräte bilden die Funktionalität des Mobiltelefons nach und ermöglichen zusätzliche Protokolltests an der Funkschnittstelle.

- ***Frame-* bzw. *Protocol-Analyser*** (*Tracer*)

Hierbei handelt es sich um einen *real-time* Dekoder mit Dataskop-Funktionen auf wählbaren Zeitschlitzen (Kanälen) mit Rahmen- bzw. Protokoll-Interpretation. Je nach Hersteller und Analysatortyp können unterschiedliche Protokollabläufe (Daten- und Signalisierungsprotokolle) überwacht und getraced werden.

- ***Frame Simulator***

Mit einem *Frame Simulator* werden meistens Layer-2-Funktionen einer bestimmten Schnittstelle getestet. Mit einem TRAU-*Frame* Simulator lassen sich die TRAU-Rahmen gewählter 16 kbit/s-Kanäle des PCM-Systems auswerten und manipulieren. Damit kann die Transcoderfunktionalität untersucht werden.

- **Protokolltester** (*Protocol Test Machine*)

Der Protokolltester bietet die Möglichkeit, einzelne Protokolle detailliert zu untersuchen. Dabei sind in der Regel Programmierkenntnisse für das Codieren von Testszenarien erforderlich. Protokolltester sind meistens leistungsfähige, überschaubare und tragbare Geräte, die nur wenige *Links* bedienen können (typisch 2-4), dafür aber flexibel einsetzbar sind.

- **Rufsimulator**

Es gibt diverse Rufsimulatoren für die Festnetzseite. Sie können analoge- oder ISDN-

Anschlüsse sowie Fernleitungen bedienen. Diese Geräte können in der Regel eine vermittlungstechnische Last erzeugen, d.h. mehrere Leitungen (*Trunks* und *Links*) gleichzeitig und dauerhaft belegen.

- **Netz-Simulator/Lastmaschiene**

Ein Netz- bzw. *Traffic*-Simulator kann mehrere *Entities* bis hin zum gesamten Netz mit allen Netzkomponenten simulieren. Es soll HW- und SW-mäßig für viele Kanäle (*Link*) ausgelegt sein, um betriebsechte Bedingungen nachbilden zu können. Ein Lastgerät soll imstande sein eine hohe Last anzubieten und verschiedene *Entities*, Netzkomponenten sowie hohe Teilnehmerzahlen (inkl. Sprechkanalbelegung) zu simulieren. Die Codierung von Testszenarien sollte wegen der hohen Komplexität menügesteuert, z.B. über speziell vorbereitete Test-Manager-Oberflächen, erfolgen. Aus diesem Grund sind Programmierkenntnisse nicht notwendig. Die angebotene Protokoll- und Funktionsvielfalt soll die Bedienbarkeit und Leistung nicht einschränken. Nach dem aktuellen Kenntnisstand gibt es für das GSM-System auf dem Markt bis jetzt nur sehr wenige zuverlässige Lastgeräte. Für die Lasttests werden in der Praxis mehrere Testgeräte (wie Schnittstellensimulatoren und Protokolltester) parallel benutzt. Auch herstellerinterne Lösungen, die meistens nur spezielle Bereiche abdecken, werden eingesetzt.

Auf die Probleme des Geräte-*Handlings*, der Automatisierbarkeit der Testszenarien und der Auswerteverfahren kann an dieser Stelle nicht näher eingegangen werden.

16 Ausblick

Die moderne Telekommunikation ist in der heutigen Zeit von essentieller Bedeutung und die Aussichten speziell für die Mobilkommunikation sind hervorragend - es handelt sich hierbei um einen mit am schnellsten wachsenden Bereich der Telekom-Industrie. Das Interesse an der Mobilität der neuen Telekommunikationsdienste ist zu einer führenden Antriebskraft der modernen Netzentwicklung geworden. Mit der paneuropäischen GSM-Norm konnte die Eröffnung des europäischen Binnenmarktes durch die Globalisierung der Kommunikationsmärkte eingeleitet werden. Der GSM-Beitrag im Bereich der persönlichen mobilen Telekommunikation ist außerordentlich wichtig und spielt sogar über die europäischen Grenzen hinaus eine Schlüsselrolle. Die GSM-Technik war ursprünglich nur für CEPT-Staaten geplant. Inzwischen haben sich auch mehrere außereuropäische Länder (z.B. Hong Kong, Indien, Golfstaaten, Australien, Neuseeland, Kamerun, Südafrika, Ägypten, Argentinien, Kolumbien) für den GSM-Standard entschieden. Auch zeigen Länder wie die mittel/osteuropäischen Staaten[1] oder China ein reges Interesse am GSM-Standard. Diese Tatsache ist für die weltweite Etablierung des GSM-Standards von großer Relevanz und kann die Kostenentwicklung weiter positiv beeinflussen. Vor allem der asiatische und ozeanische Bereich (Welt-Region 3), mit der geplanten pan-asiatischen bzw. pan-pazifischen Kooperation mehrerer Länder, erfreut sich einer wachsenden Beachtung. Das Entwicklungspotential für den GSM-Markt und seine Dienste ist enorm groß. Hunderten Millionen von Menschen werden neue Möglichkeiten der mobilen Kommunikation eröffnet. Dank des günstigen Preisniveaus wird die GSM-Technologie auch für den privaten Sektor immer attraktiver und wird eine Basis für echt personelle Kommunikation bieten. Zwei der wichtigsten Voraussetzungen dafür sind die akzeptablen Endbenutzerpreise und die richtige, rechtzeitige Erkenntnis der wachsenden Kundenbedürfnisse und -wünsche. Mit einer weiteren Entwicklung der Technik für Mobilfunksysteme und einer Erweiterung des Frequenzspektrums könnte es möglich werden, vor allem für Text- und Datenkommunikation Kanäle mit höheren Übertragungsraten zu realisieren.

Akzeptanz in der Bevölkerung

Der prozentuale Anteil der Mobilfunksysteme am Telekommunikationsmarkt wird immer größer. Es zeigt sich immer deutlicher, daß der fixierte, teilnehmerbezogene Anschluß ausgedient hat. Die Vorhersagen hinsichtlich Akzeptanz und Wachstum der MF-Teilnehmerzahlen sowie die ersten erzielten Ergebnisse sind sehr vielversprechend. In Deutschland beobachtet man inzwischen eine beschleunigte Zunahme der Teilnehmerzahlen, obwohl diese laut Prognosen erst 1994 einsetzen sollte. Verschiedene Marktstudien und die ersten Erfahrungen ergeben, daß die Durchdringungsrate im Mobilfunkbereich wesentlich von der Gebührenhöhe abhängt. Wer die Preisentwicklung auf diesem

[1]Die COCOM-Ausfuhrbeschränkungen, die unter anderem den Transfer zellularer Technologie in das 'restliche' Europa unterbunden haben, wurden 1994 aufgehoben.

Sektor verfolgt, merkt schnell, welche Änderungen innerhalb kurzer Zeit möglich waren. Innerhalb eines Jahres sind in Deutschland die GSM-Endgeräte-Preise um mehr als die Hälfte und die für das Telefonieren um ein Drittel gesunken. Diese Tendenz wurde durch den vermehrten Wettbewerb unter den Dienstanbietern möglich.

Mittlerweile sind die Teilnehmerzahlen der zellularen Netze in Deutschland auf über zwei Millionen angestiegen. Die Anzahl der verfügbaren Endgeräte stellt inzwischen auch keinen Engpaß dieser Entwicklung mehr dar. Das GSM-System mit seinen hunderttausenden von Nutzern kann somit ohne Zweifel die ersten Erfolge feiern. Man kann bereits heute sagen, daß mit dem GSM-Standard große Erwartungen der Telekommunikationsindustrie und des Dienstleistungssektors in Erfüllung gegangen sind. Die Analytiker prognostizieren für Europa bis zu 20 Millionen Benutzer schon im Jahre 2000. Die Marktuntersuchungen ergaben, daß in Europa zu diesem Zeitpunkt die Hälfte aller verkauften Telefone mobile Geräte sein werden !

Diese Entwicklung schließt auch bedeutende Fortschritte im Bereich der Umweltproblematik insbesondere in bezug auf die elektromagnetische Verträglichkeit (Hochfrequenz, 217-Hz-Pulsstrahlung) mit ein. Damit das GSM-System eine echte Steigerung der Lebensqualität mit sich bringt, werden solche Maßnahmen wie Leistungsreduktion, Abschirmung von Streufeldern usw. vor allem von den Netzbetreibern sehr ernst verfolgt.

GSM-Entwicklung

Die GSM-Standardisierung wird weiter vorangetrieben und muß, um auf lange Sicht konkurrenzfähig zu bleiben, für die kommenden Phasen (≥ 2) verbessert werden. Neben den technischen Änderungen und Innovationen ist eine bessere Anpassung an die Erfordernisse des Weltmarktes zu berücksichtigen. Ein entscheidendes Problem ist/war die Überwindung politischer Barrieren wie Exportlizenzen (COCOM, *Encryption*-Algorithmen) und eine Vereinfachung der internationalen Zusammenarbeit (CEIR, *Type Approval*). Es muß eine weltweite Kompatibilität der GSM-Netze und verwandter Systeme auf allen Ebenen und in jedem Entwicklungsstadium gewährleistet sein.

Global Systems Competition

Der internationale Markt der Mobilkommunikation entwickelt sich zur Zeit in einem rasanten Tempo. Bis 1996 soll sich die Teilnehmerzahl der Mobilfunknetze weltweit verdreifachen auf über 50 Millionen (nach *World Cellular Markets*, 1992). Neben dem europäischen GSM sind weltweit zwei andere globale Systeme in Entwicklung: *Japan Digital Cellular* (JDC) und das *(Pan-/Nord-) American Digital Cellular* (ADC). Dies sind Konkurrenzsysteme zum GSM. Das wichtigste Merkmal all dieser Systeme ist die vollständige Digitalisierung mit ISDN- und *Roaming*-Fähigkeiten.

Das japanische System ist, abgesehen von der Frequenzallokierung (großer Duplexabstand), der US-Variante sehr ähnlich. Es bleibt vorerst unklar, ob die Japaner und die

Amerikaner ihre eigenen Standards aufrechterhalten oder, ob sie sich der bereits erprobten GSM-Technologie anschließen werden. In der Tabelle 16.1 werden die drei globalen Mobilfunksysteme in groben Zügen verglichen.

Tabelle 16.1: Vergleich digitaler Mobilfunksysteme

	Europa	USA	Japan
System	GSM	ADC	JDC
HF-Bereich	935-960 MHz 890-915 MHz	824-849 MHz 869-894 MHz	810-830 MHz 940-960 MHz
TCH's/RFC	8	3	3
TDM-Kanäle	992	316	316
Kanalraster	200 kHz	30 kHz	25 kHz
Duplexabstand	45 MHz	45 MHz	130 MHz
Zugriff	TDMA	TDMA/CDMA	TDMA
Laufzeit-streuung	20 (16) µs	60 µs	optional
Datenrate	270.833 kbit/s	48.6 kbit/s	42 kbit/s
Modulation	0.3 GMSK	π/4 DQPSK	π/4 DQPSK
Codierung	RLP-LTP	VSELP	VSELP
Zellenradius	0.5-35 km	0.5-20 km	0.5-20 km
PCN	PCN-Europa	PCN-USA	PCN-Japan

Die Situation auf dem US-Mobilfunk-Markt ist noch nicht vollständig festgelegt. Es gibt mehrere rivalisierende Systeme wie DAMPS oder NAMPS. Höchstwahrscheinlich wird sich in den USA das DAMPS als Standard durchsetzen können. Als Schnittstellenstandard für das IW verschiedener zellularer Mobilfunknetze in den USA wurde das InterSystem 41 (IS-41) gewählt. Das IS-41 weist einen ähnlichen konzeptuellen Ansatz wie das GSM-System auf. Die Netzarchitektur und Schnittstellenbezeichnung (NRM: *Network Reference Model*) ist praktisch der in Abbildung 3.6 gezeigten Anordnung gleich. Die BTS-BSC-Schnittstelle soll in diesem digitalen Mobilfunknetz, anders als für GSM, nicht spezifiziert werden. Der wesentliche Unterschied ist die Funkschnittstelle und die Zugriffstechnik. Es werden zur Zeit kontroverse Diskussionen und Vergleiche in der Entscheidungsfrage DTMA- oder/und CDMA-Technik geführt. Bei dem TDMA-Verfahren besteht die wichtige Verschiedenheit in der Modulationsart. Die Datenraten und Filterung unterscheiden sich ebenfalls. Es sind mehrere Empfehlungsserien für IS-41 vorgesehen (Revisionen 0/A/B/C). An dieser Stelle werden (IS-41/A vom Januar 1991) die Meilensteine dieser Entwicklung skizziert:

1-A *Functional Overview*
2-A *Intersystem Handoff*
3-A *Automatic Roaming*
4-A OA&M
5-A *Data Communications*

In der Revision B wurden zusätzliche Elemente wie *InterSystem Path-Minimisation* (Prinzip des kürzesten Weges beim *Routing*), IS *Subscriber Billing* und IS *Handoff* definiert. 1994 wurden in den USA die Bestimmungen für PCN-Lizenzen definiert, die unter anderem die Breite des Mobilfunkspektrums von insgesamt 160 MHz (zwischen 1.85 und 2.2 GHz) festlegen und konkurrierende Netzbetreiber bzw. Systeme in allen Regionen/Städten zulassen. Die Zukunft wird zeigen, inwieweit das GSM-System auf diesem zur Zeit größten Telekom-Markt der Welt Fuß fassen kann.

Die oben erwähnten, modernen Mobilfunksysteme sollen die gemeinsame Grundlage für einen einheitlichen Weltstandard bilden. Die anstehenden UMTS- und FPLMTS-Entwicklungen wurden bereits angesprochen. Das europäische UMTS soll eine gemeinsame Luftschnittstelle für alle wichtigen Dienste bieten. Es soll möglich werden, eine variable Servicequalität je nach Kundenwünschen, vorhandenen Ressourcen oder vorgesehenen Bitraten anzubieten. Das Problem liegt zur Zeit in der Standardisierung und der Wahl der geeigneten Zugriffstechniken.

Das *Future Public Land Mobile Telephone System* (FPLMTS) wird der neue zukünftige Weltstandard für mobile, persönliche Kommunikation sein. FPLMTS soll alle Funkanschlußtechniken inklusive Besonderheiten der Entwicklungsländer und die ISDN-Fernsprechnetze mit integrieren. Er wird wahrscheinlich auch neue Technologien, z.B. *Linear Wide Band Power Amplifiers*, einschließen. Die Spezifizierung der Schnittstellen und die Wahl der geeignetsten Techniken (TDMA, CDMA) werden erst noch erfolgen. Es können durchaus noch viele Jahre vergehen, bis alle Beteiligten eine gemeinsame Lösung gefunden haben.

Die hier angesprochenen globalen Systeme sind sehr kostspielig und verlangen nach Netzoperationen, die auf der Basis gemeinsamer HW- und SW-Plattformen (Vermittlungs-, Übertragungstechnik, IN, GSM, B-ISDN) entstehen können und technologisch Synergie und *Reusability* (Wiederverwendung) ermöglichen. Zugleich wird die rechtzeitige Markteinführung und preisgünstige Verfügbarkeit der unterschiedlichsten Telekom-Dienste künftig darüber entscheiden, welche Anbieter und Betreiber sich im harten Wettbewerb durchsetzen werden. Das hohe Niveau der Mehrwertdienste und die Zufriedenheit der Teilnehmer werden dabei ausschlaggebend sein.

Anhang

A GSM-RECOMMENDATIONS

Release Liste der ETSI/GSM Empfehlungen (Stand: Februar 1993, Release 92)

DCS:	Update für DCS 1800 Standard
*	Eingefroren für Phase 2 (Stand: März 1993)
o	frühere Version

GSM NO.:	GSM Title
00	Preamble
01.01 o	General Structure of GSM Recommendations
01.02 o*	General Description of a GSM PLMN
01.04	(REP) Vocabulary in a GSM PLMN
01.06	Service Implementation Phases and Possible Further Phases in the GSM PLMN
01.07 o	Updating Procedure for GSM Recommendations
02.01 *	Principles of Telecomunication Services Supported by a GSM PLMN
02.02 *	Bearer Services Supported by a GSM PLMN
02.03 *	Teleservices Supported by a GSM PLMN
02.04 *	General on Supplementary Services
02.05 *	Simultaneous and Alternate Use of Services
02.06 *	Types of Mobile Stations
02.06 DCS	Types of Mobile Stations
02.07 *	Mobile Station Features
02.08 o	(REP) Report: Quality of Service
02.09 *	Security Aspects
02.10 *	Provision of Telecommunication Services
02.11 *	Service Accessibility
02.11 DCS	Service Accessibility
02.12 *	Licensing
02.13 *	Subscription to the Services of a GSM PLMN
02.14 *	Service Directory
02.15 *	Circulation of Mobile Stations
02.16 *	International MS Equipment Identities
02.17 *	Subscriber Identity Modules, Functional Charakteristics
02.20	Collection Charges
02.21 o	Transferred Account Procedure and Billing Information
02.23 o	International Accounting for the Use of the SS7 Network

02.24 o* Description of Advice of Charge
02.30 * Man-machine Interface of the Mobile Station
02.40 * Procedures for Call Progress Indications
02.80 o Supplementary Services - General Aspects
02.81 o* Number Identification Supplementary Services
02.82 * Call Offering Supplementary Services
02.83 o* Call Completion Supplementary Services
02.84 o* Multi-party Supplementary Services
02.85 o* Community of Interest Supplementary Services
02.86 o* Charging Supplementary Services
02.87 o Additional Information Transfer Supplementary Services
02.88 * Call Restriction Supplementary Services

03.01 * Network Functions
03.02 * Network Architecture
03.03 * Numbering, Addressing and Identification
03.04 * Signalling Requirements Relating to Routing of Calls to Mobile Subscribers
03.05 * Technical Performance Objectives
03.07 * Restoration Procedures
03.08 Organisation of Subscriber Data
03.09 Handover Procedures
03.10 GSM PLMN Connection Types
03.11 Technical Realisation of Supplementary Services - General Aspects
03.12 Location Registration Procedures
03.12 DCS Location Registration Procedures
03.13 * Discontinuous Reception (DRX) in the GSM System
03.14 * Support of DTMF via the GSM System
03.20 Security-related Network Functions
03.40 * Technical Realisation of the Short Message Service Point-to-Point
03.41 * Technical Realisation of the Short Message Service Cell Broadcast
03.42 o REP Report: Technical Realisation of Advanced Data MHS Access
03.43 Technical Realisation of Videotex
03.44 * Support of Teletex in a GSM PLMN
03.45 Technical Realisation of Facsimile Group 3 Service - transparent
03.46 * Technical Realisation of Facsimile Group 3 Service - non transparent
03.48 o REP Report: GSM Short Message Service - Cell Broadcast
03.50 Transmission Planning Aspects of the Speech Service in the GSM PLMN System
03.70 * Routing of Calls to/from PDNs
03.82 Technical Realisation of Call Offering Supplementary Services
03.88 Technical Realisation of Call Restriction Supplementary Services

---

04.01 * MS-BSS Interface - General Aspects and Principles

04.02 *	GSM PLMN Access Reference Configuration
04.03	MS-BSS Interface: Channel Structures and Access Capabilities
04.04	MS-BSS Layer 1 - General Requirements
04.05	MS-BSS Data Link Layer - General Aspects
04.06	MS-BSS Data Link Layer Specification
04.07	Mobile Radio Interface Signalling Layer 3 - General Aspects
04.08	Mobile Radio Interface - Layer 3 Specification
04.08 DCS	Mobile Radio Interface - Layer 3 Specification
04.10	Mobile Radio Interface Layer 3 - SS's Specification - General Aspects
04.11	Point-to-point Short Message Service Support on Mobile Radio Interface
04.12 *	Cell Broadcast Short Message Service Support on Mobile Radio Interface
04.21 *	Rate Adaptation on MS-BSS Interface
04.22 *	Radio Link Protocol for Data and Telematic Services on the MS-BSS Interface
04.80	Mobile Radio Interface Layer 3 - SS Specification - Formats and Coding
04.82	Mobile Radio Interface Layer 3 - Call Offering SS Specification
04.83 o	Mobile Radio Interface Layer 3 - Call Completion SS's Specification
04.84 o	Mobile Radio Interface Layer 3 - Multiparty Supplementary Services Specification
04.85 o*	Mobile Radio Interface Layer 3 - Comunity of Interest SS's Specification
04.86 o*	Mobile Radio Interface Layer 3 - Charging Supplementary Services Specification
04.87 o	Mobile Radio Interface Layer 3 - Additional Info Transfer SS Specification
04.88	Mobile Radio Interface Layer 3 - Call Restriction SS Specification

---

05.01 *	Physical Layer on the Radio Path (General Description)
05.01 DCS	Physical Layer on the Radio Path (General Description)
05.02	Multiplexing and Multiple Access on the Radio Path
05.03	Channel Coding
05.04 *	Modulation
05.05	Radio Transmission and Reception
05.05 DCS	Radio Transmission and Reception
05.08	Radio Subsystem Link Control
05.08 DCS	Radio Subsystem Link Control
05.10 *	Radio Subsystem Synchronisation

06.01 *	Speech Processing Functions: General Description
06.10 *	GSM Full Rate Speech Transcoding
06.11 *	Substitution and Muting of Lost Frames for Full-rate Speech Traffic Channels
06.12 *	Comfort Noise Aspects for Full Rate Speech Traffic Channels
06.20 o	Half Rate Speech Transcoding
06.2y o	Half Rate DTX Aspects
06.31 *	Discontinuaus Transmission (DTX) for Full Rate Speech Traffic Channels

06.32 *	Voice Activity Detection

07.01 *	General on Terminal Adaptation Functions for MS's
07.02 *	TAF for Services Using Asynchronous Bearer Capabilities
07.03 *	TAF for Services Using Synchronous Bearer Capabilities

---

08.01 *	General Aspects on the BSS-MSC Interface
08.02 *	BSS-MSC Interface - Interface Principles
08.04 *	BSS-MSC Layer 1 Specification
08.06 *	Signalling Transport Mechanism Specification for the BSS-MSC Interface
08.08	BSS-MSC Layer 3 Specification
08.09 o	Network Management Signalling Support Related to BSS
08.20 *	Rate Adaptation on the BSS-MSC Interface
08.51 *	BSC-BTS Interface, General Aspects
08.52	BSC-BTS Interface Principles
08.54 *	BSC-TRX Layer 1: Structure of Physical Circuits
08.56	BSC-BTS Layer 2 Specification
08.58 *	BSC-BTS Layer 3 Specification
08.58 DCS	BSC-BTS Layer 3 Specification
08.59	BSC-BTS O&M Signalling Transport
08.60	Inband Control of Remote Transcoders and Rate Adaptors

09.01	General Network Interworking Scenarios
09.02	Mobile Application Part Specification
09.02 DCS	Mobile Application Part Specification
09.03	Requirements on Interwork between the ISDN or PSTN and the PLMN
09.04	Interworking between the PLMN and the CSPDN
09.05 *	Interworking between the PLMN and the PSPDN for PAD Access
09.06 o*	Interworking between a PLMN and a PSPDN/ISDN for Support of Packet Switched Data Transmission Services
09.07	General Requirements on IW between the PLMN and the ISDN or PSTN
09.09	REP Detailed Signalling Interworking within the PLMN and with the PSTN/ISDN
09.10	IE Mapping between MS-BSS/BSS-MSC Signalling Procedures and MAP
09.10 DCS	IE Mapping between MS-BSS/BSS-MSC Signalling Procedures and MAP
09.11	Signalling Interworking for Supplementary Services

10.01 o	General on Service Interworking
10.02 o	Service Interworking for SMS's
10.03 o	Service Interworking for Satellite Services

11.01 o	Principles of Type Approval Procedures for GSM MS's
11.10	Mobile Station Conformity Specifications
11.10 DCS	Mobile Station Conformity Specification (DCS 1800)

11.11 *	Specification of the SIM-ME Interfaces
11.11 DCS	Specification of the SIM-ME Interface
11.20	The GSM Base Station System: Equipment Specification
11.20 DCS	GSM DCS 1800 Base Station Specification
11.21 o	The GSM BSS: Test Specification for Network Management Functions
11.30	REP: Mobile Services Switching Centre
11.31	REP: Home Location Register Specification
11.32	REP: Visitor Location Register Specification
11.40	System Simulator Specification (MS Conformance Test System)
11.40 DCS	DCS 1800 System Simulator Conformity Specification
TBR5	General Attachment Requirements for GSM Mobile Stations
TBR9	Attachment Requirements for GSM Terminal Equipment (Telephony)

12.00	Objectives and Structure of Network Management
12.01	Common Aspects of GSM Network Management
12.02	Subscriber, Mobile Equipment and Services Data Administration
12.03	Security Management
12.04	Performance Data Measurements
12.05	Subscriber Related Event and Call Data
12.06	GSM Network Change Control
12.07	Operations and Performance Management
12.10	Maintenance Provisions for Operational Integrity of MS's
12.11	Maintenance of the Base Station System
12.13	Maintenance of the Mobile-services Switching Centre
12.14	Maintenance of Location Registers
12.20	Network Management Procedures and Messages
12.21	Network Management Procedures and Messages on the A_{bis} Interface

B Verfügbare GSM-Netze in Europa

Land	Netzbetreiber	MCC	MNC	Netzbezeichnung
Belgien	RTT Belgacom Belgium	206	01	BEL MOB-3
Dänemark	TELE Danmark Mobile	238	01	DK TDK-MOBIL
Dänemark	Dansk Mobil Telefon DMT	238	02	DK SONOFON
Deutschland	Deutsche Bundespost Telekom	262	01	D1-TELEKOM
Deutschland	Mannesmann Mobilfunk	262	02	D2 PRIVAT
Deutschland	E-Plus Mobilfunk GmbH	262	03	E-PLUS
Finnland	Telecom Finland	244	91	FI TELE FIN
Finnland	OY Radiolinja AB	244	05	FI RADIOLINJA
Frankreich	France Telecom	208	01	F FRANCE TELECOM
Frankreich	SFR	208	10	F SFR
Großbritannien	Cellnet	234	10	UK CELLNET
Großbritannien	Vodafone	234	15	UK VODAFONE
Irland	Ericell	272	01	IRL EIR-GSM
Italien	SIP Italy	222	01	I SIP
Luxemburg	P&T Luxembourg	270	01	L LUXGSM
Niederlande	PTT Telecom	204	08	NL PTT TELECOM
Norwegen	Norwegian Telecom	242	01	N TELE-MOBIL
Norwegen	NetCom GSM A/S	242	02	N NETCOM GSM
Österreich	PTV Austria	232	01	A E-NETZ
Portugal	TMN: Telecom. Moveis Nacionals	268	06	P TELEMOVEL
Portugal	TELECEL	268	01	P TELECEL
Spanien	Telefonica Spain	214	07	E TELEFONICA
Schweden	Swedish Telecom	240	01	S TELIA MOBITEL
Schweden	Comvik GSM AB	240	07	S COMVIQ
Schweden	AB Nordic Tel	240	08	S EUROPOLITAN
Schweiz	Swiss PTT Telecom	228	01	CH NATEL D GSM
Türkei	PTT Turkey	286	01	TURKIYE GSM

MCC: Länder-Code, MNC: Netzwerk-Code

Literaturverzeichnis

[1] GSM Recommendations: GSM 01.02 - 12.21 (s. Anhang A)

[2] CCITT Empfehlungen, Serien:

E: International Telephone Service Operation
G: General Charakteristics of International Telephone Connections and Circuits
I: Integrated Services Digital Network
M: General Maintenance Principles
Q: General Recommendations on Telephone Switching and Signalling
X: Data Communications Networks
Z: Specfication Description Language (SDL) and Man Machine Interface

[3] CCITT Working Documents 1991

[4] CCIR-REC and Reports, 1986 Vol. VIII-1, Land Mobile Service, Genf 1986

[5] D. Bodson et al. Land-mobile communications engineering, IEEE Press Selected Reprints, New York 1984

[6] R.J. Holbeche (Editor), Land Mobile Radio Systems, Peter Peregrinus Ltd., 1985

[7] William C.Y. Lee, Mobile Communications Design Fundamentals, Howard W. Sams & Co., 1986

[8] G. Wöhlbier (Hrsg.), Planung von Telekommunikationsnetzen, R. v. Decker's Verlag, G. Schenck, 1990

[9] International Mobile Communications 1991, Proceedings of the conference, London, Blenheim Online, 1991

[10] C.U. Macarino (Ed.), Personal & Mobile Radio Systems, IEE Telecommunications Series 25, Flord, Hughs, Pasons (Ed.), Peter Peregrinus Ltd London 1992

[11] M. Mouly, M. Pautet, The GSM System for Mobile Communication, Europe Media Duplication S.A., 1992

[12] The Pan European Digital Cellular Radio Conference, GSM under the spot light - Focussing on the users, The FIL Congress Centre Lisbon, Portugal 1993

[13] A. Wojnar, Systemy Radiokomunikacji Ruchomej Lądowej, Wydawnictwa Komunikacji i Łączności, Warszawa 1989

[14] Digital Cellular Radio Conference, Hagen FRG, October 1988

[15] Europäischer Mobilfunk, FIBA Kongresse und Publikationen, 1989

[16] F. Hillebrand (Hrsg.), GSM Seminar October 1990, Budapest

[17] W.D. Ambrosch, A. Maher, B. Sasscer, The Intelligent Network, Springer-Verlag, 1989

[18] Common Channel Signalling, R.J. Manterfield, Institution of Electrical Engineers, Michael Faraday House, 1991

[19] J.P. Ronayne, Introduction to Digital Communications Switching, Howard w. Sams & Co. Inc.,Indianapolis, USA 1986

[20] M. Schwartz, Telecommunication Networks, Protocols, Modeling and Analysis, Addison-Wesley Publishing Company, 1988

[21] Kommunikationsnetze der Zukunft, Okt./1990, Vde, ITG-Fachbericht 115

[22] John Horrocks, European Guide to Telecommunications Standards, Horrocks Technology Bethany Chapel Lane Pirbright Surrey GU240JZ England, 1992

[23] E. Herter / W. Lörcher, Nachrichtentechnik, Übertragung - Vermittlung - Verarbeitung, Hansa Verlag, 1992

[24] H.H. Meinecke / F.W. Grundlach, Taschenbuch der Hochfrequenztechnik, (Hrsg.: K. Lange / K.-H. Löcherer), Springer Verlag, 1992

[25] P.J. Kühn (Hrsg.), Kommunikation in verteilten Systemen, Informatik-Fachberichte, 205, Springer-Verlag, 1992

[26] M.P. Clark, Networks and Telecommunications, John Wiley & Sons, B.G. Teubner, Stuttgart 1991

[27] U. Black, Data Networks, Concepts, Theory, and Practice, Prentice-Hall International Editions, 1989

[28] H. Kerner/G. Bruckner, Rechnernetzwerke, Systeme, Protokolle und das ISO-Architekturmodell, Springer-Verlag, 1981

[29] L. Gabler / W.D. Picken, Mobilfunk-Praxis, Franzis Verlag 1991

[30] P. Bocker, ISDN, Das diensteintegrierende digitale Nachrichtennetz, Springer-Verlag, 1986

[31] M. Seiderer / G. Lehnert, ISDN, Franzis Verlag, 1991

[32] H. Gusbeth, Mobilfunk-Lexikon, Franzis Verlag, 1992

[33] P. Scheele, Mobilfunk in Europa, R.v. Decker's Verlag, G. Schenck GmbH, Heidelberg 1991

[34] K.H. Stöttinger, Das OSI-Referenzmodell, Datacom, 1989

[35] F.-J. Kauffels, Einführung in die Datenkommunikation, Datacom, 1991

[36] F.-J. Kauffels, Netzwerkmanagement, Probleme, Standards, Strategien, Datacom, 1990

[37] U. Beyschlag, OSI in der Anwendungsebene, Datacom, 1988

[38] K.H. Stöttinger, X.25-Datenpaketvermittlung, Datacom 1991

[39] R. Babatz, M. Bogen, U. Pankoke-Babatz, Elektronische Kommunikation, X.400 MHS, Vieweg Verlag, 1990

[40] S. Redl, M. Weber, D-Netz-Technik und Meßpraxis, Franzis-Verlag GmbH, München 1993

[41] J. Kruse (Hrsg.), Zellularer Mobilfunk; B. Walke, Technik des Mobilfunks, R. v. Decker's Verlag, Heidelberg 1992

Zeitschriften

[42] Mobile & Satellite, Single Market Review

[43] Mobile Europe, The pan-european Mobile Communication Magazine

[44] Pan european Mobile Communications

[45] Bulletin SEU/USE

[46] NET, R. v. Decker's Verlag

[47] Funkschau, Franzis-Verlag

[48] Neues von Rohde & Schwarz

[49] NTZ, Informationstechnik und Telematik für Experten, vde-Verlag GmbH

[50] Technische Mitteilungen PTT

[51] Der Fernmelde-Ingenieur

[52] Philips Telekommunication and Data Systems Reviev (PTR)

[53] Siemens-Zeitschrift Spezial, Die Kommunikationstechnik der Zukunft

[54] Telecom Praxis

[55] Telecom Report Hefte

[56] Telecommunications/North American/International Edition

[57] Communications International, The Professional Systems, Technology and Industry Magazine

[58] Proceeding of the IEEE

[59] Discovery, Nokia Telekommunications Magazine

[60] Telecommunication Journal

[61] Nachrichtentechnik, Elektronik, Verlag Technik GmbH

[62] HMD: Handbuch der Modernen Datenverarbeitung, Forkel Verlag

[63] Informatik-Spektrum, Springer-Verlag

[64] Comtel, Das Magazin für moderne Telekommunikation

[65] CSELT Technical Reports, Centro Studi e Laboratori Telecommunicazioni, Turin, Italy

[66] Computerwoche

Glossar

Access

Es gibt unterschiedliche Netzzugriffsmöglichkeiten (*Network Access*). Ihre grundlegende Einteilung richtet sich nach der Netzwerkart. Es werden Zugriffe zu den öffentlichen Netzen und den *Corporate Networks* unterschieden, s. auch Netzzugriffstechnik.

ADPCM

ADPCM ist die neu definierte PCM-Technik mit digitaler Sprachinterpolation und Kanalübertragungsraten von 32 kbit/s.

Alerting

Hierbei handelt es sich beim Rufaufbau um die Bestätigung der Bereitschaft des Angerufenen zum Empfang. Die Verbindung ist durchgestellt, es klingelt beim B-Teilnehmer und zugleich wird die ALERT-Nachricht zum Anrufer (s. Bild 8.7 und 8.8) geschickt.

A-*law* (A-Gesetz)

Das A-Gesetz kommt im PCM30-System zum Einsatz und zeichnet sich durch die nachstehenden Merkmale aus:

+ gute Dynamik;
+ konstantes Signal-zu-Rauschverhältnis (S/N) über einen weiten Bereich;
- nachteilig ist das relativ starke *Idle-Channel*-Rauschen.

Allokierung

Speicherplatzzuweisung oder allgemein Reservierung bzw. Neuvergabe, z.B. der Funkkanäle oder Datenfelder

Ankerprinzip

Dieses Prinzip wird in der Vermittlungstechnik verwendet und legt die Zuständigkeiten innerhalb bestimmter Prozesse fest. In den PLMN-Netzen wird es u.a. beim *Handover*, *Billing* oder *Gateway-Interrogation* benutzt. Diese klare Zuordnung bietet wichtige Vorteile, kann aber auch in Einzelfällen zu umständlichen Abläufen und solchen Effekten wie *Trombone* (überflüssige Verbindungsschleifen) führen.

ASN.1 (*Abstract Syntax Notation One*)

ASN.1 wurde in den CCITT-Empfehlungen X.208/X.209 als Standardisierungsgrundlage im Bereich der Kommunikationsprotokolle definiert. Es handelt sich um eine Schreibweise (Sprache), die für höhere *Layer* Protokolle - vor allem für die Anwender-Schicht, z.B. für TCAP, MAP und FTAM, aber zum Teil auch für BSSAP und ISUP - benutzt wird. Es ist eine informelle Spezifikationssprache zur Struktur-Beschreibung der Datenelemente und anderer Protokoll-Informationen.

ATM (*Asynchronous Transfer Mode*)

ATM ist der von CCITT neu definierte Modus für die Vermittlung und Übertragung von Informationen in Digitalnetzen. Diese Lösung - mit einer Übertragung auf virtuellen Kanälen - bietet zugleich die Vorteile der Paket- und Leitungsvermittlung. Mit der ATM-Technik können künftig unterschiedlich hohe Bitraten asynchron übertragen werden. Diese Technik wird die Grundlage der B-ISDN-Netze (B: Breitband) bilden. ATM-Systeme werden mit *Cell Relay*-Protokollen realisiert.

Bandspreizung

Die Bandspreizung ist relativ neu in der Funktechnik. Bei diesem verbesserten (digitalen) Übertragungsverfahren wird entweder Frequenz- oder Phasenspringen verwendet. Für das GSM-System ist das Frequenzspringen (FH: *Frequency Hopping*) als Zusatzoption zum TDMA wichtig. Durch eine Verbreiterung der Frequenzbelegung pro Kanal erreicht man einen höheren Geräuschabstand des demodulierten Signals. Zusätzlich wird dadurch das unbefugte *Tracen* der Funknachrichten erschwert. Diese Modulationstechnik bietet auch Vorteile beim Mehrfachzugriff (ATDMA/CDMA).

Betriebsarten der Übertragung

In der Kommunikation unterscheidet man zwischen Ein- und Zwei- (beziehungsweise Mehr-) Wegübertragung. Außerdem gibt es die folgenden Betriebsarten der Nachrichtenübertragung: Simplex, Halbduplex und Duplex.

BHCA (*Busy Hour Call Attempts*)

BHCA ist die Anzahl der Versuche, eine Telekommunikationsverbindung in der Hauptverkehrsstunde (Fernsprechverkehr) herzustellen.

B-ISDN (Breitband-ISDN)

Das digitale Breitbandnetz, vereinzelt auch als BB-ISDN bezeichnet, soll für verschiedene Dienste sehr hohe Geschwindigkeiten und Kapazitäten bieten. Standardisierung und Definition der Breitbanddienste stehen noch aus. Die Voraussetzung für die Einführung von B-ISDN sind die LWL-Teilnehmerleitungen (LWL: Lichtwellenleiter). Die virtuelle Transmissions-Fehlerfreiheit ermöglicht eine Reduktion der Korrekturverfahren auf Übertragungsstrecken. Angesichts des Breitband-ISDN für Multimedia-Dienste und des schnellen Wachstums des DSS1 wird zur Zeit an neuen Spezifikationen für das ISDN-Protokoll gearbeitet. Die wichtigsten Punkte sind:

- bessere Anlehnung an das OSI-Referenzmodell;
- Abtrennung der *Call-Control-* von den *Connection Control*-Funktionen (Rufsteuerung ↔ Verbindungssteuerung);

- keine Unterscheidung mehr zwischen dem Zugriffs- und Netzprotokoll.

Ein Breitband-ISDN wird auf ATM-Basis (variable Bitraten) entwickelt und ermöglicht einen um Größenordnungen höheren Datendurchsatz als S-ISDN. Der Teilnehmeranschluß kann bis auf 150 Mbit/s erweitert werden. Die höheren Kapazitäten können sehr gut für solche Anwendungen wie Videokonferenz, Bildtelefon, schnelle Datenübertragung etc. eingesetzt werden. B-ISDN wird innerhalb des RACE-Programms in Richtung eines paneuropäischen integrierten Breitband-Kommunikationsnetzes entwickelt.

Bit-Stuffing

Das Bit-Stopfen wird z.B. beim HDLC oder LAPD benutzt, um Transparenzprobleme zu lösen. Der zu übertragende Rahmen wird, um die Übertragungsrate konstant zu halten, durch eine bestimmte Bitfolge ergänzt. Nach der Übertragung kann diese charakteristische Bitreihe wieder entfernt werden.

Bündelfunk

Der Bündelfunk (*Trunking*) ermöglicht die gemeinsame Nutzung eines Frequenzbündels durch verschiedene Anwendergruppen. Für *Trunking* wird die *Dynamic Channel Assignment*-Technik verwendet. Die Vorteile des Bündelfunks sind Flexibilität bzw. Vielseitigkeit, Zuverlässigkeit und eine hohe Frequenzbandausnutzung. Der Nachteil ist die mäßige Sprachqualität. Es ist auch kein PSTN-Zugriff möglich.

***Call*-Referenzwert**

Der *Call*-Referenzwert (ISDN) stellt eine Beziehung zwischen einer Nachricht und der Verbindung oder dem betreffenden Zusatzdienstmerkmal her. Dadurch können die gleichen *Layer*-2-Verbindungen mehrfach genutzt werden.

CCS (*Common Channel Signalling*)

CCS ist eine Signalisierungsmethode für Telekommunikationssysteme mit Rechnersteuerung. Es handelt sich um ein digitalisiertes Zeichengabesystem, bei dem die Zentral-Zeichenkanäle (ZZK's) mit SP's logisch ein eigenständiges Signalisierungsnetz bilden, das dem eigentlichen Netz der Nutzleitungen, z.B. dem der Sprechkanäle, überlagert ist. Eine Zeichengabestrecke kann mehrere Leitungen (*Trunks, Circuits*) gleichzeitig bedienen. Diese Lösung mit separatem ZZK-Kanal ist ab einer bestimmten Anzahl von Verbindungen sinnvoll (und wirtschaftlich). Beispielsweise kann ein PCM30-Kanal als ein ZZK verwendet werden. Zu den Hauptaufgaben der Zeichengabe zählen: Verbindungssteuerung sowie Verwaltung und Kontrolle der Ressourcen und des Geschehens im Netz. Diese Aufgaben können parallel zur Nutzinformation, z.B. während einer Telefonverbindung, übertragen werden. In Ausnahmefällen können die Zeichengabekanäle für den Datentransfer (wie z.B. im GSM-System) mitbenutzt werden. CCS eröffnete neue Möglichkeiten für Telekommunikationsdienste. Es konnten neuartige Systeme mit höherer Differenzierung, Redundanz, Geschwindigkeit, Verfügbarkeit usw. eingeführt werden. Das zur Zeit wichtigste Zeichengabeverfahren im Vermittlungsnetz ist das CCS7 - ein spezialisiertes Paketvermittlungssystem mit hoher *Performance* und Zuverlässigkeit. Dem CCS7 ist in diesem Buch ein eigenständiges Kapitel gewidmet.

CDMA (*Code Division Multiple Access*)

Im Codemultiplex werden *Frequency Hopping* und Kanalcodierung kombiniert. Von den Mobilfunkstationen wird dauernd das gesamte Frequenzband (→ Clustergröße = 1) oder ein Teil benutzt. Die einzelne Verbindung wird mit der sogenannten Spreizcode-Technik auf ständig wechselnden Frequenzen geführt. Durch die Spektrumspreizung (*Frequency Diversity*) wird ein Codierungsgewinn erzielt. Um die bestehenden Verbindungen sauber zu trennen, sollen nur orthogonale Codefolgen verwendet werden. Die Frequenzökonomie läßt sich durch eine geringfügige Frequenzüberbuchung noch weiter erhöhen. CDMA zeichnet sich durch eine reduzierte Sendeleistung, sehr hohe Nutzungskapazität des Frequenzspektrums und eine gute Störresistenz aus. Es lassen sich bis zu 20 Sprechkanäle pro Band erreichen. In den letzten Jahren wird in modernen zellularen Funksystemen (vor allem in den USA) das neue synchronisierte CDMA-Verfahren eingeführt. In zellularen CDMA-Systemen wird keine Frequenzplanung benötigt, und es sind auch keine Frequenzsynthesizer erforderlich. Für einen *Hand-off* (*Handover*) muß statt eines Kanal- und Zeitschlitzwechsels der Spreizcode übergeben werden. Entspricht der überreichte Spreizcode dem eigenen, so liegt ein *soft Handover* (weiche Umschaltung) vor. Zu den Nachteilen des CDMA-Systems gehört die aufwendige Modem-Technik. Es ist eine genaue Koordinierung der Sendeleistung notwendig, um die volle Ausnutzung der Kanalkapazität zu sichern. Es wird zwischen quasisynchroner (z.B. BLQS: *Band Limited Quasi Synchronous*) und synchroner CDMA-Variante unterschieden. CDMA ist sehr eng mit der früheren SSMA-Technik (SSMA: *Spread Spectrum Multiple Access*) verwandt. Es hat bereits Einzug in militärische Kommunikationsnetze oder bei satellitengestützter Übertragung von PBS-Systemen (PBS: *Personal Business Services*) wie EUTELTRACS/OMNITRACS gefunden.

Cell Relay

Die *Cell Relay*-Technik konkurriert mit *Frame Relay* und ist auch für die schnelle Paketvermittlung vorgesehen. Die Zellen (*Cell*-Pakete) haben eine feste Länge (48 Informationsoktetts + 5 Oktetts Steuerdaten). Diese Einteilung in relativ kleine Pakete garantiert sehr geringe Verzögerungen, was für *delay*-sensitive Dienste wie Sprachübertragung oder Video-Services wichtig ist. *Cell Relay* wird zur Zeit in zwei Varianten eingesetzt:

a) im ATM für B-ISDN-Technologie und
b) im IEEE 802.6-Standard für *Switched Multimegabit Data Service* (SMDS).

CHILL (CCITT *High-Level Programming Language*)

CHILL ist eine höhere Programmiersprache für Telekommunikationssoftware. Sie ist hauptsächlich für die Implementierung von Vermittlungssystemen entwickelt worden. Mit CHILL wurden viele Systeme programmiert. Vom heutigen Standpunkt aus bietet CHILL leider nicht die gewünschte Effektivität und wird langsam durch andere modernere Programmiersprachen (z.B. C++) ersetzt. Es gibt Bestrebungen, eine neue CHILL-Version mit Elementen der Objektprogrammierung zu erstellen.

Codiertechnik

Das Codieren gehört zu den wichtigsten Aufgaben der Digital-Übertragungstechnik. Es handelt sich um die Umsetzung eines Signals in einen Wertebereich, wofür spezielle Codierungsgesetze zu verwenden sind. Die Analogsignale des Telefon-Mikrofons müssen zuerst (s. D/A-Wandler) digitalisiert werden.

Codierungsgesetze

Für das öffentliche Fernsprechnetz auf Basis des PCM-Modulationsverfahrens werden nach den CCITT-Empfehlungen G.711 (*Red Book*) zwei praktische Codierungsgesetze benutzt: μ- und A-*law*. Für die Funkübertragung muß die Codiertechnik, wegen der fast immer eingeschränkten Frequenzbänder und der notwendigen Störresistenzmaßnahmen, wesentlich komplizierter gestaltet werden. Im GSM-System werden der *Block Convolutional Code*, *Fire Code* und *Parity Code* verwendet. Die GSM-Codierung mit der Einteilung in Quellen- und Kanalcodierung ist im Kapitel 4 besprochen.

Computer Integrated Telephony (CIT)

Computer-integriertes Telefonieren ist ein gutes Beispiel für die Nützlichkeit des Einsatzes von Datenverarbeitungselementen. Es wird bereits als Verknüpfung von ISDN-Nebenstellenanlagen mit Computern realisiert. Dies erlaubt, z.B. *Just-in-Time*-Informationen anhand der Rufnummer des Anrufers von einer Datenbank zu holen. Zur Zeit des Rufaufbaus werden parallel wichtige Informationen auf dem PC-Bildschirm des angerufenen Teilnehmers sichtbar. Mit diesem Service kann auch der Anrufende seine persönlichen Daten für bestimmte Zwecke, z.B. Mitteilungen an einen Arzt (Notrufzentrale) für eine schnelle Diagnose, nicht verbal mitteilen. CIT gehört zu den Service-Leistungen der CSTA-Systeme (CSTA: *Computer Support Telephony Application*). Für diese Systeme existieren bis jetzt keine internationalen Standards, was die Entwicklung und Einführung wesentlich erschwert.

Confirmation

Die *Confirmation*-Dienstprimitive (Bestätigung) wird benutzt, um von der Service-führenden Schicht die Bestätigung zu bekommen, daß eine bestimmte Protokoll-Aktivität erfüllt wurde.

***Connectionless*-Verbindung** (CL)

Im Gegensatz zum *Connection-Oriented*-Modus wird hier keine logische Verbindung benötigt. Die Übermittlungstechnik für die CL-Verbindung ist jener in Paketvermittlungsnetzen ähnlich. Für MF und IN wird der CL-Service vom SCCP (*Signalling Connection Control Part*, s. CCS7) angeboten.

***Connection-Oriented*-Verbindung** (CO)

Darunter versteht man, daß zwischen bestimmten *Entities* eine logische Verbindung bestehen muß, bevor Daten übertragen werden können. Vorgänge, die die CO-Verbindung nutzen, können nicht so schnell wie CL-Dienste abgewickelt werden (es treten z.B. durch den Verbindungsaufbau bedingte Verzögerungen auf). Beim CO-Service unterscheidet man temporäre und permanente Verbindungen. Die CO-Verbindung wird von den meisten bekannten Protokollen angeboten.

Counter (Zähler)

Counters werden meistens für interne Protokollabläufe benutzt, z.B. um bestimmte Nachrichten zu zählen, damit eventuell andere Aktivitäten gestartet oder fortgesetzt werden können. *Timebase Counters* bilden ein Satz von Zählern, die den zeitlichen Zustand der Übertragung, z.B. der MS oder BS, bestimmen.

CRC (*Cyclic Redundancy Check*)

Im CRC werden Prüfzeichen durch Bit-Summenbildung (Polynom-Auswertemethode) erzeugt, den zu übertragenden Daten zugesetzt und auf der Empfangsseite kontrolliert. Dieses Fehlererkennungsverfahren wird z.B. im HDLC aber auch im MF (X.25, MTP) verwendet. Mit den Paritätsbit lassen sich nur einzelne Bitfehler erkennen.

CRC4-Verfahren

Cyclic Redundancy Check Verfahren nach CCITT G.704; Das gesamte 2 Mbit/s-Signal der PCM30-Strecke wird in einer speziellen Codiereinrichtung einem Redundanztest unterworfen. Dieses Fehlererkennungsverfahren dient (über CRC4-Überrahmen-Auswertung) der korrekten Synchronisierung sowie der Messung niedriger Bitfehlerquoten. Alternativtechnik: *Double-Frame-Mode*.

DAL (Drahtlose Anschlußleitung)

Die Deutsche Vereinigung hat auch im Bereich der Telekommunikation zu dramatischen Änderungen geführt. Zu den wichtigsten Folgen auf diesem Sektor gehören die weltweit ersten großangelegten *Wireless Local Loop Networks*. Diese Entwicklung bildet einen wichtigen Integrationsschritt der schnurlosen Systeme mit Fernsprechnetzen und ermöglicht in den neuen Bundesländern weitere sinnvolle Applikationen der Funktechnik. DAL-Netze zeigen technologische Integrationsmöglichkeiten unterschiedlicher Systeme in analog-zellularer Technik, sie zählen jedoch nicht zu den Mobilfunknetzen.

***Datagramm*-Service**

Beim *Datagramm*-Service wird jedes Paket unabhängig von den anderen (falls das so vorgesehen ist) mit der gleichen Zieladresse (nicht leitungsorientiert) durch das Netz geschickt. Von besonderer Wichtigkeit ist dabei die richtige Zusammensetzung der ankommenden Pakete.

Datenbank

Hierbei handelt es sich um ein Dateiensystem für große Datenmengen mit rascher Zugriffsmöglichkeit für die zugelassenen Benutzer/Prozesse/Programme. Je nach Strukturierung und Verteilung der Netzelemente und der daraus resultierenden Flexibilität und Zugriffsgeschwindigkeit unterscheidet man verschiedene Datenbanken. Trotz der grundlegenden Idee der Zentralisierung von Informationen gibt es zunehmend Lösungen (auch im MF) mit verteilten oder relationalen Datenbanken. Sie unterscheiden sich in der Verknüpfungsart der einzelnen Informationen untereinander. Ein wichtiger Aspekt der Datenbank-Verwaltung ist die Wechselbeziehung zwischen der Redundanz und Konsistenz (Widerspruchsfreiheit) - dies erfordert ein geeignetes Austauschen von Informationen wie z.B. selektives Laden.

Datenverarbeitung

Die Datenverarbeitung erhält in der Telekommunikation immer mehr Einzug. Durch moderne Verfahren (wie verteilte Funktionsführung) und Technologien ergeben sich vielfältige Querbeziehungen zum Gebiet der Datenübermittlung (Übertragung und Vermittlung). In der Systembeschreibung werden daher auch solche Aspekte wie Datenstrukturen, Prozeßsteuerungen oder Signalverarbeitung berücksichtigt. Die Integration der Vermittlung und Informationsverarbeitung ist insbesondere für IN-Netze charakteristisch. Es werden Datenverarbeitungsanlagen hoher Leistung und Geschwindigkeit mit Softwareentwicklungsumgebung, verschiedenen Werkzeugen (*Tools*), Applikationen, Benutzeroberflächen usw. eingesetzt. Die Vielfalt der Datentypen und -anwendungen hat zu verschiedenen Datenverwaltungssystemen geführt. Es gibt z.B. System- und Dienstedatenbanken, für das Sammeln und Auswerten (von Gebühren, Statistiken), sowie zur Steuerung als *On-line Real-Time*, und relationale Datenbanken. Die Datenverarbeitungswerkzeuge müssen imstande sein, so zusammenzuarbeiten, daß die Anwendungsprogramme effektiv ablaufen. Zu den Aspekten der Datenverarbeitung im Mobilfunk können u.a. folgende Bereiche gezählt werden: Teilnehmerangaben vom Endgerät aus (SCI), Warteschlangentheorie (dynamische und statische Überlastabwehrkonzepte), Hash-Algorithmen (Zugriff auf Datenbasis) usw. (siehe auch CIT).

D/A-Wandler (Digital/Analog-Umsetzer)

Die D/A- (A/D-) Umsetzung erfolgt in einem D/A- (A/D-) Wandler. Bei der A/D-Richtung werden die elektrischen Analogsignale in diskrete Werte umgewandelt. Für die D/A-Richtung ist der Vorgang umgekehrt.

DES (*Data Encryption Standard*)

DES ist ein symmetrisches Verschlüsselungsverfahren des nationalen Standardbüros

(USA). Es ermöglicht eine schnelle Verschlüsselung durch den Austausch gemeinsamer *Private-Keys*. DES wird für den Datenaustausch innerhalb der Mobilstation (genauer zwischen ME und SIM) während des *Authentication*-Prozesses verwendet.

Digitalisierung ("digital versus analog")

Die Digitalisierung hat der Telekommunikationstechnik erhebliche Vorteile gebracht. Der heutige Stand konnte durch die Mikroelektronik und die Hochintegrationstechnologie erreicht werden. Die Digitalisierung ermöglicht die im folgenden aufgelisteten Verfahren und Merkmale:

* Übertragungsaspekte:
- Optimierung der Übertragungsqualität (Codiertechnik, Fehlerkorrektur, Echokompensation, regenerative Signalverstärkung auf weiten Strecken, weniger Rauschen usw.);
- Gute Ausnutzung der Ressourcen (TDMA, CDMA, Reduktionsverfahren);
- Verschlüsselungs- und Chiffrierungsmöglichkeiten;
- Hohe Bitraten, neue Übertragungsmethoden;
- Nutzung von De/Multiplexern, Leitungskonzentratoren und Crossconnectoren;

* Vermittlungsaspekte:
- effektivere Vermittlung durch Raum-Zeit-Mehrfachausnutzung;
- schnellerer Verbindungsaufbau;
- massive SPC-Programmsteuerung (SPC: *Stored Program Control*);
- Dienststeuerung (IN-Konzept) mit Automatisierung des Datenaustausches (Datenbank-Transaktionen), Flexibilität (→ adaptive, dynamische Methoden);
- Einbeziehung der Informationsverarbeitung in die Vermittlungstechnik;

* weitere Systemaspekte:
- Computerisierung und Prozessoreinsatz in allen Netzkomponenten;
- höhere Sicherheit;
- Steigerung der Leistungsfähigkeit und Qualität;
- Automatisierung und Globalisierung der O&M-Aufgaben;
- neue, vielfältige *Features* und Dienstmöglichkeiten;
- Miniaturisierung insbesondere der Endgeräte (VLSI-Technologie);
- Energieersparnis (CMOS-, GaAs-Technologie, neue Sende/Empfangstechniken);
- Standardisierung, Integration und Kompatibilität (ISDN und andere Systeme);
- Kostenreduzierung.

Die "digitale Revolution" bewirkt eine immer stärkere Verlagerung der *Performance*-Problematik und Herstellungskosten-Frage in Bereiche der Systemauslegung und Software-Gestaltung. Die digitale Audio- und Video-Kommunikation hat die Telekommunikationsindustrie sehr stark verändert und führt unausweichlich auf die kundenorientierte ISDN-Technologie. Besonders bedeutsam ist auch die Entwicklung auf dem Mobilfunksektor mit den neuen Generationen globaler Funknetze. Ohne die Digitalisierung wäre so ein Fortschritt der mobilen Kommunikationssysteme nicht denkbar.

Diversity

In den modernen Funknetzen werden verschiedene *Diversity*-Verfahren verwendet, um die Empfangsqualität zu verbessern. Zu den wichtigsten gehören die Frequenz-*Diversity*, auf Basis von FH- oder CDMA-Technik und die Antennen-*Diversity* mit den dazugehörigen Signalverarbeitungstechniken.

DSS1 (D-Kanal-Protokoll)

Das D-Kanal-Protokoll ist die frühere Bezeichnung für DSS1 - (*Digital Subscriber Signalling System No* 1) das Zeichengabesystem Nr. 1 für ISDN-Teilnehmerleitungen. Die D-Kanal-Spezifikationen (Q.911 - Q.931) sind relativ neu (Blaubuch bzw. ETSI Version). DSS1 ist ein Protokollsatz für die Netzzugriffszeichengabe (*Access Signalling*) mit Mehrgerätefähigkeit. Es wird die Zeichengabe für den 16 kbit/s-D-Kanal zwischen dem TE (*Terminal Equipment*) und dem Leitungsabschluß (LT: *Line Termination*) der digitalen Vermittlungsstelle beschrieben. Das D-Kanal-Protokoll muß Informationen bezüglich der Eigenschaften des ISDN-Terminals mitübertragen und teilt sich in die Schichten 2 und 3 auf:

Layer 2 - LAPD (LAPD s. BTS-BSC-Schnittstelle), nach Q.920-921/I.440-441;
Layer 3 - X.25-ähnlich, nach Q.930-931/I.450-451 (weitere Informationen s. z.B. *Call*-Referenzwert)

Dual Tone Multi Frequency (DTMF)

Die DTMF-Technik der Endgeräte bietet eine Ergänzung bzw. Alternative zu dem herkömmlichen Impulswahlverfahren. Dieses Mehrfrequenzwahlverfahren (MFWV, CEPT Rec. T/CS, CCITT Q.23) gehört zu den analogen Zeichengabe-Verfahren. Durch den Sprechkanal werden in Form von Doppeltönen die Teilnehmer-Signalisierungsinformationen übertragen. DTMF wird im GSM-System als zusätzliche Signalisierungsoption verwendet und hat eine ziemlich ineffiziente Abbildung der MF-Protokolle zur Folge. Die Verbindungsaufbauzeiten können abhängig von der Rufnummerlänge und der Wegsteuerung mehrere Sekunden betragen. Die Informationsübertragung ist zusätzlich stark eingeschränkt.

Duplex

Gegensprechen: Übertragung in beide Richtungen gleichzeitig auf zwei Kanälen (d.h. bidirektional, z.B. auf verschiedenen Leitungen/Frequenzen).

Durchschaltevermittlung

Das *Circuit Switching* eignet sich besonders gut für lange Übertragung großer Datenmengen (z.B. gesammelte Datensätze vom ganzen Tag). Die Leitungsvermittlung wird in der Telefontechnik (Kanal-Zeit-Abbildung) verwendet.

Echokompensator (*Echo Cancellor*)

Der Echokompensator (nach CCITT G.165) eliminiert die in einer Digitalverbindung auftretenden Echos durch Nachbildung eines entsprechenden künstlichen Echos (in steuerbaren Digitalfiltern) und seiner Subtraktion vom Sprachsignal. Solche Echokompensatoren (DEC's: *Digital Echo Compensators*) werden in die PCM-Strecken (für alle 30 Sprechkreise) von Netzleitungen eingeschleift. Diese Technik kommt auch im Mobilfunk zum Einsatz. Dort werden Kompensatoren z.B. zum PSTN oder zu *Voice Mail* Systemen zugeschaltet. Das Ein- und Ausschalten von DEC's wird mit bestimmten ISUP/TUP-Nachrichten realisiert. Die *Transfer*-MSC's werden über den Schaltzustand informiert.

Echosperre (*Echo Suppressor*)

Die Echosperren (nach CCITT G.164) dienen ähnlich wie Echokompensatoren der Beseitigung von störenden Echos, die in der Telefonleitung durch Rückflußströme bei Signallaufzeiten ab 25 ms (pro Richtung) auftreten. Mithilfe von Echosperren werden die Störsignale nur gedämpft. Dieses Verfahren führt unvermeidlich zu Lautstärkeschwankungen.

***End-to-End*-Verbindung** (*EtE Connection*)

Eine Ende-zu-Ende-Verbindung ist eine geschaltete Punkt-zu-Punkt-Verbindung. Diese Verbindungsart erfordert die Benutzung von Wegvermittlungsfunktionen, sowie die Herstellung von Verbindungsaufbau und -abbau. Der *EtE*-Dienst wird von den Transportprotokollen bewerkstelligt. Es können für jede Verbindung spezielle Referenzen definiert werden. Eine *EtE*-Verbindung erfüllt hohe Qualitätsanforderungen. Die Teilnehmer-zu-Teilnehmer-Zeichengabe wird entsprechend durch die ersten drei Schichten abgedeckt.

Euro-ISDN

Die ISDN-Spezifikationen von ETSI für Europa sollen eine weitgehende internationale Annäherung und Kompatibilität der ISDN-Netze ermöglichen. Mit der Bereitstellung eines flächendeckenden E-ISDN ist voraussichtlich ab 1994 zu rechnen.

Fallback

Fallback ist das Zurückschalten (meistens automatisch) auf eine Vorgängerversion: eine ältere Prozedur (bewährte SW-Generation: *Backup*), frühere Protokollversion, kleinere Übertragungsgeschwindigkeit usw.

FCS (*Frame Checking Sequence*)

Das FCS-Fehlererkennungsverfahren mit der Rahmen-Prüfsequenz wird gegen Übertragungsfehler eingesetzt (s. z.B. LAPD).

FDMA (*Frequency Division Multiple Access*)

Hierbei handelt es sich um ein Vielfachzugriffsverfahren im Frequenzmultiplex. Jedem Kanal wird eine Frequenzbreite zugewiesen oder - anders ausgedrückt - die verfügbare gesamte Bandbreite wird nach Möglichkeit unter den Teilnehmern aufgeteilt, so daß die Informationsübertragung auf mehreren Kanälen zeitlich echt parallel ablaufen kann. FDMA dominiert in analogen Systemen, und die Frequenz-Kanal-Zuordnung wird als *Single Channel Per Carrier* (SCPC) bezeichnet.

Fehlerkorrektur

Eine Fehlerkorrektur soll bei der Übertragung verschiedene äußere Störungen, wie z.B. kurze Impulse, *Fading*-Effekte oder Systemfehler, abfangen. Allgemein gilt: je höher die Übertragungsrate desto höher auch die BER (*Bit Error Rate*). Für die LWL-Leitungen kann auf die Fehlerkorrektur zum Teil verzichtet werden (s. *Frame Relay* Protokoll). Eine protokollierte Korrektur im Sinne des OSI-RMs basiert auf der Bestätigung des empfangenen Datenpaketes und gehört der zweiten OSI-Schicht an. Gegen solche Effekte wie Rauschen, Übersprechen oder Echos müssen andere Maßnahmen ergriffen werden.

Fehlerkorrekturverfahren

Fehlerkorrekturverfahren sind erforderlich, um eine gute Übertragungsqualität zu sichern. Je nach Übertragungsmedium, gestellten Anforderungen und verwendeter Technik (Satellitensysteme usw.) können unterschiedliche Verfahren zur Fehlererkennung und -korrektur eingesetzt werden. Auf den Funkstrecken sind die Fehlerraten wesentlich höher als im Festnetz, was aufwendige Korrekturverfahren notwendig macht. Sie können schon bei der Codierung (*Layer* 1) eingesetzt werden. Zu den bekannten Fehlerkorrekturmechanismen gehört z.B. *Compelled Error Control* (DSS1). Dieses Verfahren ist zeitaufwendig, weil die fehlerhafte Information so lange wiederholt wird, bis der Fehler behoben ist. Weitere Korrekturverfahren wurden bei der Behandlung der Zeichengabe (z.B. MTP) erwähnt (siehe auch FCS und CRC).

Fernmeldedienste

In der bisherigen Telekommunikationsentwicklung wird der Sprechverkehr überwiegend über öffentliche Netze abgewickelt. Parallel zu dem Sprachdienst können weitere, z.B. *Non-Voice-Services*, angeboten werden. Im ISDN ist/wird sowohl der Telefondienst verfügbar als auch Daten-/Text- und Bild-Übertragung realisiert.

Flußsteuerung

Die *Flow Control*, auch Flußmengensteuerung genannt, reguliert die Übertragungsrate der transportierten Nachrichten. Dies wird benötigt, um Leitungs- und Netzüberlastungen (*Congestions*) zu vermeiden. Die Flußsteuerung gehört hauptsächlich zu den Netzwerk-Funktionen (Vermittlungsschicht). Man unterscheidet die

- lokale (z.B. mit Schicht 2 *Window*-Mechanismus),
- *End-to-End* (z.B. mit Schicht 3 *Window*-Mechanismus) und
- globale (*Layer* 3) Steuerung.

Der Flußsteuerungsmechanismus kann eventuell auch für höhere Protokolle, z.B. der Applikationsschicht, definiert werden. Im GSM-System wird die Flußsteuerung vor allem in der Ebene 2 (MTP und LAPD) benutzt.

Frame (Rahmen)

Ein *Frame*, auch Nachrichtentelegramm genannt, ist ein Mittel der Informationsübertragung (*Layer* 2, s. Referenzmodell) und besteht aus einer Bitfolge mit definierten Steuerzeichen, z.B. *Flags* an den Enden, und eventuell einem für weitere Daten vorgesehenen Platz. Ein TDMA-Rahmen enthält mehrere Zeitschlitze, von denen jeder ein Informationsburst übertragen kann. Ein *Layer*-2-Rahmen im GSM wird mit mehreren *Bursts* übertragen.

Frame Stealing

Beim *Frame Stealing* werden Teile der Informationsfelder bei einer Übertragung "zweckentfremdet", d.h. von einem anderen Dienst benutzt. Im MF werden vom FACCH Kapazitäten des dazugehörigen TCHs benutzt.

Frame Relay

Dieses Protokoll (CCITT und ANSI) wird für eine schnelle Paketvermittlung eingesetzt. Es zeichnet sich durch eine variable Rahmenlänge aus und wurde nur für die Schichten eins und zwei definiert. Für die Übertragung wird keine Fehlerkorrektur verwendet, was den Einsatz auf moderne Übertragungsmittel mit sehr niedrigen Fehlerraten wie Lichtwellenleiter (LWL) einschränkt. Fehler- oder Stauprobleme werden durch das Rahmen-Verwerfen behandelt und unterliegen der Verantwortung der Endbenutzer-Geräte. In dem Protokoll wird keine *EtE*-Bestätigung verwendet. Dies dient einer weiteren Verbesserung des Durchsatzes. Beim *Frame Relay* handelt es sich um ein neues, verbindungsorientiertes Protokoll ohne Sequenzierungsmöglichkeiten. Jeder Rahmen trägt eigene Adreßinformationen, was erlauben soll, verschiedene Applikationen auf der gleichen Leitung zu multiplexen. In der ersten Phase werden nur permanente, virtuelle Leitungen genutzt. Den Einsatzbereich bilden vor allem die Privatnetze, z.B. die LAN-Integration.

Gateways

Sie ermöglichen einen Anschluß an andere Netze und Systeme (im GSM-System, z.B. GMSC's), überwiegend in Form von Anschlußsoftware-Paketen in den Grenzknoten. *Gateways* erfüllen folgende Funktionen:

- Anpassung von Codes, Pufferbereichen und Protokollen;
- Umsetzung von Tabellen und anderen Werten wie interne NP's usw.

Halbduplex

Hierbei handelt es sich um eine Betriebsart der Nachrichtenübertragung, mit der Möglichkeit des wechselseitigen aber nicht gleichzeitigen Übertragens in beide Richtungen.

HDLC (*High Level Data Link Control*)

HDLC ist ein Übermittlungsprotokoll, das meistens im ABM (*Asynchronous Balanced Mode*), d.h. im gleichwertigen Vollduplexbetrieb, benutzt wird. Dieses Protokoll kommt in sehr vielen Vermittlungssystemen (z.B. für interne Kommunikation) zum Einsatz.

Indication

Die *Indication*-Dienstprimitive (Anzeige) wird verwendet, um den nächsthöheren *Layer* über laufende Aktivitäten oder den aktuellen Zustand zu informieren.

Information Element (IE)

In den Nachrichten mit variabler Länge können die Informationsfelder je nach Protokoll über Zeiger (z.B. im SCCP) oder über IE's (TCAP, BSSAP, MAP) festgelegt werden. Informationselemente sind Bestandteile einer Message, welche die eigentliche Information tragen. Sie werden durch IEI's (IE *Identifiers*) oder *Tags* gekennzeichnet. Im BSSAP unterscheidet man zwischen den IE-Feldern MF, MV, OF und OV mit nachstehender Bedeutung:

M - *Mandatory*;
O - *Optional*;
F - *Fixed*;
V - *Variable*.

Auf der A-Schnittstelle werden für bestimmte Anwendungen auch *essential, non-essential, conditional*, transparente oder nicht-transparente IE's benutzt.

ISDN (*Integrated Services Digital Network*)

Es handelt sich hierbei um einen zukunftsweisenden internationalen Standard nach den CCITT-Empfehlungen (der I-Serie) für die digitalisierte Sprach- und Datenübertragung. ISDN ist das diensteintegrierende Netz, das dem Teilnehmer verschiedene Dienste aus einer Steckdose bietet. Das bezeichnende für dieses Netz ist einerseits der Innovationsgedanke auf internationaler Ebene und andererseits eine immer noch niedrige Akzeptanz auf dem Telekommunikationsmarkt. Der langsame Einzug in Europa resultiert aus unterschiedlichen Einführungsstrategien bei der Netzdigitalisierung, der Unvollständigkeit der Spezifikationen (Rot-, Blaubuch), verschiedenen nationalen Protokoll-Implementierungen und vor allem aus dem Dienstangebot. Alle ISDN-Dienste werden, im Gegenteil zu früheren Lösungen, über nur ein Netz verfügbar gemacht, und dazu ist nur eine Rufnummer notwendig. Die Konzeption des ISDNs basierte in der ersten Phase hauptsächlich auf folgenden Kanaltypen:

B - Nutzkanal mit 64 kBit/s für Sprache, Daten, Teletex usw.;
D - Steuerkanal (D: Delta) mit 16 kBit/s für Signalisierung und eventuell Datenübertragung.

Sie ermöglichen einen sogenannten Basisanschluß (*Basic Access*) mit zwei Amtsleitungen (Nutzkanäle B1 und B2: 2B + D-Schnittstelle). Zusätzlich wird ein Primärmultiplexanschluß (*Primary Rate Access*) mit 2.048 MBit/s (30 B-Kanäle, s. PCM30) hauptsächlich für größere Telekommunikationsanlagen (z.B. PBX: *Private Branch Exchange*) angeboten. Das ISDN realisiert digitale Verbindungen zwischen den Benutzer-Netz-Schnittstellen (*User-Network-Interfaces*) für verschiedene, auch in der Zukunft relevante, Telekommunikationsdienste. Das ISDN-Netz gilt als Maßstab für andere Fernsprechnetze. Neben der Digitalisierung sind die Universalität (Integration gemeinsamer Dienste) und Offenheit (ISO-RM-Struktur) die wichtigsten Merkmale. Die Zielsetzung ist eine hohe Fehlersicherheit, steigende Geschwindigkeit, Benutzerfreundlichkeit und vieles mehr. Das ISDN in der 2B+D-Form wird als Schmalband-Netz bezeichnet. Außer dem oben beschriebenen Basisanschluß werden auch leistungsfähigere Kanaltypen (H0, H1 usw.) definiert. ISDN-Services teilen sich in Standard-, Informations- und Zusatzdienste auf. Mit S-ISDN (oder N-ISDN) können auf den beiden B-Kanälen verschiedene Standarddienste, wie z.B. Fax-Gruppe-4 oder 64-kbit/s-Datentransfer, gleichzeitig getätigt werden. Zu den Informationsdiensten zählen der Ansageservice und Auskünfte, z.B. als Bildschirmtext (Btx). Diese Services können durch eine Benutzer-Interaktion attraktiver gestaltet werden (s. IN-Konzept). Die Zusatzdienste (*Supplementary Services*) sind im Kapitel 6 beschrieben. Die wichtigsten ISDN *Basic-Access-Features* sind:

- internationale Norm;
- eine ISDN-Teilnehmernummer (DN) für alle Dienste;
- bis zu 8 Terminals an eine Kommunikationsdose anschließbar;
- parallele Kommunikation: zwei Services (auf je einem B-Kanal) gleichzeitig zu verschiedenen Teilnehmern;
- schneller Zugriff mit eventuellem Informationstransfer über den D-Kanal;
- flexibel und erweiterbar;
- Möglichkeit einer *EtE*-Behandlung der Nutzinformation (z.B. Chiffrierung).

Das S-ISDN konnte sich bis jetzt überwiegend im geschäftlichen Bereich etablieren. Die Verwendung in Privathaushalten wird erst in der Zukunft, u.a. durch Verbreitung der PC's und interessanter Anwendungen, an Bedeutung gewinnen. Zu den Schwachpunkten der bisherigen Entwicklung können die folgenden Punkte gezählt werden:
- Nichtvorhandensein attraktiver Massenmarkt-Applikationen;
- Fehlen eines universellen Zeichengabe-Standards d.h. einer einheitlichen ISDN-UP-Variante (→ Notwendigkeit für ein paneuropäisches ISDN-Systems);
- fehlende Flexibilität bzgl. neuer Kommunikationslösungen und des Dienstangebots;
- ungünstige Tarifpolitik (vor allem für die Privatnutzer);
- teure und benutzerunfreundliche Endgeräte (DTE: *Data Terminal Equipment*);
- starres, länderbezogenes (bundesweites) Service-Angebot;

- Unsicherheiten bezüglich der Kosten und Planung;
- unvollständiger Deckungsgrad.

Um eine bessere Flexibilität zu erreichen (Regionalisierung des Dienstangebots, adäquate Gebührenberechnung, schnellere und effektivere Marktanpassung), wurden/werden neue Ideen und Konzepte in Form von intelligenten Netzfunktionen und Elementen eingeführt. Die Realisierung sieht vor, die Netzfunktionen zu modularisieren und sie teilweise aus den ISDN-Vermittlungsstellen auszulagern. Es können zeichengabeintensive Dienste mit Zugriff auf Teilnehmerdatenbanken und interaktive Dialog-Möglichkeiten angeboten werden. Diese Entwicklung soll mehr Innovationsfreiheit für die Netzbetreiber und ein sehr gutes Preis/Leistungs-Verhältnis neu eingeführter Dienste bieten.

ISDN-Zeichengabe

Für das ISDN-Netz sind zwei Signalisierungs-Verbindungen von Interesse: die sogenannte Zwischenamtsignalisierung (*Network Signalling*) und der Anschluß für den Endbenutzer (*User to Network Signalling*). Für beide wurden unterschiedliche Signalisierungs-Protokolle definiert. Sie müssen in der Vermittlungsabschlußeinheit aufeinander abgebildet werden. Die Zeichengabe für das ISDN-Netz (*Network Signalling*) ist das *Common Channel Signalling System Number* 7 (CCSS7) mit ISUP und für den Netzzugriff das *Digital Subscriber Signalling System No.* 1 (DSS1). Im ISDN-Bereich sind zwei Entwicklungen im Gang: das Euro- und B-ISDN.

ISO-OSI Referenzmodell

Das ISO-OSI Referenzmodell (RM) ist ein abstraktes, hierarchisches 7-Schicht-Modell für offene Systeme. Dieses 1979 von ISO (auf der Plenarsitzung in Sydney) vorgeschlagene und anschließend von CCITT übernommene OSI-RM (X.200) ermöglicht eine weitgehende Standardisierung der Kommunikationssysteme, so daß Netzkomponenten verschiedener Hersteller wie Vermittlungsstellen, unterschiedliche Rechnertypen usw. zusammenarbeiten können. Die Aufteilung in Schichten (*Layer*) erfolgte nach funktionellen Kriterien (das OSI-Prinzip), um eine klare Strukturierung zu schaffen. Jede Schicht wird i.a. durch ein (von den anderen) unabhängiges Protokoll bewerkstelligt und bietet der darüberliegenden Schicht (*Protocol-User*) Dienste an. Protokolle der *Layer* 1-4 sind Transportprotokolle - sie garantieren einen fehlerfreien Datentransport. Protokolle der *Layer* 5-7 sind Anwendungsprotokolle. Sie setzen eine fehlerfreie Ablauffolge der anderen voraus und beschäftigen sich mit der Kommunikation zwischen den Partnern (Informationstransfer), der Datenstruktur und deren Verarbeitung durch die Prozesse. Nachfolgend sind die einzelnen Schichten der OSI-Architektur samt ihrer Funktion aufgeführt:

7. *Application Layer*	Anwendung
6. *Presentation Layer*	Darstellung
5. *Session Layer*	Kommunikationssteuerung
4. *Transport Layer*	Transport
3. *Network Layer*	Vermittlung

2. *Data Link Layer* Sicherung
1. *Physical Layer* Bitübertragung

Bei der Definition der Protokolle wird einerseits auf ihre Flexibilität und andererseits auf die Konsistenz geachtet. Die Bestrebungen sind möglichst anwendungsunabhängige Spezifikationen zu formulieren. Dieses Modell konnte auch für die Telekommunikation übernommen werden.

ISUP (ISDN *User Part*)

ISDN-UP ist in CCITT REC Q.761 - Q.766 (+ ETSI Version: Q.767) beschrieben und wird im MF (GSM-System) auf der Schnittstelle zwischen MSC's sowie zwischen GMSC und ISDN-Netz (VE:N) implementiert. ISUP gehört zu den CCS7-Protokollen und stellt für Basis-Träger- und Zusatzdienste entsprechende Funktionen zur Verfügung. ISUP erfüllt die von CCITT gestellten Anforderungen für einen weltweiten internationalen automatischen Telefondienst und einen leitungsgebundenen Datenverkehr (Nichtsprache-Anwendungen). Es wurden bis jetzt überwiegend nationale (*country-specific*) Versionen und teilweise firmeneigene Produkte und Modifikationen benutzt (z.B. 1TR7 der DBP). Die relativ schwache und schleppende ISDN-Entwicklung, bedingt durch Instabilität der Spezifikationen, ließ keine Notwendigkeit für eine schnelle und universelle ISUP-Implementierung erkennen. Diese Situation wird sich durch die explosionsartige Entwicklung der GSM-Netze radikal ändern müssen. Die internationale, modifizierte ISUP-Variante mit weiteren Zusatzdiensten ist inzwischen erstellt worden und wird ab 1993 schrittweise als ETSI[1]- oder Blaubuch-ISUP eingeführt. Der ISUP kann die SCCP-Dienste nutzen, was für manche SS's (CUG, automatischer Rückruf mit CL-Service) notwendig ist. Er kann aber auch (in der älteren Version) mit der *Pass-along*-Methode direkt auf MTP aufsetzen (s. Bild 9.2). Diese Lösung wird vorgezogen, wenn bereits eine physikalische Verbindung für den Informationstransport existiert. In den Transitknoten (STP's) werden dann bezüglich passierender Zeichengabeeinheiten (SU's) keine Verarbeitungsprozesse gestartet.

Kanal

Kanal (*Channel*) ist eine allgemeine Bezeichnung für einen Übertragungsweg von Signalen zwischen einem Sender (Quelle) und einem Empfänger (Senke). In konkreten Realisierungen werden Bezeichnungen der Übertragungskanäle genauer spezifiziert. Diese Zusatzbeschreibung wird in der Regel auf das Übertragungsmedium und den Verwendungszweck hinweisen. Je nach Kanal muß die Kanalcodierungstechnik so gewählt werden, daß bestimmte Übertragungseigenschaften erzielt werden können. Bei einer Funkübertragung muß das zugewiesene Frequenzband aus wirtschaftlichen Gründen so eingeteilt sein, daß möglichst viele Kanäle (*Time Slots*: Zeitschlitze) parallel existieren können.

---

[1]ETSI ISUP ist die korrigierte Untermenge der Blaubuch-Version.

Kanalgebundene Zeichengabe (CAS: *Channel Associated Signalling*)

Die kanalgebundene Zeichengabe ist eine frühere Lösung (vor allem in analogen Systemen), bei der die Sprechleitung gleichzeitig für Signalisierungszwecke (*outband/-inband*) benutzt wurde.

Kollisionen

Eine Kollision ist das Aufeinandertreffen von konkurrierenden Ereignissen wie z.B. Netzzugriffen. Sie können auf vielen Ebenen verschiedener Protokolle auftreten. Solche Konflikte lassen sich zum Teil vermeiden oder sogar ausschließen, ansonsten müssen sie in den aufgestellten Protokoll-Regeln, z.B. durch Wiederholungen berücksichtigt werden. Im Falle einer Kollision können je nach System/Protokoll unterschiedliche Gegenmaßnahmen ergriffen werden (s. z.B. *Clear Collision* im Kapitel 11). Viele der möglichen Kollisionen innerhalb der im GSM-System benutzten Protokolle wurden bis jetzt nicht ausreichend abgefangen (Beispiele: HOV, Chiffrierung, SS-*Invocation*). Besonders wichtig ist die Kollisionsfreiheit im Funkverkehr (s. *Contention Control*). Es sind verschiedene Zugriffsverfahren mit unterschiedlichen Kollisionswahrscheinlichkeiten bekannt. Der Durchsatz und *Performance* dieser Verfahren sind zueinander gegenläufig.

Kommunikation

Die Kommunikation im nachrichtentechnischen Sinne ist Nachrichtenaustausch zwischen Partnern. In dieser allgemeinen Formulierung ist der Partner symbolisch auf die Informationsquelle und/oder -senke reduziert. Daraus resultieren verschiedene, grundlegende Kommunikationsklassen: Dialog, Informationsverteilung und -sammlung.

Kommunikationsprotokoll

Ein Protokoll ist ein geschlossener Satz von Regeln und Strukturen, die in Form von Daten-Blöcken (Rahmen oder Messages) in der Kommunikation für Übertragung und Kontrollzwecke benutzt werden. Auch die Signalisierung und Steuerung in der Übermittlungstechnik werden über einen Austausch festgelegter Meldungen und Message-Sequenzen erfolgen. Die heutigen Protokolle werden verstärkt durch internationale Normen und Empfehlungen festgelegt. Ein Kommunikationsprotokoll beschränkt sich auf Funktionalität der Schicht in der es definiert ist. Für die Transportprotokolle wurden solche Verfahren wie: *Routing*, Flußsteuerung, Fehlerkorrektur u.a. definiert. s. auch Protokoll-Klassen, SAP, *Primitives*, ASN.1

Kompandierung

Compading = Compression + Expansion; Kompandierung ist eine Technik die zur Reduktion des Dynamikbereichs innerhalb des Übertragungsnetzes verwendet wird.

LAP B (*Link Access Procedure, Balanced Mode*)

LAP B ist ein Leitungsprotokoll für einen paketorientierten Netzzugang, das sich nur geringfügig vom HDLC unterscheidet. Die Differenz ist das Fehlen der Symmetrie der Endgeräte. Dies kann z.B. für Systeme, in denen nur eine Seite die Initiative bei einem Verbindungsaufbau ergreifen kann, wichtig sein.

MAN (*Metropolitan Area Network*)

Standardisiert in IEE 802.6; MAN wurde für schnelle Übertragung großer Datenmengen (30 - 140 Mbit/s) überwiegend in städtischen Bereichen als LAN-Kopplungen und Host-Anbindungen entwickelt. Zukünftig soll es möglich werden MAN- und B-ISDN-Technologien zu integrieren. Es ist fraglich, ob sich die MAN-Technologie - angesichts der heutigen Entwicklung der Übertragungstechnik - durchsetzen wird.

Message (Nachricht)

Als Message wird eine Nachricht des *Layer* 3 oder höherer Schichten bezeichnet. Die Messages sind Übertragungsmittel der Protokolle. Sie beinhalten sowohl genau spezifizierte Steuerinformationen als auch Bereiche für die zu transportierenden Daten (z.B. reservierte Bitfelder). Mit der Message wird eine Form für den zu übertragenen Inhalt definiert, sie kann in vielen Protokollen als ein Satz von Informations-Elementen (IE's) festgelegt werden. Die Message-Parameter können auch über *Pointers* (Zeiger) adressiert werden. Je höher die Protokollschicht desto informativer (anwendungsbezogener) ist die Nachricht. Auch die Zeichengabe im GSM und CCS7 wird über Messages organisiert.

Message Discriminator (MD)

Der Message-Diskriminator ermöglicht eine Unterscheidung zwischen Nachrichten oder Nachrichten-Gruppen eines Protokolls.

Message (Call) flow

Der Nachrichtenfluß ist eine symbolische Aufzeichnung ausgewählter Abläufe von Prozeduren oder Prozessen. Ihre Darstellung geschieht in Form von Messages, die zwischen den Netz-*Entities* ausgetauscht werden. Dabei können auch die Zeitangaben berücksichtigt werden: *Timer*-Start, -Beendigung, -Ablauf.

Minimum Shift Keying (MSK)

Die MSK-Modulation (FSK-Typ) zeichnet sich durch weiche Übergänge von einem Datenbit zum anderen aus. Dies erlaubt effiziente Ausnutzung des Frequenzspektrums. GSM ist das erste zellulare System in dem ein digitales Modulationsverfahren benutzt wird. Für die Modulation wurde eine spezielle Form der Phasenumtastung eingesetzt - das Gauß'sche Minimalphasenlagenmodulation (GMSK: *Gaussian Minimum Shift Keying*). Diese spezielle Art der Modulation, bei der die Bitfolgen in Phasenänderungen des Trägersignals umgesetzt werden, optimiert die spektrale Bandbreite des Ausgangssignals.

µ-law (µ-Gesetz)

Das *µ-law*-Verfahren wird in den nordamerikanischen 24-Kanal PCM-Systemen (Bell D1/2) sowie in Japan benutzt und soll uns an dieser Stelle nicht weiter interessieren.

Mobile-Mobile-Call (MMC)

Mobile-to-Mobile-Call ist ein zusammengesetzter MOC und MTC zugleich (s. Kapitel 8). Der MMC wird innerhalb des E-Netzes sehr günstig angeboten, um die Attraktivität des PCN-Netzes in Deutschland zu erhöhen.

Modulationstechnik

Modulation ist die kontrollierte Veränderung von Signalparametern eines Trägers in Abhängigkeit von dem modulierenden Signal. Als Signalträger werden vor allem Sinus- und Pulsträger verwendet. Die Trägerfrequenz muß für die Systemspezifizierung bekannt sein. Man unterscheidet mehrere Modulationsarten: Amplituden-, Frequenz- und Phasenmodulation. Für moderne Systeme sind komplizierte, digitale Modulationsverfahren vom besonderen Interesse. Zu den gängigen Verfahren die im Mobilfunk verwendet werden gehören *Fast Frequency Shift Keying* (FFSK), *Differential Phase Shift Keying* (DPSK) sowie *Minimum Shift Keying* (MSK der FSK-Wellenform). Forderungen, die an die Modulationstechnik gestellt werden, sind: hohe Übertragungsrate pro Frequenz, möglichst stetige Einhülende sowie hohes Träger-zu-Rauschverhältnis unter mobilen Bediengungen.

Multiplexen

Multiplexing (MUX) ist ein physikalisches Vielfachnutzungs-Verfahren einer Übertragungsstrecke. Verschiedene Verbindungen werden in aneinander anschließenden Zeitabschnitten (zeitlich gestaffelt) als eine Signalfolge oder echt gleichzeitig transmittiert. Es werden im wesentlichen drei MUX-Methoden verwendet:

1. *Frequency Division* MUX (FDM),
2. *Time Division* MUX (TDM) synchron und
3. TDM asynchron.

Aus den möglichen Vielfachzugriffsverfahren ergeben sich unterschiedliche Frequenznutzungswerte. Für die Frequenzökonomie ist die Anzahl der verfügbaren Kanäle pro Frequenzband entscheidend. s. FDMA, TDMA, CDMA

***Multipoint*-Verbindung** (*PtM*: *Point-to-Multipoint*)

An einer *Multipoint*-Verbindung können mehr als zwei Endpunkte beteiligt werden und es sind verschiedene Informationsflüsse möglich. *Point-to-Multipoint*-Verbindungen können mit Hilfe von Einwegübertragungen aufgebaut werden. *PtM*-Verbindungsart wird für *Broadcast*-Prozeduren benötigt.

Nebenstellenanlage

Nebenstellenanlage (NstA) ist eine privat-installierte Vermittlungseinrichtung für Teilnehmer-Endgeräte. Sie ist über einen Hauptanschluß an das öffentliche Fernmeldenetz angeschlossen. Die Rentabilität einer NstA steigt mit der Anzahl der lokal angeschlossenen Teilnehmer.

Netzzugriffstechnik

Die eingeschränkten Netzressourcen machen es notwendig, die Vielfachzugriffstechnik einzuführen. Innerhalb der Zeiteinteilung unterscheidet man kontrollierte und zufällige Netzzugriffsmethoden. Sie werden entsprechend Polling und Zufallzugriffsverfahren genannt. Beide unterscheiden sich vor allem im Durchsatz und *Performance*. Die Netzzugriffsmethoden können weiter unterteilt werden. Bei gleichberechtigten Funkstationen hat man zuerst das reine Zufallsverfahren benutzt. Später kamen auch verbesserte Methoden z.B. CSMA-Verfahren oder Zugriff mit Zentralsteuerung dazu. Die Netzzugriffsprotokolle müssen ein stabiles Verhalten unter hoher Verkehrsbelastung aufweisen. Im GSM-System wird auf der Funkschnittstelle (auf dem RACH) die verbesserte *Random Access* Technik (*Slotted Aloha Random Access*) verwendet. Durch zusätzliche Kontroll-Mechanismen (hier ein Zeitraster) für den Zugriff läßt sich der Durchsatz im Vergleich zum normalen *Random Access* erhöhen (weniger Kollisionen). Für die neue Generation moderner Bündelfunknetze in Europa wurde ein Standard mit *Dynamic Framelength Slotted Aloha*-Technik spezifiziert.

Numerierungsplan (NP: *Numbering Plan*)

Innerhalb eines NP-Bereiches kann der Teilnehmer im Netz anhand seiner *Subscriber Number* (SN) erreicht werden. Für öffentliche und private Telekommunikationsnetze existieren verschiedene Numerierungspläne. Die Adressierungsoptionen der öffentlichen Netze müssen so gestaltet werden, daß sie für mehrere Jahre im voraus den Anforderungen der Zeit (neue Dienste, *International Roaming* usw.) genügen. Insbesondere müssen *Mobility*-Dienste (PCN, UMTS) berücksichtigt werden. Die Teilnehmer- und Endgerätemobilität zwischen den Netzen ist nur durch eine Integration und Überlappung der NP's möglich. Die Evolution der Systeme und andere Faktoren wie politische Änderungen führen dazu, daß die NP's ab und zu einer aufwendigen Umstrukturierung unterzogen werden müssen. Mit der fortschreitenden Integration der NP's und weiterer Standardisierungen müssen die Adressierung und Kennzeichnung einheitlicher werden.

OSI (*Open Systems Interconnection*)

OSI ist eine Norm, nach der das ISO-OSI-Modell aufgebaut ist. s. ISO-OSI-RM

PAD (*Packet Assembly/Disassembly Facility*)

Der PAD bildet eine Schnittstelle für die Datenübertragung zwischen dem Telefonnetz und dem Paketvermittlungsnetz. Der Datenstrom wird für die eine Richtung in einzelne Pakete zerlegt und für die andere werden die Pakete wieder zusammengesetzt.

Paketvermittlung

Die Daten werden zwecks Übertragung in Blöcken verschickt. *Packet Switching* wird in Rechnernetzwerken verwendet und ist besonders interessant in bezug auf:

- kleinere Datenmengen;
- größere Zeitintervalle;
- größere Entfernungen;
- kurze Wartezeiten.

Hier existieren mehrere Freiheitsgrade die beachtet werden müssen. Paketvermittlung kann für Echtzeitoperationen eingesetzt werden - es gibt jedoch geringe Zeitverzögerungen die vor allem für *real-time* Übertragungen nicht kumulieren dürfen. Es gibt prinzipiell zwei Übertragungsmöglichkeiten: über virtuelle Kanäle (mit Verbindungsaufbau) und als *Datagramm.*

Password

Ein Paßwort wird von bestimmten *Tools* oder Einrichtungen, meistens in einer *Login*-Prozedur, abgefragt, bevor bestimmte Dienste zugänglich gemacht werden können (Kommunikationssteuerung). Dies soll den Zugang für nicht berechtigte Personen erschweren. Im MF wird eine Paßwort-Angabe im Zusammenhang mit der Benutzung von *Supplementary Services* abverlangt (Paßwort-Überprüfungs-Prozedur und Paßwort-Registrierung: s. MAP-Prozeduren). Nach dem Versuch der Service-Aktivierung/Deaktivierung oder Paßwort-Registrierung verlangt das Netzwerk, das gültige Paßwort anzugeben. Falsche Angaben bei der SS-Aktivierung können zu einer Blockierung führen, was nur vom Netzbetreiber/Systemoperator rückgängig gemacht werden kann.

PCM (*Pulse Code Modulation*)

Dieses Konzept für die digitale Übertragungstechnik wurde Anfang der 70er Jahre von CEPT vorgestellt. In diesem Verfahren wird eine A/D-Umwandlung der analogen Eingangssignale in binären Datenstrom vorgenommen. Dabei werden die in den Abtastzeitschritten (*Sampling*) abgelesenen Signalamplituden digitalisiert. Die nach CCITT genormten Codierungsgesetze sind A- und *μ-law*. Die wichtigsten Modulationssysteme sind PCM30 (CCITT G.732) und PCM24 (CCITT G.733).

PCM30

Das PCM30-Übertragungssystem besteht aus 125 µs-Zeitrahmen, die je in 32 Acht-Bit-Zeitschlitze eingeteilt sind. Diese 8-Bit-PCM-Norm führt auf die Basisgröße von 64 kbit/s. Durch die Zeitschlitzeinteilung entstehen 30 PCM-Kanäle (Fernsprechkanäle), ein Signalisierungskanal und ein Kanal für Systeminformation (Alarme, CRC-Prüfung) und Rahmensynchronisation (Melde- und Rahmenkennungswort). Die 256-Bit-PCM-Rahmen werden in *Multiframes* (16 *Frames*) zusammengefaßt. Dadurch wird jedem Zeichengabebit ein Kanal zugeordnet. Die Gesamtübertragungsrate beträgt 2.048 Mbit/s und bildet die erste Hierarchiestufe der Digital-Multiplexsignale. PCM30 kann z.B. terrestrisch als

4-Draht-Leitung (eine Doppelader je Richtung) betrieben werden. Das PCM30-System hat sich in den europäischen Telekommunikation als Standard etabliert. Die PCM30-Strecken werden z.B. im MF auf allen Schnittstellen bis auf den Funkweg (U_m) verwendet.

Sprachfrequenzbereich	300-3400 Hz
Samplingrate	8 kHz (→ 125 µs Abtastperiode)
Bit pro Sample	8 (→ 64 kbit/s pro Kanal)
Zeitschlitze pro Rahmen	32
Codierung	A-Gesetz

***Peer-to-Peer*-Verbindung**

Eine *Peer-to-Peer*-Verbindung wird im ISO-Modell innerhalb eines Kommunikationsprotokolls für einen *Layer* aufgebaut. In einer Schicht, so z.B. im MF, können außer der unmittelbaren Kommunikation (Verbindungsaufbau, -aufrechterhaltung und -abbau) auch andere Prozeduren wie Ressource-Management usw. vertreten sein.

Polling

Periodische Anfrage an Kommunikationspartner ob er Daten zum Senden hat.

Primitives (Dienstprimitiven)

Die Dienstprimitiven werden für *Layer-to-Layer-Interactions* verwendet. Hierbei handelt es sich um eine funktionelle Schnittstelle, die von einem *Layer* (Schicht) den Funktionen der darüberliegenden Schicht (*Service-User*) Dienste anbietet. Sie repräsentieren einen logischen Austausch von Informationen und ermöglichen Protokoll-Steuerung in betroffenen Schichten. Man unterscheidet vier Typen von Dienstprimitiven: *Request, Indication, Response* und *Confirmation*. Welcher von diesen spezifischen Namen verwendet wird kann sich vom Protokoll zu Protokoll unterscheiden.

Protokoll

Die Kommunikation vernetzter Telekommunikationssysteme gehorcht Protokollen die überwiegend in internationalen Normen festgelegt werden. s. Kommunikationsprotokoll

Protokoll-Klassen

Der Begriff Protokoll-Klassen bezeichnet die strukturelle Aufteilung eines Protokolls in getrennte Bereiche z.B. verbindungsorientierte und nicht-verbindungsorientierte Klassen (beim SCCP), die unterschiedliche *Features* bieten.

Protokoll-*Performance*

Protokoll-*Performance* bezeichnet die Qualität des Services (Dienstgüte) aus der Sicht des Protokoll-Benutzers (höhere Protokolle). Es werden *Performance*-Parameter wie Verzögerungen sowie weitere interne Daten definiert.

Prozeß

Ein Prozeß resultiert aus der funktionellen Aufteilung der Aufgaben im Netz in Systemblöcke. Alle Prozesse lassen sich in Abhängigkeit von der Aufgabenstellung in verschiedene Typen (z.B. *Master, Hand*) einteilen. Viele Prozesse werden modularisiert und können parallel (als mehrere Programme) ablaufen. MF-Prozesse werden als algorithmische Szenarien mit definierten System-Zuständen und zum Teil mit vorgegebener Reihenfolge der Ereignisse gestaltet, dabei können *Primitives, Messages, Timers, Counters* und andere Protokollelemente benutzt werden.

Punkt-zu-Punkt-Verbindung (*PtP Connection*)

Bei einer Punkt-zu-Punkt-Verbindung werden über einen *Link* (*Layer* 1-2) zwei Referenzpunkte miteinander verbunden, so daß sie Daten austauschen können.

QOS (*Quality Of Service*)

QOS sind die (für alle Schichten gleich) definierten Service-Parameter (IE's), die die Qualität einer Protokoll-Verbindung charakterisieren. Für die *Layer* 3-7 ist eine Spezifikation dieser Parameter obligatorisch. Im GSM-System muß für *Entities* mit unterschiedlichen Dienstfähigkeiten (verschiedene Protokoll-Versionen) eine gleichgute Dienstequalität (QOS) garantiert werden.

Queue (Warteschlange)

Queues werden für Messages, Speicher- oder Ressourcenanforderungen benutzt, um eine effektive und prozeßgerechte Nutzung der zur Verfügung stehenden Kapazitäten (vor allem bei starkem Verkehrsaufkommen) zu gewährleisten, s. auch Seite 258.

Rahmen

Ein Rahmen (*Frame*) ist eine Dateneinheit für die Nachrichtenübertragung, die z.B. durch Markierungen (*Flags*) an den Enden erkennbar ist, s. TDMA-Rahmen.

Raummultiplex

In Anlehnung an das Zeit- bzw. Frequenzmultiplex kann bei der zellularen Funktechnik vom Raummultiplex gesprochen werden. Die gleiche räumliche Funkzellenstruktur (Cluster) wird periodisch fortgesetzt.

Relaying

Die historisch erste Anwendung der *Relay*-Technik war das Morse's Telegraphensystem (1836). Um Nachrichten über große Entfernungen zu verschicken, wurden die Signale an Knotenpunkten (Relaisstation = Zwischensender) erneuert (verstärkt). Im GSM-System können die *Relay*-Punkte je nach Transaktion von BTS, BSC und MSC gebildet werden. An diesen Punkten werden die Nachrichten den jeweiligen Transportmechanismen angepaßt und weitergeleitet (s. *Frame/Cell Relay*, SCCP, L2R, Kurznachrichten).

Request

Die *Request*-Dienstprimitive (Anforderung) wird benutzt, wenn der höhere *Layer* vom darunterliegenden Dienste fordert.

Response

Die *Response*-Dienstprimitive (Antwort) wird eingesetzt, um den Empfang einer Anzeige (*Indication*) zu bestätigen.

Restart

Restart ist ein Vorgang, der nach Auftreten eines schwerwiegenden Fehlers initiiert wird, um diesen zu beheben. In einem Protokollablauf handelt es sich um einen Abbau und den darauffolgenden Wiederaufbau einer Verbindung (s. *Call Re-establishment*).

Roamer

Personalisierte Mobilstation, die außerhalb vom Heimat-Rufbereich (z.B. HLR-*Area* oder HPLMN) in Betrieb ist. Der *Roamer* wird auch als *Visitor* bezeichnet.

Routing

Beim *Routing* handelt es sich um eine Dienstleistung der Netzwerkschicht. Bei jeder ankommenden Nachricht werden die *Routing*-Informationen ausgewertet und die Nachricht protokollgerecht behandelt. Das *Routing* wird in den Netzknoten mittels Tabellen durchgeführt, die entweder fixiert sind oder aber adaptiv gestaltet werden können. In den Telekommunikationsnetzen unterscheidet man zwischen *Routing* für die Zeichengabe und für die Gesprächsverbindungen (*Call Routing*). Für ein kommendes Gespräch wird anhand der gewählten Rufnummer (*Digit Analysis*), über sogenannte Baumstrukturen, eine bestimmte Route gewählt, s. auch CIC. Die Wegsteuerungsmethoden werden im allgemeinen für alle Rechnernetzwerke und die zu übertragenden Daten benötigt. In den paketschaltenden Netzen unterscheidet man virtuelle Verbindungen und Datagramme - dementsprechend können die Adressierungs-Optionen anders gewählt werden.

Routing Zone

Die *Routing Zone* ist ein geographischer Bereich, der vom Netzwerkoperator definiert wird. Von diesem Bereich aus werden spezielle Anrufe in gleicherweise (gleiches *Routing*) behandelt.

RSA (Rivest, Shamir, Adleman)

Bei RSA-Blockschiffre handelt es sich um ein asymmetrisches Kryptosystem. Jeder Teilnehmer besitzt zwei Schlüssel, die für eine aufwendige Ver- und Entschlüsselung benutzt werden. Dieses *Public-Key*-Verfahren wird im MF auf der Luft-Schnittstelle angewendet.

SAP (*Service Access Point*)

Der Dienstzugangspunkt ist in der Beschreibung des OSI-Referenzmodells als ein Punkt (oder *Gate*) definiert, durch den der Service den höheren Schichten (*Layers*) angeboten wird. So greift jede höhere Schicht auf Dienste zurück, die sich aus mehreren Dienstelementen (*Service Elements*) zusammensetzen und von dem darunter liegenden SAP angeboten werden. Ein SAP wird für die Steuerung der dienstanbietenden Instanz (*Entity*) und den Datentransfer benutzt.

SDH: Synchrone Digitale Hierarchie

Die SDH ist eine Übertragungshierarchie und der erste weltweite Netzwerk-Standard (CCITT), der zugleich die Grundlage für Breitbandsignalübertragung und ATM bildet. SDH ist in der Lage, die heutigen überwiegend plesiochronen Signale unterschiedlicher Hierarchiestrukturen (Europa, Japan, USA) einheitlich zu übertragen und einen direkten Zugriff (über Crossconnectoren) zu ermöglichen. Die Bereitstellung von *Overhead*-Kanälen schafft eine wesentliche Voraussätzung für TMN (s. Kapitel 14). Die synchrone digitale Hierarchie wird demnächst, u.a. dank der flexiblen Kapazitätserweiterungen, auch in MF-Netzen zum Einsatz kommen.

Session

In der Telekommunikation ein Vorgang von der Eröffnung (z.B. Rufaufbau) bis zur Beendigung (z.B. Rufabbau) einer (Telefon-) Verbindung;

SETUP

Diese Level 4 Message ist notwendig, um einen Verbindungsaufbau durchführen zu können. Sie kann sowohl vom Netz aus als auch von der MS geschickt werden und enthält - je nach Dienstart - mehrere IE's (Informationselemente), die diverse, vertrauliche CC-Informationen (wie *Called Party Address*, *User Rate*, *Bearer Capability* oder *Connection Element*) tragen. Die Setup-Daten unterscheiden sich für die A- und B-Seite zum Teil wegen der Asymetrie der Verbindung (PLMN-PSTN usw.).

Signal

Ein Signal ist die physikalische Repräsentation einer Nachricht. Es kann durch verschiedene z.B. elektro-magnetische Vorgänge erzeugt werden.

Signalisierung

In jedem Nachrichtennetz, in dem Verbindungen zwischen Endeinrichtungen auf- und abgebaut werden, hat die Signalisierung eine fundamentale Bedeutung. Die Zeichengabe ist die Bezeichnung für alle Aktivitäten, die im Telekommunikationsnetz ablaufen, um die Vorgänge zu steuern, die das Telefonieren ermöglichen. Viele dieser Zeichengabe-Prozesse wie z.B. *Routing* wurden früher manuell (Handvermittlung) von Operatoren ("Fräulein vom Amt") durchgeführt. Solche Lösungen sind in den heutigen digitalen, prozessorgesteuerten Systemen kaum mehr zu finden (s. aber GSM-Dienste !). Die vielschichtige Signalisierung ist in den globalen Mobilfunknetzen besonders wichtig und gewinnt durch das wachsende Serviceangebot noch mehr an Relevanz.

Signalisierungsarten

Man unterscheidet verschiedene Signalisierungsarten: CAS, DTMF, CCS (CCS6, CCIS, CCS7, DSS1) u.a. Manche von ihnen wie Pulszeichen im CAS-Verfahren waren in der Analogtechnik wichtig. Die Ton-Signalisierung kam mit der Multiplextechnik und ist für heutige Anforderungen zu langsam und ineffizient. Sie blieb jedoch als CAS-Anwendung in manchen Systemen erhalten. Die zur Zeit wichtigsten Zeichengabestandards der digitalen Telekommunikationssysteme sind DSS1 und CCS7. Sie werden noch weiterentwickelt und modifiziert.

Simplex

Übertragung nur in eine Richtung (1 Kanal); Vergleiche mit Duplex.

Speichervermittlung

Message Switching spielt wegen der geringen Flexibilität und fehlendem Echtzeit-Betrieb nur eine untergeordnete Rolle.

SS-*Interrogation*

Anfrage des MF-Teilnehmers an das PLMN-Netz (HLR-Datenbank) bezüglich eines speziellen Zusatzdienstmerkmals, siehe auch Interrogation im Kapitel 8.

STM (*Synchronous Transfer Mode*)

Die Hochgeschwindigkeitsübertragung (Gbit/s) läßt sich am besten mit streng synchroner Technik erreichen. Hierzu existieren (nach CCITT) mehrere Alternativen die unterschiedliche Komplexität aufweisen. Der Nachteil des STMs sind die bei der Übertragung verschenkten Ressource-Kapazitäten.

Synchrone Übertragung

Die synchrone Übertragung findet in plesiochronen Systemen statt, wenn sowohl der Anfang einer Dateneinheit (*Flag*) als auch der Zeitpunkt des Bitwechsels durch ein Taktsignal festgelegt sind (Wort- und Bitsynchronisation). Kurzzeitige Synchronitätsverluste sollen nicht zur Verbindungsauflösung führen.

TDMA (*Time Division Multiple Access*)

Vielfachzugriff im Zeitmultiplex (TDMA) stellt für digitale Netze und Datenübertragung das wichtigste Vielfachzugriffsverfahren dar. Dieses Zeitteilungsverfahren ist eine Systemgenerierung von mehreren Parallelkanälen. Sie werden gleichzeitig oder genauer genommen zeitlich gestaffelt übermittelt. Bis heute wird in der Telekommunikation TDMA überwiegend plesiochron betrieben. Diese Regelmäßigkeit garantiert äquivalente Übertragungsmittel-Aufteilung. Auf der Radioseite des Mobilfunk-Systems sind es 8 Sprechkanäle oder bis zu 16 Datenkanäle einer Trägerfrequenz (TF). Dadurch wurde eine beachtliche Steigerung des Durchsatzes pro Frequenzbereich erreicht. Das Frequenzband im GSM 900 kann bis zu 124 x 8 *fullrate* Gespräche gleichzeitig übertragen. Für *halfrate* TCH's wird sich diese Zahl noch verdoppeln. Für eine kollisionsfreie Übertragung und die richtige Steuerung spielt bei TDMA die Synchronisation eine übergeordnete Rolle. Die Übertragungseigenschaften lassen sich hier durch spezielle Vorkehrungen wie Spreiztechnik (→ ATDMA, ETDMA) verbessern. Mit ETDMA sind 10 bis 15 *fullrate* Sprechkanäle pro Band erreichbar (im Vergleich dazu bietet TDMA systemintern nur 4). Diese Technik ist zum reinen TDMA kompatibel und bietet niedrige Betriebskosten. Mit der asynchronen TDMA-Technik kann die Ressourcen-Einteilung im Wettbewerb dynamisch erfolgen.

Terminal Adapter (TA)

In der ISDN-Anpassungseinheit zwischen den R- und S-Referenzpunkten werden Daten niedrigerer als 64 kbit/s Übertragungsrate an die B-Kanal-Geschwindigkeit angepaßt. Für TA wurden von CCITT zwei Standards definiert:

V.110 mit RA1-Zwischenstufe und *Bit Stuffing* sowie flexibleres
V.120 mit Möglichkeiten zur Fehlererkennung und -Korrektur (LAPD-Funktionen).

Die TA's ermöglichen auch Nicht-ISDN Endeinrichtungen mit herkömmlichen Schnittstellen wie V.24, X.25 anzuschließen.

Timer

Zeitgeber werden in den Steuermechanismen zur Überwachung von Prozessen benutzt. So muß z.B. im GSM-System die Zeit zwischen zwei aufeinanderfolgenden LUP's (*Location Updates*) mindestens 10 s betragen. Dies wird von einem *Timer* kontrolliert. Als *Timer*-Aktionen unterscheidet man drei Vorgänge: Start, Beendigung (*Reset*) und Ablauf (*Time out*).

TUP (*Telephon User Part*)

Fernsprechbenutzerteil ist ein Level 4 Protokoll des CCS7 und schließt direkt an den MTP (*Message Transfer Part* s. Kapitel 9) an. Der TUP erledigt nur rein vermittlungstechnische Aufgaben. Dieses Protokoll ermöglicht das Durchschalten und Abtrennen der Telefongespräche im Fernmeldenetz (auch bei analogen Nutzkanälen). Das im nationalen Fernsprechnetz benutzte TUP ist weniger leistungsfähig als ISUP. Das TUP-Protokoll als erste CCS7-Implementierung erlaubte, im Vergleich zu früheren Systemen, die Verbindungsaufbauzeiten deutlich zu verkürzen. Die folgenden TUP-Varianten (ITUP,

TUP+) bilden einen Schritt in Richtung des europäischen ISDNs.

ITUP: Internationaler TUP

TUP+: (Q.721+ bis Q.724+) - dieses für internationalen (EG) CCS7-Verkehr von ETSI festgelegte Protokoll wurde von fünf europäischen Staaten implementiert. Es ermöglicht zusätzlich eine eingeschränkte Anzahl von Zusatzdiensten.

Übermittlung

Die Übermittlung besteht aus den zwei Bereichen Übertragung (*Transmission*) und Vermittlung. Um Nachrichten zu übermitteln, werden vermittlungstechnische Einrichtungen einschließlich spezieller Peripherie und passender Übertragungssysteme benötigt.

Übertragungsgeschwindigkeit

Anzahl der in der Zeiteinheit übertragenen Binärzeichen (Einheit: bit/s)

Übertragungsmedium

Im Telekommunikationswesen werden für die Informationsübertragung elektromagnetische und für die Mensch-Endgerät-Schnittstelle auch akustische Wellen verwendet. Die Wellenausbreitung kann räumlich isotrop oder gerichtet erfolgen. Die gebündelte und Freiraumausbreitung ist für den Mobilfunk wichtig. Gerade bei dieser Übertragungsart muß mit verschiedenen Störeinflüssen (wie z.B. Schwundmechanismen) gerechnet werden. In der Systemauslegung sind, um die Übertragungsqualität zu sichern, spezielle Maßnahmen (*Diversity*-Verfahren) vorzunehmen. Für konventionelle Verbindungsstrecken können herkömmliche Kupferleitungen, Glasfaserkabel oder andere Leiter verwendet werden.

Übertragungsmodus (TM: *Transfer Mode*)

Die digitalen Netzkomponenten brauchen für eine effektive Kommunikation einen Übertragungsmodus der die Zeitmultiplextechnik berücksichtigt. Bis jetzt wird für die Übertragung Netzsynchronisierung verwendet die plesiochrone und streng synchrone Operationen unterscheidet. Es sind verschiedene Synchronisationsverfahren, z.B. je nach Netzstruktur oder Anzahl und Genauigkeit der benutzten Zeitgeber bekannt. *Clock*-(CCITT Rec. G.811) oder Puls-Generatoren sind Systemuhren, die periodisch Zeitsignale erzeugen, um vorgegebene Übertragungsraten aufrechterhalten zu können. In den heutigen Digitalnetzen werden 64 kbit/s-Kanäle mit Übertragung und Vermittlung auf Basis plesiochroner Operationen mit *Master-Slave*-Synchronisierung benutzt. Die Kommunikation erfolgt mit konstanten Bitraten (Digitalhierarchie). Diese Lösung ist optimal für kontinuierliche Übertragung z.B. der Sprache. In PCM30-Systemen dient ein Kanal der internen Systeminformation und Rahmensynchronisation. s. auch STM, ATM

Übertragungsqualität

Die Übertragungsqualität resultiert u.a. aus der verwendeten Übertragungstechnik und wird (z.B. je nach Verbindungsart) durch verschiedene Parameter wie Bandbreite, Verzögerungen, Bitfehlerquote (BER), Rahmenfehlerquote (FER: *Frame Erasure Rate*), HOV-Prozesse, Rauschen, u.ä. beschrieben. Die heutigen fortschrittlichen Übertragungssysteme werden fast nur noch in Digitaltechnik realisiert.

Übertragungstechnik

Die Übertragungstechnik spielt innerhalb der Telekommunikation eine entscheidende Rolle. Eine optimierte und geeignet gewählte Transmissionstechnik garantiert die Flexibilität und Wirtschaftlichkeit der Transportwege. Insbesondere im Mobilfunk sind auf der Luftschnittstelle spezielle Verfahren notwendig. Weitere Begriffe: Übertragungsmedium, -modus, -qualität, Kanal, Modulations- und Codiertechnik.

User

Dieser Begriff wird sowohl für eine Person (einen Teilnehmer), bzw. das Endgerät, als auch für den *Protocol User* (Protokoll-Benutzer, s. ISO-OSI RM) verwendet. Der Protokoll-Benutzer innerhalb der Schicht 7 (*Layer* 7) wird als Anwender bezeichnet. In den GSM-Empfehlungen sind diese Bedeutungen nicht immer klar voneinander zu trennen und können zu Mißverständnissen führen.

Verbindungsarten

Man unterscheidet verschiedene Verbindungsarten, die entweder innerhalb einer Ebene oder durch verschiedene Protokoll-*Stacks* realisiert werden. Die wichtigsten sind: *Peer-to-Peer-*, Punkt-zu-Punkt- (*PtP*), *Link-by-Link*, *End-to-End-* (*EtE*), *Multipoint-*, *Connection-Oriented-*, *Connectionless*-Verbindungen.

Verbindungstypen

Innerhalb eines Kommunikationsnetzes werden verschiedene Verbindungstypen definiert: Verkehrsverbindungen (Nutzkanäle), Zeichengabeverbindungen sowie Betriebs-, Administrations- und Wartungsverbindungen (OA&M).

Verkehrstheorie

Die Verkehrstheorie in bezug auf den Nachrichtenverkehr bildet in der Telekommunikation einen wesentlichen Ergänzungsgebiet der Übermittlungstechnik. Es werden Betrachtungen einschließlich Wahrscheinlichkeitsberechnungen (in der Hauptverkehrsstunde) für eine Optimierung der Netzkonfiguration, d.h. für die Wahl und Abstimmung von Netzeinrichtungen, Übertragungskanälen und anderer Peripherie angestellt. Dies wird in der Systemplanung vom Netzbetreiber für die Dimensionierung des Netzes benutzt und soll eine effektive, wirtschaftliche Nutzung ermöglichen. Die Schwachstellen eines Subsystems schränken die Leistungsfähigkeit und die Verkehrsintensität des Gesamtsystems ein. Solche Engpässe können in der Datenbasis und der zugehörigen Verwaltung der

Verkehrseinrichtungen liegen. Für die Mobilfunksysteme sind in den Verkehrsmodellen sowohl Vermittlungstechnische- als auch Funkübertragungsaspekte zu berücksichtigen. Die Abschätzung und Ermittlung der richtigen Verkehrswerte ist angesichts der dynamischen Marktentwicklung (neue Dienste, Teilnehmerzahlen) nicht immer zuverlässig.

Vermittlungstechnik

Die Grundaufgabe eines Vermittlungssystems ist die Herstellung einer zeitweiligen Verbindung zwischen mindestens zwei Teilnehmern. Diese Vermittlung geschieht aufgrund der Initiative (Anfrage) des Anrufers (A-Teilnehmer). Die Vermittlung ist schlechthin der wichtigste und immer noch komplizierteste Bereich innerhalb der Telekommunikationstechnik. Man unterscheidet drei Vermittlungsarten: Durchschalte-, Paket- und Speichervermittlung. Ausgehend vom historischen Standpunkt gibt es in der Fernsprechvermittlungstechnik folgende Systeme:

- Handvermittlung;
- elektromechanische Vermittlungssysteme;
- programmgesteuerte Vermittlungssysteme (SPC: *Stored Program Control*) mit analoger oder digitaler Durchschaltung;
- IN-Vermittlung mit abgesetzten Steuerungsfunktionen.

Die Digitalisierung hat auch der Vermittlungstechnik große Vorteile gebracht. Die digitalen Koppelnetze konnten neben Raum- auch Zeitmultiplex einsetzen und dadurch die Leistungsfähigkeit (platzsparend) steigern. Die Aufgabe des Koppelnetzes kann auf die Abbildung der PCM-Signale (*Time Slots*) zurückgeführt werden (PCM-Vermittlung):

```
Kombinations   Zeitlagenvielfach → Zeitschlitzänderung
 -vielfach     Raumlagenvielfach → Kanalwechsel (gleiche
                                   Zeitlage)
```

Zu den Standard-Vermittlungsfunktionen gehören: Steuerung, Zeichengabe und Vermittlungsauftragsbearbeitung. Die weiteren Grundfunktionsbereiche sind: Betriebssystem, Datenbanksystem, Ein/Ausgabe, Takte und Töne, IW sowie Instandhaltung. In der Regel ist jedes MSC mit externen Vorrichtungen wie DAS und Bandmaschinen, die zum integralen Bestandteil des Systems gehören, ausgestattet. Damit ein Koppelfeld seine Funktion erfüllen kann, sind intensive Rechnersteuerung und wirksame Zeichengabe (z.B. SS#7) notwendig. Der heutige Trend führt eindeutig auf leistungsstarke Vermittlungsämter mit hoher Echtzeitkapazität und mit implementiertem CCS7. Die Teilnehmerleitungen werden in modularisierten und ausfallsicheren Komponenten konzentriert. Zugleich expandiert die Dienste-Technik in Richtung Peripherie und Endgeräte. Die Systeme sollen so konzipiert sein, daß vielfältige Erweiterungen und relativ schnelle, regionale und wirtschaftliche Einführung neuer Services möglich sind (IN-Konzept). Das Telefonnetz wird in seiner Komplexität (einschließlich der Endgeräte) immer mehr zu einem Rechnernetzwerk (und die Tendenz geht weiter in Richtung Paketvermittlungstechnik). Der Begriff der Vermittlung wurde 1992 vom BMPT neu definiert um den privaten Dienstanbietern einen Zugang zum Telefonnetz und seiner Technik zu ermöglichen und damit mehr Wettbewerb zu schaffen. Dieser Prozeß ist noch nicht abgeschlossen und wird bis 1998 weiter fortgesetzt.

Verschlüsselung

Ein Verschlüsselungsverfahren, welches einen der Sicherheitsmechanismen darstellt, wird in privaten und öffentlichen Kommunikationssystemen eingesetzt, um Vertraulichkeit der Übertragung zu garantieren. Es werden im allgemeinen zwei Verschlüsselungsarten unterschieden: symmetrische (*Private-Key*) und asymmetrische (*Public-Key*) Verfahren. Für ISDN (CCITT I-Serie) werden zwei Methoden betrachtet: DES und RSA. Beide *Encryption*-Verfahren finden Einsatz bei der Verwendung sogenannter *Smart Cards* die in der Architektur von Sicherheitssystemen verschiedener Rechnernetzwerke immer wichtiger werden (s. z.B. Intelligente Netze oder SIM-Karte).

Vollduplex

Vollduplex ist eine Übertragungsart wie Duplex.

***Window*-Mechanismus**

Der Fenster-Mechanismus wird in paketvermittelnden Netzen (z.B. in HDLC, LAPD, LAPDm oder auch SCCP) für die Flußsteuerung (*Flow Control*) einer *Link-Layer*-Verbindung spezifiziert. Die *Window*-Größe ist bis zu einem Maximalwert variabel und kann sich entweder auf Pakete oder ganze Nachrichten-Einheiten beziehen. Die übertragenen Datenabschnitte können bis zu diesem Wert (im Modulo-Verfahren) durchnummeriert und zwischengespeichert werden, was eine Transport-Kontrolle ermöglicht. Der Fenster-Mechanismus ist für jeden logischen Kanal unabhängig. Es muß darauf geachtet werden, daß die Speichermöglichkeiten nicht überschritten werden (sonst ist mit Informationsverlust zu rechnen). Im GSM-System wird für LAPD (LAPDm) die Fenstergröße = 1 benutzt. Der *Window*-Mechanismus kann in den CCS7-Netzen für die CO-Verbindungen (SCCP-Protokollklasse 3) verwendet werden.

Zeichengabe und Paketvermittlung

Die Bedeutung der Paketvermittlung in der Datenkommunikation wächst unaufhaltsam. Entscheidend sind hier die günstigen Eigenschaften wie hohe Leistungsausnutzung und variable (auch sehr hohe) Übertragungsgeschwindigkeiten je nach Dienste und *Performance*-Bedarf. Die modernsten Entwicklungen in digitalen Telekommunikationsnetzen (z.B. ATM) führen auf Zeichengabe, die wie alle anderen Kommunikationsdaten (einschließlich der Sprache) rein paketschaltend übermittelt werden (verteilte Zeichengabe- und Nutzdaten-Übertragung). Physikalisch können alle (z.B. virtuellen) Kanäle zusammen mit variabler Übertragungsrate geführt werden. Die Haupentwicklungsrichtungen für die Zeichengabe-Infrastruktur und Netztechnik sind:

1. Verbesserungen des Zeichengabe-Managements und der alternativen Wegführung um die Zuverlässigkeit (auch in extremen Situationen) zu sichern;

2. Einführung eines schnelleren Signalisierungssystems;

3. Einbezug der Breitband-Technologie auch als Transportsmittels für die Zeichengabe;

4. *Cross Connect*-Systeme (Crossconnectoren) als Einrichtungen für eine flexible Bedienung aller Kanäle und Übertragungsgeschwindigkeiten (z.B. für Einzelkanaltrennung).

Zeitschlitz

Als einen Zeitschlitz (*Time Slot*) werden alle Zeitabschnitte mit fester Zeitlage innerhalb der übertragenen Rahmen (s. PCM) bezeichnet.

X.25

Hierbei handelt es sich um ein Netzwerkprotokoll mit Paketvermittlung (aufwärtskompatible CCITT Empfehlungen im Gelb-, Rot- und Blaubuch). Das X.25 Protokoll (*Layer* 1-3) berücksichtigt die Asymmetrie der Verbindung (unterschiedliche Netzwerkelemente: DTE und DCE). In diesem Protokoll werden die virtuellen *Circuits* (logische Verbindungen) benutzt, außerdem ist ein *Datagramm*-Service möglich. Die Pakete werden über das Netz im *PtP*-Modus übertragen (nur direktes PC-*Routing*). X.25 eignet sich sehr gut für Datentransport, so z.B. für DB-*Updates* (DB: *Database*). X.25 hat sich als aktueller Datenübertragungsstandard durchgesetzt. Es wird auch im GSM oder IN für Netzwerkmanagement- und *Billing*-Zwecke verwendet.

Sach- und Abkürzungsverzeichnis

A

B

C

D

E

F

G

H

I

J

K

L

M

N

O

Q

R

S

T

U

V

W

X

Y

Z

Bücher aus dem Umfeld